PRINCÍPIOS DE AQUISIÇÃO E PROCESSAMENTO DE DADOS ESPACIAIS

Blucher

Daniel Rodrigues dos Santos
Henrique Cândido Oliveira

PRINCÍPIOS DE AQUISIÇÃO E PROCESSAMENTO DE DADOS ESPACIAIS

Princípios de aquisição e processamento de dados espaciais

Editora Edgard Blücher Ltda.

Publisher Edgard Blücher

Coordenação editorial Jonatas Eliakim

Produção editorial Lidiane Pedroso Gonçalves

Preparação de texto Ana Lúcia dos Santos

Diagramação Tarso Boudet Caldas

Revisão de texto Maurício Katayama

Capa Leandro Cunha

Imagem da capa iStockphoto

Blucher

Rua Pedroso Alvarenga, 1245, 4° andar
04531–934 — São Paulo — SP — Brasil
Tel.: 55 11 3078–5366
contato@blucher.com.br
www.blucher.com.br

Segundo Novo Acordo Ortográfico, conforme 6. ed. do *Vocabulário Ortográfico da Língua Portuguesa*, Academia Brasileira de Letras, julho de 2021.

Dados Internacionais de Catalogação da Publicação
(CIP) Angélica Ilacqua CRB-8/7057

Santos, Daniel Rodrigues dos
Princípios de aquisição e processamento de dados espaciais / Daniel Rodrigues dos Santos , Henrique Cândido Oliveira— São Paulo: Blucher, 2022.
364 p.: il.

Bibliografia
ISBN 978–65–5506–559–6 (impresso)
ISBN 978–65–5506–556–5 (eletronico)

1. Fotogrametria 2. Sensoriamento remoto 3. Dados geoespaciais I. Título II. Oliveira, Henrique Cândido

22–1023 CDD 526.8

Índices para catálogo sistemático:
1. Fotogrametria

Este livro é dedicado aos nossos familiares

CONTEÚDO

AGRADECIMENTOS

Os autores externam seus sinceros agradecimentos aos colegas Alex B. Kraemer, Kauê M. Vestena, José B. Pedrosa, Nadisson L. Pavan, Elizeu de Oliveira Jr., Rubens B. Leite e Gabriel Dresch, que participaram direta e indiretamente da elaboração desta obra.

PREFÁCIO

A primeira fase do ciclo de vida da compilação de um produto cartográfico é a aquisição de dados espaciais. No cenário atual da humanidade, inúmeras pessoas geram, armazenam e usam esses dados, oriundos de diferentes fontes de aquisição de informação, como sensores de imageamento, posicionamento e navegação inercial, tanto para a realização de atividades comuns quanto para atividades de mapeamento, monitoramento de barragens, estudos ambientais, projetos de estrada e rodagem, realidade virtual, games, projetos de arquitetura, posicionamento e navegação, modelagem de ambientes internos e externos, entre outras. Conforme o tipo de sensor empregado na etapa de aquisição dos insumos, é necessário aplicar técnicas de tratamento dos dados para se reduzirem ruídos e efeitos sistemáticos oriundos do equipamento empregado na coleta dos dados. Devido à complexidade, à redundância e à heterogeneidade no formato e no volume dos dados, a etapa de processamento deve fechar a última fase do ciclo de vida da geração de um produto cartográfico, propiciando modelos tridimensionais globalmente consistentes que possam ser empregados para auxiliar gestores públicos e privados na tomada de decisões.

Esta obra se destina a ser um material que trata dos conceitos e das principais técnicas modernas de aquisição e processamento de dados espaciais. Ele foi projetado para profissionais das Ciências Exatas e da Terra. Como essa área, em si, envolve diversas disciplinas clássicas, o livro poderá ser útil para pesquisadores da área de Engenharia, Arquitetura, Geografia e para outros especialistas da série de disciplinas nas quais são desenhadas aplicações práticas de mapeamento. Por exemplo, um arquiteto que conhece a topografia do terreno saberá como projetar ruas e avenidas usando os dados que descrevem o relevo da região. Da mesma forma, um engenheiro civil munido de *Building Information Modeling* (BIM) consegue divisar avanços e possíveis falhas durante o processo de construção de uma edificação.

Os pré-requisitos para o uso conveniente do livro são relativamente modestos, sendo o principal deles que o leitor tenha alguma familiaridade com elementos de álgebra linear, ajustamento de observações e linguagem de programação. Certos capítulos e algoritmos assumem algum conhecimento de conceitos mais avançados de álgebra linear, como a análise de autovalores e autovetores, ou conceitos sobre quatérnios, mas o texto é estruturado de forma que o leitor possa entender o seu conteúdo sem depender, efetivamente, de uma fundamentação mais avançada.

Embora esta obra também aborde alguns fundamentos considerados como clássicos, tem como prioridade enfatizar algumas das técnicas mais modernas de aquisição de dados espaciais e processamento de nuvens de pontos 3-D. Uma visão importante é a conexão entre o caráter puramente analítico do problema, expresso, talvez, pelas propriedades geométricas dos modelos matemáticos, e o desenvolvimento de algoritmos computacionais específicos para se resolverem problemas técnicos dos profissionais que trabalham com processamento de dados espaciais. Essa foi uma de nossas preocupações na compilação desta obra.

O livro está dividido em cinco capítulos. O Capítulo 1 aborda conceitos básicos do princípio de funcionamento de um sensor CCD e as características geométricas das câmeras digitais baseadas em aquisição quadro a quadro, por arranjo matricial e por varredura linear (*pushbroom*). Concomitantemente, também são descritas as principais etapas para a formação de imagens sintéticas e as transformações entre sistemas referenciais. O princípio de funcionamento de sensores do tipo *light detection and ranging* (LiDAR) no modo dinâmico e estático, bem como a geometria de aquisição de dados RGB-D, também é apresentado nesse Capítulo. Uma técnica de geração de nuvens de pontos 3-D que usa imagens digitais, tratada aqui por "nuvens de pontos fotogramétrica", é discutida no Capítulo 2, junto com um método para ortorretificação de imagens e duplo mapeamento de áreas de oclusão. O Capítulo 3 apresenta uma técnica de calibração dos parâmetros de montagem de um sistema de mapeamento móvel *remotely piloted airborne* (RPA), baseado em LiDAR e uma implementação prática. Também são apresentadas no Capítulo 3 técnicas de ajustamento de faixas LiDAR, usando-se planos e modelos por aproximações. Já no Capítulo 4, são descritas algumas técnicas de registro de nuvens de pontos 3-D a partir de dados derivados de sensores LiDAR (tratadas aqui por "nuvens de pontos LiDAR") e RGB-D. Concomitantemente, também são apresentadas algumas técnicas de filtragem de nuvens de pontos LiDAR. Por fim, no Capítulo 5, é discutida uma solução para a avaliação da acurácia posicional de dados LiDAR, baseada em linhas retas.

Por meio de análise cuidadosa, esta obra é coroada com experimentos práticos, incluindo algoritmos computacionais que foram implementados em linguagem C/C++, usando-se como ferramentas computacionais a biblioteca OpenCV (*Open Source Computer Vision Library*), que é voltada para projetos de visão computacional e processamento de imagens digitais, e biblioteca *Point Cloud Library* (PCL), destinada ao processamento e à visualização de nuvens de pontos LiDAR.

Enfim, este livro foi pensado e elaborado com a finalidade de chamar a atenção de profissionais ligados direta e indiretamente com as técnicas de aquisição e processamento de dados espaciais 3-D, mostrando alguns princípios que viabilizem a compilação de produtos cartográficos para extração, classificação e segmentação de objetos presentes na superfície física da Terra. Ainda vale destacar que, para facilitar o entendimento do conteúdo apresentado neste livro, os autores recomendam a leitura do Anexo.

CAPÍTULO 1
SENSORES DE IMAGEAMENTO

Figura 1.1 - Lançado no XIX Congresso ISPRS de Amsterdã, nos Países Baixos em Julho de 2000, o sensor digital aerotransportado, da LH Systems, inicia uma nova era da fotogrametria digital, no início do novo milênio. Fonte: Sandau, 2010

Os últimos vinte anos foram marcados por grandes avanços nos campos da física óptica e da eletrônica, tornando possível a aquisição de dados espaciais com o emprego de sensores de imageamento de alta resolução geométrica, radiométrica e espectral, podendo ser baseados em princípios ativos ou passivos de registro da energia eletromagnética. Os sensores de imageamento passivo são capazes de registrar a energia eletromagnética refletida dos objetos, enquanto os sensores de imageamento ativo são responsáveis por transmitir radiação eletromagnética e medir o sinal refletido, a partir do seu próprio sensor. Como exemplo de sensores de imageamento passivo, pode-se citar as câmeras digitais. Já no sistema LiDAR aerotransportado/terrestre, as câmeras de distância 3-D, os sensores RGB-D e os radares são considerados sistemas de imageamento ativo.

Usando dados espaciais, tanto o cidadão comum como os usuários do Google Maps ou usuários específicos são capazes de executar suas tarefas de forma precisa e eficiente, propiciando qualidade na tomada de decisões em projetos de estrada e rodagem, de monitoramento de áreas costeiras, de modelagem tridimensional (3-D) de ambientes urbanos, em inspeção de barragens, em estudos e modelagem de linhas de transmissão, em estudos de impactos ambientais, movimento de rochas e deslizamento de terras, em detecção de mudanças, detecção e parametrização de objetos industriais, em navegação, vigilância e operações forenses, realidade aumentada, estabelecimento de rotas de fuga para situações de emergência, ensaios climatológicos, entre outros.

De acordo com a empresa Markets and Markets, o valor de mercado dos sensores de imageamento passivo e ativo está avaliado em, aproximadamente, 15 bilhões de reais[1].

Estima-se, ainda, que haja um crescimento médio anual desse valor em torno de 9 % para os próximos cinco anos. A principal razão da especulação de valor agregado aos sensores de imageamento é a sua capacidade de registrar informações sobre o ambiente físico, sem o contato direto com a superfície a ser mapeada, de forma rápida e precisa, tanto para projetos de pequena e média escala quanto para projetos de larga escala. Contudo, a decisão pelo sensor mais adequado depende de alguns fatores, como os requisitos do projeto, o recurso financeiro disponível, a densidade média de pontos/m^2 esperada e o grau de confiabilidade do produto compilado a ser alcançado.

1.1 SENSORES DE IMAGEAMENTO PASSIVO

As câmeras digitais podem ser classificadas como de pequeno formato (tamanho da imagem de até 15 megapixels), de médio formato (15 megapixels < tamanho da imagem < 40 megapixels) e de grande formato (tamanho da imagem > 40 megapixels). Esses sensores são capazes de recobrir a superfície física da Terra de forma quadro a quadro, por varredura por espelho (*whiskbroom*) ou por varredura linear (*pushbroom*), como apresentado na Figura 1.2.

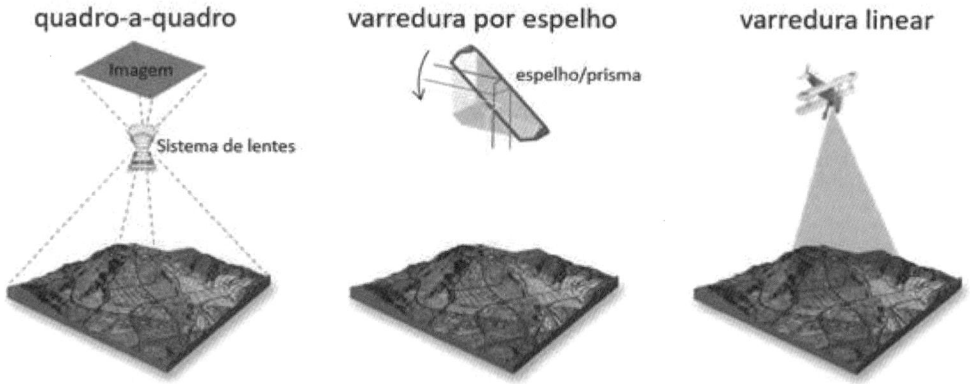

Figura 1.2 – Formas de aquisição de dados espaciais usando-se sensores passivos: (a) quadro a quadro; (b) *whiskbroom*; (c) *pushbroom*.

Sensores de imageamento passivo baseados em sistemas quadro a quadro ainda são os mais empregados no processo de gravação de dados espaciais sobre a superfície física da Terra, principalmente por seu baixo custo e sua maior flexibilidade, podendo ser

[1] **https://www.marketsandmarkets.com/PressReleases/geotechnical-instrumentation-monitoring.asp**. Acessado em 11 de novembro de 2021

usados para fins de mapeamento, entretenimento, monitoramento e inspeção, entre outros. Vale notar que o marco inicial da evolução das câmeras aéreas quadro a quadro se deve ao desenvolvimento do processo fotográfico e, posteriormente, à invenção das aeronaves. A Figura 1.3 apresenta um breve histórico da evolução das câmeras aéreas destinadas para fins de mapeamento.

Figura 1.3 – Evolução das câmeras aéreas destinadas para fins de mapeamento.

De maneira breve, pode-se dizer que as câmeras aéreas tiveram sua primeira funcionalidade na I Guerra Mundial, para estratégia militar. Em 1918, foi desenvolvida a câmera do tipo *handheld,* estritamente empregada pelos militares para fins de reconhecimento. Em 1922, surgiu a primeira câmera RMK C1, da Zeiss, com dispositivos mecânicos mais avançados e um sistema de lentes superior ao da câmera *handheld*. Com o avanço gradual da tecnologia, foram obtidas grandes melhorias nos sistemas de lentes e nos dispositivos de acionamento das câmeras, inclusive no que tange à sua qualidade geométrica e radiométrica. Após décadas de pesquisa e desenvolvimento, na Semana Fotogramétrica de 1999 (*Photogrammetric Week*), em Stuttgart, foi anunciado o lançamento da primeira câmera digital de arranjo matricial, elaborada pela DMC-Z/I. No entanto, sua inserção no mercado de mapeamento se deu apenas em 2002. No XIX Congresso da Sociedade Internacional de Fotogrametria e Sensoriamento Remoto (ISPRS), em 2000, nos Países Baixos, foi lançada a câmera digital ADS40, cujo princípio de aquisição de dados é baseado em uma abordagem por varredura linear. A ADS40 foi desenvolvida pela LH Systems, em cooperação com o Centro Aeroespacial Alemão, tornando-se o primeiro sistema comercial de câmeras digitais de varredura linear disponível no mercado. Em 2016, uma nova geração da câmera ADS, o sistema ADS100, foi apresentada no XXIII Congresso da ISPRS, na Tchéquia. Vale ressaltar que, na "idade de ouro" em que se encontra o desenvolvimento tecnológico, sem dúvidas, nos próximos 10 anos, haverá sistemas sensores hiperespectrais de diferentes tamanhos, formas e capacidades de registrar a energia radiante incidida na superfície física da Terra.

Nesta obra, porém, serão brevemente apresentados apenas os sensores baseados em sistemas quadro a quadro, em arranjo matricial (ITT: Geospatial System; DIMAC: Dimac Systems; DMC Z/I: Intergraph; Ultracam-D e Ultracam-X: Vexcel; STARIMAGER-TLS: Starlabo), também conhecido como multicâmeras; e aqueles baseados em varredura linear (HRSC-AX e HRSC-AXW: DLR; JAS 150: Jena Optronik, ADS40 e a 2ª geração ADS80; Leica, 3-DAS-1 e 3-OC: Wehril Associates-USA e Geosystems-Ukraine).

1.1.1 CÂMERAS DIGITAIS BASEADAS EM AQUISIÇÃO QUADRO A QUADRO

Câmeras digitais com sistemas sensores do tipo quadro a quadro são capazes de recobrir um quadro de área do terreno em cada tomada de imagem em um dado instante de tempo. Isso requer que as lentes forneçam uma cobertura angular adequada para que a porção da área de interesse seja devidamente registrada pelo sensor. A Figura 1.4 apresenta um esquema gráfico de uma câmera de quadro fotográfico.

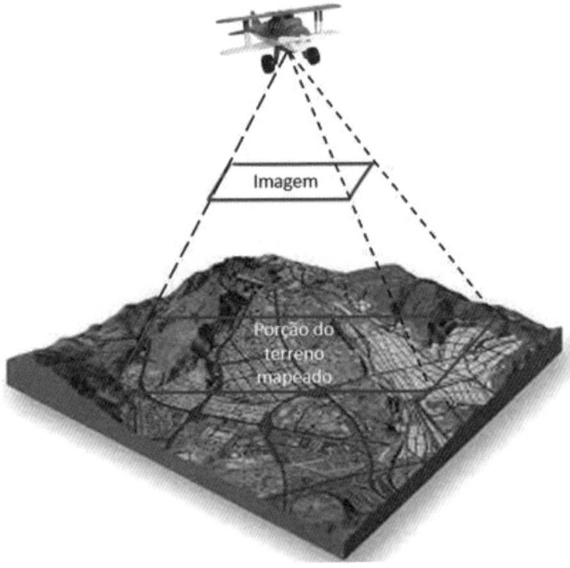

Figura 1.4 – Quadro de área no terreno registrado por um sensor do tipo quadro a quadro.

Atualmente, os sensores passivos de imageamento são dotados de um sistema complexo de lentes, um obturador e um dispositivo de registro da energia radiante, como um sensor de tecnologia CCD (*charge-coupled device*) ou um sensor de tecnologia CMOS (*complementary metal-oxide semiconductor*). Esses sensores são constituídos por uma superfície sólida, sensível à energia eletromagnética[2], dotados de circuitos que, além de registrarem a energia incidente no sistema de lentes da câmera digital, também permitem ler, eletronicamente, imagens digitais.

[2] A energia eletromagnética pode ser derivada de uma fonte de luz artificial ou natural, por exemplo, a luz do sol.

Em uma câmera digital baseada em aquisição quadro a quadro, o CCD é um elemento sensor formado por um conjunto de circuitos eletrônicos, um sistema de refrigeração e um suporte mecânico. Um sensor CCD comum consiste em um semicondutor formado por uma placa retangular de silício, na qual é implantada uma rede de eletrodos ou capacitores, que capturam e quantificam os elétrons (carga negativa) gerados na placa de silício pelo efeito fotoelétrico. Este consiste na emissão de elétrons por um material — no caso, o silício (matéria-prima básica para a construção de sensores CCD) —, quando exposto à radiação eletromagnética. A Figura 1.4 mostra um esquema simplificado do efeito fotoelétrico.

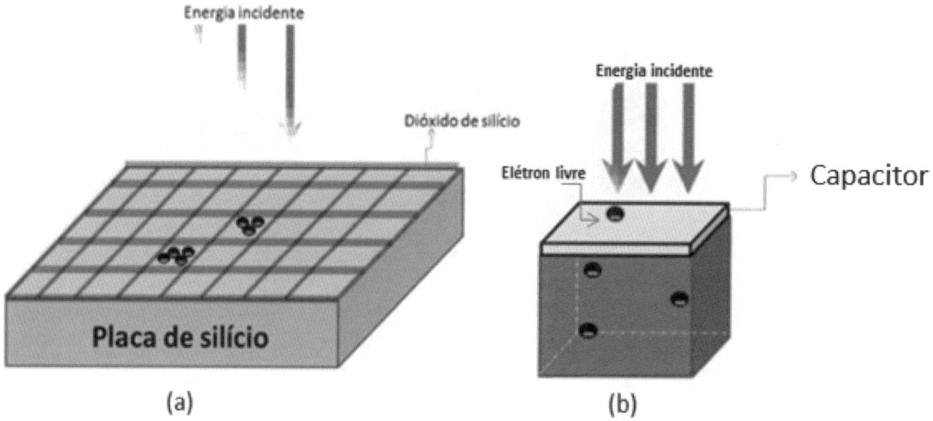

Figura 1.5 – Esquema simplificado do efeito fotoelétrico em sensores: (a) placa de silício e colunas que separam eletronicamente os capacitores; (b) capacitor e o elétron livre.

Conforme a Figura 1.5, quando uma quantidade de energia radiante incide sobre o material semicondutor (placa de silício, Figura 1.5 (a)), ocorre uma absorção de fótons, e os elétrons livres abandonam suas órbitas (Figura 1.5 (b)), por serem atraídos pela carga positiva contida no capacitor. Os capacitores são dispostos em colunas, de modo a cobrirem todo o sensor CCD (linhas vermelhas na Figura 1.5 (a)). As diferentes colunas são isoladas entre si por um material que gera um potencial negativo permanente ao entrar em contato com a placa de silício, evitando a contaminação entre os capacitores e reduzindo os efeitos sistemáticos que podem provocar borramento na imagem. Cada capacitor é uma peça fundamental do detector CCD e corresponde a um elemento da imagem digital a ser gerada, designado por pixel, cujo tamanho físico é variável.

O arranjo básico do efeito fotoelétrico é repetido várias vezes até que a energia eletromagnética não seja mais incidida sobre a placa de silício (obturador da câmera é fechado), obtendo, como informação, cargas de energia acumulada (círculos azuis na Figura 1.6), que é proporcional à energia radiante incidida sobre o capacitor. Ao final do processo de registro e gravação da energia eletromagnética, a quantidade de energia acumulada em cada capacitor deve passar por uma transferência de carga acumulada. A Figura 1.6 ilustra o esquema simplificado de transferência de carga acumulada.

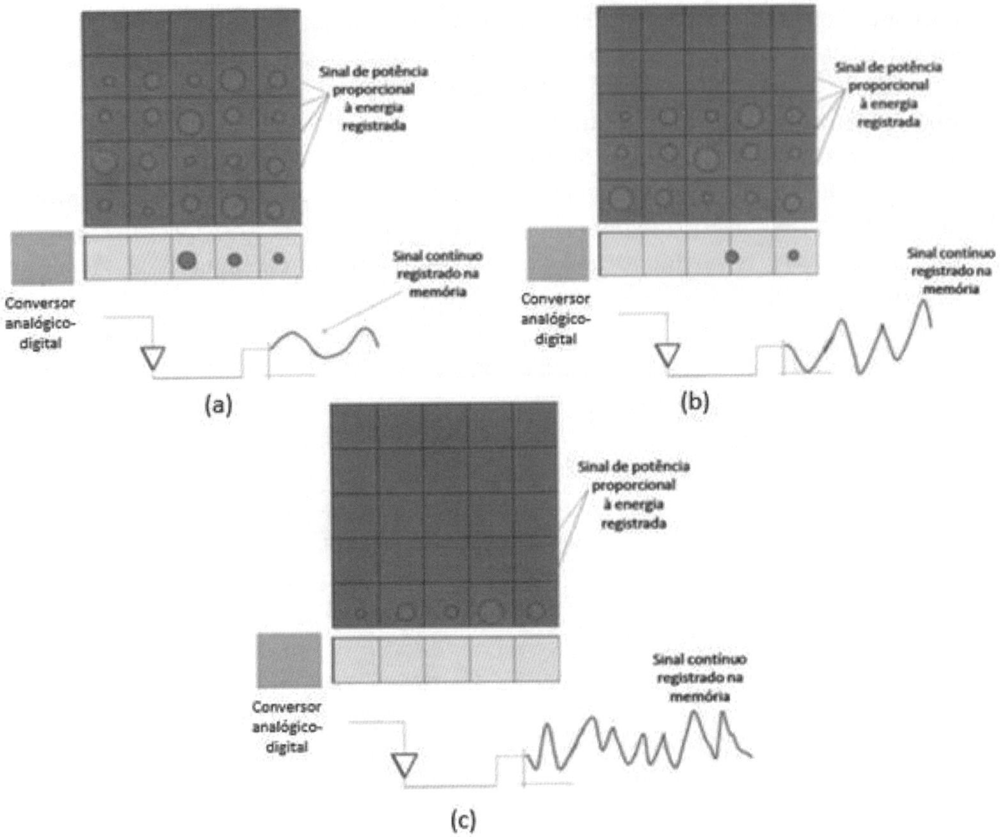

Figura 1.6 – Esquema simplificado de transferência de carga acoplada. (a), (b) e (c): sequência de transferência de carga.

Após o registro da energia eletromagnética, os sinais de potência de cada eletrodo são modificados, e a carga é transferida verticalmente de um eletrodo para o outro, até alcançar o registro de deslocamento, como mostra a Figura 1.6. A partir do registro de deslocamento, a carga acumulada é transferida horizontalmente para um amplificador de saída, que, posteriormente, converte o sinal analógico (voltagem) em sinal digital (ver linhas vermelhas na Figura 1.6), formando, enfim, a imagem digital. A Figura 1.7 mostra uma imagem digital colorida e um exemplo de representação dos valores de cinza.

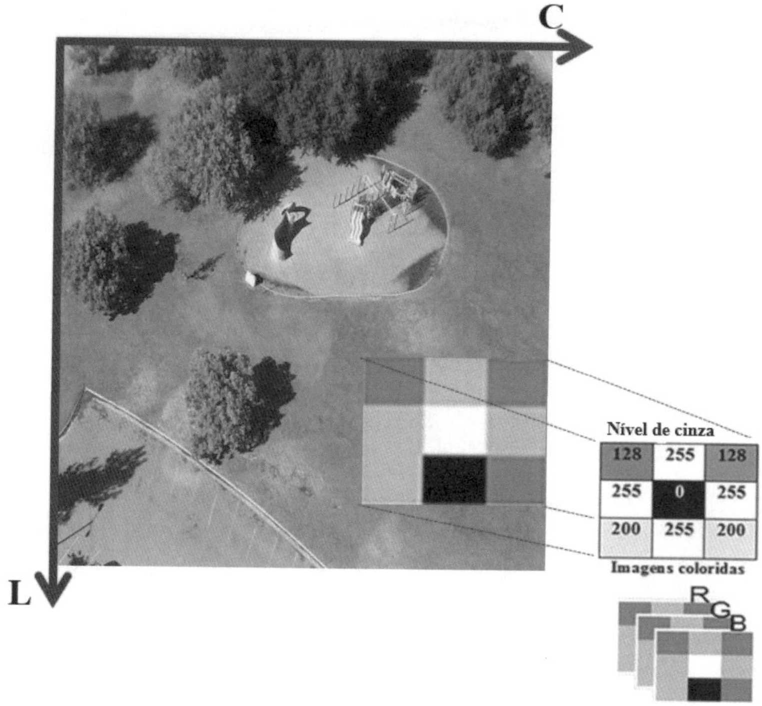

Figura 1.7 – Imagem digital colorida e um exemplo de sua representação em níveis de cinza.

A imagem digital é formada por um conjunto de elementos (pixels — picture × elements) espacialmente ordenados em um arranjo matricial de colunas (*C*) e linhas (*L*), sendo atribuído para cada pixel um valor de cinza. No caso de imagens coloridas, há uma combinação de três componentes, isto é, a componente *R* (*Red*), a componente *G* (*Green*) e a componente *B* (*Blue*). Como pode ser visto na Figura 1.7, uma porção da imagem digital (3 × 3) mostra que os valores digitais (128, 255, 0 e 200) expressam os valores de cinza contidos em cada posição da imagem. O número máximo de valores de cinza que pode ocorrer na imagem é 2^n bits (dígitos binários).

Com a popularização dos sensores digitais, câmeras métricas convencionais entraram em desuso, e as medidas (ou observações) passaram a ser feitas diretamente na imagem, referenciadas ao sistema digital. O sistema referencial digital (ver Figura 1.8) é definido na forma que segue:

- Origem (*O*') — centro do pixel superior esquerdo;
- Eixo *O'C* — direção horizontal e sentido positivo para a direita;
- Eixo *O'L* — rotacionado 90° em relação ao eixo *O'C*, sentido horário (torna o sistema levogiro);
- *C*, *L* — coluna e linha, respectivamente.

A Figura 1.8 mostra o sistema referencial digital.

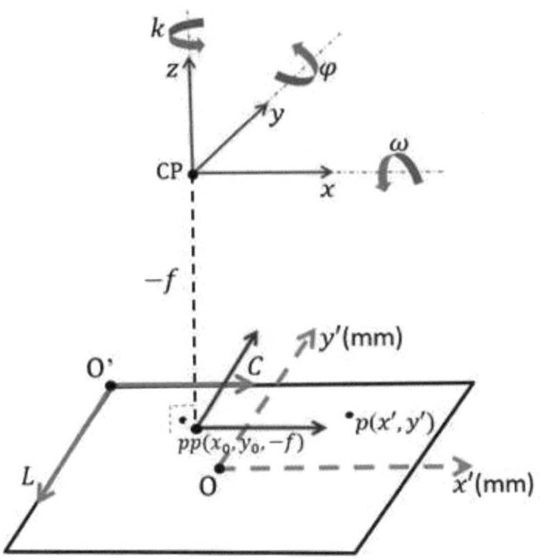

Figura 1.8 - Sistemas referenciais digital (*O'*), com origem no centro da imagem (*O*), e fotogramétrico (*CP*).

Quando se coleta um pixel na imagem digital, é necessário transformar as coordenadas do pixel *p* para o sistema referencial métrico que corresponde ao com origem no centro da imagem, como mostra a Figura 1.8. Por definição, *O* é a origem do sistema referencial, que parte do centro da imagem; o eixo Ox' é orientado positivamente na direção do sentido da plataforma; e o eixo Oy' é perpendicular ao eixo Ox', tornando o sistema dextrogiro, como mostra a Figura 1.8.

Para transformar um ponto $p(C, L)$, observado na imagem digital (sistema referencial digital), para $p(x', y')$ — sistema referencial com origem no centro da imagem —, deve ser aplicada a seguinte transformação matemática:

$$\begin{aligned} x' &= \left(C - \frac{\text{NTC}-1}{2}\right) Tp \\ y' &= -\left(L - \frac{\text{NTL}-1}{2}\right) Tp' \end{aligned}, \tag{1.1}$$

sendo NTC o número total de colunas na imagem; NTL, o número total de linhas da imagem; e *Tp*, o tamanho do pixel.

Note que, na Equação (1.1), a transformação entre os sistemas referencial digital e com origem no centro da imagem é feito baseado em duas translações $\left(\frac{\text{NTC}}{2}, \frac{\text{NTL}}{2}\right)$, um fator de escala (*Tp*, que representa o tamanho do pixel no sensor CCD/CMOS) e uma reflexão no eixo *L* para y'. A operação de reflexão é facilmente aplicada multiplicando-se y' por −1. A Equação (A.5), anexa, mostra como calcular o valor de *Tp*.

Ainda na Figura 1.8, o leitor pode identificar o referencial fotogramétrico, que é um sistema cartesiano tridimensional com origem no *CP* da câmera e dextrogiro. A orientação dos eixos *CPx* e *CPy* é paralela aos eixos Ox' e Oy' do referencial, respectivamente, com origem no centro da fotografia, enquanto o eixo *CPz* coincide com o eixo óptico da câmera, sendo sentido positivo para o zênite e negativo, para o nadir. Como a coordenada z é constante e igual à distância focal da câmera, utiliza-se um referencial plano, cuja origem é o ponto principal de autocolimação (*pp*). O *pp* é o ponto de intersecção formado pela projeção ortogonal do *CP* da câmera no plano da imagem, com coordenadas $(x_o, y_o, -f)$.

Por simplificação matemática, o sistema complexo de lentes de um sensor passivo é representado por um ponto que denota o centro de incidência dos feixes de raios de luz perspectivos que incidem no sistema de lentes da câmera. Em outras palavras, esse ponto é uma abstração pontual do sistema de lentes e é denominado de *CP* (centro perspectivo) da câmera (ver Figura 1.8). Vale ressaltar que o *CP* não existe fisicamente no sistema de lentes, servindo apenas como um parâmetro para o sistema referencial fotogramétrico.

Devido às imperfeições na construção de lentes esféricas e no alinhamento dos eixos ópticos das lentes que compõem o sistema de lentes, dois tipos principais de distorções são provocados na imagem: a distorção radial simétrica e a distorção descentrada (com uma componente radial e outra, tangencial). Essas distorções provocam deslocamentos no plano da imagem que são considerados como erros sistemáticos. As Equações polinomiais que modelam a distorção radial, decomposta nas componentes em x, y, são as que seguem:

$$\partial x = \left(x' - x_0\right) [k_1 r^2 + k_2 r^4 + k_3 r^6]; \tag{1.2}$$

$$\partial y = \left(y' - y_0\right) [k_1 r^2 + k_2 r^4 + k_3 r^6], \tag{1.3}$$

sendo k_1, k_2, k_3 os coeficientes de distorção radial simétrica; x, y, as coordenadas do ponto no espaço imagem não corrigidas da distorção radial da lente;

$$r = \sqrt{\left(x' - x_o\right)^2 + (y' - y_o)^2};$$

x_0 e y_0, as coordenadas do ponto principal com relação ao centro geométrico da imagem; e $\partial x, \partial y$, as coordenadas corrigidas da distorção radial do sistema de lentes.

Já as equações polinomiais que modelam a soma da componente radial e da componente tangencial, da distorção descentrada, decompostas nas componentes em x e em y, são escritas da seguinte forma:

$$\delta_{dx} = P_1 \left(r^2 + 2\left(x' - x_o\right)^2\right) + 2P_2 \left(x' - x_o\right) \left(y' - y_o\right); \tag{1.4}$$

$$\delta_{dy} = P_2 \left(r^2 + 2\left(y' - y_o\right)^2\right) + 2P_1 \left(x' - x_o\right) \left(y' - y_o\right), \tag{1.5}$$

sendo P_1, P_2 os coeficientes de distorção descentrada. Para mais detalhes, sugere-se a leitura de D. C. Brown, 1971.

Dessa forma, as fotocoordenadas, corrigidas dos efeitos sistemáticos e transformadas para o referencial fotogramétrico, são obtidas da seguinte forma:

$$x'_c = x - x_0 - (\partial x + \delta_{dx}) ; \tag{1.6}$$

$$y'_c = y - y_0 - \left(\partial y + \delta_{dy}\right), \tag{1.7}$$

sendo x'_c, y'_c as fotocoordenadas do ponto p no sistema referencial fotogramétrico corrigidas das distorções das lentes.

Também é importante lembrar que, para câmeras digitais, devem ser considerados os parâmetros de afinidade (A, B), que representam um fator de escala e um fator de não ortogonalidade entre os eixos do sistema referencial digital, principalmente para câmeras de pequeno formato, também chamadas de câmeras *off-the-shelf*. Os coeficientes k_0, k_1, k_2, k_3 e P_1, P_2, bem como as coordenadas do ponto principal (x_0, y_0), devem ser determinados por meio de um processo conhecido como *calibração de câmeras*, que será apresentado nesta obra mais adiante.

Na Figura 1.8, em torno de cada um dos eixos cartesianos, há um ângulo de rotação associado, isto é, os ângulos de Euler (ω, φ, k) são aplicados em torno do terno x, y, z, respectivamente. Com isso, pode ser formada uma matriz de rotação R, que representa, na verdade, a composição das três rotações citadas, como segue:

$$R_\omega = \begin{bmatrix} 1 & 0 & 0 \\ 0 & \cos(\omega) & \text{sen}(\omega) \\ 0 & -\text{sen}(\omega) & \cos(\omega) \end{bmatrix} \tag{1.8}$$

$$R_\varphi = \begin{bmatrix} \cos(\varphi) & 0 & -\text{sen}(\varphi) \\ 0 & 1 & 0 \\ \text{sen}(\varphi) & 0 & \cos(\varphi) \end{bmatrix} \tag{1.9}$$

$$R_k = \begin{bmatrix} \cos(k) & \text{sen}(k) & 0 \\ -\text{sen}(k) & \cos(k) & 0 \\ 0 & 0 & 1 \end{bmatrix}. \tag{1.10}$$

Uma das formas de se obter R é por:

$$R = R_k R_\varphi R_\omega. \tag{1.11}$$

Como o produto de matrizes não é comutativo, o mapeamento entre ângulos de Euler e matrizes de rotação 3-D não é único. Para obtê-los a partir de uma matriz de rotação, sem ambiguidade, é necessário conhecer a ordem como foi definida a multiplicação das matrizes, que podem ser de até 3! formas. Como rotações também podem ser definidas de duas formas — intrínsecas ou extrínsecas —, aumentam-se para 12 as possibilidades de mapeamento entre ângulos de Euler e matrizes de rotação. Deixa-se a cargo do leitor realizar esse estudo.

Já a formação de cores em imagens digitais é baseada no princípio do filme colorido. Películas (filtros) matricialmente arranjadas sobre o sensor CCD, denominado *filtro de Bayer*, são usadas para capturar as componentes do vermelho (R), verde (G) e azul (B) da luz incidida sobre o sistema de lentes da câmera digital. O filtro de Bayer forma uma malha de quadros sobre o sensor, composta por 25 % de filtro vermelho, 25 % de filtro azul e 50 % de filtro verde, como mostra a Figura 1.9.

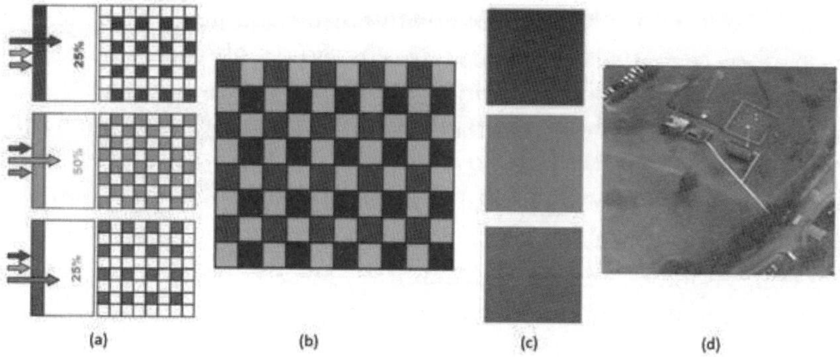

Figura 1.9 – Filtro de Bayer: (a) arranjo das cores do filtro de Bayer em uma matriz de pixels; (b) composição dos arranjos do filtro de Bayer; (c) filtro R, G e B; (d) imagem colorida resultante.

Como pode ser notado nas Figuras 1.9 (b), 1.9 (c) e 1.9 (d), a função do filtro (ou película) é transmitir a componente correspondente ao filtro que sobrepõe um dado capacitor do arranjo matricial do sensor e absorver os demais componentes. Por exemplo, na Figura 1.9 (a), o filtro correspondente ao R cobre um capacitor qualquer do CCD, deixando a luz no comprimento de onda do vermelho ser registrada no sensor, enquanto a energia radiante, nos comprimentos de onda G e B, é consistentemente absorvida pela película.

Para gerar uma imagem com três camadas (no caso, RGB), com um tom de cinza em cada pixel, é necessário que os valores não registrados nas regiões de descontinuidade sejam interpolados com emprego de alguma técnica, por exemplo, vizinho mais próximo ou bilinear.

1.1.2 CÂMERAS DIGITAIS BASEADAS EM AQUISIÇÃO POR VARREDURA LINEAR

A ideia de recobrimento por varredura linear surgiu em uma tese de doutorado da Universidade de New Brunswick, no Canadá. Logo em seguida, o autor da tese patenteou o sistema concebido como conceito de câmeras digitais por varredura linear. Como descrito anteriormente, no XIX Congresso da ISPRS, foi apresentada à comunidade científica a câmera ADS40. A Figura 1.10 mostra uma câmera desse tipo instalada no interior de uma aeronave.

Figura 1.10 – Câmera ADS40 instalada no interior de uma aeronave. Fonte: Sandau, 2010

A câmera ADS40 foi o primeiro dispositivo imageador digital aerotransportado com desempenho compatível com as câmeras aéreas analógicas (filmes com formato 23 cm × 23 cm e resolução melhor do que 100 linhas por milímetro), em termos de resolução e capacidade de recobrimento. Essa câmera possui um conjunto de sensores lineares que registram energia eletromagnética no modo pancromático (estéreo) e de três a sete sensores multiespectrais (RGB e infravermelho); e realiza a amostragem da superfície física da Terra por meio de varreduras contínuas, obtidas por um conjunto de sensores com visada anterior, visada nadiral[3] e visada posterior, podendo a varredura linear ser também acompanhada de sensores multiespectrais com sensibilidade controlada por filtros RGB e infravermelho, localizados próximo ao sensor com visada nadiral. A Figura 1.11 apresenta a varredura contínua e o esquema de varredura para cada tipo de sensor (modo pancromático e multiespectral).

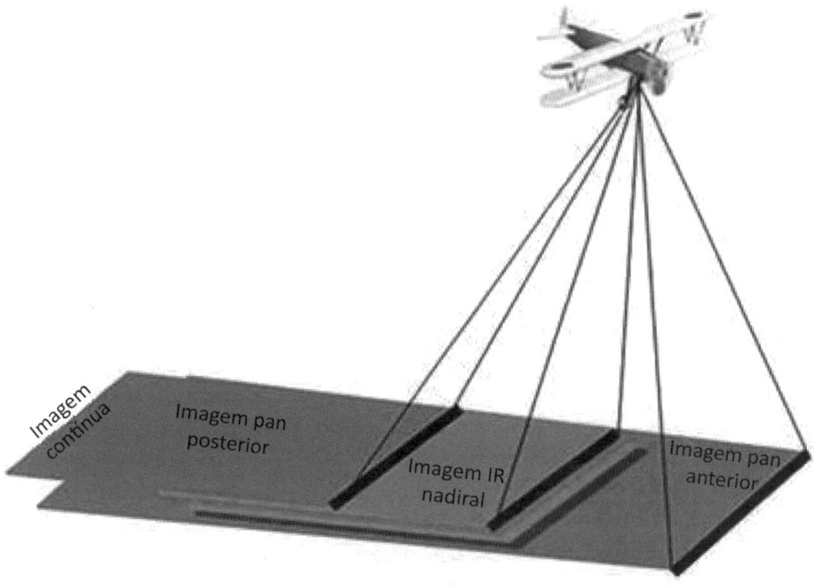

Figura 1.11 – Exemplo de visadas anterior, nadiral e posterior, ambas realizadas pela câmera digital ADS40.

A inclinação do sensor com visada anterior (modo pancromático) é de, aproximadamente, 28°, enquanto o sensor de visada posterior, também no modo pancromático, é de, aproximadamente, −14°, sendo ambas as inclinações relacionadas à visada nadiral. Isso faz com que se tenha uma imagem estereoscópica, o que possibilita a visualização tridimensional dos objetos contidos na cena, desde que empregados equipamentos visuais específicos, como os óculos 3-D. Já para os sensores multiespectrais, o ângulo de visada do sensor infravermelho posterior é de −2°, e a visada RGB anterior é em torno de 16°. Cada sensor contém duas matrizes de 12 mil pixels, separadas por uma distância de 3,5 μm, com pixels de dimensão 6,5 μm.

[3]Nadir é o ponto no terreno formado pela projeção ortogonal do centro perspectivo da câmera na superfície física da Terra.

O sistema óptico digital da ADS40 possui uma lente telecêntrica de distância focal 62,5 mm, FOV[4] de 64°, diafragma com abertura f:4, uma faixa espectral entre 428 e 887 nanômetros (R: 608–662 nm; G: 533–587 nm; B: 428–492 nm; NIR1: 703–757 nm e NIR2: 833–887 nm), resolução de 150 linhas por mm, precisão geométrica de 1 μm, medida dinâmica de 12 bits, resolução radiométrica de 8 bits, capacidade de armazenamento de dados de 200 a 500 GB, estabilização térmica e barométrica de alta precisão, distorção radial simétrica em torno de 3 %, filtros de bandas e de interferência metálica, além de filtros para bandas RGB, mantendo a qualidade do campo visual do sensor. A Figura 1.12 mostra o sistema óptico digital da câmera ADS40.

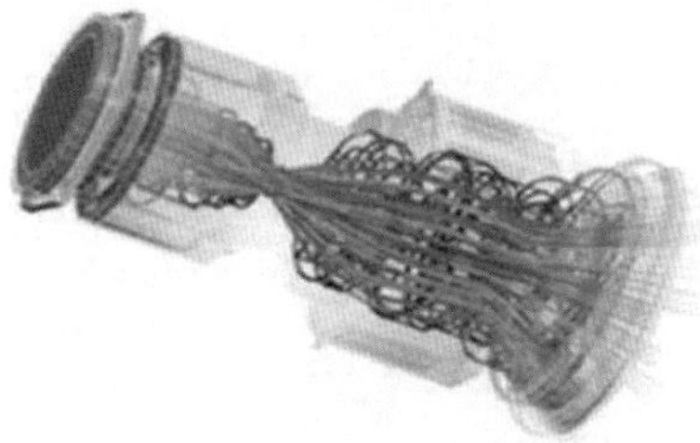

Figura 1.12 – Sistema óptico digital da câmera ADS40, com base em Sandau, 2010

Um sistema de divisão de feixes (filtro) do tipo tricoide foi desenvolvido pela *LH Systems* especialmente para a câmera ADS40. Esse sistema foi concebido com uma perda mínima de energia e garante que a energia eletromagnética refletida pelos objetos na superfície física seja detectada por três arranjos lineares sensíveis ao RGB, enquanto outro sensor disposto no plano focal da câmera captura as ondas eletromagnéticas correspondentes ao infravermelho próximo. A Figura 1.13 mostra o sistema de filtros tricoide desenvolvido para a câmera ADS40.

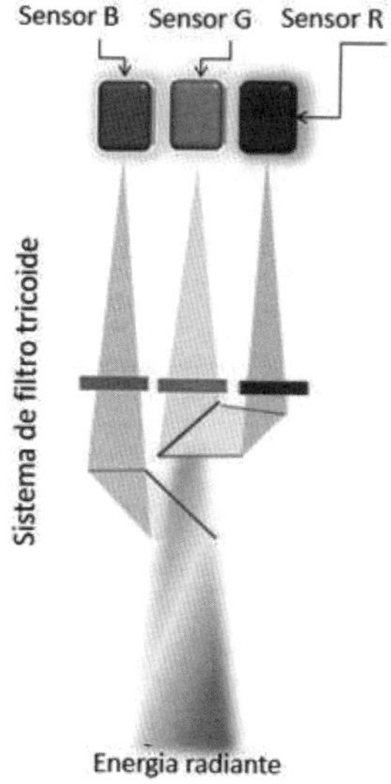

Figura 1.13 – Sistema de filtros tricoide desenvolvido para a câmera ADS40.

[4] *Field of view*. Corresponde ao ângulo de abertura do sensor.

Como a ADS40 gera imagens de faixas contínuas ao longo de cada linha de voo (sem emendas entre as informações registradas pelas diferentes visadas) e em diferentes perspectivas centrais, como resultado, é obtida uma imagem com projeção quase ortogonal. A Figura 1.14 mostra uma imagem digital obtida com a câmera ADS40 e a geometria perspectiva de cada visada do sensor.

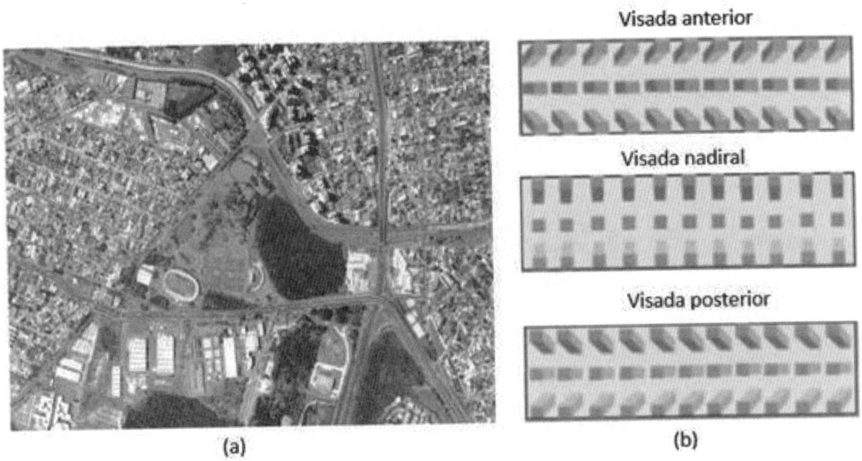

Figura 1.14 – Características da câmera ADS40: (a) imagem digital com projeção quase ortogonal; (b) efeito da perspectiva central por visada do sensor. Fonte: Esteio Engenharia e Aerolevantamentos S.A. (cortesia).

Para os sensores de varredura linear, o sistema referencial da imagem tem o eixo x positivo na direção da Linha da imagem, e o eixo z coincide com o eixo óptico da câmera. A Figura 1.15 mostra o sistema referencial do sensor de varredura linear (*pushbroom*). Ainda para estabelecer um alinhamento entre a imagem e o sistema referencial da plataforma, o eixo z (z_r, na Figura 1.15) será paralelo, mas em direção oposta, ao eixo Zp da plataforma.

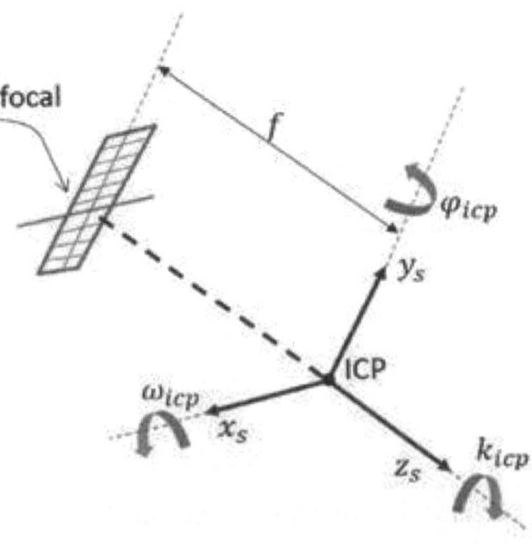

Figura 1.15 – Sistema referencial do sensor de varredura linear.

No sensor de varredura linear, os objetos contidos na superfície física da Terra são registrados por um sensor linear formado por uma linha de pixels dispostos no plano focal da câmera. A distância focal em unidade de pixels é calculada usando-se o valor máximo do ângulo de varredura (θ_{max}) e o número total de pixels (N) em uma linha de varredura, como mostra a Figura 1.16.

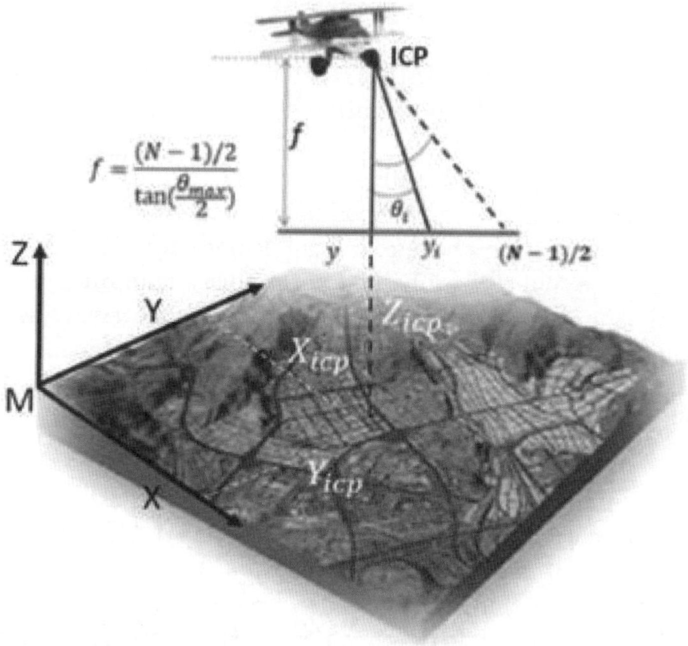

Figura 1.16 – Modelagem do sensor de varredura linear.

As coordenadas em pixel para uma linha do sensor de varredura linear são obtidas da forma que segue:

$$y_i = -\frac{N-1}{2} + i; x_i = 0, \text{ para } i = 0, \ldots, N-1, \tag{1.12}$$

e a distância focal em unidade de pixels é dada por:

$$f = \frac{\frac{N-1}{2}}{\tan \frac{\theta_{\text{max}}}{2}}. \tag{1.13}$$

A origem do sistema referencial do sensor de varredura linear (SCS) (x_s, y_s, z_s) é o centro perspectivo instantâneo (ICP) da câmera, como mostra a Figura 1.17. Dado que cada linha no terreno é registrada pelo sensor em um instante de tempo diferente (t), cada linha da imagem tem um ICP distinto, representado pelos parâmetros de orientação exterior ($X_{\text{icp}(t)}, Y_{\text{icp}(t)}, Z_{\text{icp}(t)}, k_{\text{icp}(t)}, \varphi_{\text{icp}(t)}, \omega_{\text{icp}(t)}$). Em outras palavras, em sensores de varredura linear, uma faixa fotogramétrica é representada por linhas consecutivas, cada qual com seu próprio conjunto de parâmetros de posição e atitude do sensor.

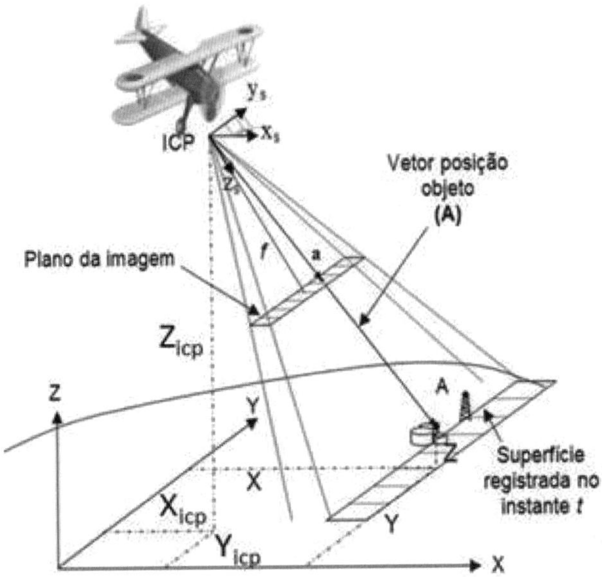

Figura 1.17 – Geometria de aquisição de dados do sensor *pushbroom*.

No sensor de varredura linear, the CCS é o sistema referencial adotado para a imagem formada por meio da composição das inúmeras linhas obtidas durante a aquisição dos dados. Note que a direção da Coluna corresponde à direção em y da matriz de imageamento, que é perpendicular à direção da varredura em x. Isso explica por que esse modo de imageamento é chamado de varredura linear. Neste caso, a origem é definida no centro de cada pixel que tem valores inteiros tanto em Coluna (s) quanto em Linha (ℓ). A Figura 1.18 mostra a relação genérica entre os sistemas SCS e CCS.

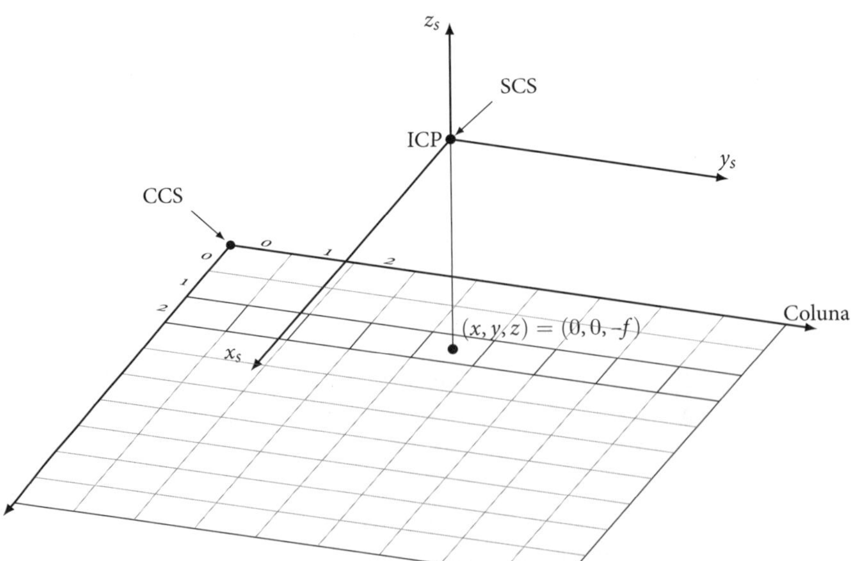

Figura 1.18 – Relação entre CCS e SCS.

Para transformar as coordenadas de um pixel coletado na imagem no sistema CCS para o sistema SCS, faz-se:

$$x_s(t) = \frac{\ell(t) - (td_x - (d_x/2))}{d_x} \tag{1.14}$$

$$y_s(t) = \left(s(t) - \left(\frac{d_y N_y}{2}\right)\right), \tag{1.15}$$

sendo $\ell_{(t)}$, $s_{(t)}$ Linha e Coluna em CCS, respectivamente, no instante de tempo (t) (iniciando com $\ell = 0$); d_x, dimensão linear do sensor CCD (tamanho do pixel na direção da varredura); d_y, tamanho do pixel na direção perpendicular à varredura; e N_y, o número de pixels na matriz.

Por exemplo, na Figura 1.18, se $d_x = 10 = d_y$, para $\ell(3)$, $s(3)$, a origem da linha de varredura é:

$$x_{s(3)} = 25 - \frac{3 \times 10 - \frac{10}{2}}{10} = \frac{25 - 25}{10} = 0$$

$$y_{s(3)} = 45 - 10 \times \frac{9}{2} = 45 - 45 = 0.$$

Mas, se o objeto medido corresponde ao pixel 9 para $t = 3$, com $\ell(3) = 28$, e $s(3) = 88$, então:

$$x_{s(3)} = 28 - 3 \times 10 - \frac{10}{2}10 = 0{,}3$$

$$y_{s(3)} = 88 - 10\frac{9}{2} = 88 - 45 = 43.$$

Basicamente, o filtro de Bayer é uma solução muito comum em câmeras de pequeno e médio formato, resultando em imagens coloridas ou falsa-cor de 3–8 bits. Já para as câmeras digitais de grande formato, a questão da composição de cores é mais complexa. Elas registram imagens coloridas ou falsa-cor usando o sistema de calibração, enquanto as imagens virtuais pancromáticas são texturizadas com melhor resolução radiométrica, baseada no resultado da composição das cores. Por outro lado, as câmeras baseadas em aquisição por varredura linear produzem imagens coloridas a partir de sistemas de feixe óptico (por exemplo, o tricoide), que garantem uma coincidência perfeita das bandas no vermelho, verde e azul. Recentemente, foi lançado o sistema de feixes tetracoide, que é estendido para o espectro do infravermelho. No entanto, a menos que todos os comprimentos de onda sejam tratados rigorosamente dessa forma, o registro das imagens não pode ser alcançado até que o fluxo de trabalho atinja a etapa de geração de ortoimagens. As configurações mais recentes das câmeras ADS40 permitem que ortoimagens falsa-cor sejam geradas sem o uso das bandas pancromáticas. Em geral, há um consenso de que as imagens digitais fornecem resolução radiométrica melhor que os filmes fotográficos, em termos de relação sinal-ruído e resolução espectral, de modo que as especificações do produto final podem ser atendidas a partir de um tamanho de pixel maior do que seria exigido com fotografias digitalizadas.

1.1.3 CÂMERAS DIGITAIS BASEADAS EM AQUISIÇÃO POR ARRANJO

Por razões tecnológicas e econômicas, ainda não é possível criar sensores CCD/ CMOS de tamanho e resolução apropriados para transferir a tecnologia de tomada de fotografias disponível nas câmeras analógicas, incluindo as questões do quadro focal de 23 cm × 23 cm e o alto grau de resoluçãoespacial. Na prática, quanto maior o quadro focal da câmera, menor o número de imagens a serem adquiridas, melhor a resolução espacial da imagem e maior a área de cobertura da superfície física por tomada de imagem. Admitindo que vários sensores podem ser combinados para resolver o problema citado, algumas companhias passaram a construir sistemas de mapeamento aéreo baseados em aquisição por arranjo matricial ou multicâmeras, como o sistema DMC fabricado pela ZI e Intergraph. Os sistemas multicâmeras são formados por quatro ou mais sensores, que registram energia eletromagnética no modo pancromático e nos modos RGB e infravermelho. A Figura 1.19 mostra um exemplo de imageamento de uma câmera digital multissensor.

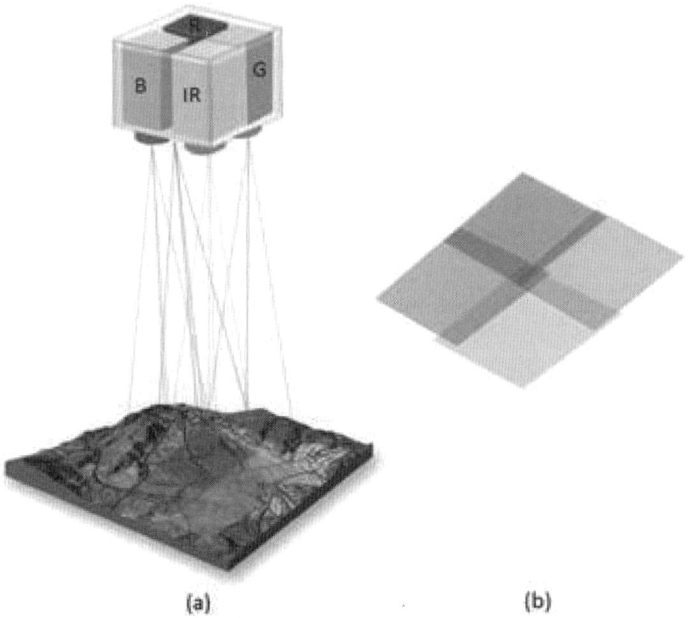

Figura 1.19 - Exemplo de aquisição de uma câmera digital multissensor: (a) esquema de aquisição multissensor; (b) resultado obtido.

Como pode ser notado na Figura 1.19 (a), um conjunto de sensores quadro a quadro registram, simultaneamente, a energia eletromagnética ao longo da trajetória de voo. O resultado é uma imagem digital (Figura 1.19 (b)) formada pela mosaicagem das imagens obtidas por meio de cada um dos sensores digitais ambarcados no sistema de mapeamento, que é capaz de cobrir uma porção maior da superfície imageada, quando comparado com os sistemas convencionais.

A imagem resultante é denominada imagem sintética e envolve três etapas: a etapa de calibração de câmeras com a estimativa dos parâmetros de montagem do sistema, a etapa de formação da imagem virtual e a etapa de balanceamento de cores.

Sem querer esgotar o assunto, ainda sugere-se a leitura dos seguintes trabalhos: Cramer, 2006; Eckardt et al., 2000; Fricker et al., 2001; Hinsken et al., 2002; Honkavaara e Markelin, 2007; Sandau et al., 2000; Zhu et al., 2004 e Tianen et al., 2003.

1.1.4 CALIBRAÇÃO DE CÂMERAS E ESTIMATIVA DOS PARÂMETROS DE MONTAGEM

O problema de calibração de câmeras consiste na estimativa dos parâmetros de orientação interior (f,x_0, y_0, $k0$, $k1$, $k2$, $k3$, $P1$, $P2$, A,B), e ela deve ser executada por algum método de laboratório, usando-se goniômetros ou por meio de métodos fotogramétricos baseados em ajustamento por feixes de raios de luz perspectivo. O último propicia soluções mais robustas, uma vez que as lentes de uma câmera sofrem influências de mudança de pressão, temperatura, umidade, entre outros fatores que ocorrem durante a aquisição das imagens.

Como descrito anteriormente, os parâmetros de orientação interior (POI) representam a geometria interna da câmera no instante da aquisição da imagem e são obtidos com alto nível de acurácia. As câmeras métricas possuem a característica de alta estabilidade desses parâmetros, ao contrário das câmaras não métricas.

Na prática, o processo de calibração de um sistema multicâmeras também deve envolver a determinação dos parâmetros de orientação exterior das imagens (que correspondem à posição do *CP* X_0, Y_0, Z_0 no momento da tomada das imagens e às rotações ω, φ, κ entre o referencial fotogramétrico e o referencial de mapeamento no espaço objeto) e os parâmetros de montagem do sistema (r_{Cr}^{INS}, R_{Cr}^{INS}, r_{ci}^{cr},R_{ci}^{cr}).

A relação funcional entre os parâmetros citados pode ser feita por meio das equações de colinearidade. As equações de colinearidade estabelecem que um ponto no espaço objeto $P(X, Y, Z)$, seu correspondente no espaço imagem $p(x', y')$ e o *CP* da câmera formam uma reta no espaço tridimensional, ou seja, devem ser colineares, como mostra a Figura 1.20

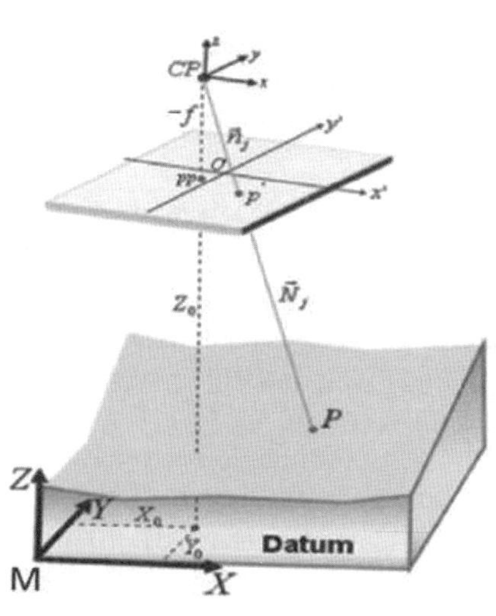

Figura 1.20 – Geometria do modelo de colinearidade.

Na Figura 1.20, f denota a distância focal calibrada da câmera; $MXYZ$ representa o referencial de mapeamento no espaço-objeto; $\vec{n}_i$ é o vetor posição imagem; $\vec{N}_i$ é o vetor posição no espaço-objeto; X_0, Y_0, Z_0 representam os parâmetros de translação do CP da câmera; p' é um ponto na imagem com fotocoordenadas referenciadas ao sistema com origem no centro da imagem x', y'; e $P = [X, Y, Z]^T$ denota um ponto no espaço-objeto correspondente, ou seu homólogo p' no espaço imagem.

O vetor posição fotografia $\vec{n}_i = \overrightarrow{CPp'}$ (ver Figura 1.20) é dado pela expressão que segue:

$$\vec{n}_i = (x' - x_0, y' - y_0, -f). \tag{1.16}$$

As fotocoordenadas referenciadas no sistema fotogramétrico e corrigidas das distorções das lentes são obtidas por:

$$x'_c = x' - x_0 - (\partial x + \delta_{dx}) \tag{1.17}$$

$$y'_c = y' - y_0 - \left(\partial y + \delta_{dy}\right). \tag{1.18}$$

Os cossenos diretores obtidos por meio do vetor $\vec{n}_i$, normalizados, são expressos pela equação:

$$\vec{n}_i = \frac{x'_c}{d}\vec{k} + \frac{y'_c}{d}\vec{l} + \frac{(-f)}{d}\vec{m}, \tag{1.19}$$

sendo $d = \sqrt{(x' - x_0)^2 + (y' - y_0)^2 + (-f)^2}$.

Para que o vetor posição imagem $\vec{n}_i$ (coordenadas no referencial fotogramétrico) seja paralelo ao vetor posição no espaço objeto $\vec{N}_i$ (referenciado ao sistema de coordenadas do espaço objeto e transladado em relação a posição do CP), é necessário aplicar um fator de escala (λ) à matriz de rotação inversa ($R^{-1}_{k\phi\omega}$), como segue:

$$\vec{N}_i = \lambda R^{-1}_{k\phi\omega}\vec{n}_i, \tag{1.20}$$

sendo $\vec{N}_i = [X - X_0, Y - Y_0, Z - Z_0]^T$.

Dada a relação matemática entre os vetores posição no espaço imagem $\vec{n}_i$ e no espaço objeto $\vec{N}_i$, a transformação inversa é dada por:

$$\vec{n}_i = \lambda^{-1} R^{1}_{k\phi\omega}\vec{N}_i. \tag{1.21}$$

Sabendo-se que a matriz R é ortogonal, ou seja, $R^{T}_{k\phi\omega} = R^{-1}_{k\phi\omega}$, pode-se prosseguir com o desenvolvimento da equação de colinearidade na forma direta, como segue:

$$\vec{n}_i = \lambda^{-1} R^{T}_{k\phi\omega}\vec{N}_i \tag{1.22}$$

Matricialmente, a Equação (1.22) pode ser escrita por:

$$\begin{bmatrix} x' - x_0 - (\partial x + \delta_{dx}) \\ y' - y_0 - (\partial y + \delta_{dy}) \\ -f \end{bmatrix} = \lambda^{-1} \begin{bmatrix} m_{11} & m_{12} & m_{13} \\ m_{21} & m_{22} & m_{23} \\ m_{31} & m_{32} & m_{33} \end{bmatrix} \begin{bmatrix} X - X_0 \\ Y - Y_0 \\ Z - Z_0 \end{bmatrix}, \tag{1.23}$$

sendo $m_{11}, \ldots, m_{33}$ os elementos da matriz $R^{T}_{k\phi\omega}$ dada em função dos ângulos de Euler (ω, φ, k).

Desenvolvendo a Equação (1.23), escreve-se a seguinte relação:

$$\begin{cases} x' - x_0 - (\partial x + \delta_{dx}) = \lambda^{-1}\left[m_{11}(X - X_0) + m_{12}(Y - Y_0) + m_{13}(Z - Z_0)\right] \\ y' - y_0 - (\partial y + \delta_{dy}) = \lambda^{-1}\left[m_{21}(X - X_0) + m_{22}(Y - Y_0) + m_{23}(Z - Z_0)\right]. \\ -f = \lambda^{-1}\left[m_{31}(X - X_0) + m_{32}(Y - Y_0) + m_{33}(Z - Z_0)\right] \end{cases} \tag{1.24}$$

Na Equação (1.24), o cálculo de λ^{-1} é inconveniente, pois introduz uma variável desnecessária, aumentando a ordem do sistema a ser solucionado. Por isso, pode-se eliminar a necessidade de normalizações manipulando algebricamente a Equação (1.24) e eliminando λ^{-1} por meio da divisão da 1ª Equação pela 3ª Equação, e da 2ª Equação pela 3ª Equação, resultando nas equações de colinearidade na forma direta com parâmetros adicionais, a saber:

$$\begin{cases} x' - x_0 - (\partial x + \delta_{dx}) = -f\dfrac{\left[m_{11}(X - X_0) + m_{12}(Y - Y_0) + m_{13}(Z - Z_0)\right]}{\left[m_{31}(X - X_0) + m_{32}(Y - Y_0) + m_{33}(Z - Z_0)\right]} \\ \\ y' - y_0 - (\partial y + \delta_{dy}) = -f\dfrac{\left[m_{21}(X - X_0) + m_{22}(Y - Y_0) + m_{23}(Z - Z_0)\right]}{\left[m_{31}(X - X_0) + m_{32}(Y - Y_0) + m_{33}(Z - Z_0)\right]} \end{cases} \tag{1.25}$$

As equações de colinearidade na forma direta podem ser usadas em métodos de calibração de câmeras, isto é, no método de laboratório, no método de multicolimador, no método do goniômetro ou nos métodos de campos. A principal diferença entre os métodos de calibração citados está na forma como as imagens são obtidas e na forma como o espaço objeto é imageado.

Atualmente, é comum encontrar sistemas de mapeamento móvel, aerotransportado ou terrestre, que integram sensores de posicionamento do Sistema Globalde Navegação por Satélite (*Global Navigation Satellite System*, GNSS) e de navegação inercial (*Inertial Navigation System*, INS) para determinar, continuamente, o deslocamento espacial (posição) e a orientação (atitude) do sensor em relação ao sistema referencial de mapeamento (referencial terrestre).

Nesse caso, os POIs, os PoEs e os parâmetros de montagem do sistema (r_C^{INS} e R_C^{INS}) podem ser estimados simultaneamente usando-se os dados derivados da integração GNSS/INS. Essa técnica é conhecida como *orientação integrada de sensores*, e a equação de colinearidade modificada é o modelo empregado para estimativa dos parâmetros. O leitor deve perceber que as notações e regras usadas aqui para definir a relação espacial entre os referenciais do INS e da câmera são feitas da seguinte forma:

- $M_{\mathrm{para}}^{\mathrm{de}}$ — denota a matriz de transformação de um sistema referencial A (designado como "de") para outro sistema referencial B (designado como "para"). Por exemplo, M_C^{INS} denota a matriz de transformação do sistema referencial da câmera para o sistema referencial do INS;

- as matrizes de transformação de coordenadas devem satisfazer a seguinte regra: $M_C^B M_C^A = M_C^A$, em que A, B e C representam diferentes sistemas referenciais.

O que realmente se quer dizer por uma matriz de transformação é que, se um vetor qualquer $v = \begin{bmatrix} v_x & v_y & v_z \end{bmatrix}^T$ é representado em um sistema referencial XYZ, e o mesmo vetor $u = \begin{bmatrix} u_u & u_v & u_w \end{bmatrix}^T$ é representado em um sistema referencial UVW, tem-se que:

$$\begin{bmatrix} v_x \\ v_y \\ v_z \end{bmatrix} = M_{XYZ}^{UVW} \begin{bmatrix} u_u \\ u_v \\ u_w \end{bmatrix}. \tag{1.26}$$

A Figura 1.21 mostra a geometria do modelo de orientação integrada de sensores que são adotados para representar a relação de transformação entre o sensor INS e as câmeras de um sistema multicâmeras, sendo, nesse caso, dado um exemplo para um sistema de mapeamento com quatro câmeras integradas com os sensores GNSS/INS.

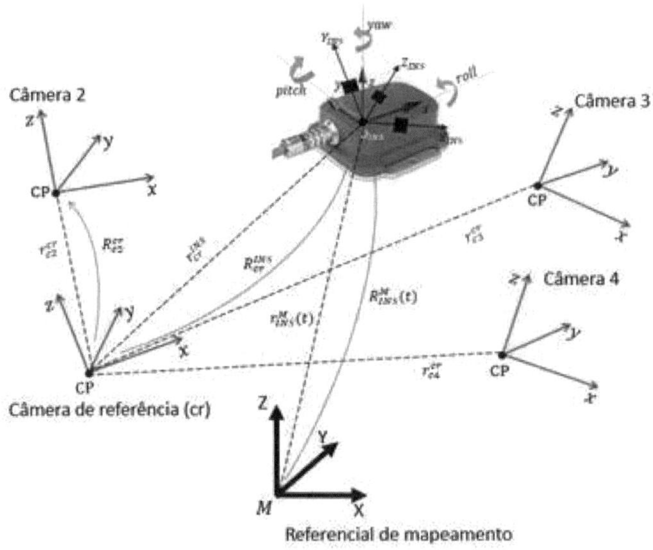

Figura 1.21 – Geometria do modelo de colinearidade modificado.

Na Figura 1.21, as coordenadas de um ponto (r_P^M) qualquer, no referencial de mapeamento terrestre (M), resultam da soma de três vetores após serem aplicadas as transformações necessárias para se compatibilizarem os sistemas referenciais, como segue:

$$r_P^M = r_{\text{INS}}^M(t) + R_{\text{INS}}^M(t)\left[r_{cr}^{\text{INS}} + R_{cr}^{\text{INS}} r_{\text{ci}}^{cr} + \lambda_i R_{cr}^{\text{INS}} R_{\text{ci}}^{cr} p'_i\right], \tag{1.27}$$

sendo, $r_{\text{INS}}^M(t)$ o vetor de coordenadas 3-D da origem do sistema referencial do INS, derivado do processo de integração GNSS/INS, levando-se em consideração a transformação entre a origem do sistema INS e o centro de fase da antena GNSS, $R_{\text{INS}}^M(t)$ é a matriz de rotação que relaciona o sistema de coordenada terrestre com o sistema de coordenadas do INS (*yaw*, *pitch*, *roll*); r_{cr}^{INS} e R_{cr}^{INS} são os parâmetros de montagem de sistema que compreendem o deslocamento linear e a orientação relativa, respectivamente, entre a origem do sistema de coordenadas do INS e a origem do sistema referencial fotogramétrico da câmera de referência; r_{ci}^{cr} é o deslocamento linear entre a origem do sistema da câmera de referência e o *CP* da i-ésima câmera; R_{ci}^{cr} é a orientação relativa entre o referencial da câmera de referência e do sistema referencial da i-ésima câmera; e λ_i é o fator de escala, p'_i as fotocoordenadas no referencial com origem no centro da imagem.

Como o desalinhamento angular $(\Delta\omega, \Delta\varphi, \Delta\kappa)$ entre os eixos primário (X_{INS}), secundário (Y_{INS}) e terciário (Z_{INS}) do INS e da câmera digital de referência é considerado valor pequeno, pode-se utilizar a seguinte matriz de rotação:

$$R_{cr}^{\text{INS}} = \begin{bmatrix} 1 & \Delta\kappa & -\Delta\varphi \\ -\Delta\kappa & 1 & \Delta\omega \\ \Delta\phi & -\Delta\omega & 1 \end{bmatrix}. \tag{1.28}$$

O mesmo raciocínio é válido para o desalinhamento angular $(\Delta\omega', \Delta\varphi', \Delta\kappa')$ entre os eixos primário, secundário e terciário da câmera digital de referência e a i-ésima câmera do sistema:

$$R_{ci}^{cr} = \begin{bmatrix} 1 & \Delta\kappa' & -\Delta\varphi' \\ -\Delta\kappa' & 1 & \Delta\omega' \\ \Delta\varphi' & -\Delta\omega' & 1 \end{bmatrix}. \tag{1.29}$$

Considerando-se que o deslocamento linear entre a origem do sistema de coordenadas do INS e a origem do sistema referencial fotogramétrico da câmera de referência (r_{cr}^{INS}), e o deslocamento linear entre a origem do sistema da câmera de referência e o *CP* da i-ésima câmera (r_{ci}^{cr}) são escritos da seguinte forma matricial:

$$r_{cr}^{\text{INS}} = \begin{bmatrix} \Delta x \\ \Delta y \\ \Delta z \end{bmatrix}; \tag{1.30}$$

$$r_{\text{ci}}^{cr} = \begin{bmatrix} \Delta x' \\ \Delta y' \\ \Delta z' \end{bmatrix}, \tag{1.31}$$

a Equação (1.27) pode ser escrita na seguinte forma matricial:

$$\begin{aligned}\begin{bmatrix} X \\ Y \\ Z \end{bmatrix}_P^M &= \begin{bmatrix} X \\ Y \\ Z \end{bmatrix}_{\text{INS}}^M (t) + \begin{bmatrix} r_{11} & r_{12} & r_{13} \\ r_{21} & r_{22} & r_{23} \\ r_{31} & r_{32} & r_{33} \end{bmatrix}_{\text{INS}}^M (t) \left[\begin{bmatrix} \Delta x \\ \Delta y \\ \Delta z \end{bmatrix} \right. \\ &+ \begin{bmatrix} 1 & \Delta\kappa & -\Delta\varphi \\ -\Delta\kappa & 1 & \Delta\omega \\ \Delta\varphi & -\Delta\omega & 1 \end{bmatrix} \begin{bmatrix} \Delta x' \\ \Delta y' \\ \Delta z' \end{bmatrix} \\ &\left. + \lambda_i \begin{bmatrix} 1 & \Delta\kappa & -\Delta\varphi \\ -\Delta\kappa & 1 & \Delta\omega \\ \Delta\varphi & -\Delta\omega & 1 \end{bmatrix} \begin{bmatrix} 1 & \Delta\kappa' & -\Delta\varphi' \\ -\Delta\kappa' & 1 & \Delta\omega' \\ \Delta\varphi' & -\Delta\omega' & 1 \end{bmatrix} \begin{bmatrix} x_i' - x_o^i - \left(\partial_x^i + \delta_{dx}^i\right) \\ y_i' - y_o^i - (\partial_y^i + \delta_{dy}^i) \\ -f_i \end{bmatrix} \right]\end{aligned} \tag{1.32}$$

sendo $f_i, x_o^i, y_o^i, \partial_x^i, \partial_y^i, \delta_{dx}^i, \delta_{dy}^i$ os POI de cada câmera envolvida no sistema e $r_{11}, \ldots, r_{33}$, os elementos da matriz $R_{\text{INS}}^M(t)$ dada em função dos ângulos de físicos do INS (*roll, pitch, yaw*).

Novamente, com a finalidade de eliminar o fator de escala da Equação (1.32), foram divididas a 1ª Equação e a 2ª Equação pela 3ª Equação, resultando nas equações de colinearidade na forma direta modificada, a saber:

$$x'_i = x_o^i - f_i \frac{F_x(r_I^M, r_{\text{INS}}^M(t), R_{\text{INS}}^M(t), r_{cr}^{\text{INS}}, R_{cr}^{\text{INS}}, r_{\text{ci}}^{cr}, R_{\text{ci}}^{cr})}{F_z(r_I^M, r_{\text{INS}}^M(t), R_{\text{INS}}^M(t), r_{cr}^{\text{INS}}, R_{cr}^{\text{INS}}, r_{\text{ci}}^{cr}, R_{\text{ci}}^{cr})} + \left(\partial_x^i + \delta_{\text{dx}}^i\right) \quad (1.33)$$

$$y'_i = y_o^i - f_i \frac{F_y(r_I^M, r_{\text{INS}}^M(t), R_{\text{INS}}^M(t), r_{cr}^{\text{INS}}, R_{cr}^{\text{INS}}, r_{\text{ci}}^{cr}, R_{\text{ci}}^{cr})}{F_z(r_I^M, r_{\text{INS}}^M(t), R_{\text{INS}}^M(t), r_{cr}^{\text{INS}}, R_{cr}^{\text{INS}}, r_{\text{ci}}^{cr}, R_{\text{ci}}^{cr})} + \left(\partial_y^i + \delta_{\text{dy}}^i\right). \quad (1.34)$$

Como procedimento prático, sugere-se montar um bloco fotogramétrico com cinco faixas fotogramétricas sob um campo de calibração com variações abruptas do terreno com voos cruzados, pontos de controle bem distribuídos e imagens contendo sobreposições longitudinal e lateral de 80 % e 55 %, respectivamente, e em duas alturas de voo distintas, para se minimizar a correlação entre os POIs e os PoEs, como mostra a Figura 1.22

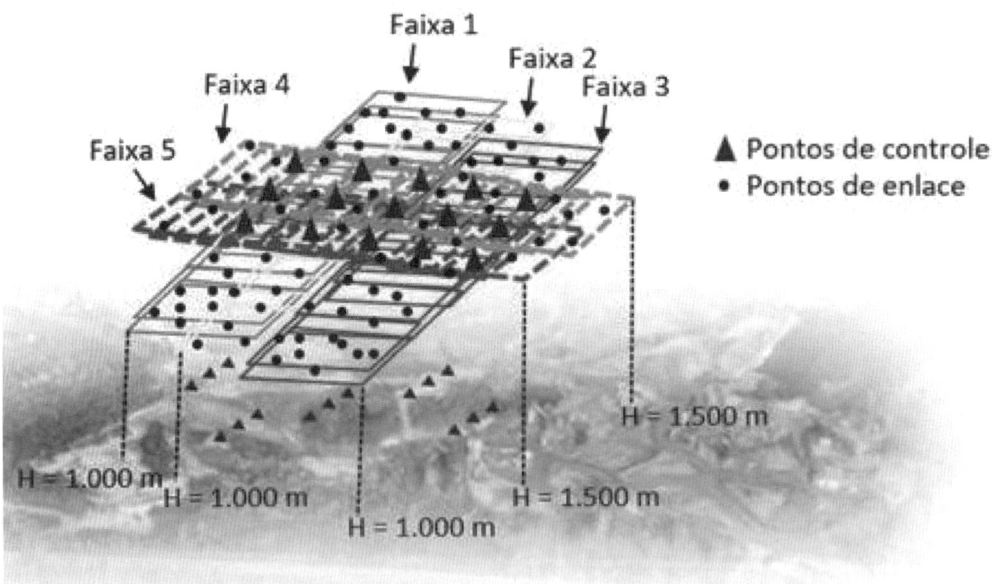

Figura 1.22 – Exemplo de configuração de voo para o processo de calibração em serviço.

No exemplo da Figura 1.22, é apresentado um conjunto de fotocoordenadas de *n* pontos de enlace, extraídos automaticamente no bloco de imagens de *i* câmeras, e *m* pontos de controle com coordenadas tridimensionais, coletados com GNSS, que devem ser usados para estimar os PoE do bloco de *i* imagens e as coordenadas tridimensionais, dos pontos de enlace no referencial de mapeamento adotado. Também devem ser estimados os POI das *i* câmeras e os parâmetros de montagem do sistema usando-se o ajustamento por feixes de raio de luz perspectivo, junto com o modelo paramétrico do Método dos Mínimos Quadrados (MMQ), a saber:

$$X = -\left(A^T PA\right)^{-1}\left(A^T PL\right), \tag{1.35}$$

sendo X o vetor das correções dos parâmetros, A representa a matriz das derivadas parciais das observações em função dos parâmetros; L é calculado em função de L_o (vetor das observações aproximadas) e L_b (vetor das observações); e P é a matriz dos pesos das observações.

Já a precisão estimada para cada parâmetro é obtida pela raiz quadrada do elemento correspondente da diagonal principal da matriz variância-covariância dos parâmetros Σ_X. Vale lembrar que, no emprego de tal formulação, não são atribuídos pesos, o que equivale a atribuir peso unitário (assim, arbitrado) a cada observação; dessa forma, a análise estatística está subordinada a tais pesos arbitrários. Essa matriz é calculada pela seguinte equação:

$$\Sigma_X = \widehat{\sigma}_0^2\left(A^T PA\right)^{-1}, \tag{1.36}$$

sendo $\widehat{\sigma}_0^2$ a variância a posteriori dada em função do número de observações e parâmetros envolvidos no procedimento.

Outra alternativa para se resolver o problema do fator λ_i na Equação (1.32) é aplicar a intersecção fotogramétrica em uma injunção de condição baseada em um modelo ponto a plano. Isso pode ser feito substituindo-se a Equação (1.27) na expressão a seguir:

$$\begin{bmatrix} a_i & b_i & c_i \end{bmatrix}^T r_P^M - d = 0, \tag{1.37}$$

sendo a_i,b_i, c_i os parâmetros dos planos extraídos no espaço objeto, e d, a distância da origem do referencial de mapeamento ao plano.

Nesse caso, o modelo matemático apresentado na Equação (1.37) minimiza a discrepância dos feixes de luz correspondentes de cada ponto de enlace, injuncionando todos os pontos fotogramétricos que pertencem a uma superfície plana, como telhados de edificações imageados em um modelo digital de elevação (MDE) ou em uma nuvem de pontos 3-D.

O método combinado é aplicado em modelos funcionais que ajustam observações e parâmetros. Os modelos aplicados a esse método são formados por equações implícitas do tipo, como apresentado na Equação (1.37), a saber:

$$F\left(X_a, L_a\right) = 0. \tag{1.38}$$

O modelo combinado do MMQ é obtido por meio de linearização por expansão da série de Taylor, tomando-se apenas os dois primeiros termos da série, como segue:

$$AX + BV + W = 0, \tag{1.39}$$

sendo $A = \frac{\partial F}{\partial X_a}|_{X_0,L_b}$, $B = \frac{\partial F}{\partial L_a}|_{X_0,L_b}$, $W = F\left(X_0, L_b\right)$, $V = AX + L_b$, X é o vetor das correções, X_a é o vetor dos parâmetros ajustados e L_b é o vetor em que são inseridas as observações.

Assim, tem-se a seguinte solução para as equações normais:

$$X = \left[A^T\left(BPB^T\right)^{-1}A\right]^{-1}A^T\left(BPB^T\right)^{-1}W. \quad (1.40)$$

Uma vez que os parâmetros de montagem do sistema estiverem em função do tempo (t), ou seja, considerando-se que um INS fornece dados na frequência de 100 Hz, então, serão medidas 100 observações por segundo, o que corresponde a 100 estimativas por segundo de $R_{\text{INS}}^{M}(t)$ e $r_{\text{INS}}^{M}(t)$. Na prática, para se obterem os valores de $R_{\text{INS}}^{M}(t)$ e $r_{\text{INS}}^{M}(t)$, é calculada a média do conjunto de medidas oriundas do INS, assim como seus desvios-padrão.

1.1.4.1 TRANSFORMAÇÕES ENTRE ÂNGULOS DE EULER (ω, φ, κ) E DE NAVEGAÇÃO (*ROLL, PITCH, YAW*)

Usualmente, os dados de posição, velocidade e orientação são obtidos usando-se sensores integrados GNSS/INS embarcados em plataformas móveis. O referencial de coordenadas da plataforma é definido em relação ao seu centro de navegação inercial, que é fixado na estrutura da plataforma. Os eixos do sistema da plataforma são definidos como: eixo primário x_b é positivo na direção de deslocamento da plataforma, que implica o movimento angular de rolagem (*roll*) da plataforma; o eixo secundário y_b é positivo na direção de estibordo (asa), implicando o movimento de arfagem (*pitch*) da plataforma, de tal modo que o plano $x_b y_b$ é horizontal quando a plataforma está estabilizada; e o eixo terciário z_b é positivo na direção do nadir, propiciando o movimento de deriva (*yaw*) do sensor, como mostrado na Figura 1.23.

Outro aspecto relevante é que dados espaciais adquiridos por sistemas móveis de mapeamento, embarcados com sensores integrados GNSS/INS, devem ser referenciados ao sistema terrestre adotado, que é estacionário e independente do tempo, conhecido como referencial geocêntrico, cuja origem é o centro de massa da Terra (ECEF), com o plano X-Y coincidindo com a Linha do Equador, onde o eixo X faz intersecção, na direção positiva, com o Meridiano de Greenwich; o eixo Z é paralelo ao eixo de rotação da Terra, com sentido positivo na direção ao Polo Norte; o eixo Y forma o plano Equatorial e é perpendicular ao eixo X, tornando o sistema dextrogiro (ver Figura 1.23).

O sistema *North-East-Down* (NED), ou Norte-Leste-baixo, é um referencial local que é definido por suas coordenadas *Earth-centered, Earth-fixed* (ECEF), ou seja, "centradas e fixadas na Terra". Muitas vezes, esse sistema é fixado na plataforma e move-se com sua estrutura. O sistema NED é definido de tal forma que os eixos N e E formam um plano tangente à superfície da Terra em sua posição atual, assumindo um modelo *World Geodetic System 1984* (WGS84) da Terra. Como apresentado na Figura 1.23, o sistema NED contém três eixos ortogonais, nos quais o eixo N aponta para Norte verdadeiro; o eixo *Down* aponta para o interior da Terra; e o eixo E completa o sistema dextrogiro, apontando para Leste. A Figura 1.23 mostra os sistemas referenciais ECEF e NED.

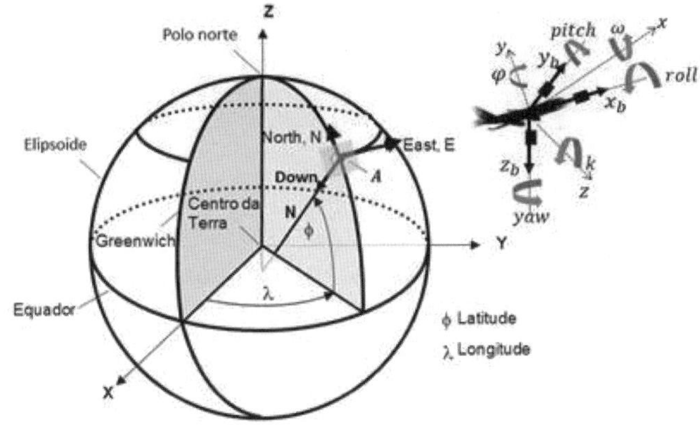

Figura 1.23 – Sistemas referenciais ECEF e NED, com base em Hull, 2007.

Como mostrado na Figura 1.23, os ângulos físicos de atitude da plataforma, obtidos pelo INS (*roll*, *pitch*, *yaw*), não coincidem com o sistema referencial fotogramétrico e com os ângulos de Euler (ω, φ, κ). Em outras palavras, o sistema do sensor INS pode não estar perfeitamente alinhado ao corpo da plataforma, e, por isso, exigirá uma rotação do sistema para alinhar os dois referenciais. Então, há a necessidade de se transformarem os ângulos físicos do INS para um sistema de ângulos matemáticos que podem ser definidos de formas distintas, isto é, o sistema BLUH e o sistema PATB. A escolha do sistema depende da maneira como o INS foi montado na plataforma. A Figura 1.24 mostra a diferença de orientação entre os dois sistemas.

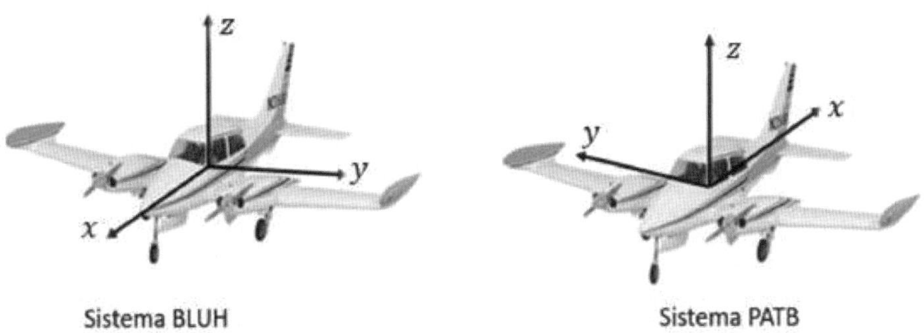

Figura 1.24 – Definição de orientação do sistema referencial para o sistema BLUH e PATB.

As transformações do sistema de navegação fornecidas pelo INS para o sistema referencial fotogramétrico, utilizando-se o sistema BLUH e o sistema PATB, são obtidas da forma como segue:

$$C_{E\,\mathrm{BLUH}}^{B} = R_z(\kappa) \times R_x(\omega) \times R_y(\varphi)$$
$$= \begin{bmatrix} \cos\kappa & \mathrm{sen}\,\kappa & 0 \\ -\,\mathrm{sen}\,\kappa & \cos\kappa & 0 \\ 0 & 0 & 1 \end{bmatrix} \times \begin{bmatrix} 1 & 0 & 0 \\ 0 & \cos\omega & \mathrm{sen}\,\omega \\ 0 & -\,\mathrm{sen}\,\omega & \cos\omega \end{bmatrix} \times \begin{bmatrix} \cos\varphi & 0 & -\,\mathrm{sen}\,\varphi \\ 0 & 1 & 0 \\ \mathrm{sen}\,\varphi & 0 & \cos\varphi \end{bmatrix} \quad (1.41)$$

$$C^B_{\text{E PATB}} = R_x(\omega) \times R_y(\varphi) \times R_z(\kappa)$$
$$= \begin{bmatrix} 1 & 0 & 0 \\ 0 & \cos\omega & -\operatorname{sen}\omega \\ 0 & \operatorname{sen}\omega & \cos\omega \end{bmatrix} \times \begin{bmatrix} \cos\varphi & 0 & \operatorname{sen}\varphi \\ 0 & 1 & 0 \\ -\operatorname{sen}\varphi & 0 & \cos\varphi \end{bmatrix} \times \begin{bmatrix} \cos\kappa & -\operatorname{sen}\kappa & 0 \\ \operatorname{sen}\kappa & \cos\kappa & 0 \\ 0 & 0 & 1 \end{bmatrix}. \tag{1.42}$$

Dessa forma, há as seguintes matrizes de rotação para os sistemas BLUH e PATB, a saber:

$$C^B_{\text{E BLUH}} = \begin{bmatrix} \cos\kappa\cos\varphi + \operatorname{sen}\kappa\operatorname{sen}\omega\operatorname{sen}\varphi & \operatorname{sen}\kappa\cos\omega & -\cos\kappa\operatorname{sen}\varphi + \operatorname{sen}\kappa\operatorname{sen}\omega\cos\varphi \\ -\operatorname{sen}\kappa\cos\varphi + \cos\kappa\operatorname{sen}\omega\operatorname{sen}\varphi & \cos\kappa\cos\omega & \operatorname{sen}\kappa\operatorname{sen}\varphi + \cos\kappa\operatorname{sen}\omega\cos\varphi \\ \cos\omega\operatorname{sen}\varphi & -\operatorname{sen}\omega & \cos\omega\cos\varphi \end{bmatrix} \tag{1.43}$$

$$C^B_{\text{E PATB}} = \begin{bmatrix} \cos\varphi\cos\kappa & -\operatorname{sen}\kappa\cos\varphi & \operatorname{sen}\omega \\ \cos\omega\operatorname{sen}\kappa + \operatorname{sen}\omega\operatorname{sen}\varphi\cos\kappa & \cos\omega\cos\kappa - \operatorname{sen}\omega\operatorname{sen}\varphi\operatorname{sen}\kappa & -\operatorname{sen}\omega\cos\varphi \\ \operatorname{sen}\omega\operatorname{sen}\kappa - \cos\omega\operatorname{sen}\varphi\cos\kappa & \operatorname{sen}\omega\cos\kappa + \cos\omega\operatorname{sen}\varphi\operatorname{sen}\kappa & \cos\omega\cos\varphi \end{bmatrix}. \tag{1.44}$$

Conhecendo-se os ângulos fornecido pelo INS, a transformação pode ser calculada utilizando-se os elementos da matriz $C^B_{\text{E BLUH}}$ para o sistema BLUH, e os elementos da matriz $C^B_{\text{E PATB}}$ para o sistema PATB. A Tabela 1.1 apresenta a formulação necessária para se executarem tais transformações.

Tabela 1.1 – Ângulos de Euler obtidos com as matrizes de rotação BLUH e PATB

Sistema BLU	Sistema PATB
$\varphi = \operatorname{arctg}\frac{c_{31}}{c_{33}}$	$\varphi = \operatorname{arctg}\frac{c_{13}}{\sqrt{c_{23}^2+c_{33}^2}}$
$\omega = \operatorname{arctg}\frac{-c_{32}}{\sqrt{c_{12}^2+c_{22}^2}}$	$\omega = \operatorname{arctg}\frac{-c_{23}}{c_{33}}$
$\kappa = \operatorname{arctg}\frac{C_{12}}{C_{22}}$	$\kappa = \operatorname{arctg}\frac{-c_{12}}{c_{11}}$

Na Tabela 1.1, $c_{11}, \ldots, c_{33}$ são elementos das matrizes de rotação $C^B_{\text{E BLUH}}$ ou $C^B_{\text{E PATB}}$. Ainda para se converterem os ângulos *roll*, *pitch*, *yaw* para os ângulos de Euler ω, φ, κ, devem ser considerados diferentes sistemas de coordenadas e rotações.

Devido à diferença de orientação dos eixos dos sistemas de coordenadas do INS e da câmera, duas matrizes de rotação adicionais são necessárias para se obterem sistemas de orientação equivalentes:

$$T^B_{\text{b BLUH}} = \begin{bmatrix} 1 & 0 & 0 \\ 0 & -1 & 0 \\ 0 & 0 & -1 \end{bmatrix}, \; T^B_{\text{b PATB}} = \begin{bmatrix} -1 & 0 & 0 \\ 0 & 1 & 0 \\ 0 & 0 & -1 \end{bmatrix}, \; T^E_n = \begin{bmatrix} 0 & 1 & 0 \\ 1 & 0 & 0 \\ 0 & 0 & -1 \end{bmatrix}, \tag{1.45}$$

sendo as matrizes $T^B_{\text{b BLUH}}$ e $T^B_{\text{b PATB}}$ usadas para se aplicar a transformação do sistema INS para o sistema referencial fotogramétrico, e vice-versa.

A matriz T_n^E é usada para a transformação do sistema de navegação (sistema local) para o sistema referencial de mapeamento, e vice-versa. No caso de não ser utilizado um sistema de coordenadas local para o sistema referencial de mapeamento, deve ser empregada uma matriz de rotação adicional para compensar os efeitos da curvatura terrestre e do desvio de meridiano:

$$C_n^{n'} = \begin{bmatrix} 1 & e_v & -e_e \\ -e_v & 1 & e_n \\ e_e & -e_n & 1 \end{bmatrix}, \tag{1.46}$$

sendo $e_n = -(\lambda_i - \lambda_o)\cos\varphi$, $e_e = (\phi_i - \phi_o)$ e $e_v = \left(\lambda_i - \lambda_o^{\mathrm{UTM}}\right) \operatorname{sen}\phi$, λ_i e ϕ_i coordenadas geográficas; λ_o e ϕ_o coordenadas geográficas da origem do sistema UTM (Universal Transversa de Mercator); e λ_o^{UTM}, o meridiano central do sistema UTM.

Dessa forma, para cada imagem (i), as seguintes matrizes devem ser calculadas para os ângulos de atitude *roll*, *pitch*, *yaw*, para as coordenadas geográficas (λ_i e ϕ_i) e para as coordenadas geográficas da origem do sistema plano (λ_o e ϕ_o):

$$C_b^{n_i} = f(\phi_i, \theta_i, \psi_i)\; C_e^{n_o} = f(\phi_o, \lambda_o)\; C_e^{n_i} = f(\phi_i, \lambda_i) \tag{1.47}$$

$$C_{n_o}^{n'} = F\left(\phi_i, \lambda_i, \phi_o, \lambda_o, \lambda_o^{\mathrm{UTM}}\right). \tag{1.48}$$

Portanto, haverá cinco transformações, a saber:

1. $C_b^e = \left(C_e^{n_i}\right)^T C_b^{n_i}$: Transformação do sistema *b* para o sistema *e*
2. $C_b^e = \left(C_e^{n_i}\right)^T C_b^{n_i}$: Transformação do sistema *b* para o sistema n_0
3. $C_b^{n_o} = C_e^{n_o} C_b^e$: Transformação do sistema *b* para o sistema n'
4. $C_b^{n'} = C_{n_o}^{n'} C_b^{n_o}$: Transformação do sistema *n* para o sistema *B*
5. $C_E^B = T_n^B \left(T_n^E\right)^T$: Transformação do sistema *E* para o sistema *B*

Combinando todas as matrizes de transformação, tem-se a seguinte expressão:

$$C_E^B = T_b^B \left(C_{n_o}^{n'} C_e^{n_o} \left(C_e^{n_i}\right)^T C_b^{n_i}\right)^T \left(T_n^E\right)^T \tag{1.49}$$

Com a Equação (1.49), é possível calcular os ângulos de Euler ω, φ, κ de cada imagem. Além dos sistemas de coordenadas do INS e da câmera terem definições diferentes, os eixos desses sistemas de coordenadas devem ser montados quase paralelamente um ao outro.

1.1.4.2 FORMAÇÃO DA IMAGEM VIRTUAL

Admitindo-se que o conjunto de POEs do bloco de *i* imagens e de POIs das *i* câmeras, bem com o conjunto de parâmetros de montagem do sistema, foram devidamente estimados pelo MMQ, pode-se formar a imagem virtual que representará o conjunto de imagens do sistema de mapeamento móvel em cada posição de aquisição dos dados.

Esse procedimento envolve uma tarefa de retificação de imagens com relação ao sistema da câmera de referência, usando-se o conjunto de POIs e POEs obtidos no processo de calibração das câmeras. O problema de retificação consiste em projetar a imagem para um plano horizontal, corrigindo a atitude da câmera em relação a um dado referencial de mapeamento. Isso é feito imagem a imagem, podendo ser empregadas as seguintes expressões:

$$x_n^i = -f_r \frac{\left(r_{11}x_c^i + r_{12}y_c^i - r_{13}f_i\right)}{\left(r_{31}x_c^i + r_{32}y_c^i - r_{33}f_i\right)}; \quad (1.50)$$

$$y_n^i = -f_r \frac{\left(r_{21}x_c^i + r_{22}y_c^i - r_{23}f_i\right)}{\left(r_{31}x_c^i + r_{32}y_c^i - r_{33}f_i\right)}, \quad (1.51)$$

sendo x_n^i e y_n^i as coordenadas retificadas no referencial fotogramétrico de cada imagem envolvida no sistema de imageamento; f_r e f_i, as distâncias focais calibradas da câmera de referência e das câmeras adjacentes, respectivamente; r_{ij}, os elementos da matriz de rotação R_{ci}^{cr} composta pelos ângulos $\Delta\omega'$, $\Delta\varphi'$, $\Delta\kappa'$ para $i = j = 1, \ldots, 3$; e x_c^i, y_c^i, as fotocoordenadas corrigidas dos efeitos de distorção das lentes.

Os valores de RGB de cada pixel na imagem retificada são obtidos por meio de uma interpolação bilinear, de forma que os pixels sejam transferidos ou transformados para a imagem de referência. Um exemplo da necessidade da transformação geométrica em uma imagem pode ser visto na Figura 1.25. Note que, depois de aplicada a transformação matemática, as coordenadas na imagem transformada não coincidem com os valores de coordenadas inteiros da imagem de saída, o que implica a necessidade de uma interpolação dos valores de cinza. Tal interpolação pode ser realizada pelo método do vizinho mais próximo, pelo método de interpolação bilinear, entre outros.

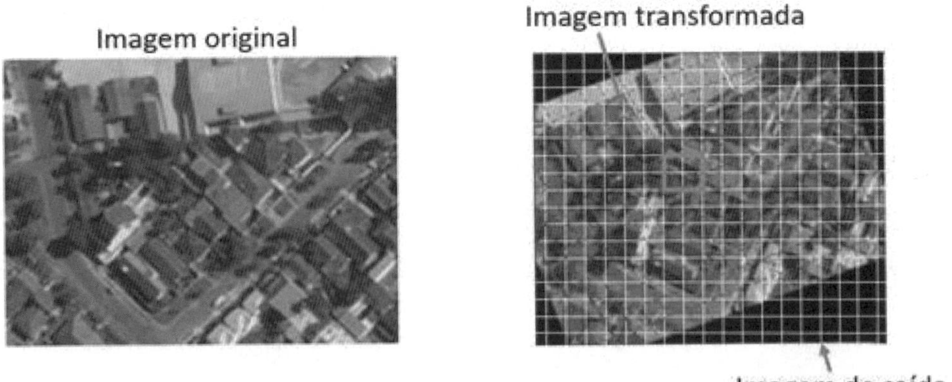

Figura 1.25 – Transformação geométrica de imagens.

Embora o método de interpolação por vizinho mais próximo seja muito simples de ser implementado, uma vez que se atribui ao pixel transformado o valor de cinza do pixel mais próximo na imagem original, ele produz como resultado um efeito de *aliasing* (serrilhamento nas bordas, conforme a Figura 1.26). Tal efeito causa descontinuidade nos valores de cinza dos pixels de borda, uma vez que a imagem é considerada como uma função constante.

Figura 1.26 – Efeito de *aliasing* nos pixels de borda de uma imagem.

Para se obter melhor efeito na reamostragem dos valores de pixel, o método de interpolação bilinear é o mais indicado. Por exemplo, considere-se o pixel da imagem de saída (quadrado preto) posicionado entre quatro pixels adjacentes na imagem de saída; um zoom dessa porção da imagem ilustrará melhor a ideia a ser examinada aqui (ver Figura 1.27 (b)).

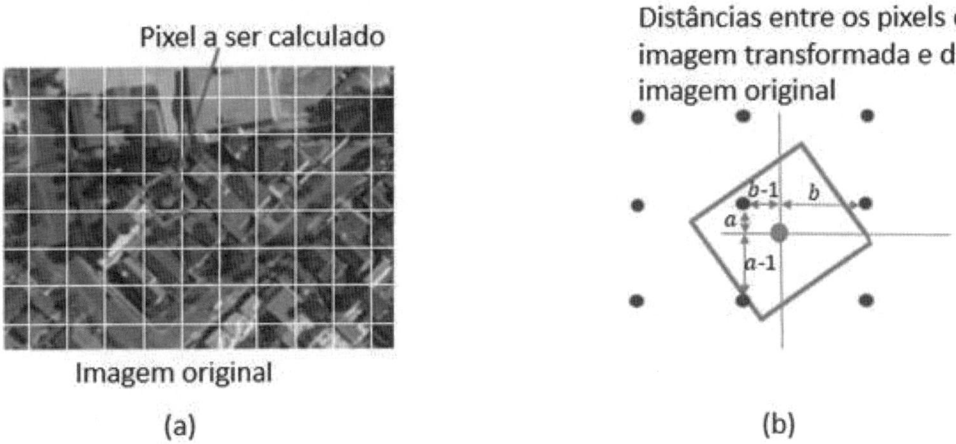

Figura 1.27 – Exemplo de interpolação: (a) imagem de entrada; (b) interpolação bilinear.

Na Figura 1.27 (a), nota-se que o centro do pixel transformado cai em uma posição não inteira e entre quatro pixels adjacentes na imagem original (aqui, a busca pelo valor de cinza do pixel transformado deve ser feita na imagem de entrada, para posterior atribuição na imagem de saída). A Figura 1.27 (b) mostra como se determina a distância aos quatro centros dos pixels adjacentes usando-se as distâncias (a, b) entre os pixels da imagem transformada, e da imagem original, usando-se o método de interpolação bilinear.

Em primeiro lugar, devem ser calculadas as distâncias nos sentidos horizontal e vertical entre o centro do pixel transformado e o centro de cada pixel na imagem de entrada. Nota-se que as distâncias são números entre 0 e 1. Então, pode-se atribuir pesos aos valores de cinza de acordo com a distância calculada, como segue:

$$y_n^i = -f_r \frac{\left(r_{21}x_c^i + r_{22}y_c^i - r_{23}f_i\right)}{\left(r_{31}x_c^i + r_{32}y_c^i - r_{33}f_i\right)}. \tag{1.52}$$

O resultado da operação produz bordas na imagem com aparência suavizada. A Figura 1.28 mostra uma sequência de operações de transformação geométrica.

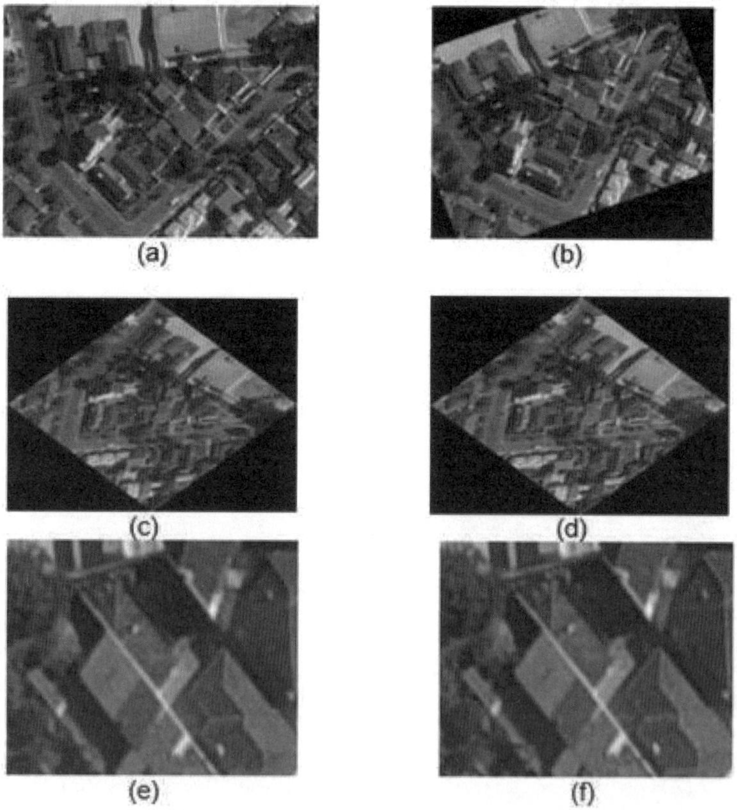

Figura 1.28 – Operações geométricas: (a) imagem original; (b) resultado da transformação afim geral no plano com imagem rotacionada a 20°; (c) resultado da transformação perspectiva usando-se interpolação com vizinho mais próximo; (d) resultado da transformação perspectiva usando-se interpolação bilinear; (e) porção da imagem reamostrada três vezes o tamanho original, usando-se interpolação bilinear; (f) porção da imagem reamostrada três vezes o tamanho original, usando-se interpolação por vizinho mais próximo.

Nota-se nas Figuras 1.28 (e) e 1.28 (f) que o interpolador bilinear produz bordas geometricamente mais bem definidas quando comparado ao interpolador por vizinho mais próximo. Também se nota na Figura 1.28 (f) o efeito *aliasing* visivelmente produzido nos pixels de borda. O código em C++, usando-se o OpenCV implementado para se aplicar uma reamostragem na imagem, é:

```
#include <ctime>
#include <cv.h>
#include <highgui.h>
#include <iostream>
#include <math.h>
#include <string.h>
#include <tchar.h>

void main() {
  path1 = "C:\\Data_Set\\";
  path12 = "Img_e";

  sprintf(buf, "%s%s.png", path1, path12);
  printf("%s\n", buf);
  img1 = cvLoadImage(buf);

  // Cria imagem para reamostragem
  IplImage *reamostrada = cvCreateImage(
      cvSize(img1->width * 3.0, img1->height * 3.0), img1->depth,
      img1->nChannels);

  // Reamostra a imagem de entrada usando interpolação bilinear
  cvResize(img1, reamostrada, CV_INTER_BILINEAR);
  // Nearest neighbor
  cvResize(inputImage, resizedImageNN, CV_INTER_NN);
  // Pixel area relation
  cvResize(inputImage, resizedImageArea, CV_INTER_AREA);
  // Bicubic interpolation
  cvResize(inputImage, resizedImageCubic, CV_INTER_CUBIC);

  cvNamedWindow("Imagem reamostrada", 1);
  cvShowImage("Imagem reamostrada", reamostrada);

  cvReleaseImage(&img1);
  cvReleaseImage(&reamostrada);
  cvWaitKey(0);
}
```

Observação: ao leitor interessado em aplicar as demais interpolações, basta usar a seguinte função:

- Vizinho mais próximo:

```
cvResize(inputImage, resizedImageNN, CV_INTER_NN);
```

- Interpelação bicúbica:

```
cvResize(inputImage, resizedImageCubic, CV_INTER_CUBIC);
```

Observação: para se aumentar ou diminuir a reamostragem, basta trocar as variáveis `img1-> width * 3.0` e `img1-> height * 3.0` na função dada, como segue:

```
IplImage* reamostrada = cvCreateImage(cvSize(img1-> width *
5.0, img1-> height * 5.0), img1-> depth,
img1-> nChannels);
```

Com as imagens retificadas, a imagem virtual pode ser formada por meio de um processo de registro de imagens. Primeiro, a dimensão da imagem virtual é estabelecida usando-se as equações de colinearidade na sua forma indireta, junto com os PoE e os POI de cada câmera, e, em seguida, seus pixels extremos (*pie*, *pid*, *pse*, *psd*) são determinados com as equações de colinearidade na forma direta, como mostra a Figura 1.29.

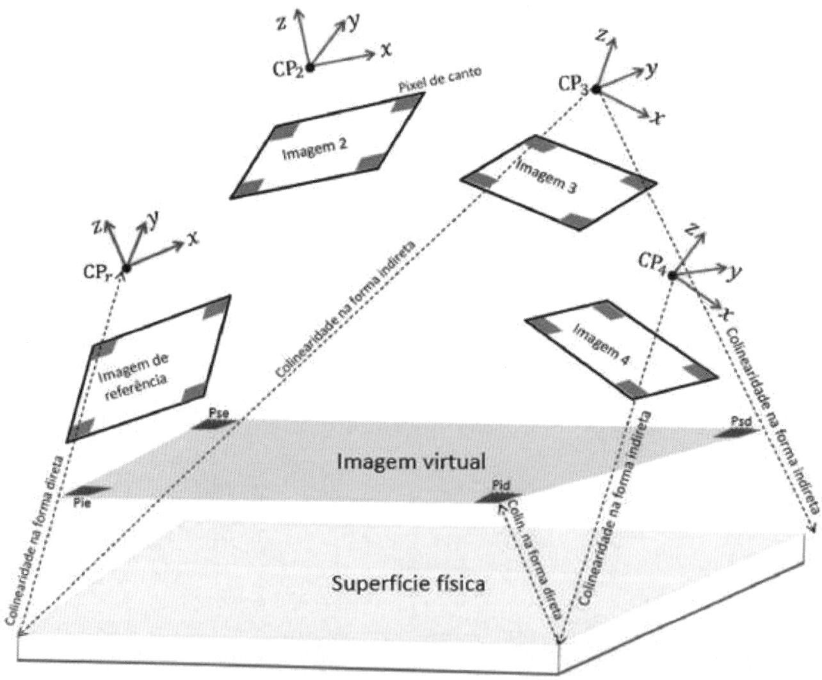

Figura 1.29 – Procedimento de obtenção da imagem virtual.

Os valores de *pie*, *pid*, *pse*, *psd* são calculados a partir da reprojeção das fotocoordenadas no referencial com origem no centro da imagem virtual, obtidas com as equações de colinearidade na forma direta, para o sistema referencial digital, usando-se a transformação inversa da Equação (1.1)

Em seguida, as imagens devem ser registradas usando-se os parâmetros de montagem do sistema r_{cr}^{INS}, R_{cr}^{INS}, r_{ci}^{cr}, R_{ci}^{cr}, bem como os IOP e os EOP de cada câmera envolvida no sistema de imageamento, usando-se a seguinte expressão:

$$x'_v = -f_r \frac{F_x\left(x_n^i, y_n^i, \text{POEs}, \text{POIs}, r_{cr}^{\text{INS}}, R_{cr}^{\text{INS}}, r_{\text{ci}}^{cr}, R_{\text{ci}}^{cr}\right)}{F_z\left(x_n^i, y_n^i, \text{POEs}, \text{POIs}, r_{cr}^{\text{INS}}, R_{cr}^{\text{INS}}, r_{\text{ci}}^{cr}, R_{\text{ci}}^{cr}\right)}; \tag{1.53}$$

$$y'_v = -f_r \frac{F_y(x_n^i, y_n^i, \text{POEs}, \text{POIs}, r_{cr}^{\text{INS}}, R_{cr}^{\text{INS}}, r_{\text{ci}}^{cr}, R_{\text{ci}}^{cr})}{F_z(x_n^i, y_n^i, \text{POEs}, \text{POIs}, r_{cr}^{\text{INS}}, R_{cr}^{\text{INS}}, r_{\text{ci}}^{cr}, R_{\text{ci}}^{cr})}, \tag{1.54}$$

sendo x'_v e y'_v as fotocoordenadas no referencial da imagem virtual.

Para cada pixel da imagem virtual, deve ser atribuído o seu valor de RGB. Isso pode ser feito aplicando-se o procedimento de interpolação bilinear descrito anteriormente. O resultado obtido é uma imagem virtual, como mostra a Figura 1.30 (e).

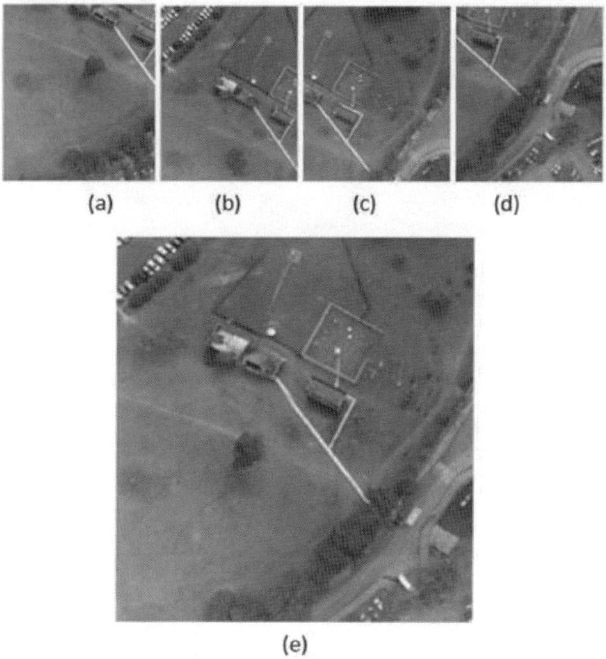

Figura 1.30 – Processo de formação da imagem virtual: (a–d) correspondem às imagens capturadas simultaneamente em uma posição de exposição do sistema de imageamento; (e) imagem virtual formada.

Nas Figuras 1.30 (a–d), há as imagens digitais capturadas simultaneamente em uma única posição de exposiçãodo sistema de imageamento multicâmeras. A Figura 1.29 (e) apresenta o resultado da imagem virtual.

Após o processo de formação da imagem virtual, nota-se a presença de linhas de corte no mosaico, devido à variação de iluminação em cada tomada de imagem, ao efeito de vinhete e à reflectância bidirecional. Portanto, visto que as imagens não passaram por um procedimento de ajuste radiométrico em bloco, surge a necessidade de uma compensação da resposta radiométrica, de modo que não sejam percebidas diferenças ao longo das linhas de corte. Essas linhas podem ser geradas de maneira automática ou manual.

Nesta obra, trata-se a posição das linhas de corte como arestas das células do diagrama de Voronoi geradas ao se considerarem as posições do *CP* da imagem virtual como pontos-semente (ou núcleos das células de Voronoi). A princípio, o procedimento apresentado pode ser aplicado para suavização de linhas de corte definidas por qualquer abordagem — automática ou manual.

O balanço de cores pode ser realizado por diferentes processos. Um deles é o método denominado *feathering*. Esse procedimento visa a eliminar a visualização das linhas de corte entre mosaicos adjacentes, aplicando uma função de peso médio, na qual é feita a combinação linear dos valores de níveis digitais das imagens adjacentes. A Figura 1.31 apresenta todos os elementos necessários para o entendimento desse método.

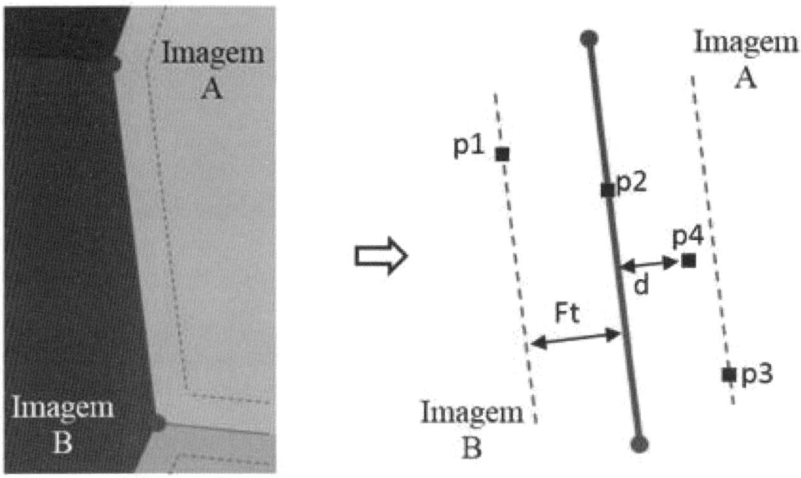

Figura 1.31 – Suavização via método *feathering*.

A linha de corte entre as imagens A e B é representada pela linha vermelha espessa. Para se aplicar o *feathering*, é necessário, a priori, definir uma área próxima à linha de corte na qual se deseja considerar as tonalidades na função de peso médio. Essa área localiza-se entre as linhas serrilhadas vermelhas (Figura 1.31) e possui um *buffer* de largura igual a *Ft* (neste livro, definido na ordem de 10 vezes o valor do *Ground Sample Distance* [GSD] da ortoimagem final). A radiometria final dos pixels presentes no interior desse *buffer* será uma combinação linear dos valores de níveis digitais das duas imagens (A e B).

A porcentagem de intensidade de cada imagem é definida de acordo com a distância *d* entre um pixel específico e a linha de corte. Assim, se a distância *d* for igual ou superior a *Ft*, a intensidade final do pixel será 100 % da imagem correspondente à célula de Voronoi onde o ponto se localiza. Caso a distância *d* seja igual a zero (pixel localizado sobre a linha de corte), significa que o valor final será uma composição de 50 % da imagem A e 50 % da imagem B.

Tabela 1.2 – Porcentagem de informação radiométrica de cada imagem, de acordo com os exemplos apresentados na Figura 1.31 para a suavização via *feathering*.

Pixel	% da imagem A	% da imagem B
$p1$	0	100
$p2$	50	50
$p3$	100	0
$p4$	$\left[\frac{50 \cdot d}{\text{Ft}} + 50\right]$	$100 - \left[\frac{50 \cdot d}{\text{Ft}} + 50\right]$

Para um caso geral, a intensidade de saída será uma combinação linear das tonalidades das duas imagens, de acordo com a equação apresentada no Quadro 1 para o pixel $p4$. Para os exemplos apresentados na Figura 1.31, os valores de porcentagens de cada pixel p são descritos na Tabela 1.2.

1.1.4.3 FORMAÇÃO DA IMAGEM VIRTUAL SEM ORIENTAÇÃO INTEGRADA DE SENSORES

Nem sempre os sistemas de imageamento possuem sensores GNSS/INS para a orientação integrada de sensores e, por isso, outras alternativas devem ser usadas para formação de imagens virtuais. Por exemplo, admitindo-se que um sistema de imageamento dual de câmeras foi desenvolvido para ser embarcado em um sistema RPA, como o apresentado na Figura 1.32.

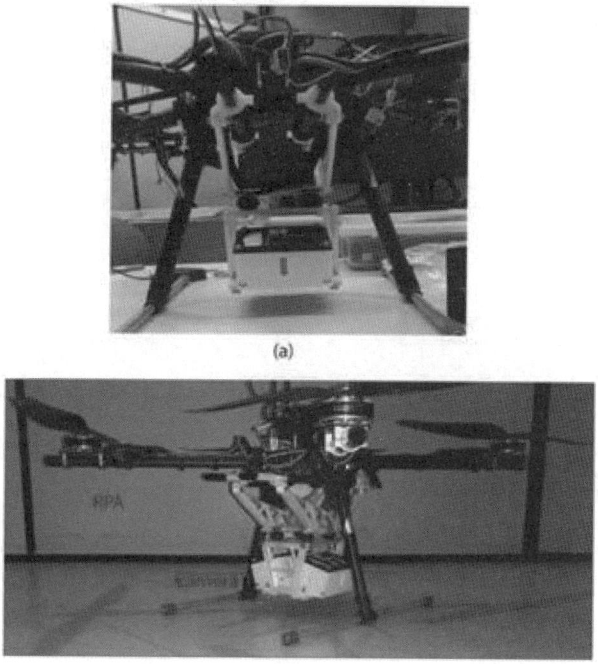

Figura 1.32 – Sistema de imageamento dual de câmeras. (a) Vista lateral do sistema dual de câmeras. (b) Vista panorâmica. Fonte: Kraemer, 2019 (cortesia).

Na Figura 1.32, é apresentado um sistema de imageamento dual de câmeras construído para ser embarcado em uma plataforma RPA. O projeto estrutural do sistema de imageamento foi elaborado com o auxílio da interface gratuita do SketchUp online, e sua confecção teve dois elementos norteadores, sendo eles o ângulo de inclinação e as dimensões da câmera — nesse caso, foram escolhidas duas câmeras DSC-RX0. A Figura 1.33 (a) mostra o suporte das câmeras e a estrutura de suporte do sistema de imageamento (Figura 1.33 (b)).

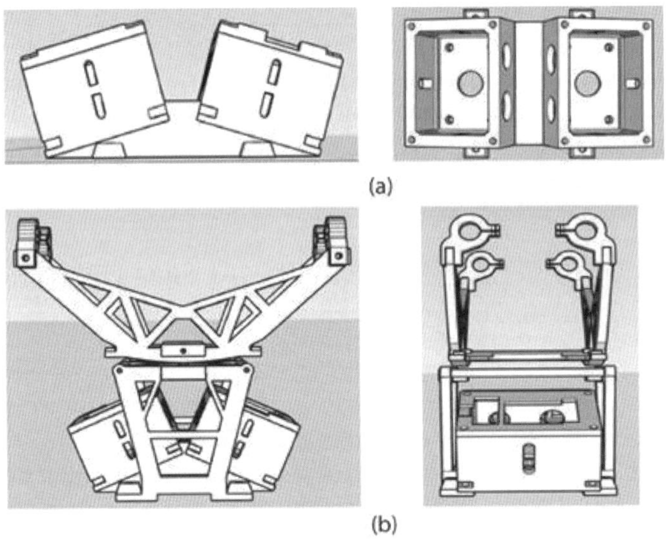

Figura 1.33 – Arquitetura do sistema de imageamento dual câmeras para RPA: (a) suporte das câmeras; (b) estrutura de suporte do sistema de imageamento. Fonte: Kraemer, 2019 (cortesia).

A plataforma foi construída em impressora 3-D, sendo utilizada para a construção do suporte para as câmeras digitais ácido poliláctico, para garantir a rigidez geométrica do sistema de câmeras, enquanto a estrutura de sustentação foi construída com polietileno tereftalato e glicol, por estes possuírem resistência mecânica e não serem quebradiços. A Figura 1.34 exibe o suporte das câmeras e a estrutura da plataforma impressas em 3-D.

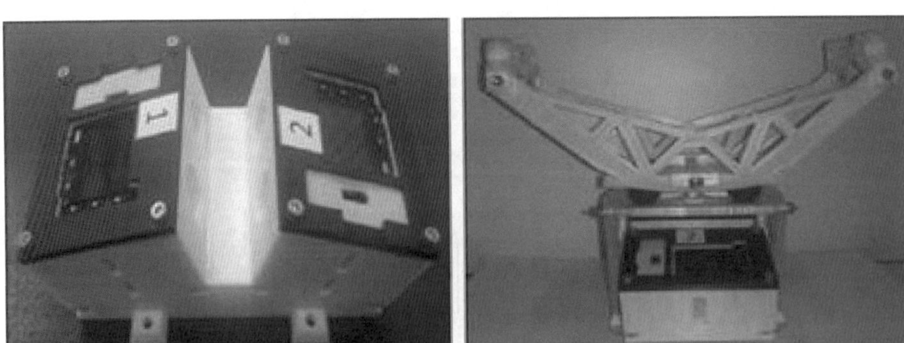

(a) (b)

Figura 1.34 – Plataforma impressa em 3-D: (a) suporte das câmeras; (b) estrutura da plataforma. Fonte: Kraemer, 2019 (cortesia).

Os POI das câmeras são determinados usando-se um método de calibração de câmeras, como o apresentado anteriormente. Outra forma de determinação dos POI das câmeras é empregar o método de Z. Zhang, 2000. Nele, os POI de ambas as câmeras são determinados simultaneamente, a partir da seguinte expressão:

$$\begin{bmatrix} x' \\ y' \\ 1 \end{bmatrix} = \begin{bmatrix} fS_x & \tau & x_0 \\ 0 & fS_y & y_0 \\ 0 & 0 & 1 \end{bmatrix} \begin{bmatrix} r_{11} & r_{12} & r_{13} & t_x \\ r_{21} & r_{22} & r_{23} & t_y \\ r_{31} & r_{32} & r_{33} & t_z \end{bmatrix} \begin{bmatrix} X \\ Y \\ Z \\ 1 \end{bmatrix}, \tag{1.55}$$

sendo x' e y' as fotocoordenadas de um ponto p' no espaço imagem com efeitos de distorção das lentes; X,Y,Z, as coordenadas do ponto P correspondente no espaço objeto; x_0 e y_0 e, as coordenadas do ponto principal; τ o fator de não ortogonalidade entre os eixos da câmera; f, a distância focal da câmera; S_x e S_y os fatores de escala em x e y; $r_{i,j}$ corresponde aos elementos da matriz de rotação em função dos ângulos de Euler (ω, φ, κ) com $i = j = 1, \ldots, 3$; t_x, t_y, t_z são os parâmetros de translação; e "$\cdot$" é o operador de multiplicação.

A relação entre os pontos no espaço imagem e seus correspondentes no espaço objeto é obtida usando um plano padrão. Usualmente, um tabuleiro de xadrez é empregado como campo de calibração e, por esse motivo, a coordenada Z é inserida como injunção com valor igual a 0 (zero).

A injunção imposta define uma transformação projetiva entre o campo de calibração e o plano da imagem. Dessa forma, o ponto p' no espaço imagem e seu correspondente $P(X, Y, 1)$ no espaço-objeto são representados por coordenadas homogêneas, como segue:

$$sp' = HP, \tag{1.56}$$

sendo s o fator de escala; $H = A \cdot \begin{bmatrix} r_1 & r_2 & t \end{bmatrix}$, a matriz homográfica; A, o primeiro termo do lado direito da Equação (1.55); r_1,r_2, os elementos da primeira e segunda colunas da matriz de rotação; e t, o vetor de translação. Por comodidade de notação, P, que antes era $X, Y, Z, 1$, passa a ser $X, Y, 1$.

A partir da Equação (1.56), os PoE são simultaneamente determinados segundo a matriz H. Fazendo $H = [h_1, h_2, h_3]$, obtém-se:

$$H = [h_1, h_2, h_3] = sA\,[r_1, r_2, t]\,. \tag{1.57}$$

Como r_1 e r_2 são vetores ortogonais, chega-se a duas restrições básicas nos parâmetros intrínsecos, dada uma homografia:

$$h_1^T A^{-T} A^{-1} h_2 = 0 \tag{1.58}$$

$$h_1^T A^{-T} A^{-1} h_1 = h_2^T A^{-T} A^{-1} h_2. \tag{1.59}$$

Seja $B = A^T A^{-1}$ uma matriz simétrica, é possível definir os elementos da matriz B pelo vetor $bz = \begin{bmatrix} B_{11} & B_{12} & B_{22} & B_{13} & B_{23} & B_{33} \end{bmatrix}^T$. Seja o *i-ésimo* vetor coluna de H $h_i = [h_{i1}, h_{i2}, h_{i3}]$, então, chega-se à seguinte expressão:

$$h_i^T B h_j = \upsilon^T bz, \tag{1.60}$$

sendo

$$\upsilon = \left[h_{i1}h_{j1}, h_{i1}h_{j2} + h_{i2}h_{j1}, h_{i2}h_{j2}, h_{i3}h_{j1} + h_{i1}h_{j3}, h_{i3}h_{j2} + h_{i2}h_{j3}, h_{i3}h_{j3} \right].$$

Assim, a partir das equações (1.58) e (1.59), para cada imagem capturada, obtêm-se duas equações homogêneas, como segue:

$$\begin{bmatrix} \upsilon_{12}^T \\ (\upsilon_{11} - \upsilon_{22})^T \end{bmatrix} bz = 0. \tag{1.61}$$

Para n imagens capturadas, resolver a Equação (1.61) significa solucionar um sistema de equações do tipo $V \cdot bz = 0$, sendo V uma matriz de dimensões $2n \times 6$, cuja solução pode ser encontrada por SVD (*Singular Value Decomposition*).

O SVD é uma solução aproximada para o sistema linear homogêneo apresentado na Equação (1.61), podendo ser solucionado pela decomposição de valores singulares. Os valores singulares λ_1,λ_2,λ_3 de uma matriz A, do tipo $m \times n$, em que $n < m$, são as raízes quadradas positivas dos autovalores λ_l da matriz de Gram, $K = B^T B$, isto é, $\lambda_l = \sqrt{\lambda_l} > 0$. Por exemplo, dada uma matriz F do tipo $m \times n$, com $m \geq n$, então:

$$B = U \begin{bmatrix} \lambda_1 & 0 & 0 \\ 0 & \lambda_2 & 0 \\ 0 & 0 & \lambda_3 \end{bmatrix} V^T = U_1 \lambda_1 V_1^T + U_2 \lambda_2 V_2^T + U_3 \lambda_3 V_3^T, \tag{1.62}$$

sendo U e V, $m \times r$ e $n \times r$ são matrizes cujas colunas são ortonormais, e

$$\begin{bmatrix} \lambda_1 & 0 & 0 \\ 0 & \lambda_2 & 0 \\ 0 & 0 & \lambda_3 \end{bmatrix}$$

é uma matriz diagonal de ordem 3, que satisfaz $\lambda_1 \geq \lambda_2 \geq \lambda_3 > 0$.

Então, $U \begin{bmatrix} \lambda_1 & 0 & 0 \\ 0 & \lambda_2 & 0 \\ 0 & 0 & \lambda_3 \end{bmatrix} V^T$ é a fatorização em valores singulares de B. Desde que se obtenha $B^T B$, pode-se determinar U e V como segue:

$$V = [v_1, v_2, \ldots, v_r], \tag{1.63}$$

sendo $v_1, v_2, \ldots, v_r$, os autovetores ortonormais de $B^T B$ associados aos autovalores λ_1, λ_2 e λ_3, respectivamente.

$$U = [u_1, u_2, \ldots, u_r], \tag{1.64}$$

sendo $u_l = \frac{1}{\lambda_l} B v_l$, para $l = 1, \ldots, 3$ são ortonormais.

Encontrado os valores do vetor *bz*, é possível determinar os POI contidos na matriz *A* e o fator de escala *s*, como segue:

$$v_0 = \frac{(B_{12}B_{13} - B_{11}B_{23})}{(B_{11}B_{22} - B_{12}^2)}; \quad (1.65)$$

$$u_0 = \frac{\tau v_0}{fS_y} - B_{13}f\frac{S_x^2}{\tau}; \quad (1.66)$$

$$s = \frac{B_{33} - (B_{13}^2 + v_0(B_{12}B_{13} - B_{11}B_{23}))}{B_{11}}; \quad (1.67)$$

$$fS_x = \sqrt{\frac{s}{B_{11}}}; \quad (1.68)$$

$$fS_y = \sqrt{\frac{sB_{11}}{B_{11}B_{12} - B_{12}^2}}; \quad (1.69)$$

$$\tau = -B_{12}fS_x{}^2\frac{fS_y}{s}, \quad (1.70)$$

sendo v_0 e u_0 o ponto principal calibrado em unidade de pixel.

Já os PoEs da câmera são obtidos fazendo a seguinte relação, a saber:

$$r_1 = \lambda A^{-1}h_1; \quad (1.71)$$

$$r_2 = \lambda A^{-1}h_2; \quad (1.72)$$

$$r_2 = r_1 \otimes r_2; \quad (1.73)$$

$$t = \lambda A^{-1}h_3; \quad (1.74)$$

sendo $\lambda = \frac{1}{\left\|A^{-1}h_1\right\|} = \frac{1}{\left\|A^{-1}h_2\right\|}$, e $\otimes$, o operador de produto vetorial.

Outro pré-requisito preponderante para se estabelecer o sistema dual oblíquo é a determinação do valor do ângulo de inclinação das câmeras, visto que seu valor se dá essencialmente em função da dimensão do sensor, da distância focal da câmera, da sobreposição e altura de voo.

Devido à forma como os sensores são posicionados no sistema, de modo que a área de sobreposição esteja na base maior do sensor, o ângulo de abertura precisa ser calculado em função da base menor do sensor. Admitindo-se que a sobreposição entre as imagens tomadas pelas câmeras 1 e 2 é de 40 %, que a dimensão do sensor é de 8,8 mm, que o teto de altura de voo é de 120 mm (400 pés) e a distância nominal das câmeras é de 7,7 mm, o valor do ângulo de inclinação pode ser obtido por meio de Equações de retas e funções de arco tangente. Esse método consiste em: 1) calcular o semiângulo de abertura da câmera (θ), que é o ângulo total dividido por dois; 2) fazer a intersecção dos raios extremos da câmera, em duas posições (dois CPs), com o plano do terreno (que contém o referencial). Então, as coordenadas dos dois CPs são dadas por:

$$CP_1 = \left(\frac{B}{2}, H\right); CP_2 = -\left(\frac{B}{2}, H\right), \tag{1.75}$$

sendo B a distância (em metros) entre os CP s e H a altura de voo (em metros).

Usando-se a equação da reta ($y = ax + b$), determina-se o valor de b no ponto CP e substitui-se na intersecção com o plano do terreno ($x\min, x\max$) esquerdo, ($x\min, x\max$) direito, todos os pontos com $y = 0$.

Desde que as câmeras estejam devidamente posicionadas na plataforma, como mostra a Figura 1.34, deve-se encontrar uma transformação matemática que modele os efeitos nas imagens, provocados por variação de escala (diferentes níveis de zoom), variação na intensidade de brilho das imagens (ganho radiométrico e mudança na iluminação solar) e diferenças projetivas (ângulos de visada ligeiramente diferentes).

A transformação matemática 2D $f(x,y)$, que mapeia cada observação na imagem de referência $I(x,y)$ em seu correspondente na imagem de pesquisa $I'(x,y)$, deve ser capaz de modelar no mínimo um parâmetro de rotação θ, duas translações Δx, Δy e dois fatores de escala μ_x, μ_y entre cada par de imagens.

Neste livro, investiga-se um modelo matemático para mosaicagem de imagens digitais baseado em uma abordagem "ponto a reta". O modelo desenvolvido mapeia cada ponto médio da linha reta extraída na imagem de referência $I(x,y)$ a uma linha reta correspondente na imagem de pesquisa $I'(x,y)$, a fim de estimar os parâmetros de transformação entre pares de imagens. Para isso, algumas etapas de extração de linhas retas devem ser executadas, como o realce e a suavização das imagens, uma segmentação seguida do afinamento de bordas e, por fim, a vetorização dos pixels de borda.

Há diversos meios de se obter uma imagem de boa qualidade radiométrica. A iluminação, as lentes, as câmeras e os dispositivos de aquisição de imagens são fatores essencialmente importantes. Entretanto, os melhores dispositivos e condições de uso nem sempre garantem imagens com essa boa qualidade. Em aplicações fotogramétricas, é impossível se manter um ambiente controlado para a aquisição de imagens, e, por isso, é necessário conhecer algumas alternativas computacionais que venham a suprir tais deficiências.

Vale ressaltar que, em quase todos os casos, o dispositivo de aquisição da imagem não discretiza apenas espacialmente a imagem, mas, também, em níveis de cinza. Na maioria deles, os valores de cinza são discretizados em 8 bits, ou seja, 0,..., 255. No entanto, já existem sensores que discretizam as informações m em 10 bits, 11 bits e 12 bits.

Devido ao baixo contraste entre alguns objetos na cena, mesmo nos casos em que é possível controlar a iluminação, é necessário modificar os valores de cinza para aumentar o contraste entre as partes citadas. Ao controlar a iluminação da cena, o problema ainda persiste. Todavia, o problema ocorre apenas localmente, devendo ser corrigido. Outra possível razão para se ajustarem os valores de cinza de uma imagem deve ser a variação de exposição de luz conforme a aquisição das imagens ao longo do tempo.

Considere-se uma imagem digital I com largura w e altura h como uma função discreta de um plano bidimensional $R = \{0, \ldots, w-1\} \times \{0, \ldots, h-1\}$ para um número real $\mathbb{R}$. Então, $I : R \mapsto \mathbb{R}$, com o valor de cinza (g) na posição (r, c) definido por $g = f(r, c)$. Por outro lado, uma imagem multiespectral pode ser considerada como uma função de $I : R \mapsto \mathbb{R}^n$, em que n representa a quantidade de canais.

A transformação de valores de cinza pode ser efetuada por uma operação pontual. Isso significa que a transformação de valores de cinza $t_{r,c}$ depende apenas do valor de cinza $g_{r,c}$ na imagem de entrada e na posição (r, c): $t_{r,c} = f\left(g_{r,c}\right)$. Note-se que o domínio do nível de cinza é discreto, e não contínuo. Vale ressaltar que, para se aumentar a velocidade da transformação, pode ser usada a técnica LUT (*LookUp Table*). Essa técnica armazena a saída dos valores de cinza para cada possível valor de cinza de entrada na tabela. Denotando a LUT como f_g, tem-se $t_{r,c} = f_g\left[g_{r,c}\right]$, em que o operador $f_g\left[g_{r,c}\right]$ denota a tabela LUT. A transformação de valores de cinza mais importante é uma linear, dada por:

$$f(g) = ag + b. \tag{1.76}$$

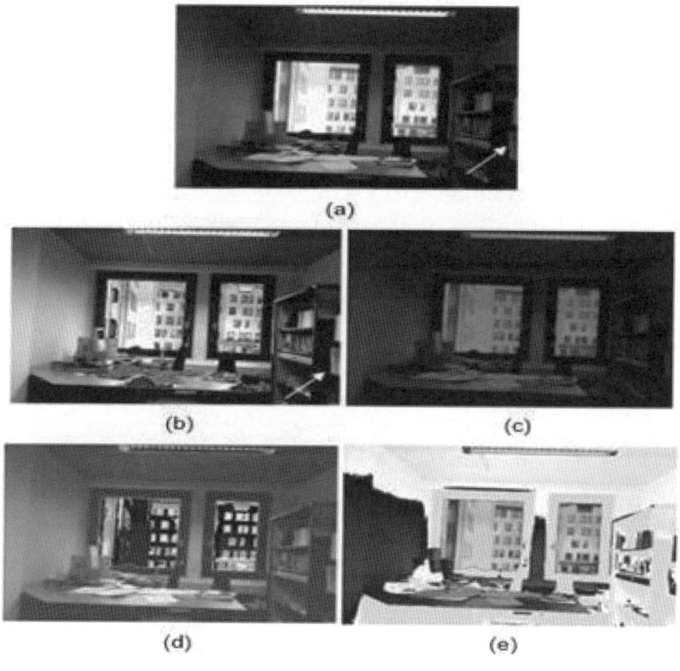

Figura 1.35 – Exemplos de transformação linear de valores de cinza: (a) imagem original; (b) com contraste aumentado ($a = 2$); (c) com contraste diminuído ($a = 0.5$); (d) com aumento do brilho ($b = 50$); (e) com diminuição do brilho (-50).

Admitindo-se que g pertence a uma imagem de 8 bits (valores de cinza 0–255), é necessário garantir que o valor de saída esteja dentro de uma escala de 8 bits. Assim, é possível escrever uma função matemática para se restringir e arredondar o valor de cinza, de forma que seja garantida tal hipótese, como segue:

$$f(g) = \min\left(\max\left([ag + b + 0.5], 0\right), 2^b - 1\right). \tag{1.77}$$

A Figura 1.35 mostra a imagem de uma sala com n objetos, como computador, cadeira, livros, papéis etc. Após se aplicar a equação linear apresentada (Equação (1.77)), o leitor poderá identificar as diferenças entre a imagem original e as imagens transformadas.

Na prática, para valores de $|a| > 1$, o contraste da cena aumenta, enquanto para valores de $|a| < 1$, o contraste da cena diminui. Se $a < 0$, os valores de cinza são invertidos. Para $b > 0$, o brilho da imagem aumenta, enquanto para $b < 0$, o brilho da imagem diminui. Com isso, pode-se concluir que o parâmetro a indica o contraste, enquanto o parâmetro b indica o brilho da cena.

Se o leitor olhar para a Figura 1.35 (b), poderá perceber o realce de contraste em diversos pontos na imagem. Especificamente na região onde se encontra a flecha (em branco), vê-se que, antes da transformação, não era possível identificar um mapa desenhado na capa de um livro. Também é fácil se identificarem os manuscritos nos papéis distribuídos sobre a mesa, entre outros detalhes. Nota-se ainda que, na Figura 1.35 (d), houve um aumento no brilho da imagem, isto é, os objetos sobre a mesa e os livros na estante estão mais claros, enquanto na Figura 1.35 (e) ocorreu o processo inverso.

É importante ressaltar que os parâmetros da transformação linear devem ser apropriadamente selecionados para cada aplicação e adaptado de acordo com as condições de iluminação. Em algumas situações, pode não ser muito melhor que a imagem original. Isso geralmente acontece quando existe reflexão especular dos objetos (valores máximos de nível de cinza) e em regiões escuras (valores de cinza próximos de 0). A seguir, encontra-se o código implementado em C++, usando-se a OpenCV para converter uma imagem RGB em níveis de cinza e realizar a transformação exibida na Equação (1.77), cujo resultado é apresentado na Figura 1.35, como segue:

```
#include <ctime>
#include <cv.h>
#include <highgui.h>
#include <iostream>
#include <math.h>
#include <string.h>
#include <tchar.h>

void main() {
  IplImage *img1;
  const char *path1, *path12, ;
  char buf[42] = {0};
  path1 = "C:\\Data_Set\\";
  path12 = "Img_e";

  // Encontra o caminho para a imagem
  sprintf(buf, "%s%s.png", path1, path12);
  printf("%s\n", buf);
  img1 = cvLoadImage(buf); // Carrega imagem usando openCV

```

```
    // Cria uma imagem de saída para receber imagem de cinza
    IplImage *img1_gray = cvCreateImage(
        cvSize(img1->width, img1->height), IPL_DEPTH_8U, 1);

    // 1) Transforma RGB para Nivel de Cinza
    cvCvtColor(img1, img1_gray, CV_RGB2GRAY);

    // Cria uma imagem de saída para receber imagem resultante
    IplImage *img_transformed = cvCreateImage(
        cvSize(img1->width, img1->height), IPL_DEPTH_8U, 1);

    // 2) Transformação de valores de cinza
    int k, r, c, R, G, B, channels, step;
    uchar *data, nc;
    float a, b;

    channels = img_transformed->nChannels;
    step = img_transformed->widthStep;
    data = (uchar *)img_transformed->imageData;

    a = 1.0; // Define a e b
    b = -15.;

    for (r = 0; r < img_transformed->height; r++) {
      for (c = 0; c < img_transformed->width; c++) {
        Pixel = cvGet2D(img1_gray, r, c);
        nc = a * (Pixel.val[0]) + b + 0.5;
        data[r * step + c * channels + k] = nc;
      }
    }

    // Prepara janela para visualização de imagem
    cvShowImage("LEFT", img1_gray);
    cvShowImage("LEFT", img_transformed);
    cvWaitKey(0);
}
```

No caso do resultado obtido na Figura 1.35, é possível descobrir onde ocorrem os pixels de maior e menor valores de cinza usando-se o histograma da imagem. Um histograma é definido como a frequência com a qual ocorre certo valor de cinza. Seja n o número de pontos na região de interesse (ROI) e n_i a quantidade de pixels que possuem o valor de cinza i, o valor de cinza do histograma (h_i) é uma função discreta com domínio em G^b (plano discreto dos valores de cinza), dada por:

$$h_i = \frac{n_i}{n} \tag{1.78}$$

Em termos probabilísticos, h_i pode ser considerado como a densidade de probabilidade de ocorrência do valor de cinza i, na imagem. Também pode ser calculado o histograma acumulativo da imagem, como segue:

$$c_i = \sum_{j=0}^{i} h_j. \tag{1.79}$$

A Equação (1.79) corresponde à distribuição de probabilidade dos valores de cinza. A Figura 1.36 mostra o histograma da imagem original, a imagem equalizada e o histograma equalizado.

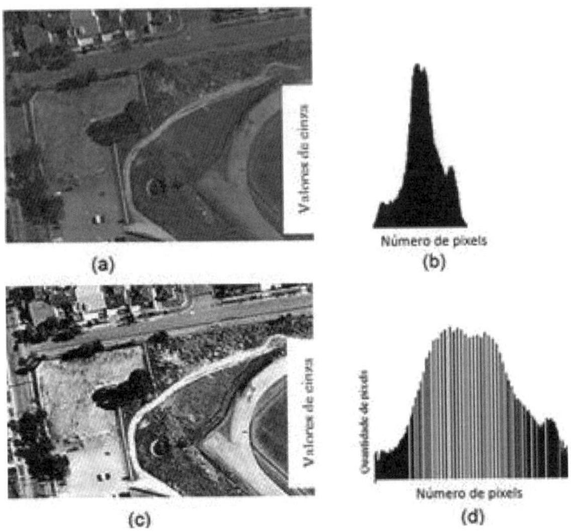

Figura 1.36 – Histograma da imagem: (a) imagem original; (b) histograma da imagem original; (c) imagem equalizada; (d) histograma da imagem equalizada.

Na Figura 1.36 (a) é mostrado que uma grande porção dos valores de cinza da imagem está concentrada em valores entre 50–100 . Visualmente, os objetos possuem baixo contraste, e a imagem é escura, dificultando a identificação de algumas feições, como o ponto pré-sinalizado (em forma de cruz). O código em C++, usando-se OpenCV para realizar o realce e o histograma de imagens, é mostrado como segue:

```
#include <ctime>
#include <cv.h>
#include <highgui.h>
#include <iostrieam>
#include <math.h>
#include <string.h>
#include <tchar.h>

void main() {
  IplImage *img1;
  const char *path1, *path12, ;
```

```
    char buf[42] = {0};
    path1 = "C:\\Data_Set\\";
    path12 = "Img_e";

    // Encontra o caminho para a imagem
    sprintf(buf, "%s%s.png", path1, path12);
    printf("%s\n", buf);
    img1 = cvLoadImage(buf); // Carrega imagem usando openCV

    // Calcula Histograma de uma imagem
    IplImage *eq_gray = cvCreateImage(cvGetSize(img1_gray), 8, 1);
    IplImage *hist_img = cvCreateImage(cvSize(300, 240), 8, 1);
    cvSet(hist_img, cvScalarAll(255), 0);
    IplImage *eq_hist_img = cvCreateImage(cvSize(300, 240), 8, 1);
    cvSet(eq_hist_img, cvScalarAll(255), 0);
    IplImage *img1_gray = cvCreateImage(
        cvSize(img1->width, img1->height), IPL_DEPTH_8U, 1);
    CvHistogram *hist;
    // define um "range" para a imagem do histograma
    int hist_size = 256;
    float range[] = {0, 256}; // define a bits
    float *ranges[] = {range};
    float max_value = 0.0;
    float w_scale = 0.0;

    /*Cria vetor 1-D para armazenar os dados no histograma*/
    hist = cvCreateHist(1, &hist_size, CV_HIST_ARRAY, ranges, 1);
    /*Calcula o histograma de uma imagem e armazena os valores
     * no vetor criado anteriormente*/
    cvCalcHist(&img1_gray, hist, 0, NULL);
    /*Encontra os valores máximo e mínimo do histograma*/
    cvGetMinMaxHistValue(hist, 0, &max_value, 0, 0);
    /*Usando o valor máximo para equalizar o histograma
     * (para preencher a imagem)*/
    cvScale(hist->bins, hist->bins,
            ((float)hist_img->height) / max_value, 0);
    /*Equaliza o limite do histograma para a largura da imagem*/
    w_scale = ((float)hist_img->width) / hist_size;
    /*Plota o Histograma*/
    for (int i = 0; i < hist_size; i++)
      cvRectangle(hist_img,
                  cvPoint((int)i * w_scale, hist_img->height),
                  cvPoint((int)(i + 1) * w_scale,
                          hist_img->height -
                              cvRound(cvGetReal1D(hist->bins, i))),
                  cvScalar(0), -1, 8, 0);

```

```
  /*Equaliza o histograma */
  cvEqualizeHist(img1_gray, eq_gray);

  /*Calcula e Plota o histograma equalizado*/
  cvCalcHist(&eq_gray, hist, 0, NULL);
  cvGetMinMaxHistValue(hist, 0, &max_value, 0, 0);
  cvScale(hist->bins, hist->bins,
          ((float)eq_hist_img->height) / max_value, 0);
  w_scale = ((float)eq_hist_img->width) / hist_size;
  for (int i = 0; i < hist_size; i++)
    cvRectangle(eq_hist_img,
                cvPoint((int)i * w_scale, eq_hist_img->height),
                cvPoint((int)(i + 1) * w_scale,
                        eq_hist_img->height -
                            cvRound(cvGetReal1D(hist->bins, i))),
                cvScalar(0), -1, 8, 0);

  /*Cria uma janela apenas para mostrar o histograma da imagem*/
  cvNamedWindow("Imagem equalizada", 1);
  cvShowImage("Imagem equalizada", eq_gray);
  cvNamedWindow("Histograma", 1);
  cvShowImage("Histograma", hist_img);
  cvNamedWindow("Histograma Equalizado", 1);
  cvShowImage("Histograma Equalizado", eq_hist_img);

  /*Deleta janelas criadas*/
  cvReleaseImage(&img1);
  cvReleaseImage(&img1_gray);
  cvReleaseImage(&img_transformed);
  cvReleaseImage(&hist_img);
  cvReleaseImage(&eq_hist_img);
  cvReleaseImage(&eq_gray);
  cvWaitKey(0); // Mantém o resultado na tela
}
```

Quando a imagem é equalizada, o histograma na Figura 1.36 (d) mostra que os valores de cinza são distribuídos, e, consequentemente, haverá aumento no contraste e no brilho da imagem. Na Figura 1.36 (c) pode ser perfeitamente visualizado um ponto pré-sinalizado com alto contraste em relação ao pavimento de rua. A técnica descrita é bastante útil nos processos de extração automática de feições. Inclusive, é uma ferramenta muito usada para tornar o reconhecimento dos objetos invariante a mudanças de iluminação.

Toda imagem contém algum grau de ruído (uma mudança randômica nos valores de cinza, provocada, por exemplo, pela flutuação do fluxo de fótons). Em muitas situações, tais ruídos devem ser atenuados, uma vez que não é possível eliminá-los. Usualmente, operadores conhecidos por suavização de imagens são empregados para a tarefa de atenuação de ruídos em imagens digitais.

De um modo geral, o valor de cinza verdadeiro ($g_{r,c}$) é influenciado por um ruído $n_{r,c}$ da forma que segue:

$$\widehat{g}_{r,c} = g_{r,c} + n_{r,c}. \tag{1.80}$$

Para todos os pixels em uma imagem, o ruído pode ser considerado uma variável randômica com média zero e variância σ^2. O ruído de média zero implica observações (níveis de cinza) livres de erros sistemáticos, uma vez que qualquer média diferente de zero constitui observações eivadas de tendências sistemáticas. Aqui, também se assumirá que os ruídos não dependem da posição dos pixels na imagem, uma vez que são homogeneamente distribuídos para cada pixel. Particularmente, σ^2 será assumido como constante na imagem.

Na prática, a redução de ruídos pode ser considerada como um problema estocástico, ou seja, dados os valores de cinza observados $\widehat{g}_{r,c}$, pretende-se estimar o verdadeiro valor de cinza $g_{r,c}$. De forma bem simples, pode-se obter um mínimo de 10 imagens da mesma cena e calcular a média dos valores de cinza em cada posição correspondente. Visto que as imagens são adquiridas em tempos diferentes, adota-se uma média temporal. Então, se forem adquiridas n imagens, a média temporal é dada por:

$$g_{r,c} = \frac{1}{n}\sum_{i=1}^{n} \widehat{g}_{r,c}\,, \tag{1.81}$$

em que $\widehat{g}_{r,c}$ denota o valor de cinza do ruído na posição r, c, na imagem.

Esse tipo de método pode ser muito útil em situações em que são produzidos muitos níveis de ruído na imagem. De acordo com a teoria da probabilidade, a variância do ruído é reduzida por um fator n, como segue:

$$\sigma_m^2 = \frac{\sigma^2}{n}, \tag{1.82}$$

Consequentemente, o desvio padrão do ruído é reduzido por um fator de $\sqrt{n}$. Desde que a imagem resultante da média temporal seja uma boa estimativa para os valores de cinza verdadeiros, pode-se subtrair a imagem resultante de qualquer uma das imagens adquiridas da cena e obter o ruído naquela imagem. Uma desvantagem da técnica de suavização por média temporal é que obter diversas imagens em aplicações que exigem velocidade no tratamento dos dados não é uma tarefa atrativa.

Uma única imagem seria o caso mais ideal para estimar os valores de cinza verdadeiros. Nesse caso, cálculos probabilísticos podem auxiliar de forma muito mais eficiente. Por enquanto, admite-se que são necessárias quatro imagens para se estimar o valor verdadeiro do nível de cinza. Então, a média espacial pode ser calculada sobre uma máscara de $(2n + 1) \times (2m + 1)$ pixels, como segue:

$$g_{r,c} = \frac{1}{(2n+1)\times(2m+1)}\sum_{i=-n}^{n}\sum_{j=-m}^{m} \widehat{g}_{r-i,c-j}. \tag{1.83}$$

Essa operação da média espacial também é conhecida como *filtro da média*. Assim como para a média temporal, a variância do ruído também é reduzida por um fator que corresponde ao número de medidas que são usadas para calcular a média, por exemplo, $(2n + 1) \times (2m + 1)$.

A Figura 1.37 (b) mostra o resultado da suavização de uma imagem usando-se um filtro com máscara de dimensão 3×3. Nesse caso, o desvio padrão do ruído é reduzido por um fator 3, que é o mesmo valor obtido com a suavização da média temporal. Entretanto, pode-se notar que a borda não é tão acentuada quanto aquela apresentada pelo filtro da média temporal. Isso acontece porque, em geral, as imagens não são homogêneas. Outro aspecto importante é que, diferentemente do filtro da média temporal, o filtro de suavização da média borra as bordas das feições.

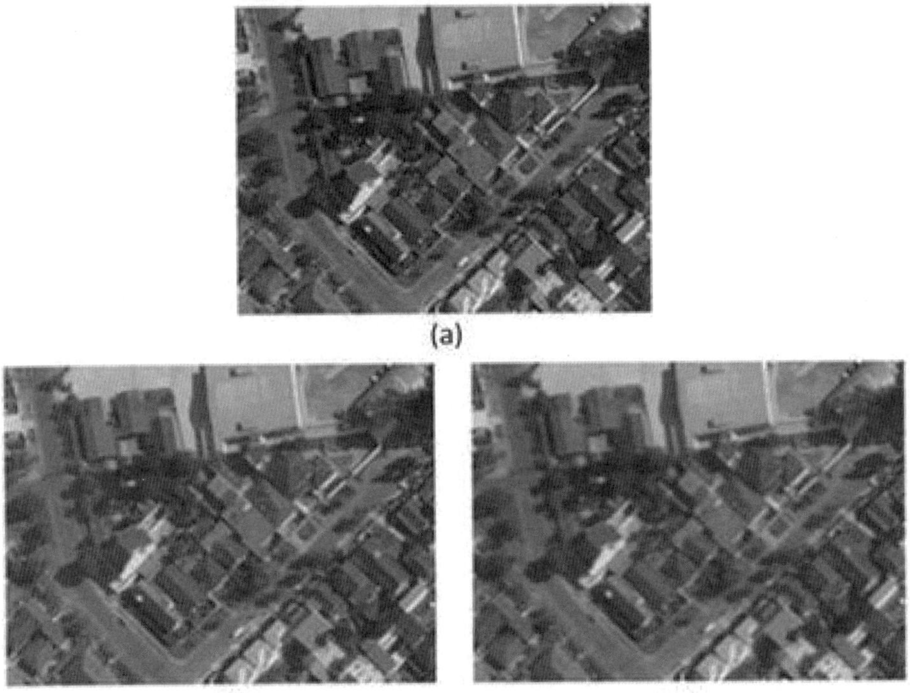

Figura 1.37 – Resultado do filtro da média: (a) imagem original; (b) imagem resultante após aplicar o filtro da média com máscara de convolução 3×3; (c) imagem resultante após aplicar o filtro a média com máscara de convolução 5×5.

Ao comparar os resultados mostrados nas Figuras 1.37 (b) e 1.37 (c), é claramente visível o nível de suavização da imagem com o filtro da média, quando utilizadas máscaras de tamanho 3×3 e 5×5.

Se o filtro da média for implementado com base na Equação (1.83), o número de operações envolvidas no processo será de $(2n + 1) \times (2m + 1)$ para cada pixel na imagem. Por exemplo, o cálculo terá a complexidade $O(whmn)$, em que w é a largura da imagem e h é altura da imagem. Para uma imagem com $w = 640$ e $h = 480$, e uma máscara 5×5, o algoritmo executará 37.171.200 operações de adição e 307.200

operações de divisão. Esse é, sem dúvida, um número muito substancial e, por isso, deve ser reduzido ao máximo. Um caminho para se solucionar o problema é usar a lei associativa de adição de números reais, como segue:

$$g_{r,c} = \frac{1}{(2n+1) \times (2m+1)} \sum_{i=-n}^{n} \left(\sum_{j=-m}^{m} \widehat{g}_{r-i,c-j} \right). \quad (1.84)$$

Apesar de parecer uma operação simples, o termo em parênteses, agora, pode ser calculado uma única vez e ainda ser armazenado em alguma variável. Efetivamente, isso significa que primeiro está sendo feito o cálculo na direção da coluna da imagem de entrada e, posteriormente, a soma na direção da linha da imagem.

O somatório duplo na Equação (1.83) de complexidade $O(Mn)$ passa a ser de $O(m + n)$, uma vez que agora é reorganizado por duas somas. Consequentemente, a complexidade da operação torna-se de $O(wh(m + n))$, sendo requerido um número total de 6.758.400 adições. Tal filtro é conhecido como *filtro decomposto* e fornece velocidade na operação de suavização de imagens.

Outros filtros foram desenvolvidos pela comunidade científica, e a seguir serão estudados cuidadosamente. Se a expressão em parênteses na Equação (1.84) for decomposta como segue:

$$t_{r,c} = \sum_{j=-m}^{m} \widehat{g}_{r,c-1} = t_{r,c-1} + \widehat{g}_{r,c+m} - \widehat{g}_{r,c-m-1}, \quad (1.85)$$

a soma pode ser calculada com base na soma já calculada na posição $(r, c - 1)$ com apenas duas adições. A mesma ideia pode ser usada para a soma das linhas. A vantagem desse procedimento é que a soma completa pode ser calculada uma única vez para a primeira linha ou coluna, e pode, então, ser atualizada de forma muito eficiente. Assim, a complexidade total é reduzida para $O(wh)$.

Uma grande vantagem dessa técnica é que o tamanho da máscara não influencia no tempo de processamento. Tal filtro é conhecido como *filtro recursivo*. Na prática, se o leitor tiver interesse em implementar uma operação para suavização de imagens usando o filtro recursivo e o filtro da média (Equações (1.83) e (1.85), respectivamente), chegará à conclusão de que o primeiro é 30 vezes mais rápido do que o segundo; e de que, consequentemente, quanto maior o tamanho da máscara de convolução, maior a velocidade no processamento.

Para melhor se entender um filtro de suavização, deve-se considerar que filtro é uma operação que, a partir de uma função de entrada (imagem de entrada no domínio espacial), produz uma função como resultado (imagem de saída), isto é, desde que imagens digitais possam ser consideradas como funções discretas, um filtro transforma uma imagem em outra.

O filtro da média é considerado um exemplo de filtro linear. Os filtros lineares são caracterizados pelas seguintes propriedades, a saber:

- Ao se aplicar um filtro para uma combinação linear de duas imagens, tem-se o mesmo resultado de aplicar o filtro para duas imagens e, então, calcular a combinação linear entre as mesmas.

Considerando-se o filtro linear por h e duas imagens por f e g, tem-se:

$$h\left\{af(p)+bg(p)\right\}=ah\left\{f(p)\right\}+bh\left\{g(p)\right\}, \tag{1.86}$$

em que p representa um ponto na imagem com posição (r,c), e o operador $f(p)$ denota a aplicação do filtro.

Filtros lineares podem ser calculados por um processo conhecido como *convolução de imagens*. Para uma função unidimensional (1D) no domínio contínuo, a convolução é dada por:

$$f\cdot h=(f\cdot h)(x)=\int_{-\infty}^{\infty} f(t)h(x-t)\ dt, \tag{1.87}$$

sendo f a função imagem, e o filtro h é especificado por outra função, denominada *convolução de Kernel da máscara do filtro*. Igualmente, para funções bidimensionais (2D), é dado por:

$$f\cdot h=(f\cdot h)(r,c)=\int_{-\infty}^{\infty} f(u,v)h(r-u,c-v)\ du\,dv. \tag{1.88}$$

Para funções no domínio discreto, as integrais são representadas por somatórios, como segue:

$$f\cdot h=\sum_{i=-\infty}^{\infty}\sum_{j=-\infty}^{\infty} f_{i,j}h_{r-i,c-j}. \tag{1.89}$$

A noção de lei associativa pode ser estendida para filtros lineares. Nesse caso, se $h(r,c)$ pode ser decomposto como $h(r,c)=s(r)t(c)$, então, para o filtro da média, pode-se colocar o fator s em evidência, a fim de se obter maior eficiência na implementação computacional, como segue:

$$\begin{aligned} f\cdot h &= \sum_{i=-\infty}^{\infty}\sum_{j=-\infty}^{\infty} f_{i,j}h_{r-i,c-j} \\ &= \sum_{i=-\infty}^{\infty}\sum_{j=-\infty}^{\infty} f_{i,j}s_{r-i}t_{c-j} \\ &= \sum_{i=-\infty}^{\infty} s_{r-i}\left(\sum_{j=-\infty}^{\infty} f_{i,j}t_{c-j}\right). \end{aligned} \tag{1.90}$$

Embora o filtro da média venha a produzir bons resultados, não é considerado um filtro ótimo de suavização. Para refletir sobre o assunto, deve-se lembrar de que os ruídos se manifestam como flutuações de alta frequência, ou seja, são picos de nível de cinza na imagem.

O objetivo principal de um filtro de suavização é atenuar, senão remover, os pixels de alta frequência presentes na imagem. Para se verificar o quão eficientemente o filtro da média executa tal tarefa, deve-se examinar como o filtro mencionado responde a certas frequências na imagem. A teoria que explica como isso é feito está baseada na transformada de Fourier.

Note-se que, com o filtro da média na imagem, todas as linhas são completamente suavizadas, isto é, pixels de alta frequência foram eliminados, tendo como resultado uma imagem com valores de cinza constantes. No entanto, as linhas não são completamente suavizadas. Note-se também que a polaridade das linhas é trocada. Esse comportamento indesejável do filtro da média é causado pela parte negativa da resposta da frequência ou amplitude da imagem. De forma geral, a amplitude da resposta fornecida pelo filtro da média não é simétrico em termos de rotação, o que leva a concluir que é um filtro anisotrópico. Em outras palavras, a resposta do filtro não é igual em todas as direções, ou seja, estruturas diagonais são diferentemente suavizadas quando comparadas com as estruturas horizontais ou verticais.

Devido ao problema discutido, é conveniente investigar filtros com certos critérios que venham a ser de característica ótima, ou seja, critérios naturais. Uma vez que a imagem é composta por diversos objetos de forma aditiva, o primeiro critério a ser definido é que o filtro seja linear. Então, sua saída deve ser uma combinação linear de sua entrada. O segundo, que o filtro deve ser escala invariante, isto é, deve apresentar os mesmos resultados, não obstante do tamanho do objeto na imagem. O filtro proposto também deve ser de característica orientação invariante (isotrópico), tal que ele venha a produzir o mesmo resultado, independentemente da rotação da imagem. Vale ressaltar o interesse em incluir algum parâmetro que permita controlar a quantidade de ruído que se deseja eliminar na imagem; assim, o filtro deverá conter um parâmetro t que possa ser usado para controlar a suavização na imagem, em que, quanto maior o seu valor, maior a suavização da imagem. Para o filtro da média, tal parâmetro representa o tamanho da máscara de convolução, ou seja, quanto maior a máscara, maior a suavização, e vice-versa.

Como se sabe, o filtro da média não atende aos critérios descritos; para se abordar tal problema, é necessário definir um critério natural, de forma que o filtro de suavização seja capaz de atendê-los. Também é importante notar que o filtro da média não remove todas as altas frequências (ruídos na imagem). Por isso mesmo, deve ser incluído um critério que defina o nível de remoção dos ruídos na imagem. Uma proposta plausível é que, quanto maior o t, mais máximos locais serão eliminados na imagem. Note-se que tanto máximos locais quanto mínimos locais são eliminados, devido à linearidade do filtro.

Finalmente, em algumas situações, é necessário se executar várias vezes o filtro de suavização. Então, é imprescindível prever o resultado da filtragem combinada. Consequentemente, uma filtragem inicial com t, seguida de uma filtragem com s, deverá resultar em algo idêntico ao filtro de operação $t + s$.

De forma geral, o filtro gaussiano é o único de suavização que preenche todos os critérios citados. No espaço unidimensional, esse filtro é dado por:

$$g_\sigma(x) = \frac{1}{\sqrt{2\pi\sigma}} e^{\frac{-x^2}{\left(2\sigma^2\right)}}. \qquad (1.91)$$

Ele também representa a função de distribuição de probabilidade (fdp) de uma variável randômica normalmente distribuída. No espaço bidimensional, o filtro gaussiano ganha a seguinte forma:

$$g_\sigma(r,c) = \frac{1}{2\pi\sigma^2} e^{\frac{-\left(r^2+c^2\right)}{\left(2\sigma^2\right)}} = \frac{1}{\sqrt{2\pi\sigma}} e^{\frac{-\left(r^2\right)}{\left(2\sigma^2\right)}} \frac{1}{\sqrt{2\pi\sigma}} e^{\frac{-\left(c^2\right)}{\left(2\sigma^2\right)}} = g_\sigma(r) g_\sigma(c). \quad (1.92)$$

Em resumo, o filtro gaussiano é o único filtro isotrópico, mas não pode ser implementado recursivamente. A Figura 1.38 mostra gráficos desse filtro em 1D e 2D com $\sigma = 1$. A resposta de frequência do filtro gaussiano também é uma função gaussiana, ainda que com σ invertido.

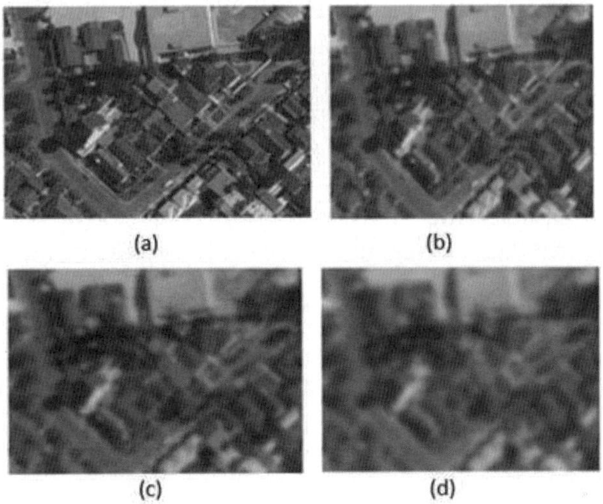

Figura 1.38 – Respostas do filtro gaussiano: (a) resultado do filtro gaussiano com $\sigma = 0.5$; (b) resultado do filtro gaussiano com $\sigma = 1.5$; (c) resultado do filtro gaussiano com $\sigma = 2.6$; (d) resultado do filtro gaussiano com $\sigma = 3.67$.

Assim como o filtro da média, qualquer filtro linear modificará a variância do ruído na imagem. Esta pode ser multiplicada pelo seguinte fator:

$$\int_{-\infty}^{\infty} \int_{-\infty}^{\infty} h(r,c)^2 \, drdc \quad \text{ou} \quad \sum_{i=-\infty}^{\infty} \sum_{j=-\infty}^{\infty} h_{r,c}^2. \quad (1.93)$$

Para um filtro gaussiano, esse fator é de $\frac{1}{\left(4\pi\sigma^2\right)}$. O resultado obtido com o filtro da média, usando-se uma máscara 5 × 5, tem o mesmo efeito que o filtro gaussiano com $\sigma \approx 1,41$. Não se pode esquecer, porém, que o filtro da média nunca remove totalmente os ruídos na imagem. Entretanto, o filtro gaussiano produz uma borda mais bem definida e de fácil identificação.

De forma geral, quando se pretende uma suavização de imagens de melhor qualidade geométrica, o filtro gaussiano é o mais indicado por produzir melhores resultados. Por outro lado, se o objetivo for velocidade no processamento, é preferível usar o filtro da média, desde que com um tamanho da máscara de 5 × 5. Ainda vale salientar que, na teoria da probabilidade, outros estimadores são úteis, principalmente a mediana das amostras.

A mediana é definida como o valor para o qual 50 % dos valores da amostra na fdp são menores que a mediana, e 50 % dos valores são maiores que ela. Na prática, se uma amostra contém um conjunto de n valores g_i, $i = 0, \ldots, n-1$, os valores são classificados em ordem ascendente para se obter s_i, e, então, o valor mediano é selecionado. O filtro da mediana é obtido calculando-se o valor da média dentro de uma janela ao redor do pixel atual. Para elucidar o problema, considere-se que W denota uma janela, por exemplo, $(2n+1) \times (2m+1)$, da mesma forma definida para o filtro da média. Então, o filtro da mediana é obtido como segue:

$$g_{r,c} = \underset{(i,j)\in W}{\text{mediana}}\, \widehat{g}_{r-i,c-j}. \tag{1.94}$$

A Figura 1.39 mostra o exemplo de uma janela $(2n+1) \times (2m+1)$ aplicada sobre uma imagem e o resultado da mediana sobre o pixel atual. De modo geral, é muito difícil analisar as propriedades do filtro da mediana, mas pode-se notar que o filtro citado apenas seleciona um valor de cinza em vez de realizar qualquer cálculo baseado na média dos valores, podendo levar à remoção dos ruídos. Em alguns casos, o filtro da mediana produz resultados tão indesejáveis quanto o filtro da média, porém, preserva bordas até mesmo com máscaras de tamanho maior que 5 × 5; por outro lado, desloca a posição dos pixels de borda, e não se pode estimar a quantidade de ruídos removidos. Por isso, em termos de precisão, é aconselhável se aplicar o filtro gaussiano.

0	0	0	0	0	0	0
0	0	0	0	0	0	0
125	125	126	124	124	124	124
125	125	126	124	124	124	124
125	125	126	124	124	124	124
0	0	0	0	0	0	0

$W =$ → Pixel corrente

3×3

Mediana = 125^5

(a)

(b)

(c)

Figura 1.39 – Filtro da mediana: (a) janela W (3 × 3) e o resultado numérico do filtro da mediana sobre o pixel atual em uma imagem digital; (b) resultado do filtro da mediana máscara 3 × 3; (c) resultado do filtro da mediana máscara 5 × 5.

Note-se que, de um modo geral, são muito próximos os resultados apresentados com os filtros da média 3 × 3, da mediana 3 × 3 e com o filtro gaussiano, com σ igual a 0,5. No entanto, esse filtro ainda é preferível em diversas situações, devido às questões já discutidas. Código em C++, usando-se OpenCV para os filtros da média, gaussiano e da mediana, é apresentado como segue:

```
#include <ctime>
#include <cv.h>
#include <highgui.h>
#include <iostream>
#include <math.h>
#include <string.h>
#include <tchar.h>

void main() {
  IplImage *img1;
  const char *path1, *path12, ;
  char buf[42] = {0};

  path1 = "C:\\Data_Set\\";
  path12 = "Img_e";
  // Encontra o caminho para a imagem
  sprintf(buf, "%s%s.png", path1, path12);
  printf("%s\n", buf);
  img1 = cvLoadImage(buf); // Carrega imagem usando openCV

  IplImage *filtro_media = cvCreateImage(
      cvSize(img1->width, img1->height), IPL_DEPTH_8U, 1);
  IplImage *filtro_mediaSaida = cvCreateImage(
      cvSize(img1->width, img1->height), IPL_DEPTH_8U, 1);

  // Transforma imagem RGB para nívis de cinza
  cvCvtColor(img1, filtro_media, CV_RGB2GRAY);

  // Aplica o filtro da média
  cvSmooth(filtro_media, filtro_mediaSaida, CV_BLUR, 5, 0, 0);
  cvNamedWindow("Filtro da media", 1);
  cvShowImage("Filtro da media", filtro_mediaSaida);
  cvReleaseImage(&img1);
  cvReleaseImage(&filtro_media);
  cvReleaseImage(&filtro_mediaSaida);
  cvWaitKey(0);
}
```

Observação: para se aplicar o filtro gaussiano e o da mediana, basta trocar `CV_BLUR` por `CV_GAUSSIANO` (neste caso, a última variável representa o σ e deve ser incluída na função) ou `CV_MEDIAN`. Para se aumentar o tamanho da máscara de convolução, basta trocar a variável 5 por 3, 7, 9 etc. É importante lembrar que apenas números ímpares devem ser usados.

EXEMPLOS:

1. `cvSmooth(filtro_media, filtro_mediaSaida, CV_GAUSSIAN, 3, 0, 0.5);`

2. `cvSmooth(filtro_media, filtro_mediaSaida, CV_MEDIAN, 3, 0, 0);`

1.1.4.4 SEGMENTAÇÃO DE IMAGEM

Os filtros de suavização de imagens não fornecem nenhuma informação sobre os objetos contidos na cena. Para tal propósito, é necessário segmentar a imagem, a fim de que sejam extraídas informações referentes aos objetos contidos na cena, como magnitude e direção de um pixel de borda, quantidade de pixels que pertencem a uma específica região segmentada, entre outros.

O algoritmo mais simples de segmentação de imagens é conhecido como limiarização. A operação de limiarização é matematicamente definida com segue:

$$S = \{(r, c) \in R \,|g_{\min} \leq f_{r,c} \leq g_{\max}\}. \quad (1.95)$$

Na Equação (1.95), a operação de limiarização seleciona todos os pontos na região de interesse R da imagem que se encontram dentro de um limiar predefinido dos valores de cinza, para dada região de saída S. Geralmente, são usados valores para g min $= 0$, enquanto $g_{\max} = 2^b - 1$. Se a iluminação da cena é constante, pode-se fixar valores para $g_{\min}$ e $g_{\max}$. Como os operadores de limiarização são baseados em valores de cinza, podem ser usados sempre que os objetos a serem segmentados e o plano de fundo da imagem forem significativamente diferentes. A **??** mostra os resultados obtidos empregando-se a Equação (1.95), com diferentes valores limiares preestabelecidos.

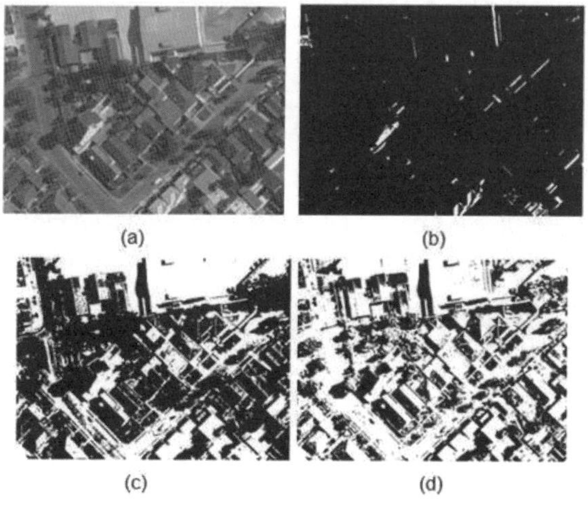

Figura 1.40 – Resultado da limiarização de imagens: (a) imagem original; (b) imagem limiarizada com g min $= 200$ e g max $= 255$; (c) imagem limiarizada com g min $= 100$ e g max $= 255$; (d) imagem limiarizada usando-se o método de limiarização adaptativo.

Uma vez que mudanças de iluminação na cena são um fator comum em aplicações fotogramétricas, dificilmente se pode atribuir um valor de limiar constante para todas as situações. Mesmo em eventos em que a iluminação permanece constante, diferentes distribuições dos valores de cinza em objetos correspondentes impedem a prática do uso de valores constantes. Tais implicações são derivadas dos efeitos provocados pelos dispositivos eletrônicos dos sensores CCD/CMOS, da transferência de carga acumulada, da conversão do sinal de potência analógico/digital, entre outros fatores.

Por isso, é imprescindível encontrar um método que seja adaptativo ou que seja capaz de determinar automaticamente o valor de limiar baseado em alguma informação predeterminada. Uma forma de lograr sucesso é se basear no histograma da imagem ou em métodos adaptativos. No primeiro caso, sempre existirão dois picos relevantes no histograma da imagem. Um deles representa o menor valor (plano de fundo) e outro de maior valor de cinza (correspondente ao objeto). Intuitivamente, um valor de limiar adequado corresponde ao valor mínimo entre os dois picos no histograma. No entanto, infelizmente, ambos os valores não são bem definidos, devido às flutuações probabilísticas nos valores de cinza do histograma. A segunda alternativa torna-se mais eficiente, uma vez que suaviza progressivamente o histograma, até que seja obtido um único valor de máximo e um único valor de mínimo. Nesse caso, qualquer um dos métodos de suavização apresentados anteriormente pode ser eficientemente empregado.

O Código em C++, usando-se OpenCV para limiarização de imagens é apresentado a seguir:

```
#include <ctime>
#include <cv.h>
#include <highgui.h>
#include <iostream>
#include <math.h>
#include <string.h>
#include <tchar.h>

void main() {

  int k, r, c, channels, step;
  uchar *data, nc;

  CvScalar RGBval;
  double R, G, B;

  path1 = "D:\\Data\\";
  path12 = "Img_e";

  sprintf(buf, "%s%s.png", path1, path12);
  printf("%s\n", buf);

  Mat img1 = imread(buf);
  Mat gray;
```

```
    cvtColor(img1, gray, CV_RGB2GRAY);

    Mat thresh;

    // threshold(gray, thresh, 100.0, 255.0, THRESH_BINARY);
    adaptiveThreshold(gray, thresh, 255, ADAPTIVE_THRESH_MEAN_C,
                            CV_THRESH_BINARY, 75, 10);

    imshow("Imagem original", gray);
    imshow("Imagem limiarizada", thresh);

    cvWaitKey(0);

}
```

Uma técnica bastante utilizada, baseada em análise discriminante, é conhecida como *método de Otsu*. Com ele, a determinação do limiar ótimo é feita considerando-se σ_B^2 e σ_T^2 como a variância de C_1 e a variância total entre as classes C_0 e C_1. Assim:

$$\mu_T = \sum_{i=0}^{l-1} ipi; \tag{1.96}$$

$$\mu_t = \sum_{i=0}^{t} ipi, \tag{1.97}$$

sendo μ_T o desvio padrão total da ocorrência dos níveis de cinza na imagem; μ_t, o desvio padrão da ocorrência dos níveis de cinza na imagem até o valor de limiar; *i*, os níveis de cinza presentes na imagem; e *pi*, a probabilidade com que ocorrem esses níveis de cinza na imagem.

$$\varpi_0 = \sum_{i=0}^{t} pi; \tag{1.98}$$

$$\sigma_T^2 = \sum_{i=0}^{l-1} (i - \mu_T)^2 pi; \tag{1.99}$$

$$\sigma_B^2 = \varpi_0 \varpi_1 (\mu_1 \mu_0)^2, \tag{1.100}$$

sendo η a relação entre as variâncias dos pixels de fundo, e total da imagem, $\varpi_1 = 1 - \varpi_0$, $\mu_1 = \frac{\mu_T - \mu_t}{\varpi_1}$, $\mu_0 = \frac{\mu_T}{\varpi_0}$, $\eta = \frac{\sigma_B^2}{\sigma_T^2}$. Então, o valor ótimo do limiar é determinado pela minimização da função η, ou seja, $t^* = \text{argmin}(\eta)$.

Já a borda (descontinuidade abrupta dos valores de brilho em uma imagem digital que descreve o contorno dos objetos) é o elemento de maior interesse no processo de extração de feições. Existem diversos operadores detectores de borda, como o operador de Sobel, o operador laplaciano, os operadores de Prewitt e de Nevatia e Babu, entre outros. Eles formam um conjunto de métodos de pré-processamento utilizados para detectar mudanças abruptas na imagem. Tais mudanças podem ser descritas pelos gradientes nas direções em x e y (Gx e Gy), sendo sua direção e sua magnitude obtidas da seguinte maneira:

$$\text{magnitude}_{GxGy} = \sqrt{Gx^2 + Gy^2} \tag{1.101}$$

$$\alpha = \arctan\left(\frac{Gy}{Gx}\right). \tag{1.102}$$

O operador de Sobel, por exemplo, considera que os pixels mais próximos do centro da máscara possuem maior influência no gradiente, definindo, assim, máscaras com maior influência na região central. Da aplicação dos operadores em Gx e Gy resultam os gradientes das bordas para as duas respectivas direções em x e y. Com Gx e Gy, é possível calcular a magnitude da borda e sua direção.

Com a detecção de bordas e limiarização, um conjunto de pixels é obtido, formando uma borda espessa. Dessa maneira, é necessário realizar um processo de afinamento da borda. Tal etapa consiste na eliminação dos pixels de borda redundantes. Isso pode ser feito por meio de uma análise da direção do pixel de borda que está sendo pesquisado. Como na detecção de bordas é obtido um conjunto de ângulos discretos com variações angulares, o método de supressão não máxima elimina os pixels com direções perpendiculares à da borda, mantendo apenas aqueles com maior magnitude, evitando, dessa forma, inconsistências.

Por exemplo, pixels com direção de 90° ou 270° são comparados com seus vizinhos horizontais (direita e esquerda), enquanto os pixels com direção de 0° ou 180° são comparados com seus vizinhos verticais (acima e abaixo). Assim, é verificado se os pixels vizinhos possuem a mesma magnitude do pixel pesquisado. Em caso positivo, são eliminados do processo. A Figura 1.41 mostra os resultados obtidos na etapa de segmentação de imagens.

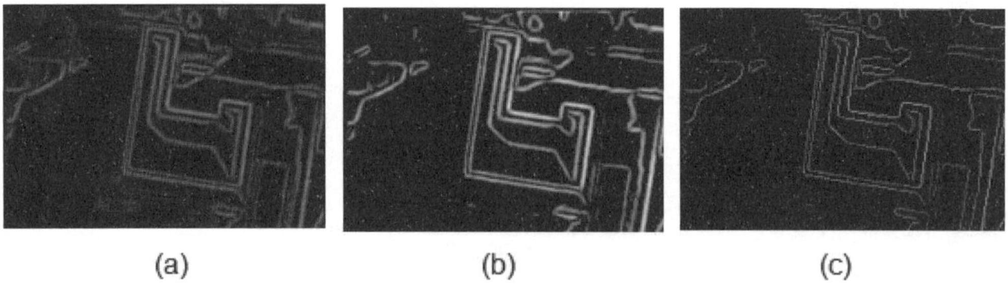

Figura 1.41 – Segmentação de imagens: (a) resultado obtido com operador de Sobel; (b) resultado da limiarização por Otsu; (c) supressão não máxima aplicada na imagem.

Na Figura 1.41 (a), é apresentado o resultado do operador de bordas de Sobel. Como pode ser notado, apenas os pixels de bordas permanecem no processamento. Na Figura 1.41 (b), nota-se que o resultado da limiarização Otsu mostra apenas as bordas consideradas significantes, enquanto as bordas insignificantes para o processo de extração de linhas (por exemplo, as quinas da fachada lateral da edificação são eliminadas). Já na Figura 1.41 (c), o resultado da supressão não máxima é evidente em função do afinamento no segmento de bordas.

Enfim, a conexão dos pixels de borda é necessária para agrupar pixels pertencentes à mesma borda e formar segmentos de linhas retas. Existem vários métodos que realizam o agrupamento dos pixels, como a Transformada de Hough, Scan & Label, entre outros.

Venkateswar e Chellappa, 1990 apresentaram o método Scan & Label. Nele, a imagem digital é varrida da esquerda para a direita, de cima para baixo, sendo verificada a vizinhança de cada pixel. Os pixels de borda são analisados pelo algoritmo, e a eles são atribuídos rótulos de acordo com sua condição de análise. Ao primeiro pixel analisado é atribuído o rótulo de valor igual a 1, denominado de pixel rótulo. O pixel atual é aquele que está em processo de pesquisa, para se atribuir um rótulo. Caso seja encontrado algum vizinho já rotulado do pixel atual, o último recebe o mesmo rótulo do primeiro. Ao final do processo, obtém-se um conjunto de segmentos rotulados, e são atribuídas a eles suas respectivas magnitudes e direções.

1.1.4.5 MOSAICAGEM DE IMAGENS DIGITAIS E FORMAÇÃO DA IMAGEM VIRTUAL

O esquema da arquitetura do método empregado aqui para a formação de uma imagem virtual a partir de dados espaciais obtidos com um sensor multicâmeras em orientação integrada de sensores considera que deve haver uma pequena área de sobreposição entre as imagens tomadas pelas câmeras 1 e 2. Nessa região de sobreposição, são extraídas as linhas retas, empregando-se a seguinte sequência de etapas: a) suavização da imagem usando-se o filtrogaussiano; b) segmentação da imagem por meio dooperador de Sobel e limiarização por Otsu; e c) afinamento de bordas por supressão não máxima.

Para cada par de imagens, é obtido um agrupamento ordenado de linhas retas (l_i, l'_j) na região de sobreposição J_i e J_j, sendo l_i o agrupamento de linhas retas extraídas em J_i, e l'_j, o agrupamento de linhas retas extraídas em J_j, ambos no sistema referencial digital:

$$l_i = \{s_1, s_2, \ldots, s_M\}\ ; \tag{1.103}$$

$$l'_j = \left\{s'_1, s'_2, \ldots, s'_N\right\}, \tag{1.104}$$

sendo s_M e s'_N a i-ésima linha reta em J_i e J_j, respectivamente para $M > N$.

Considere-se que foram manualmente estabelecidas as correspondências entre o agrupamento de linhas retas $l_1 = \{s_6, s_7, s_8, s_9, s_{10}, s_{13}, s_{14}, s_{25}\}$, presente na janela de recorte J_1, e o agrupamento $l'_1 = \{s'_6, s'_7, s'_8, s'_9, s'_{10}, s'_{13}, s'_{14}, s'_{25}\}$, contido na janela de recorte J'_1. Note-se que somente os valores do ponto entre as extremidades das linhas retas de l_1 ($p_i = [x, y]^T$) e os parâmetros a, b, c de cada linha reta de l'_1 correspondente são usados nesse procedimento.

Vale ressaltar que o procedimento descrito é aplicado para todos os agrupamentos extraídos nas janelas de pesquisas ($J_2, J_3, J_4, J'_2, J'_3, J'_4$). O resultado é um conjunto de pares de linhas retas correspondentes.

Nesse caso, para registrar um par de imagens digitais, é necessário estimar os parâmetros de uma transformação projetiva 2D. Basicamente, uma transformação projetiva 2D descreve um fator de escala fixo na direção x, com escala invariante em $y(a_1)$; um fator de escala na direção x, proporcional à distância de y à origem do sistema (a_2); uma translação no eixo x (a_0); um fator de escala na direção y, proporcional à distância de x à origem do sistema (b_1); um fator de escala fixo na direção y, com escala invariante em $x(b_2)$; uma translação no eixo $y(b_0)$; fatores de escala projetiva em x e y, em função de $x(c_1)$; e fatores de escala projetiva em x e y, em função de $y(c_2)$.

O simples deslocamento da origem da imagem I para uma nova imagem I' é considerado uma transformação matemática, que pode ser escrita como uma função vetorial dada na forma que segue:

$$I' = f(I), f: \mathbb{R}^2 \mapsto \mathbb{R}^2. \tag{1.105}$$

De forma geral, uma matriz de transformação H pode ser construída por uma sequência de transformações afins, desde que as operações matriciais sejam realizadas por meio de coordenadas homogêneas. Por exemplo, considere três matrizes de transformação T_1 (translação), T_2 (fator de escala), T_3 (rotação) e T_4 (escala e translação projetiva):

$$T_1 = \begin{bmatrix} 1 & 0 & t_x \\ 0 & 1 & t_y \\ 0 & 0 & 1 \end{bmatrix}, T_2 = \begin{bmatrix} \mu_x & 0 & 0 \\ 0 & \mu_y & 0 \\ 0 & 0 & 1 \end{bmatrix}, T_3 = \begin{bmatrix} \cos\theta & \operatorname{sen}\theta & 0 \\ -\operatorname{sen}\theta & \cos\theta & 0 \\ 0 & 0 & 1 \end{bmatrix}, T_4 = \begin{bmatrix} 1 & 0 & 0 \\ 0 & 1 & 0 \\ s_x & s_y & 1 \end{bmatrix}. \tag{1.106}$$

Nesse caso, a matriz H pode ser obtida multiplicando-se T_1, T_2 e T_3 na seguinte ordem:

$$\begin{aligned} H &= T_4 T_3 T_2 T_1 \\ &= \begin{bmatrix} \mu_x \cos\theta & \mu_y \operatorname{sen}\theta & \left[\mu_x (t_x \cos\theta) + \mu_y \left(t_y \operatorname{sen}\theta\right)\right] \\ -\mu_x \operatorname{sen}\theta & \mu_y \cos\theta & \left[\mu_y \left(t_y \cos\theta\right) - \mu_x (t_x \operatorname{sen}\theta)\right] \\ \mu_x \left(S_x \cos\theta - S_y \operatorname{sen}\theta\right) & \mu_y \left(S_y \cos\theta - S_x \operatorname{sen}\theta\right) & \begin{array}{l}\left[\mu_x t_x \left(S_x \cos\theta - S_y \operatorname{sen}\theta\right)\right. \\ \left. +\mu_y t_y \left(S_y \cos\theta - S_x \operatorname{sen}\theta\right)\right]\end{array} \end{bmatrix}. \end{aligned} \tag{1.107}$$

Seja um ponto $p = [x, y, 1]^T$ pertencente à linha reta $l = [a, b, c]^T$, uma vez que $ax + by + c = 0$. Essa relação pode ser escrita em termos do produto interno entre vetores, como segue:

$$[x, y, 1]^T \begin{bmatrix} a \\ b \\ c \end{bmatrix} = p^T l = 0, \tag{1.108}$$

sendo a, b e c os parâmetros de l.

Introduzindo-se a matriz H na Equação (1.108) e assumindo-se que

1. $a_0 = \mu_x \cos\theta, a_1 = \mu_y \operatorname{sen}\theta,$

2. $a_2 = \left[\mu_x({}_x\cos\theta) + \mu_y(t_y \operatorname{sen}\theta)\right]$,

3. $b_0 = -\mu_x \operatorname{sen}\theta, b_1 = \mu_y \cos\theta$,

4. $b_2 = \left[\mu_y(t_y \cos\theta) - \mu_x(t_x \operatorname{sen}\theta)\right]$,

5. $c_0 = \mu_x(S_x \cos\theta - S_y \operatorname{sen}\theta)$,

6. $c_1 = \mu_y(S_y \cos\theta - S_x \operatorname{sen}\theta)$ e

7. $\left[\mu_x t_x(S_x \cos\theta - S_y \operatorname{sen}\theta) + \mu_y t_y(S_y \cos\theta - S_x \operatorname{sen}\theta)\right] = 1$,

tem-se o modelo de transformação matemática proposto como segue:

$$p^T \mathrm{Hl} = 0 \tag{1.109}$$

$$[x, y, 1]^T \begin{bmatrix} a_0 & a_1 & a_2 \\ b_0 & b_1 & b_2 \\ c_0 & c_1 & 1 \end{bmatrix} \begin{bmatrix} a \\ b \\ c \end{bmatrix} = 0. \tag{1.110}$$

A partir da Equação (1.110), a matriz H é determinada em função de um ponto $p = [x, y, 1]^T$ entre as extremidades da linha reta extraída em $I(x, y)$ e uma linha reta $l = [a, b, c]^T$ correspondente em $I'(x, y)$. Como o modelo matemático desenvolvido é linear e as observações e os parâmetros atendem a uma injunção de condição, a solução do problema é dada por meio do modelo combinado do MMQ:

$$F(X_a, L_a) = 0 \tag{1.111}$$

Desde que os parâmetros de transformação sejam estimados pelo MMQ, o processo de mosaicagem para cada par de imagens digitais deve ser realizado.

Esse procedimento envolve a tarefa de retificação de imagens (ver Equação (1.50)) com relação ao sistema referencial da câmera de referência, usando os IOP obtidos no processo de calibração das câmeras, enquanto os valores de RGB de cada pixel na imagem retificada são obtidos por meio de interpolação bilinear.

Com as imagens retificadas, a imagem virtual pode ser formada por meio de um processo de registro de imagens usando-se o conjunto de coeficientes da transformação projetiva 2D e os IOP de cada câmera da plataforma.

Seja $p = [x, y, 1]^T$ um ponto qualquer na imagem de pesquisa; aplicando-se a matriz H, o ponto X será transformado para $p' = [x', y', 1]^T$ na imagem de referência, como segue:

$$p' = Hp. \tag{1.112}$$

O resultado é um mosaico com uma transformação geométrica coincidente de feições entre as imagens. Aplicando-se a Equação (1.112) para todos os pontos da imagem de pesquisa, o mosaico da imagem virtual será construído.

Após o processo de formação da imagem virtual, é necessária a realização do balanceamento das cores, devido à presença de linhas de corte no mosaico, à variação de iluminação em cada tomada de imagem, ao efeito de vinhete e à reflectância bidirecional. A Figura 1.42 mostra o mosaico digital e a imagem virtual formada usando-se o processo descrito.

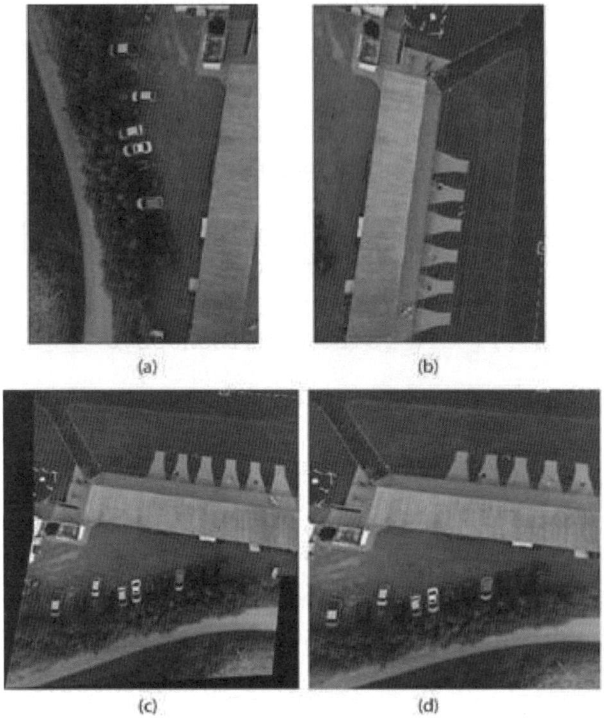

Figura 1.42 – Mosaico digital e a imagem virtual: (a) imagem obtida com a câmera 2; (b) imagem obtida com a câmera 1; (c) mosaico digital; (d) imagem virtual.

O espectro notável de desenvolvimento dos sistemas de imageamento passivo é acompanhado pelo desenvolvimento dos softwares de processamento de dados espaciais, que são frequentemente empregados na linha de produção fotogramétrica. No princípio da era digital, embora o interesse pelo emprego de imagens digitais tenha atraído o interesse de inúmeros usuários, é importante salientar que a baixa performance e o alto custo das câmeras digitais de pequeno formato foram fatores preponderantes para que ainda fossem usadas no processo de mapeamento as câmeras métricas convencionais (baseadas em filmes fotográficos), por um longo período de anos. Durante esse período, os processos de revelação química e digitalização de filmes fotográficos predominaram na indústria do mapeamento, enquanto a linha de produção se dividia entre procedimentos analíticos, em busca de melhores acurácias, e semiautomáticos, com a finalidade de adquirir *expertise*.

A partir da primeira metade da década de 2000, os fabricantes de câmeras métricas convencionais venderam suas unidades restantes, diminuindo o fluxo dessa receita, bem como da produção de filmes analógicos, enquanto o avanço tecnológico possibilitava o desenvolvimento de sistemas de imageamento passivo baseados em aquisição de varredura linear (*pushbroom*) e multissensores, como a linhagem de câmeras ADS,

DMC e UltraCam, aumentando drasticamente o número de unidades de câmeras de médio e grande formato, tendo como principais características a capacidade de registrar uma gama maior do espectro eletromagnético, uma vez que sensores RGB e infravermelho são incorporados no sistema e são facilmente integrados com sistema GNSS/INS. Vale ainda salientar que essa estratégia contribuiu para a ampliação do leque de aplicações fotogramétricas. Outro fato que se pode evidenciar é que, com o emprego de câmeras digitais, as etapas de revelação e digitalização de filmes fotográficos não são mais necessárias, levando à redução de custo e tempo na linha de produção fotogramétrica. Contudo, ainda há um longo caminho a ser percorrido em termos de custo. Por exemplo, os sistemas de alta performance fotogramétrica estão entre 50 a 200 % mais caros que os sistemas convencionais. Com certeza, o custo deve ser reduzido conforme o aumento da concorrência do mercado.

Outro aspecto relevante que deve ser mencionado é a aquisição dos dados. Na maioria dos casos, as imagens digitais registram porções menores da superfície física da Terra, propiciando larguras de faixa mais estreitas, exigindo um maior número de linhas de voo, quando comparadas com as imagens câmeras métricas convencionais. Entretanto, com o emprego do GNSS/INS, combinando-se com os procedimentos de fototriangulação, que já se encontram totalmente automatizados em softwares fotogramétricos, o problema citado não se torna muito relevante. Ainda, a qualidade da posição e da atitude da câmera fornecida pela integração GNSS/INS já é suficientemente adequada quando se trata de aplicações específicas de monitoramento. Já as câmeras digitais de quadro, de pequeno e médio formato têm melhor desempenho com GNSS/INS, pois o número de imagens que esses sensores precisam adquirir para cobrir um bloco fotogramétrico, de tamanho comparável aos sistemas de alto desempenho ou de câmeras métricas convencionais, deve ser processado usando-se correspondência automática de ponto de enlace, funcionando com melhor eficiência.

Todavia, deve-se notar que, com a integração de sensores GNSS/INS, novos desafios foram criados, envolvendo problemas de calibração das câmeras e dos parâmetros de montagem do sistema, problemas de definições de sistemas referenciais, projeções cartográficas, entre outros, uma vez que não se espera que o usuário do produto cartográfico seja capaz de calibrar suas próprias câmeras e sistemas. Os procedimentos de calibração são imprescindíveis, especialmente quando se trata de sistemas de imageamento baseados em multissensores e varredura linear (*pushbroom*). No primeiro, as câmeras são individualmente calibradas, e, em seguida, todo o sistema deve ser calibrado como uma unidade. Imagens digitais também requerem uma cuidadosa calibração radiométrica, geométrica e do sistema de lentes, cujas complexidades resultaram em grandes mudanças políticas nos procedimentos de certificação exigidos pelos órgãos responsáveis. Por exemplo, na certificação de câmeras DMC, é sugerido que a estabilidade e a confiabilidade do sistema multissensor, que depende da integração de imagens derivadas de vários sensores em uma única imagem virtual, seja comprovada por uma missão de voo que demonstre que o sistema funciona perfeitamente, embora não seja exigido que a sincronização dos tempos do obturador dos vários sensores envolvidos no sistema esteja dentro de um padrão de precisão aceitável.

Vale ressaltar que a difusão de câmeras digitais de pequeno e médio formato tem sido uma causa acompanhada pelas mudanças significativas nas aplicações. Por exemplo, a necessidade frequente de repetição de recobrimento de áreas para fins de monitoramento agrícola implica soluções mais simples, como aquelas obtidas com câmeras embarcadas nas RPA. Todas essas tendências provavelmente serão reforçadas com o afloramento do "mapeamento da internet", já que empresas como Google, Microsoft e Yahoo optaram por se tornarem *players* geoespaciais. Assim, uma determinada imagem pode ser identificada de um número crescente de imagens digitais sendo implantadas em uma ampla gama de aplicativos, dentro dos quais certas direções e relacionamentos estão começando a ficar cada vez mais claros. Como complemento, os autores sugerem a leitura dos trabalhos de Cramer, 1999; Cramer e Stallmann, 2002; Grejner-brzezinska, 2001; A. Habib e Kersting, 2010; Heipke et al., 2002; Honkavaara et al., 2003; Jacobsen, 1999; Skaloud, 1999; Smith et al., 2006; Thom et al., 2016; Wegmann, 2002; Yastikli e Jacobsen, 2005; Yuan, 2008

1.2 SENSORES DE IMAGEAMENTO ATIVO

Apesar de as câmeras digitais serem leves, de fácil manuseio, de baixo custo e propiciarem dados intuitivos e com melhor representação de bordas dos objetos, em regiões homogêneas, que são muito comuns em ambientes internos, não é possível criar uma nuvem de pontos 3-D densa sem que sejam utilizadas imagens de alta resolução geométrica e tomadas em vários pontos de vista diferentes, de tal forma que cada ponto detectado apareça, no mínimo, em três imagens subsequentes, o que aumentará o custo computacional do processamento dos dados. Por outro lado, a aquisição de nuvens de pontos LiDAR, empregando-se sensores ativos, oferece algumas vantagens em termos de velocidade e precisão, repetibilidade e confiabilidade, cujos princípios de medida mais usuais são baseados em tempo de emissão e recepção do pulso laser (palavra que consiste na sigla de *light amplification by stimulated emission of radiation*) e por diferença de fase.

Nesta obra, será tratado o conceito de nuvens de pontos LiDAR como um conjunto de pontos discretos no espaço euclidiano tridimensional (3-D) $p_i = [x_i, y_i, z_i]^T$, referenciados a um sistema local, não estruturado, podendo ser regular ou irregularmente espaçados, cuja origem é o centro de projeção do sensor empregado na tarefa de aquisição dos dados, sendo cada ponto p_i representado pela distância do sensor ao objeto contido na superfície física da Terra.

Usualmente, os sistemas baseados em sensores LiDAR são estáticos ou dinâmicos. Os sistemas dinâmicos são, usualmente, embarcados em plataformas móveis aéreas, marítimas ou terrestres e são acompanhados de uma plataforma multissensor complexa que engloba sensores GNSS e INS, além do próprio dispositivo de varredura laser, que é composto por uma unidade de medida laser, um espelho de varredura e uma unidade de controle para armazenar as informações.

O laser é um dispositivo óptico que, quando ativado por uma fonte de energia externa, produz uma radiação eletromagnética monocromática. A energia se propaga em um dado meio através de ondas coerentes e colimadas no espaço e no tempo, com velocidade constante ($c = 3{,}8 \times 10^8$ m/s) e finita. Nesse caso, nuvens de pontos LiDAR podem ser geradas por meio da medição simultânea de um conjunto de medidas de distâncias entre o sensor laser e a superfície física.

A unidade de medida laser é composta por um tubo catódico feito de algum material em estado sólido, como um cilindro de rubi, e um tubo de flash. Em uma das extremidades do rubi, tem-se uma superfície espelhada, que faz com que a luz que incide sobre ele seja totalmente refletida, enquanto na outra extremidade há uma superfície espelhada semitransparente, permitindo que alta quantidade de energia seja atravessada pelo laser. Já no tubo de flash, os átomos de carga negativa são excitados à medida que é injetada luz sobre o cilindro de rubi (Figura 1.43 (a)). A quantidade de luz inserida no tubo catódico provoca um estado de excitação dos elétrons, que passam a emitir fótons de luz. Estes deslizam paralelamente ao eixo do tubo de rubi, sendo constantemente rebatidos na extremidade com a superfície espelhada, estimulando a emissão de outros átomos (Figura 1.43 (b)). Consequentemente, uma luz monocromática, monofásica, alinhada, coerente no tempo e no espaço (luz do laser) é emitida através da extremidade da parte semitransparente (Figura 1.43 (c)) e direcionada para a superfície física. A Figura 1.43 mostra o esquema descrito.

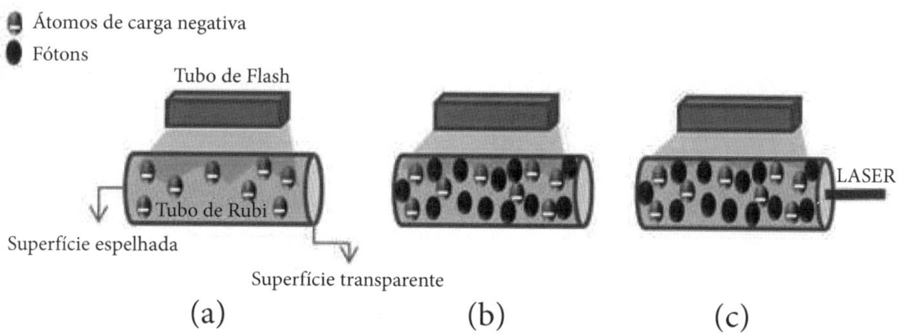

Figura 1.43 – Esquema de funcionamento da unidade de medida laser.

A distância (ρ) entre o sensor laser e um objeto na superfície física pode ser obtida por dois princípios de medição, isto é, com base no intervalo de tempo (t) de emissão e recepção de um pulso laser (conhecido como *time-of-flight*), e com base na diferença de fase.

Considerando-se que um pulso laser foi gerado pela unidade de medida laser, ρ é obtido em função do tempo de emissão e recepção de um pulso laser curto e com alta potência de radiação da luz. O valor de ρ pode ser obtido pela seguinte expressão:

$$\rho = \frac{\Delta t}{2} c. \tag{1.113}$$

De forma geral, uma porcentagem do pulso laser emitida interage com os objetos presentes na superfície física, sendo parte do pulso absorvido, parte do pulso transmitido e parte do pulso refletido. A parte refletida retorna ao sistema e é coletada pela unidade de controle de armazenamento. Uma vantagem do sistema LiDAR, com base no princípio de emissão e recepção do pulso, é o alto poder de concentração da energia laser, permitindo alta acurácia em medidas de longa distância.

Já o princípio de medida laser por diferença de fase é baseado na defasagem entre o comprimento de onda emitido e o recebido. Basicamente, o sinal da onda portadora (energia eletromagnética de alta frequência) é modulado em função da sua amplitude ou da sua frequência. Durante o processo de medição, a energia refletida pela superfície física é capturada. Em seguida, a diferença de fase entre o comprimento de onda emitido e o recebido é medida por um circuito eletrônico. Essa medida é analisada e empregada para calcular a distância entre o sensor e o objeto.

As técnicas baseadas em medida por tempo de emissão e recepção do pulso laser são propícias para aquisições de medidas a longa distância, porém, operam com baixas frequências de varredura. Já as técnicas baseadas em diferença de fase têm como vantagem a operação com alta frequência de varredura (pode ser obtido em torno de 1 milhão de pontos/s) e são propícias para medidas a curta distância (inferiores a 100 m).

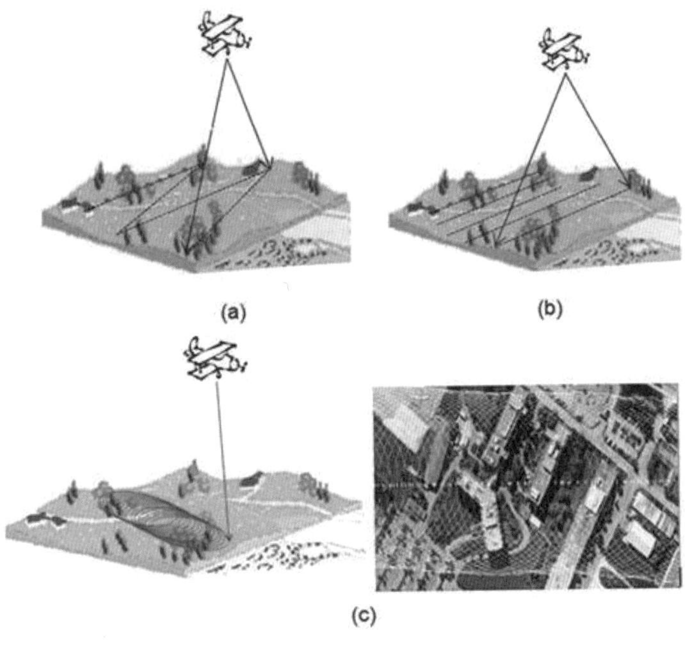

Figura 1.44 – Espelhos e configuração de varredura: (a) espelho oscilante; (b) polígono de rotação; (c) varredura de Palmer.

Os espelhos osciladores (Figura 1.44 (a)) produzem uma configuração de perfilamento denominada *linha em zigue-zague* (Figura 1.44 (a)). Os espelhos de polígono de rotação (Figura 1.44 (b)) produzem uma varredura unidirecional com linhas paralelas. Já os espelhos do tipo Palmer (Figura 1.44 (c)) produzem efeitos de modelos elípticos na superfície.

Quando um pulso é gerado pela unidade de medida laser, é redirecionado para a superfície física através do espelho de varredura, permitindo o recobrimento 3-D de uma porção da superfície física. Basicamente, existem três tipos de espelhos de varredura: espelho oscilante (Figura 1.44 (a)); polígono de rotação (Figura 1.44 (b)); e varredura de Palmer (Figura 1.44 (c)). A Figura 1.44 mostra os espelhos citados e a configuração de varredura.

Os pontos ao longo de uma linha são varridos em incrementos de ângulos iguais. Devido ao perfilamento aleatório e à aceleração e à desaceleração do espelho de varredura, os pontos perfilados no extremo da largura da faixa exibem características diferentes dos demais pontos e devem ser removidos, em pós-processamento, do conjunto de dados brutos.

Já o espelho de varredura de fibra ótica possui vantagens em relação aos demais espelhos descritos anteriormente e é característico apenas em sistemas da TopoSys GmbH. Eles se diferenciam por terem um processo óptico de emissão e recepção do pulso idêntico. Matrizes lineares de fibra óptica idênticas são dispostas no plano focal das lentes de emissão e recepção. Através dos espelhos de rotação, cada fibra ótica no caminho da emissão e recepção é varrida sequencialmente e sincronicamente. Esses espelhos propagam o sinal por meio da fibra central, fibra a fibra. Devido às pequenas aberturas das fibras, pequenos movimentos mecânicos são requeridos, com alta velocidade de varredura (acima de 630 Hz).

Em alguns sistemas LiDAR, mais de um eco do pulso laser pode ser medido, devido aos múltiplos retornos que são causados pelas características da superfície. É importante observar as características da forma do pulso emitido e recebido pelo dispositivo a laser. Na velocidade da luz, o comprimento de um pulso laser típico com largura de $t^P = 5$ ns corresponde a 1,5 m, enquanto com o tempo de suavização de $t^r = 1$ ns, corresponde ao comprimento de 0,3 m. De acordo com a Equação (1.116), a relação entre a distância R e o tempo de resposta (τ) é dada por:

$$\tau = n\frac{2R}{c}. \tag{1.114}$$

Com $n = 1$, o valor de τ é 6,7 µs, em uma altura de voo de 1000 m. Ao se considerar que, a partir de uma distância R, são gerados dois ou mais pulsos de retorno (ecos) derivados de um único pulso P^1, diferentes intervalos de tempo podem ser discriminados, se e somente se os ecos (retornos) E^{11} e E^{12} são separados — ou seja, não são sobrepostos. Isso significa que $\tau^{12} \geq \tau^{11} + t_p$; então, o comprimento do pulso l_p, que é dado por $t_p = \frac{n}{c}l_p$, vai nos conduzir às seguintes expressões:

$$2\frac{n}{c}R^{12} - 2\frac{n}{c}R^{11} \geq \frac{n}{c}l_p \tag{1.115}$$

$$R^{12} - R^{11} \geq \frac{1}{2}l_p. \tag{1.116}$$

Dois ecos do pulso laser podem ser discriminados somente se suas distâncias forem maiores que a metade do comprimento do pulso (l_p). Isso quer dizer que, para um pulso laser com largura de 5 ns, objetos podem ser detectados como objetos distintos, caso a diferença entre suas distâncias seja, no mínimo, maior que 0,75 m. O intervalo de incerteza para um único pulso laser é dado, aproximadamente, por:

$$\delta_{r-p} = \frac{c}{2}\frac{t_r}{\sqrt{SNR}}, \tag{1.117}$$

sendo t^r o tempo de suavização do pulso laser e SNR, a relação da potência do sinal sobre o ruído.

Assumindo um *SNR* igual a 100, o valor de t^r igual a 1 ns e um contador de intervalo de tempo, então o intervalo de incerteza será em torno de 15 mm. Muitos sistemas LiDAR comerciais, baseados no princípio de medida de emissão e recepção do pulso laser (TOF) fornecem um intervalo de incerteza na ordem de 5 a 10 mm, enquanto for mantido um *SNR* com valor alto. No caso de amostras 3-D não correlacionadas, a média independente das medidas dos pulsos laser reduzem δ_{r-p} por um fator proporcional à raiz quadrada da média.

1.2.1 SISTEMAS DINÂMICOS

Os sistemas dinâmicos possuem basicamente três componentes: um receptor GNSS integrado com um sensor de navegação INS, um dispositivo de geração de pulsos laser e um espelho de varredura, sendo o princípio básico de funcionamento de cada componente dado como segue:

- DGPS — é a técnica de posicionamento relativo empregada para corrigir os erros dos sinais advindos da constelação de satélites GNSS (Glonnas, Galileo, Beidou e GPS). Basicamente, um receptor de base com posição precisa previamente conhecida coleta os sinais dos satélites em uma taxa de amostragem geralmente de até 2 Hz. A cada segundo, ele compara sua posição previamente conhecida com sua nova posição e envia essa diferença de posição para a antena GNSS embarcada no veículo móvel, propiciando correções. Esse tipo de estratégia é importante, uma vez que as estações de base terrestre auxiliam na compensação de efeitos atmosféricos que perturbam a determinação precisa de dados de posicionamento, possibilitando precisões na ordem dos decímetros. No entanto, é imprescindível que as estações-base não excedam uma distância de 30 km.
- INS — propicia informações de força específica e velocidade angular, sendo obtidos os valores de posição, velocidade e altitude da plataforma móvel a partir dos cálculos das equações de navegação. A INS possui taxas de atualização dos dados entre 100 e 400 Hz, porém, o grau de confiabilidade dos dados fornecidos diminui consideravelmente em navegações com longas durações. Os dados de aceleração podem ser usados para incrementar a posição da trajetória da antena GNSS, enquanto as rotações atualizam a orientação da plataforma no momento da varredura da superfície física. Como a INS sofre efeitos sistemáticos oriundos de diversas fontes de erros, não pode ser usada por um longo período de tempo com a mesma precisão. Os efeitos de deslocamento podem ser compensados por meio de atualizações de suas medidas de posição realizadas pelo GNSS. Essa estratégia garante posições precisas ao longo da trajetória da plataforma e também serve como um meio de verificar possíveis erros na posição calculada pelo GNSS. Em suma, a integração GNSS/INS propicia a reconstrução de uma trajetória de voo com uma precisão em torno de 10 cm.
- Dispositivo de varredura e geração de pulsos laser — consiste em mecanismos e espelhos de varredura, e um dispositivo de geração do pulso laser, que é gerado por um dispositivo que emite o pulso. Com o auxílio de um espelho de varredura, esse pulso é redirecionado para a superfície de interesse a ser mapeada — com uma frequência de varredura e diâmetro de espessura. Os sistemas aerotransportados registram no mínimo o primeiro retorno do pulso (ou eco) e também

o último retorno para cada pulso emitido pelo sistema. Muitos sistemas aerotransportados são capazes de armazenar e diferenciar 4 ou 5 retornos do pulso emitido. Sistemas capazes de reconhecer múltiplos retornos do pulso também têm sido desenvolvidos para sistemas terrestres.

- Unidade de controle e armazenamento de dados — esse dispositivo é responsável pela sincronização do tempo e controle de todos os componentes citados. Ele armazena o tempo de emissão e recepção de cada pulso, além de dados de posicionamento advindos da integração GNSS/INS, bem como a resposta espectral de cada objeto varrido (quando o gerador de pulso possuir tal recurso).

Os sistemas de posicionamento por satélite e de navegação inercial GNSS/INS têm como objetivo reconstruir a trajetória da plataforma móvel (aérea, marítima ou terrestre). Por isso, a integração GNSS/INS é indispensável quando se pretende evitar problemas com perdas de sinal e alcançar o grau de confiabilidade desejado em levantamentos de longa duração. Nesse caso, os dados de posicionamento por satélite são processados para suavizar os erros inerentes dos dados de navegação da INS. Usualmente, a filtragem de Kalman é a técnica empregada para tal finalidade. O filtro contém erros de estado (posição, velocidade e atitude do sensor) relacionados com a trajetória da plataforma móvel e atribuídos ao sensor inercial (deriva dos giroscópios e tendências dos acelerômetros). A atualização do vetor de estado é determinada por uma função que modela as medidas inerciais, sendo controlada pelas observações advindas do posicionamento por satélite. A sinergia dessa integração permite que sejam atenuados os efeitos sistemáticos provenientes das medidas inerciais e que sejam suavizados os efeitos indesejados do posicionamento por satélite, como as perdas de ciclos e de sinais de satélite.

Outro complemento viável é o emprego de sensores de imageamento digital. A integração de dados ópticos (imagens digitais) e dados laser é uma das tendências mais abordadas no meio técnico-científico que pode trazer diversas vantagens para aplicações em Engenharia. A Figura 1.45 apresenta um esquema do princípio de funcionamento do sistema LiDAR aerotransportado.

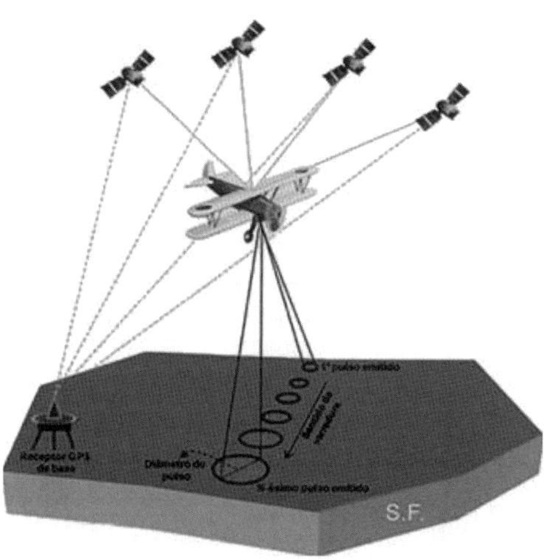

Figura 1.45 – Princípio de funcionamento do sistema LiDAR aerotransportado.

O pulso laser emitido para a superfície física possui um diâmetro que aumenta à medida que se propaga no meio. De acordo com a Figura 1.45, verifica-se que o diâmetro do pulso no momento da emissão é consideravelmente inferior quando ele interage com a superfície, variando de acordo com a altitude de voo estabelecida no levantamento aéreo. Apesar disso, a luz do laser foi escolhida para a concepção do sistema por apresentar baixa divergência, cuja propagação é similar à concepção geométrica da linha reta. Por isso, ocorrem múltiplas reflexões na interação laser/objetos; por exemplo, quando um pulso laser atinge a folha de uma árvore, uma parte do pulso é refletida pelas folhas, e a outra parte, pelo terreno (este é considerado segundo retorno, pois sua reflexão atinge o sistema após o primeiro retorno do pulso — reflexões das folhas).

Ainda ao observar a Figura 1.45, é possível verificar que a varredura do terreno é realizada aleatória e transversalmente à direção do voo, o que possibilita o perfilamento tridimensional da área de interesse com uma frequência que depende das especificações do projeto. A Figura 1.46 ilustra os esquemas de alta e baixa frequência de perfilamento.

Figura 1.46 – Frequência de perfilamento: (a) alta frequência de perfilamento; (b) baixa frequência de perfilamento.

A densidade dos pontos obtidos atinge vários pontos por m/s, dependendo da altura de voo e da frequência de perfilamento. A frequência do sistema se situa na faixa de 500 a 1500 nm, com valores de 1040 a 1060 nm, sendo as elas refletidas pelos objetos contidos no terreno. Os pontos coletados podem ser utilizados diretamente, ou podem ser filtrados e interpolados de forma a gerar uma grade regular de pontos.

Tabela 1.3 – Características de sistemas Toposys GmbH II e Optech ALTM 2050

Características/Sistemas	Toposys GmbH II	ALTM 2050
Espelho de varredura	Fibra ótica	Oscilador
Resposta espectral	não	sim
Frequência de varredura	Até 63 Hz	Até 35 Hz
Ângulo de varredura	$\pm 7^\circ$	$\pm 20^\circ$
Altura de operação	250–1000 m	250–2000 m
Modo (pulso)	1º e/ou 2º	1º e/ou 2º

Existem alguns tipos de sistemas de varredura laser, como o sistema da Toposys GmbH II (desenvolvido na Alemanha) e o da Optech ALTM *2050* (desenvolvido no Canadá). A Tabela 1.3 apresenta as diferenças básicas entre eles.

A partir dos dados da resposta espectral armazenada pelo sistema da Optech ALTM, pode-se gerar, em pós-processamento, uma imagem de intensidade laser, como mostra a Figura 1.46.

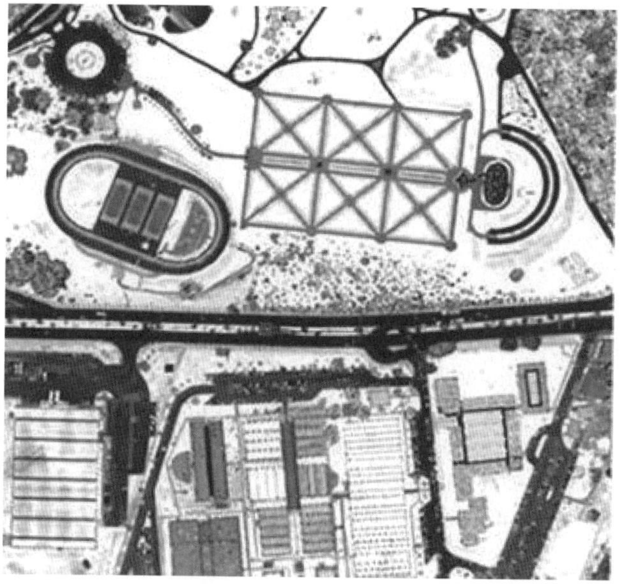

Figura 1.47 – Imagem de intensidade laser.

Essa imagem foi obtida a partir da interpolação dos valores da resposta espectral de cada ponto varrido pelo sistema, gerando uma imagem bidimensional de valores de intensidade. Para cada ponto, é atribuído um valor de intensidade, sendo agregado a eles suas coordenadas tridimensionais, compostas em um arquivo de um ponto por linha de texto (arquivo bruto ASCII). Os dados são interpolados de acordo com a resolução à qual foram perfilados os pontos no terreno.

Na prática, um ponto com coordenadas 3-D pode ser obtido por meio da relação funcional dos parâmetros de translação (vetor $\vec{X}_0 = \begin{bmatrix}\Delta x & \Delta y & \Delta z\end{bmatrix}^T$) entre cada componente embarcado na plataforma móvel; os ângulos de desalinhamento (matriz R_b em função das diferenças angulares $\Delta\omega$, $\Delta\varphi$, $\Delta\kappa$), entre os sistemas referenciais e as coordenadas polares derivadas da unidade laser (ângulo horizontal θ, ângulo vertical α e a distância entre o sensor laser e a superfície física ρ). A Figura 1.48 ilustra a relação entre cada componente citada.

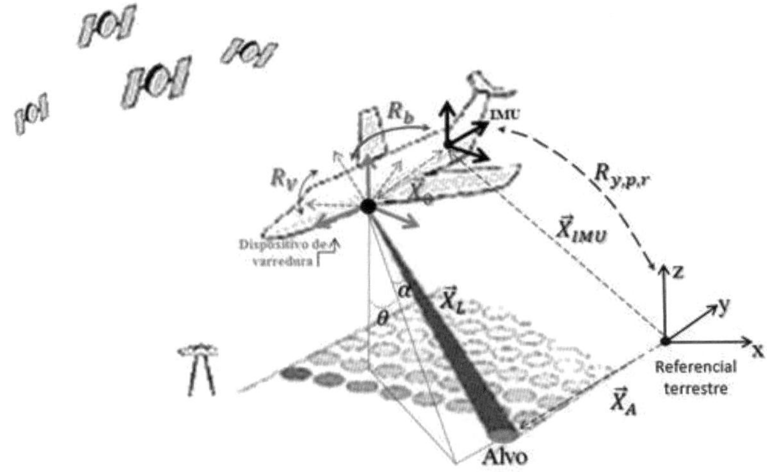

Figura 1.48 – Relação entre os sistemas referenciais de cada componente.

A relação espacial entre $\vec{X}_{IMU}$, $R_{y,p,r}$, $\vec{X}_0$, R_b, R_V e $\vec{X}_L$ é modelada por meio das transformações entre os sistemas de coordenadas dos diversos componentes embarcados na plataforma móvel. A posição tridimensional de um ponto no sistema referencial terrestre de mapeamento é obtida pela soma de três vetores, desde que aplicadas as rotações necessárias para compatibilização entre os sistemas referenciais de cada sensor envolvido na aquisição dos dados, como segue:

$$\vec{X}_A = \vec{X}_{IMU} + R_{y,p,r}\vec{X}_0 + R_{y,p,r}R_bR_V\vec{X}_L, \tag{1.118}$$

sendo $\vec{X}_A = \begin{bmatrix} x & y & z \end{bmatrix}^T$ o ponto LiDAR no referencial terrestre de mapeamento; $\vec{X}_{IMU} = \begin{bmatrix} X_I(t) & Y_I(t) & Z_I(t) \end{bmatrix}^T$, a coordenada terrestre da origem do referencial do INS; $R_{y,p,r}$, a matriz de rotação que relaciona o sistema de coordenada terrestre com o sistema de coordenadas do INS em relação aos ângulos $yaw(t), pitch(t), roll(t)$, sendo ambos. $\vec{X}_{\text{INS}}$ e $R_{y,p,r}$, derivados da integração GNSS/INS; $\vec{X}_0 = \begin{bmatrix} \Delta x & \Delta y & \Delta z \end{bmatrix}^T$, o parâmetro de montagem que compreende o deslocamento entre a origem do referencial do INS e a origem do referencial da unidade de medida laser; R_b, a matriz de rotação que representa o desalinhamento entre os sistemas de coordenadas do INS e o sistema de coordenadas do dispositivo de varredura em função de $\Delta\omega$, $\Delta\varphi$ e $\Delta\kappa$; $\vec{X}_L = \begin{bmatrix} 0 & 0 & -\rho(t) \end{bmatrix}^T$, o vetor distância entre o alvo e a origem da unidade de medida laser; e R_V, a matriz de rotação que aplica o ângulo do espelho oscilante na medida de distância do dispositivo de varredura, dado em função de θ e α.

Os referidos ângulos $yaw(t)$, $pitch(t)$, $roll(t)$ e as coordenadas $X_I(t)$, $Y_I(t)$ e $Z_I(t)$ são gravados pelo INS de forma independente e dentro de um intervalo específico de tempo (t). Matricialmente, a matriz $R_{y,p,r}$ é escrita da seguinte forma:

$$R_{y,p,r} = R_z\left(yaw(t)\right)R_y\left(pitch(t)\right)R_x\left(roll(t)\right) \tag{1.119}$$

$$R_z\left(yaw(t)\right) = \begin{bmatrix} \cos(yaw(t)) & \text{sen}(yaw(t)) & 0 \\ -\,\text{sen}(yaw(t)) & \cos(yaw(t)) & 0 \\ 0 & 0 & 1 \end{bmatrix} \tag{1.120}$$

$$R_y\,(pitch(t)) = \begin{bmatrix} \cos(pitch(t)) & 0 & -\operatorname{sen}(pitch)(t) \\ 0 & 1 & 0 \\ \operatorname{sen}(pitch)(t) & 0 & \cos(pitch(t)) \end{bmatrix} \quad (1.121)$$

$$R_x\,(roll(t)) = \begin{bmatrix} 1 & 0 & 0 \\ 0 & \cos(yaw(t)) & \operatorname{sen}(yaw(t)) \\ 0 & -\operatorname{sen}(yaw(t)) & \cos(yaw(t)) \end{bmatrix}. \quad (1.122)$$

Já as coordenadas polares $\alpha(t)$, $\theta(t)$ e $\rho(t)$ são gravadas pela unidade de medida laser também de forma independente e dentro de um intervalo específico de tempo (t). A matriz R_V é matricialmente definida da seguinte forma:

$$R_V = R_z(\alpha(t))R_y(\theta(t)) \quad (1.123)$$

$$R_z(\alpha(t)) = \begin{bmatrix} \cos(\alpha(t)) & \operatorname{sen}(\alpha(t)) & 0 \\ -\operatorname{sen}(\alpha(t)) & \cos(\alpha(t)) & 0 \\ 0 & 0 & 1 \end{bmatrix} \quad (1.124)$$

$$R_y(\theta(t)) = \begin{bmatrix} \cos(\theta(t)) & 0 & -\operatorname{sen}(\theta(t)) \\ 0 & 1 & 0 \\ \operatorname{sen}(\theta(t)) & 0 & \cos(\theta(t)) \end{bmatrix}. \quad (1.125)$$

Todos os valores envolvidos são mensurados durante o processo de aquisição dos dados, com exceção dos parâmetros de montagem (Δx, Δy, Δz e $\Delta\omega$, $\Delta\varphi$, $\Delta\kappa$), que usualmente são obtidos por processos de calibração. A matriz R_b é matricialmente definida como segue:

$$R_b = R_z(\Delta k)R_y(\Delta\varphi)R_x(\Delta\omega) \quad (1.126)$$

$$R_z(\Delta k) = \begin{bmatrix} \cos(\Delta k) & \operatorname{sen}(\Delta k) & 0 \\ -\operatorname{sen}(\Delta k) & \cos(\Delta k) & 0 \\ 0 & 0 & 1 \end{bmatrix} \quad (1.127)$$

$$R_y(\Delta\varphi) = \begin{bmatrix} \cos(\Delta\varphi) & 0 & -\operatorname{sen}(\Delta\varphi) \\ 0 & 1 & 0 \\ \operatorname{sen}(\Delta\varphi) & 0 & \cos(\Delta\varphi) \end{bmatrix} \quad (1.128)$$

$$R_x(\Delta\omega) = \begin{bmatrix} 1 & 0 & 0 \\ 0 & \cos(\Delta\omega) & \operatorname{sen}(\Delta\omega) \\ 0 & -\operatorname{sen}(\Delta\omega) & \cos(\Delta\omega) \end{bmatrix}. \quad (1.129)$$

No caso de sistemas dinâmicos embarcados em plataformas marítimas e terrestres, consideram-se como mais apropriados os sistemas desenvolvidos pelo fabricante Riegl. Essa empresa desenvolve uma série de sistemas de longa e curta distância, cujos modelos são: LMS-Z210ii; LMS-Z390i; Z420i; e LMS Z620 — com alcances máximos de 650 m, 400 m, 1000 m e 2000 m, respectivamente, com objetos de 80 % de reflectância. Para objetos com reflectância inferior a 80 %, os intervalos de medida serão menores, ou seja,

200 m, 400 m, 1000 m e 2000 m, respectivamente. A precisão nominal do equipamento é da ordem de 4 a 15 mm intervalo de 50 m. Todos os quatro instrumentos citados utilizam o mesmo tipo de motor de laser com um polígono óptico continuamente rotativo, que é colocado na frente do sensor laser para produzir a digitalização óptica básica. O sensor opera na faixa do comprimento de onda infravermelho próximo variando de 905 a 1550 nm. O intervalo de varredura angular do sistema é de 80° — que é normalmente implementado para fornecer $\pm 40^\circ$ acima e abaixo do plano horizontal, apontando verticalmente para cima na sua posição normal de funcionamento.

A taxa de medição dos equipamentos citados varia entre 8 e 12 pontos por segundo, embora possam ser usadas taxas mais baixas de medição, de acordo com a aplicação requerida. Uma vantagem desse sistema é a opção de GPS-Sync disponível. Isso permite a integração com os subsistemas GNSS e INS para fornecer dados de posição e orientação do sistema, assim como é requerido nos sistemas de operação aerotransportados. A seguir, será apresentada a teoria sobre sistemas estáticos.

De forma geral, o sistema LiDAR fornece coordenadas planimétricas em torno de 30 a 50 m, e altimétricas em torno de 10 a 15 cm. O sistema da Optech ALTM 3100 (sistema canadense), por exemplo, possui precisão planimétrica igual a $\frac{1}{2.000}$ da altura utilizada na varredura laser (1 sigma). O sistema de varredura laser fornece como produto final uma nuvem de pontos distribuídos irregularmente, armazenados em um arquivo ASCII de linhas por ponto, composto por um conjunto de coordenadas tridimensionais referenciadas no sistema de projeção admitido no trabalho, de cuja manipulação pode-se gerar um MDT e um MDS da região perfilada.

1.2.2 SISTEMAS ESTÁTICOS

Na última década, houve uma proliferação de tecnologias para se criarem modelos tridimensionais precisos do mundo real. Sem dúvida, o que fornece melhor precisão é o LiDAR terrestre, no modo estático. Essencialmente, instala-se o equipamento em um tripé, colocando-o dentro de um ambiente que se deseja mapear. Em seguida, o LiDAR mede a posição de um conjunto de pontos não ordenados, no espaço. O resultado final é uma nuvem de pontos 3-D.

Os sistemas estáticos são categorizados de acordo com seu mecanismo de varredura, isto é, por varredura panorâmica e por varredura de quadro. O sistema de varredura por quadro possui um campo de visão horizontal e vertical estreito, cuja deflexão do feixe de pulso laser é realizada por espelhos de varredura de duas faces. O primeiro coleta dados por meio de uma varredura horizontal completa de 360°, embora de modos diferentes. Um sistema de varredura panorâmica realiza o perfilamento sobre o eixo vertical por meio de um limite de 180° perpendicular ao plano horizontal, o que possibilita uma cobertura hemisférica. Já o segundo possui um campo de visão horizontal e vertical estreito, cuja deflexão do feixe de pulso laser é realizada por espelhos de varredura de duas faces. A Figura 1.49 mostra o mecanismo de varredura de ambos os sistemas citados.

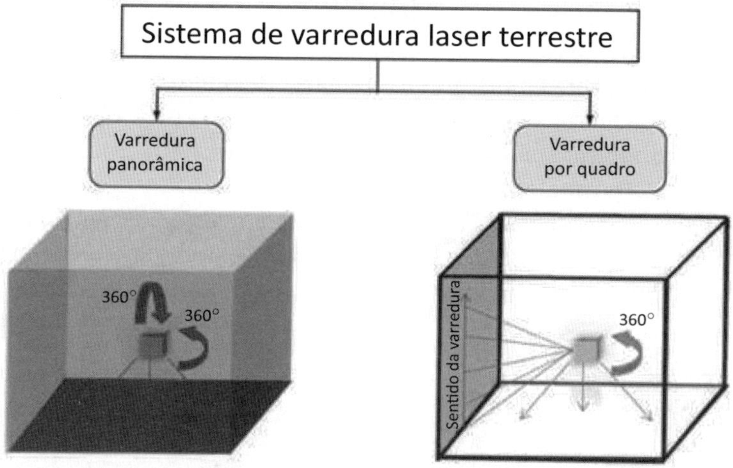

Figura 1.49 – Mecanismo de varredura de sistemas estáticos.

Um sistema LiDAR no modo estático pode propiciar nuvens de pontos LiDAR de forma rápida, segura e com precisão por meio da medição simultânea de um conjunto de medidas de distâncias (ρ) entre o sensor laser e a superfície física, junto com as medidas de dois ângulos associados por *encoders* angulares correspondentes aos planos horizontal e vertical. Para cada um dos planos, isto é, o plano vertical e o plano horizontal, os *encoders* fornecem medidas de direção horizontal (θ) e de ângulo de elevação vertical (α).

Na maioria dos equipamentos de varredura laser terrestre, a deflexão do feixe no plano horizontal (θ) é fornecida pela rotação do instrumento sobre o eixo vertical. A cada incremento do movimento horizontal, o feixe de pulso laser é defletido em um plano vertical, sendo o mecanismo de deflexão realizado por um espelho de varredura de uma ou múltiplas faces. A Figura 1.50 mostra a medida de distância, o ângulo vertical, a direção horizontal, um ponto (p) a ser obtido matematicamente e uma imagem de intensidade da nuvem de pontos obtidos pelo processo de varredura.

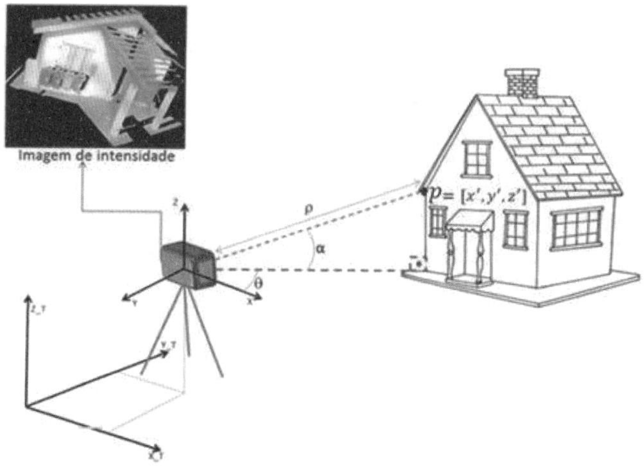

Figura 1.50 – Princípio de varredura do sistema LiDAR terrestre no modo estático.

No processo de varredura de uma superfície qualquer, é obtida uma grande quantidade de dados densamente espaçados e regularmente amostrados, chamado de *nuvens de pontos LiDAR*, que deverá conter alguns milhares de pontos. Apesar das observações brutas estarem referenciadas a um sistema de coordenadas polar, é possível transformá-las para um sistema referencial cartesiano 3-D, como segue:

$$\vec{X}_p = R_V \vec{X}_L \tag{1.130}$$

sendo $\vec{X}_p = \begin{bmatrix} x' & y' & z' \end{bmatrix}^T$ o ponto LiDAR no referencial terrestre de mapeamento X_T, Y_T, Z_T; X, Y, Z, os eixos do sistema referencial do LiDAR; $\vec{X}_L = \begin{bmatrix} 0 & 0 & \rho \end{bmatrix}^T$, o vetor distância entre o alvo e a origem da unidade de medida laser; e R_V a matriz de rotação que aplica o ângulo do espelho oscilante na medida de distância do dispositivo de varredura, dado em função de θ e α, como segue:

$$R_V = R_z(\alpha) R_y(\theta) \tag{1.131}$$

$$R_z(\alpha) = \begin{bmatrix} \cos(\alpha) & \mathrm{sen}(\alpha) & 0 \\ -\,\mathrm{sen}(\alpha) & \cos(\alpha) & 0 \\ 0 & 0 & 1 \end{bmatrix} \tag{1.132}$$

$$R_y(\theta) = \begin{bmatrix} \cos(\theta) & 0 & -\,\mathrm{sen}(\theta) \\ 0 & 1 & 0 \\ \mathrm{sen}(\theta) & 0 & \cos(\theta) \end{bmatrix} \tag{1.133}$$

Aplicando-se algumas manipulações matemáticas na Equação (1.130), tem-se:

$$\begin{aligned} x' &= \rho \cos\alpha \cos\theta; \\ y' &= \rho \,\mathrm{sen}\, \alpha \cos\theta; \\ z' &= \rho \,\mathrm{sen}\, \theta. \end{aligned} \tag{1.134}$$

Como os dados espaciais podem ser obtidos por meio de sensores de imageamento passivo ou ativo, uma comparação entre as técnicas de levantamento citadas é inevitável. A Tabela 1.4 apresenta um panorama das características dessas duas fontes de dados.

Tabela 1.4 – Panorama das características de sensores passivos *versus* sensores ativos

Tipo de sensor	Geometria	Cobertura no terreno	Aquisição de informação	Precisão	
				planimétrica	alimétrica
Passivo	Perspectiva	Área	Indireta	$\sim 2 \cdot \mathrm{GSD}$	$\sim 5 \cdot \mathrm{GSD}$
Ativo	Polar	Ponto	Direta	50 cm	10 cm

1.3 SENSORES DE IMAGEAMENTO RGB-D

Em novembro de 2010, a Microsoft lançou o dispositivo Kinect, para fins de entretenimento e jogos computacionais do Microsoft Xbox 360. Esse dispositivo foi desenvolvido pela empresa *PrimeSense* em colaboração com a Microsoft. O Kinect é um equipamento leve, flexível e de baixo custo, comparado com o SLT e as câmeras de distância 3-D.

O sensor RGB-Dé constituído por um sensor passivo e um emissor laser que projeta, no ambiente, um feixe de luz estruturada. O Kinect é um exemplo de sensores RGB-D, sendo composto por três sensores: dois sensores CMOS, sendo um que registra energia eletromagnética na faixa do espectro correspondente ao visível (RGB) e outro que registra a faixa do infravermelho próximo (IR — *InfraRed*); e um dispositivo laser que emite energia na região do infravermelho; além de microfones e um sensor de rotação motorizada. Os sensores RGB e IR capturam cenas com 40 × 480 pixels em uma taxa de 30 quadros por segundo (fps), sendo que cada quadro (*frame*) capturado pode conter até trezentos mil pontos.

O Kinect pode propiciar uma nuvem de pontos 3-D texturizada com alta riqueza de informação visual. O princípio de funcionamento do dispositivo Kinect para determinação dos valores de profundidade é conhecido como triangulação 3-D. Basicamente, é emitido um pulso laser relativo à região do espectro correspondente ao infravermelho, e um padrão de luz estruturada é criado a partir de um processo de difusão e difração da luz.

O padrão de luz estruturada é usado para marcar a distância entre o sensor e um plano de referência que é, previamente, armazenada na memória do dispositivo (uma série de imagens de referência tomadas a diferentes distâncias). Quando um padrão de luz estruturada é projetado pelo sensor laser, um ponto (p_i) qualquer (contido no plano de referência) é registrado na imagem IR com sua posição deslocada (ponto k, Figura 1.51). O dispositivo calcula a profundidade z_i com base na deformação do seu padrão de luz estruturada, induzido pelo meio, sendo que para cada ponto na imagem IR existe um ponto no plano de referência (padrão de luz estruturada) associado.

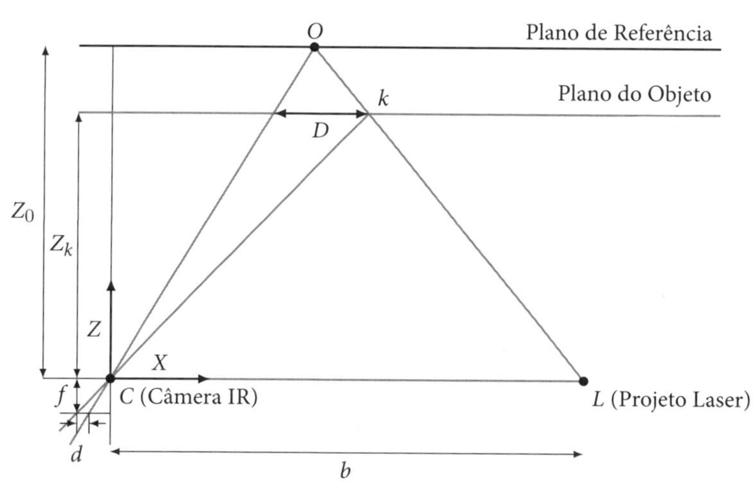

Figura 1.51 – Geometria do método de triangulação para medidas de profundidade e distância.

O deslocamento entre o pixel de referência do padrão de luz estruturada e seu correspondente na imagem IR indica o valor de paralaxe (d). Dessa forma, o valor de profundidade de cada pixel na imagem IR pode ser obtido em função de p_x, da distância focal do sensor IR, da linha de base (B) e de Z_0. A Figura 1.51 apresenta a geometria do modelo matemático para se calcularem os valores de profundidade z_i e as coordenadas x_i, y_i de cada pixel na imagem IR.

Assumindo-se que um objeto esteja posicionado entre o plano de referência e o sensor IR, um ponto capturado será transladado na direção X em relação ao ponto correspondente armazenado na memória do dispositivo. Como pode ser visto na Figura 1.51, esse deslocamento corresponde à paralaxe observada no posicionamento do ponto k. Por semelhança de triângulos, tem-se:

$$\frac{D}{B} = \frac{Z_0 - z_i}{Z_0} \tag{1.135}$$

$$\frac{p_x}{f} = \frac{D}{z_i}. \tag{1.136}$$

Substituindo-se a Equação (1.136) na Equação (1.134), é possível expressar z_i da seguinte forma:

$$z_i = \frac{Z_0}{1 + \frac{Z_0}{fB}d}. \tag{1.137}$$

A Equação (1.137) é o modelo matemático básico para a determinação da profundidade de um ponto pertencente à imagem, observando-se sua paralaxe e assumindo-se que os parâmetros Z_0, f e B são determinados por técnicas de calibração.

A coordenada z_i, em conjunto com f, define a escala da imagem para esse ponto. O valor de d pode ser expresso em função de uma normalização linear. Nesse caso, d é reescrito na forma $d = md' + n$, sendo m e n os parâmetros de uma normalização linear (na verdade, uma denormalização), e a paralaxe, normalizada. Substituindo-se os termos apresentados na Equação (1.137) e fazendo-se algumas manipulações matemáticas, tem-se:

$$z_i = \left(\frac{m}{fB}\right) d' + \left(Z_0^{-1} \frac{n}{fB}\right). \tag{1.138}$$

A Equação (1.138) expressa uma relação linear entre o inverso da profundidade de um ponto e seu correspondente valor de paralaxe normalizado. Considerando-se que esses parâmetros estão envolvidos em uma relação linear entre valores de paralaxe e de profundidade, na prática, a Equação (1.138) pode ser reescrita em função dos valores c_2 e c_3 da normalização linear e da paralaxe normalizada, como segue:

$$z_i = \frac{1}{c_2 d' + c_3}, \tag{1.139}$$

sendo c_2 e c_3 a intersecção e a inclinação da linha reta, respectivamente.

A coordenada z_i, em conjunto com f, define a escala da imagem para esse ponto. As coordenadas planimétricas para cada ponto do objeto podem então ser calculadas a partir de suas coordenadas na imagem e a escala:

$$x_i = \frac{z_i}{f}\left(x' + x_0 + \delta_x\right) \tag{1.140}$$

$$y_i = \frac{z_i}{f}\left(y' + y_0 + \delta_y\right), \tag{1.141}$$

sendo x' e y' as coordenadas do ponto na imagem (observadas no plano focal da câmera IR); x_0,y_0, as coordenadas do ponto principal; e δx,δy, as correções de distorção das lentes.

Para a normalização dos valores de profundidade (estimativa dos parâmetros b e Z_0), deve ser considerado que esses parâmetros estão envolvidos em uma relação linear entre valores de paralaxe e de profundidade. Neste livro, considera-se um interferômetro a laser da marca Hewlett Packard, modelo 5508A, para se medirem os deslocamentos entre o sensor e uma placa de invar, com o objetivo de calcular as grandezas de c_2 e c_3. O Kinect deve ser posicionado de frente para uma placa de invar (ver Figura 1.52) e serem medidos em torno de 33 deslocamentos, com 10 cm cada da plataforma que contém essa placa e o espelho reprojetor do laser, propiciando, a cada intervalo, que seja gerado com o Kinect um arquivo com os valores de paralaxe.

Figura 1.52 – Experimento realizado com o interferômetro e com o Kinect para a normalização dos valores de profundidade: (a) imagem RGB; (b) imagem de profundidade. Fonte: Oliveira Jr., 2015 (cortesia).

Dessa forma, com os valores de paralaxe normalizados de um ponto na placa e do inverso das distâncias medidas com o interferômetro, é realizado o ajuste por mínimos quadrados dessas medidas, resultando nos parâmetros c_2 e c_3. A partir da obtenção desses valores é possível calcular os valores de profundidade de acordo com as paralaxes normalizadas observadas, como mostra a Equação (1.141). Vale ressaltar que o interferômetro a laser propicia medidas com precisão em torno 0,01 mm.

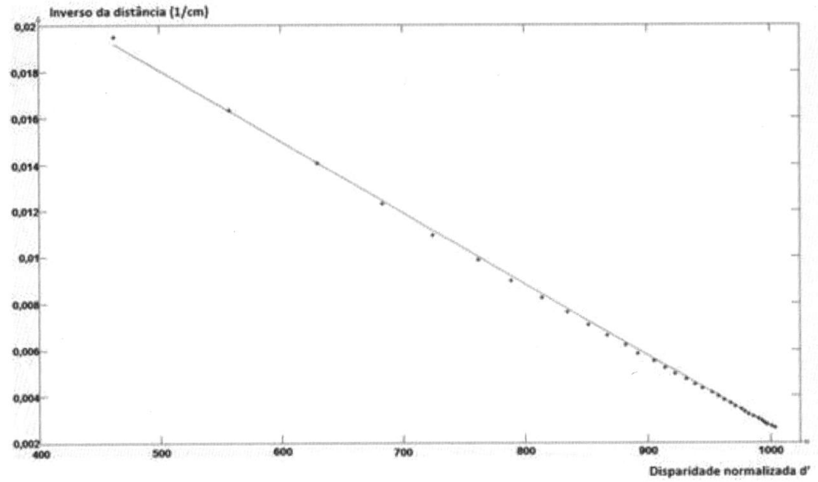

Figura 1.53 – Relação linear da paralaxe normalizada com o inverso da profundidade.

A Figura 1.53 mostra um gráfico da relação profundidade-paralaxe, no qual é possível perceber a relação linear expressa pela Equação (1.139), resultando nos valores para c_2 de $-3{,}07 \times 10^{-5}$, e para c_3, de 0,0334.

1.4 EXERCÍCIOS

1. Uma empresa possui uma aeronave bimotora adaptada e homologada para a tomada de imagens aéreas métricas para fins de mapeamento planialtimétrico cadastral ou topográfico (Decreto-Lei nº 243/67 e Decreto nº 89.817/84). O sistema de aquisição de imagens está devidamente equipado com dispositivos que permitem o controle de recobrimento, correção de deriva, registro de tomada de imagens em sistema GNSS/IMU, embarcados e plataforma giro-estabilizada para nivelamento e minimização de vibrações. A câmera multiespectral possui capacidade para obtenção de imagens digitais no espectro eletromagnético que abrange as regiões do visível e infravermelho (intervalo de 4 a 10,2 μm); possui filtros de redução de efeitos atmosféricos, exposímetro eletrônico, bem como sistema eletrônico de controle de disparo. A licitação foi vencida pela sua empresa, cuja proposta teve deságio de 25 % na Receita Anual Permitida (RAP). O termo de referência, que estabelece as especificações técnicas, os critérios e os parâmetros de qualidade para a execução do serviço de aerolevantamento exige que a escala do produto cartográfico a ser compilado seja de 1:5000, sendo que a escala original da fotografia e a resolução geométrica inicial da imagem deverão garantir a geração de um GSD em torno de 0,40 m. Vale ressaltar que a região é movimentada (altitude média da região de 492 m), e o mapeamento exige alta precisão planialtimétrica. A distância focal calibrada da câmera é de 100,50 mm. O número total de colunas e linhas da imagem digital é de 3770 × 5770, respectivamente, para um sensor CCD de 67,860 mm × 103,860 mm. Considerando as informações apresentadas:

2. Determine a altura e a altitude de voo e prove que o GSD exigido será atendido com a altura de voo calculada.

3. As características da câmera permitem aplicações voltadas a estudos de desenvolvimento urbano? Explique.

4. Qual a precisão planialtimétrica esperada para o produto a ser compilado e qual o menor objeto que deverá, efetivamente, ser discriminado na cena?

5. Explique e mostre graficamente o funcionamento do CCD, incluindo informações sobre as características do filtro de Bayer.

6. Mostre as diferenças entre fotogrametria e sistema LiDAR nos quesitos: tipo de sensor, geometria, cobertura no terreno, aquisição da informação e precisão.

7. Mostre todos os elementos no espaço-imagem e no espaço-objeto envolvidos na aquisição de dados geoespaciais por meio de técnicas de aerolevantamentos.

8. Defina fotogrametria e sensoriamento remoto e apresente seis aplicações.

9. Uma empresa foi contratada para mapear uma área plana de 100 km^2. O sensor disponível é uma câmera digital de quadro com distância focal de 10 mm, quadro focal de 8,8 mm × 6,6 mm e FOV de 40° (frontal) e 30° (lateral). Um sensor com as características do quadro focal apresentado possui 2560 pixels em coluna e 1920 pixels em linha. O contratante exige um GSD de 40 cm. Calcule a área a ser recoberta no terreno por uma única fotografia.

10. Explique o funcionamento da câmera digital ADS-40.

11. Um sensor de imageamento *pushbroom* foi usado para mapear a cidade de Curitiba. O voo foi realizado com uma altura média de 1.000 m. O sensor, na região do visível, possui distância focal de 65 mm e FOV de 38°. O tamanho do sensor corresponde a 12 mil pixels, de 6,5 micrômetros cada um. Calcule o comprimento de cada varredura linear no terreno para os sensores apontando para o nadir.

12. Explique as diferenças entre os filtros empregados em sensores digitais com CCD matricial e os filtros usados na câmera ADS 40.

13. Explique detalhadamente o funcionamento do sistema LiDAR, no modo dinâmico e no modo estático.

14. Explique resolução radiométrica, resolução espectral, resolução espacial e resolução temporal.

15. Explique o funcionamento do Kinect para determinação de coordenadas tridimensionais na superfície física da Terra.

16. Explique as etapas envolvidas na determinação das coordenadas tridimensionais de um ponto $P(X, Y, Z)$ na superfície física da Terra, empregando um sistema LiDAR aerotransportado. Detalhe o funcionamento de cada sensor envolvido na aquisição dos dados.

17. Para fins de exemplo, dado um ponto p medido em uma imagem tomada com uma câmera digital de pequeno formato, modelo Sony DSC-F717, com coordenadas (200,100) em coluna e linha no sistema referencial digital. Transforme o ponto p para o sistema referencial fotogramétrico e corrija-o dos efeitos sistemáticos provocados pelas distorções do sistema de lentes. A Tabela 1.5 mostra os valores dos parâmetros de orientação interior $(f, x_0, y_0, k_1, k_2, k_3, P_1, P_2)$.

Tabela 1.5 – Parâmetros de orientação interior da câmera Sony DSC-F717

Parâmetro	Valor
f	10,78 mm
x_0	−0,246 mm
y_0	−0,142 mm
K_1	$-2{,}25 \times 10^{-3}$ mm^{-2}
K_2	$0{,}49 \times 10^{-5}$ mm^{-4}
K_3	$0{,}29 \times 10^{-7}$ mm^{-6}
P_1	$-1{,}17 \times 10^{-4}$ mm^{-1}
P_2	$0{,}90 \times 10^{-5}$ mm^{-1}

CAPÍTULO 2

GERAÇÃO DE NUVENS DE PONTOS FOTOGRAMÉTRICOS E ORTORRETIFICAÇÃO DE IMAGENS

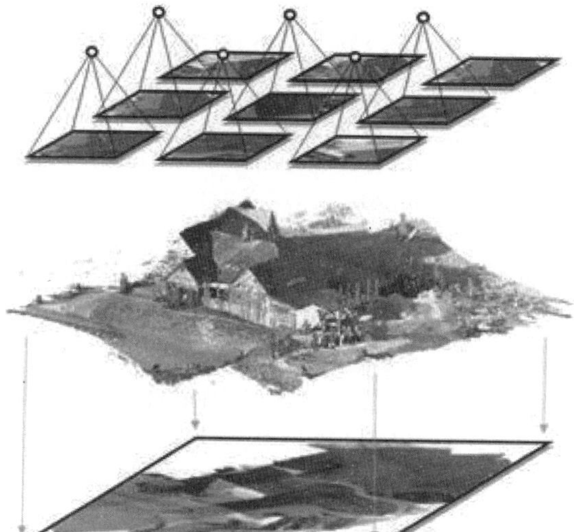

Figura 2.1 – A partir da era digital, modelos digitais de elevação puderam ser obtidos de forma rápida, precisa e com alto nível de detalhes.

As imagens obtidas por câmeras fotográficas estão vinculadas a uma projeção de perspectiva central, revelando-se um dos fatores que causam a não uniformidade de escala nas imagens. Essa característica impossibilita o uso de tais imagens, em sua geometria inicial, para extração de informação espacial de forma precisa, restringindo a sua utilização às aplicações de baixa precisão.

A carência de informação métrica confiável nas imagens em perspectiva central exige a aplicação de procedimentos fotogramétricos em projetos que se baseiam em informação espacial precisa, como os da área militar, de cadastro urbano, de atualização cartográfica, de construção e manutenção de estradas, de transportes, entre outros. Tais procedimentos apoiam-se no princípio da estereoscopia. A ideia principal é utilizar múltiplas imagens (diferentes pontos de vista), a fim de se obterem as escalas de cada ponto de interesse e, assim, tornar possível a extração confiável de informações espaciais dessas imagens. Um procedimento comum para extração de informação tridimensional de um conjunto de imagens é a intersecção fotogramétrica, cujo objetivo é a extração de vetores tridimensionais de feições de interesse, possibilitando, dessa forma, a criação de um mapa de linhas em escala única — uma carta — com representação ortogonal.

Para a elaboração de um mapa de linhas, via procedimentos fotogramétricos, são necessárias algumas etapas, como planejamento e execução de voo, coleta de pontos de apoio e de checagem, e resseção espacial, seguida da intersecção fotogramétrica (ou o processo de fototriangulação em conjunto com a restituição fotogramétrica).

A riqueza de detalhes disponíveis em imagens pode ser explorada por diversas áreas do conhecimento, a exemplo dos estudos florestais, agronômicos, geográficos, geológicos, de planejamento, arqueológicos etc. Essas áreas das ciências necessitam mais que um mapa de linha e símbolos — necessidade que pode ser suprida por informações semânticas disponíveis nas imagens que serviram de base para a elaboração dos mapas de linha. A partir disso, tem-se destacada a técnica de elaboração de ortoimagem (ortorretificação).

2.1 GERAÇÃO DE NUVENS DE PONTOS FOTOGRAMÉTRICA

Nesta obra, será tratado o conceito de nuvens de pontos fotogramétrica como um conjunto de pontos discretos, no espaço euclidiano tridimensional (3-D) $p_i = [x_i, y_i, z_i]^T$, estruturados e regularmente espaçados, obtidos a partir da intersecção de feixes de raios de luz perspectivo, e referenciados a um sistema local. Nesse caso, imagens digitais são frequentemente usadas para a geração de nuvens de pontos fotogramétricas.

Em situações nas quais dois ou mais pares de imagens são obtidos no levantamento da superfície física da Terra, seus parâmetros de orientação relativa, representados por uma matriz de rotação 3-D (R) e um vetor de translação 3-D (t), são estimados empregando-se um modelo de corpo rígido 3-D. Primeiro, deve ser executada uma etapa de pré-processamento, que consiste na detecção de pontos nos pares de imagens e no estabelecimento automático de suas correspondências. Quando um único par de imagens é usado no processamento, R e t são estimados, e a nuvem de pontos 3-D da região mapeada pode ser obtida. Esse procedimento envolve três etapas: a de correspondência automática de primitivas; a de estimativa da orientação relativa de cada par de imagens; e a de geração da nuvem de pontos 3-D.

2.1.1 CORRESPONDÊNCIA AUTOMÁTICA DE IMAGENS DIGITAIS

O *scale-invariante feature transform* (SIFT) constrói descritores locais invariantes a quaisquer transformações de escala, rotação, mudança de ponto de vista e iluminação, para identificar pontos em imagens digitais. Como principal vantagem, o algoritmo SIFT reduz o custo computacional por meio de operações executadas apenas em pontos extremos, representados por regiões com forte variação de nível de cinza na imagem, como as regiões de borda ou de canto.

Esse algoritmo é dividido em três tarefas: a detecção e localização de pontos extremos; a construção de descritores locais; e o estabelecimento automático de correspondências. A descrição das tarefas citadas é baseada em Lowe, 2004. O início do código implementado em C++ para aplicar o algoritmo SIFT é apresentado como segue:

```
#include "SIFT.h"
#include "stdafx.h"
#define SIGMA_ANTIALIAS 0.5
#define SIGMA_PREBLUR 1.0
#define CURVATURE_THRESHOLD 5.0
#define CONTRAST_THRESHOLD 0.03 // em termos de 255
#define M_PI 3.1415926535897932384626433832795
#define NUM_BINS 36
#define MAX_KERNEL_SIZE 20
#define FEATURE_WINDOW_SIZE 16
#define DESC_NUM_BINS 8
#define FVSIZE 128
#define FV_THRESHOLD 0.2

// Esta função é usada para salvar imagens em 8 bit.
// Esta função converte uma imagem de pontos
// flutuantes (com valores de 0...1)
// em imagens de 8bit (com valores de 0...255)
void SalvaFloatingPointImage(const char *filename,
                             IplImage *img) {
  IplImage *dup = cvCreateImage(cvGetSize(img), 8, 1);
  cvCvtScale(img, dup, 255.0);

  cvSaveImage(filename, dup);
  cvReleaseImage(&dup);
}
// Este Constructor fornece o número de intervalos
// e oitvas da função Gaussiana
SIFT::SIFT(IplImage *img, int octaves, int intervals) {
  m_srcImage = cvCloneImage(img);
  m_numOctaves = octaves;
  m_numIntervals = intervals;
  GenerateLists();
}
// Este Constructor fornece um nome para o arquivo que
// recebe o número de intervalos e oitavas
SIFT::SIFT(const char *filename, int octaves, int intervals) {
```

```
  m_srcImage = cvLoadImage(filename);
  m_numOctaves = octaves;
  m_numIntervals = intervals;
  GenerateLists();
}

// Esta função aloca memoria para o espaço-escala
void SIFT::GenerateLists() {
  unsigned int i = 0;
  m_gList = new IplImage **[m_numOctaves];
  for (i = 0; i < m_numOctaves; i++)
    m_gList[i] = new IplImage *[m_numIntervals + 3];

  m_dogList = new IplImage **[m_numOctaves];
  for (i = 0; i < m_numOctaves; i++)
    m_dogList[i] = new IplImage *[m_numIntervals + 2];

  m_extrema = new IplImage **[m_numOctaves];
  for (i = 0; i < m_numOctaves; i++)
    m_extrema[i] = new IplImage *[m_numIntervals];

  m_absSigma = new double *[m_numOctaves];
  for (i = 0; i < m_numOctaves; i++)
    m_absSigma[i] = new double[m_numIntervals + 3];
}

// Este Destructor limpa a memoria
SIFT::~SIFT() {
  unsigned int i, j;
  for (i = 0; i < m_numOctaves; i++) {
    for (j = 0; j < m_numIntervals + 3; j++)
      cvReleaseImage(&m_gList[i][j]);
    for (j = 0; j < m_numIntervals + 2; j++)
      cvReleaseImage(&m_dogList[i][j]);
    for (j = 0; j < m_numIntervals; j++)
      cvReleaseImage(&m_extrema[i][j]);

    delete[] m_gList[i];
    delete[] m_dogList[i];
    delete[] m_extrema[i];
    delete[] m_absSigma[i];
  }
  delete[] m_gList;
  delete[] m_dogList;
  delete[] m_extrema;
  delete[] m_absSigma;
}
```

```
// Esta função executa todas as etapas do SIFT na sequência
void SIFT::DoSift() {
  BuildEspacoEscala();
  DetectaExtremo();
  Orientacoes();
  Descritores();
}
```

2.1.2 DETECÇÃO DE PONTOS EXTREMOS

Esta etapa consiste em tornar o descritor local invariante à escala. Primeiramente, o algoritmo procura pontos invariantes à mudança de escala na imagem utilizando uma função gaussiana — espaço-escala, que é definido como uma convolução da imagem $I(x, y)$ com um operador gaussiano $G(x, y, \sigma) = \frac{1}{2\pi\sigma^2} e^{\frac{-(x^2+y^2)}{2\sigma^2}}$, como segue:

$$L(x, y, \sigma) = G(x, y, \sigma) \otimes I(x, y), \tag{2.1}$$

sendo $L(x, y, \sigma)$ a imagem suavizada; x e y, as coordenadas do pixel na imagem; $\otimes$, o operador de convolução; e σ, a variação de escala em $G(x, y, \sigma)$ (parâmetro que define o fator de suavização da imagem $I(x, y)$).

Em implementação computacional, são usadas máscaras de convolução de dimensões 3×3, 5×5, 7×7 etc. Por exemplo, uma máscara $G(x, y, \sigma)$ com dimensão 5×5, $\sigma = 1$ e x e y variando de -2 e 2 é definida usando-se a equação

$$\frac{1}{2\pi\sigma^2} e^{\frac{-(x^2+y^2)}{2\sigma^2}},$$

cujos valores são mostrados na Tabela 2.1.

Tabela 2.1 – Máscara de convolução gaussiana de dimensão 5 × 5

0,000.786.31	0,006.559.52	0,013.303.47	0,006.559.52	0,000.786.31
0,006.559.52	0,054.720.49	0,110.979.44	0,054.720.49	0,006.559.52
0,013.303.47	0,110.979.44	0,225.079.04	0,110.979.44	0,013.303.47
0,006.559.52	0,054.720.49	0,110.979.44	0,054.720.49	0,006.559.52
0,000.786.31	0,006.559.52	0,013.303.47	0,006.559.52	0,000.786.31

O emprego da função gaussiana $G(x, y, \sigma)$ tem como objetivo obter imagens com bordas realçadas e ruídos atenuados. Estrategicamente, o algoritmo SIFT reduz a imagem original até atingir um fator 2σ dividindo o espaço de escalas por uma constante k, que varia em passos de $2^{1/s}$. Isso faz com que seja completada uma oitava. As demais oitavas (segunda oitava, terceira oitava, quarta oitava etc) são produzidas a partir da imagem que teve seu σ dobrado, da escala anterior. Essa tarefa simula redimensionamentos consecutivos na imagem, tornando possível a detecção de pontos que se preservam nessas mudanças de escala.

Em seguida, são realizados cálculos de diferença de gaussianas (DoG) para cada oitava no espaço-escala. Essa função é separada por uma escala constante (k) e definida pela diferença de L em escalas próximas, como segue:

$$DoG(x, y, \sigma) = L(x, y, k\sigma) - L(x, y, \sigma). \tag{2.2}$$

A Figura 2.2 mostra um exemplo de como o DoG na escala da primeira oitava é calculado. Note-se que, na Figura 2.2 (a), é apresentada a imagem original $I(x, y)$ e três imagens suavizadas $L(x, y, \sigma = 1)$, $L(x, y, \sigma = 4)$, $L(x, y, \sigma = 16)$, obtidas na primeira oitava. Na Figura 2.2 (b), é mostrada a operação de subtração para o cálculo de DoG, e, na Figura 2.2 (c), pode ser visualizado o conjunto de imagens resultantes da operação $DoG(x, y, \sigma)$.

A Equação (2.3) proporciona um valor aproximado para a escala normalizada laplaciana-gaussiana $(\sigma^2\nabla^2 G)$, como segue:

$$\sigma\nabla^2 G = \frac{\partial G}{\partial \sigma} = \frac{L(x, y, k\sigma) - L(x, y, \sigma)}{(k\sigma)\sigma}, \tag{2.3}$$

e, por conseguinte:

$$L(x, y, k\sigma) - L(x, y, \sigma) \approx (k - 1)\sigma^2\nabla^2 G. \tag{2.4}$$

Note que o fator σ^2 faz com que a função seja invariante a escala. Na prática, para cada oitava, é necessário gerar não mais que quatro imagens suavizadas. O resultado esperado é um conjunto de quatro oitavas, sendo realizadas quatro operações gaussianas para cada oitava.

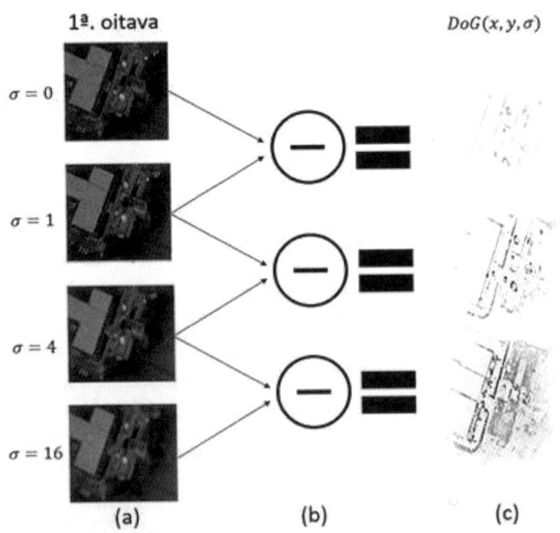

Figura 2.2 – Diferença de gaussianas na 1ª oitava do espaço-escala: (a) imagem original $(\sigma = 0)$ e imagens suavizadas $(\sigma = 1, \sigma = 4)$, etc.; (b) princípio da subtração entre as suavizadas $L(x, y, k\sigma)$ e $L(x, y, \sigma)$; (c) resultado obtido com as diferenças de gaussianas $DoG(x, y, \sigma)$.

A localização dos pontos extremos é feita por aproximações de $\sigma^2\nabla^2 G$, e o fator remanescente $(k - 1)$ não influencia na posição do pixel detectado.

2.1.3 LOCALIZAÇÃO DOS PONTOS EXTREMOS

Na sequência, os valores de máximo ou mínimo locais (pontos extremos) devem ser detectados para cada $DoG(x, y, \sigma)$ obtido, como mostra a Figura 2.3.

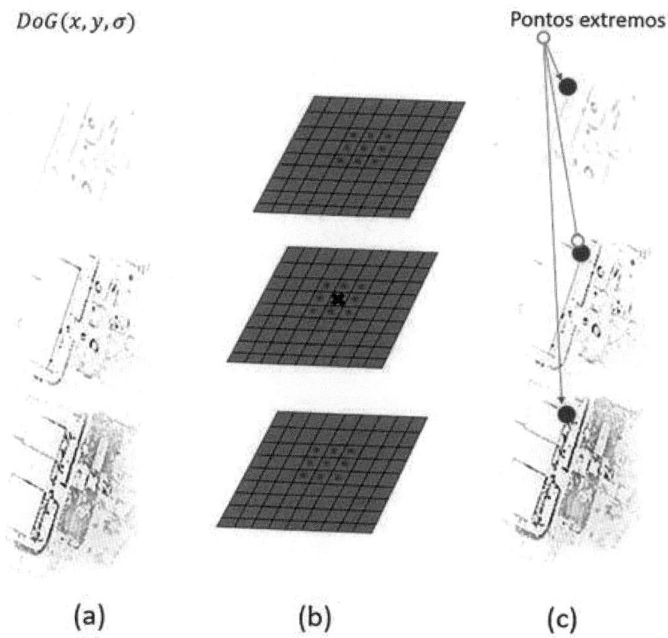

Figura 2.3 – Análise de vizinhança de pontos extremos para $DoG(x, y, \sigma)$ em cada oitava no espaço-escala: (a) *DoGs*; (b) vizinhança; (c) pontos extremos.

Posteriormente, os pontos extremos devem ser localizados, e, se não forem estáveis, são descartados. O leitor pode perceber que os pontos apresentados na Figura 2.3 (c) permanecem estáveis em diferentes espaços-escalas. Isso mostra que esses pontos são fortes candidatos a pontos extremos. Em outras palavras, não serão descartados na tarefa de localização exata de pontos extremos.

A localização exata dos pontos extremos é determinada por meio do ajustamento de uma função quadrática 3-D. Por exemplo, dado um ponto extremo, sua localização interpolada do máximo é determinada por meio da expansão da série de Taylor da função $DoG(x, y, \sigma)$, como segue:

$$DoG(\Delta) = DoG + \frac{\partial DoG}{\partial \Delta}\Delta + \frac{1}{2}\frac{\partial^2 DoG}{\partial \Delta^2}\Delta, \ldots, \tag{2.5}$$

sendo $\Delta = (x, y, \sigma)^T$.

Na Equação (2.5), a imagem $DoG(x, y, \sigma)$ é deslocada (Δ) de tal forma que sua origem é localizada no ponto de amostragem, e a localização do ponto extremo é calculada derivando-se a Equação (2.5) em função de (Δ) e igualando-se o resultado a zero, como segue:

$$\Delta = -\frac{\partial^2 DoG^{-1}}{\partial \Delta^2}\frac{\partial DoG}{\partial \Delta} \tag{2.6}$$

O resultado é um sistema linear 3 × 3. Se Δ for maior que 0,5 em alguma escala, significa que o ponto extremo se aproxima mais de outro ponto, sendo necessário localizá-lo novamente e aplicar uma interpolação para o novo ponto extremo.

A função *DoG* apresenta resposta forte ao longo de bordas, fazendo com que os pontos extremos sejam instáveis, até mesmo quando há poucos ruídos na imagem suavizada, resultando em extremos mal definidos, que apresentam valores altos de curvatura principal ao longo das bordas, porém, com pequenos valores de curvatura principal em sua direção perpendicular. Os valores de curvatura principal podem ser determinados por meio da matriz hessiana 2 × 2 (H), como segue:

$$H = \begin{bmatrix} DoG_{xx} & DoG_{xy} \\ DoG_{xy} & DoG_{yy} \end{bmatrix}, \tag{2.7}$$

sendo DoG_{xy} a derivada de DoG na localização e escala dada em relação a x e y; DoG_{xx}, a derivada segunda em relação a x; e DoG_{yy}, a derivada segunda em relação a y.

O código implementado em C++ para executar a construção do espaço-escala usando-se a função gaussiana e a detecção de pontos extremos é apresentado a seguir:

```
// Esta função gera imagens suavizadas para cada oitava e
// também para as DoGs
void SIFT::BuildEspacoEscala() {
  printf("Gerando espaco - escala...\n");
  unsigned int I, j;

  IplImage * imgGray = cvCreateImage(cvGetSize(m_srcImage),
      IPL_DEPTH_32F, 1);
  IplImage * imgTemp = cvCreateImage(cvGetSize(m_srcImage),
      8, 1);

  if (m_srcImage -> nChannels == 3)
    cvCvtColor(m_srcImage, imgTemp, CV_BGR2GRAY);
  else
    cvCopy(m_srcImage, imgTemp);

  for (int x = 0; x < imgTemp -> width; x++)
    for (int y = 0; y < imgTemp -> height; y++)
      cvSetReal2D(imgGray, y, x,
        cvGetReal2D(imgTemp, y, x) / 255.0);

  cvSmooth(imgGray, imgGray, CV_GAUSSIAN, 0, 0, SIGMA_ANTIALIAS);

  m_gList[0][0] = cvCreateImage(cvSize(imgGray -> width * 2,
    imgGray -> height * 2), IPL_DEPTH_32F, 1);
  cvPyrUp(imgGray, m_gList[0][0]);

```

```
  cvSmooth(m_gList[0][0], m_gList[0][0], CV_GAUSSIAN, 0, 0,
    SIGMA_PREBLUR);

  double initSigma = sqrt(2.0 f);

  m_absSigma[0][0] = initSigma * 0.5;
  for (i = 0; i < m_numOctaves; i++) {
    double sigma = initSigma;
    CvSize currentSize = cvGetSize(m_gList[i][0]);
    for (j = 1; j < m_numIntervals + 3; j++) {
      m_gList[i][j] = cvCreateImage(currentSize, 32, 1);
      double sigma_f =
          sqrt(pow(2.0, 2.0 / m_numIntervals) - 1) * sigma;
      sigma = pow(2.0, 1.0 / m_numIntervals) * sigma;

      m_absSigma[i][j] = sigma * 0.5 * pow(2.0 f, (float)i);
      cvSmooth(m_gList[i][j - 1], m_gList[i][j], CV_GAUSSIAN, 0,
               0, sigma_f);

      m_dogList[i][j - 1] = cvCreateImage(currentSize, 32, 1);
      cvSub(m_gList[i][j - 1], m_gList[i][j],
            m_dogList[i][j - 1]);
    }

    if (i < m_numOctaves - 1) {
      currentSize.width /= 2;
      currentSize.height /= 2;

      m_gList[i + 1][0] = cvCreateImage(currentSize, 32, 1);
      cvPyrDown(m_gList[i][0], m_gList[i + 1][0]);
      m_absSigma[i + 1][0] = m_absSigma[i][m_numIntervals];
    }
  }
}

// Esta funcao aloca pontos extremos (maximo e minimo)
void SIFT::DetectaExtremos() {
  printf("Detectando pontos extremos...\n");
  unsigned int I, j, xi, yi;

  double curvature_ratio, curvature_threshold;
  IplImage *middle, *up, *down;
  int scale;
  double dxx, dyy, dxy, trH, detH;

  unsigned int num = 0;
  unsigned int numRemoved = 0;
```

```
curvature_threshold = (CURVATURE_THRESHOLD + 1) *
                      (CURVATURE_THRESHOLD + 1) /
                      CURVATURE_THRESHOLD;

for (i = 0; i < m_numOctaves; i++) {
  scale = (int)pow(2.0, (double)i);

  for (j = 1; j < m_numIntervals + 1; j++) {
    m_extrema[i][j - 1] =
        cvCreateImage(cvGetSize(m_dogList[i][0]), 8, 1);
    cvZero(m_extrema[i][j - 1]);
    middle = m_dogList[i][j];
    up = m_dogList[i][j + 1];
    down = m_dogList[i][j - 1];

    for (xi = 1; xi < m_dogList[i][j]->width - 1; xi++) {
      for (yi = 1; yi < m_dogList[i][j]->height - 1; yi++) {
        bool justSet = false;
        double currentPixel = cvGetReal2D(middle, yi, xi);

        if (currentPixel > cvGetReal2D(middle, yi - 1, xi) &&
            currentPixel > cvGetReal2D(middle, yi + 1, xi) &&
            currentPixel > cvGetReal2D(middle, yi, xi - 1) &&
            currentPixel > cvGetReal2D(middle, yi, xi + 1) &&
            currentPixel >
                cvGetReal2D(middle, yi - 1, xi - 1) &&
            currentPixel >
                cvGetReal2D(middle, yi - 1, xi + 1) &&
            currentPixel >
                cvGetReal2D(middle, yi + 1, xi + 1) &&
            currentPixel >
                cvGetReal2D(middle, yi + 1, xi - 1) &&
            currentPixel > cvGetReal2D(up, yi, xi) &&
            currentPixel > cvGetReal2D(up, yi - 1, xi) &&
            currentPixel > cvGetReal2D(up, yi + 1, xi) &&
            currentPixel > cvGetReal2D(up, yi, xi - 1) &&
            currentPixel > cvGetReal2D(up, yi, xi + 1) &&
            currentPixel > cvGetReal2D(up, yi - 1, xi - 1) &&
            currentPixel > cvGetReal2D(up, yi - 1, xi + 1) &&
            currentPixel > cvGetReal2D(up, yi + 1, xi + 1) &&
            currentPixel > cvGetReal2D(up, yi + 1, xi - 1) &&
            currentPixel > cvGetReal2D(down, yi, xi) &&
            currentPixel > cvGetReal2D(down, yi - 1, xi) &&
            currentPixel > cvGetReal2D(down, yi + 1, xi) &&
            currentPixel > cvGetReal2D(down, yi, xi - 1) &&
            currentPixel > cvGetReal2D(down, yi, xi + 1) &&
            currentPixel > cvGetReal2D(down, yi - 1, xi - 1) &&
```

```
          currentPixel > cvGetReal2D(down, yi - 1, xi + 1) &&
          currentPixel > cvGetReal2D(down, yi + 1, xi + 1) &&
          currentPixel > cvGetReal2D(down, yi + 1, xi - 1)) {
        cvSetReal2D(m_extrema[i][j - 1], yi, xi, 255);
        num++;
        justSet = true;
      } else if (
          currentPixel < cvGetReal2D(middle, yi - 1, xi) &&
          currentPixel < cvGetReal2D(middle, yi + 1, xi) &&
          currentPixel < cvGetReal2D(middle, yi, xi - 1) &&
          currentPixel < cvGetReal2D(middle, yi, xi + 1) &&
          currentPixel <
              cvGetReal2D(middle, yi - 1, xi - 1) &&
          currentPixel <
              cvGetReal2D(middle, yi - 1, xi + 1) &&
          currentPixel <
              cvGetReal2D(middle, yi + 1, xi + 1) &&
          currentPixel <
              cvGetReal2D(middle, yi + 1, xi - 1) &&
          currentPixel < cvGetReal2D(up, yi, xi) &&
          currentPixel < cvGetReal2D(up, yi - 1, xi) &&
          currentPixel < cvGetReal2D(up, yi + 1, xi) &&
          currentPixel < cvGetReal2D(up, yi, xi - 1) &&
          currentPixel < cvGetReal2D(up, yi, xi + 1) &&
          currentPixel < cvGetReal2D(up, yi - 1, xi - 1) &&
          currentPixel < cvGetReal2D(up, yi - 1, xi + 1) &&
          currentPixel < cvGetReal2D(up, yi + 1, xi + 1) &&
          currentPixel < cvGetReal2D(up, yi + 1, xi - 1) &&
          currentPixel < cvGetReal2D(down, yi, xi) &&
          currentPixel < cvGetReal2D(down, yi - 1, xi) &&
          currentPixel < cvGetReal2D(down, yi + 1, xi) &&
          currentPixel < cvGetReal2D(down, yi, xi - 1) &&
          currentPixel < cvGetReal2D(down, yi, xi + 1) &&
          currentPixel < cvGetReal2D(down, yi - 1, xi - 1) &&
          currentPixel < cvGetReal2D(down, yi - 1, xi + 1) &&
          currentPixel < cvGetReal2D(down, yi + 1, xi + 1) &&
          currentPixel < cvGetReal2D(down, yi + 1, xi - 1)) {
        cvSetReal2D(m_extrema[i][j - 1], yi, xi, 255);
        num++;
        justSet = true;
      }

      if (justSet && fabs(cvGetReal2D(middle, yi, xi)) <
                             CONTRAST_THRESHOLD) {
        cvSetReal2D(m_extrema[i][j - 1], yi, xi, 0);
        num--;
        numRemoved++;
```

```
            justSet = false;
          }

          if (justSet) {
            dxx = (cvGetReal2D(middle, yi - 1, xi) +
                   cvGetReal2D(middle, yi + 1, xi) -
                   2.0 * cvGetReal2D(middle, yi, xi));

            dyy = (cvGetReal2D(middle, yi, xi - 1) +
                   cvGetReal2D(middle, yi, xi + 1) -
                   2.0 * cvGetReal2D(middle, yi, xi));

            dxy = (cvGetReal2D(middle, yi - 1, xi - 1) +
                   cvGetReal2D(middle, yi + 1, xi + 1) -
                   cvGetReal2D(middle, yi + 1, xi - 1) -
                   cvGetReal2D(middle, yi - 1, xi + 1)) /
                  4.0;

            trH = dxx + dyy;
            detH = dxx * dyy - dxy * dxy;
            curvature_ratio = trH * trH / detH;
            curvature_threshold, curvature_ratio);

            if (detH < 0 ||
                curvature_ratio > curvature_threshold) {
              cvSetReal2D(m_extrema[i][j - 1], yi, xi, 0);
              num--;
              numRemoved++;
              justSet = false;
            }
          }
        }
      }
    }
  }

  m_numKeypoints = num;
  printf("Encontrou % d keypoints\ n", num);
  printf("Rejeitou % d keypoints\ n", numRemoved);
}
```

2.1.4 CONSTRUÇÃO DE DESCRITORES LOCAIS

O descritor local consiste em um vetor de atributos com informações de magnitude do gradiente Mag_{xy} e orientação θ_{xy} dos pontos extremos, bem como de seus pixels vizinhos. Esses atributos são determinados em função de uma máscara de referência com um total de *kxk* pixels, contendo Mag_{xy} e θ_{xy}, como mostra a Figura 2.4.

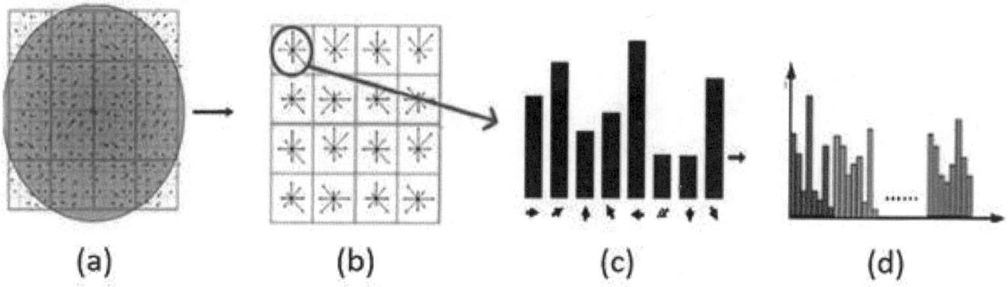

Figura 2.4 – Descritores locais para pontos extremos e histograma de orientação de um ponto extremo: (a) máscara de referência contendo a orientação e a magnitude dos pixels vizinhos ao ponto extremo; (b) máscara de referência com oito direções dominantes; (c) histograma de orientações; (d) histograma global. Fonte: Lowe, 2004

Na Figura 2.4 (a), a máscara de referência é uma matriz de orientações 8 × 8 dividida em quatro partes, enquanto o ponto em vermelho representa o ponto extremo corrente, cujavizinhança está sendo analisada para a construção do seu vetor descritor local.

Para tornar os descritores locais invariantes à rotação, o algoritmo SIFT atribui para cada ponto extremo uma orientação canônica. Por exemplo, dada uma *DoG* na mesma escala σ, a magnitude do gradiente Mag_{xy} e a orientação θ_{xy} de cada ponto extremo são determinadas usando-se as seguintes equações:

$$Mag_{xy} = \sqrt{(DoG(x+1,y) - DoG(x-1,y))^2 + (DoG(x,y+1) - DoG(x,y-1))^2} \tag{2.8}$$

$$\theta_{xy} = \tan^{-1}\left(\frac{DoG(x,y+1) - DoG(x,y-1)}{DoG(x+1,y) - DoG(x-1,y)}\right). \tag{2.9}$$

Já na Figura 2.4 (b), é mostrada cada parte da máscara de referência com 8 direções dominantes, de um total de 16 direções apresentadas na máscara de referência, contabilizado um vetor com 128 elementos descritores para cada ponto extremo. Note-se também na Figura 2.4 (b) que cada seta possui um tamanho e uma orientação, sendo ambas definidas pela magnitude e pela direção dominante do ponto extremo, respectivamente.

Cada ponto extremo é representado por um histograma de θ_{xy} variando de 0° a 2π, como mostra a Figura 2.4 (c). Os picos no histograma de orientação correspondem às direções dominantes dos gradientes locais. O maior pico detectado no histograma e os picos que correspondem a valores percentuais acima de 80 % dele são usados para definir a orientação de cada ponto extremo.

Como apresentado na Figura 2.4 (d), os valores obtidos são normalizados, e, para cada ponto extremo, é atribuído um descritor invariante à rotação e parcialmente invariante à mudança de ponto de vista e iluminação. O resultado esperado é uma coleção de descritores locais que podem ser usados no estabelecimento automático de correspondências.

Finalmente, o estabelecimento das correspondências entre os pontos extremos pode ser efetuado por intermédio do cálculo de alguma medida de similaridade que descreve a relação entre os descritores em uma dada vizinhança. O código implementado em C++ para executar a tarefa de construção de descritores locais é o que segue:

```
// Esta funcao atribui valores de orientacaO para cada
// keypoint detectado
void SIFT::Orientacoes() {
  printf("Atribuindo valores de orientacoes...\n");
  unsigned int i, j, k, xi, yi;
  int kk, tt;

  IplImage ***magnitude = new IplImage **[m_numOctaves];
  IplImage ***orientation = new IplImage **[m_numOctaves];

  for (i = 0; i < m_numOctaves; i++) {
    magnitude[i] = new IplImage *[m_numIntervals];
    orientation[i] = new IplImage *[m_numIntervals];
  }

  for (i = 0; i < m_numOctaves; i++) {
    for (j = 1; j < m_numIntervals + 1; j++) {
      magnitude[i][j - 1] =
          cvCreateImage(cvGetSize(m_gList[i][j]), 32, 1);
      orientation[i][j - 1] =
          cvCreateImage(cvGetSize(m_gList[i][j]), 32, 1);

      cvZero(magnitude[i][j - 1]);
      cvZero(orientation[i][j - 1]);

      for (xi = 1; xi < m_gList[i][j]->width - 1; xi++) {
        for (yi = 1; yi < m_gList[i][j]->height - 1; yi++) {
          double dx = cvGetReal2D(m_gList[i][j], yi, xi + 1) -
                      cvGetReal2D(m_gList[i][j], yi, xi - 1);
          double dy = cvGetReal2D(m_gList[i][j], yi + 1, xi) -
                      cvGetReal2D(m_gList[i][j], yi - 1, xi);

          cvSetReal2D(magnitude[i][j - 1], yi, xi,
                      sqrt(dx * dx + dy * dy));

          double ori = atan(dy / dx);
          cvSet2D(orientation[i][j - 1], yi, xi, cvScalar(ori));
        }
      }

      cvSaveImage(filename, magnitude[i][j - 1]);
    }
  }

  double *hist_orient = new double[NUM_BINS];

  for (i = 0; i < m_numOctaves; i++) {
```

```
    unsigned int scale = (unsigned int)pow(2.0, (double)i);
    unsigned int width = m_gList[i][0]->width;
    unsigned int height = m_gList[i][0]->height;

    for (j = 1; j < m_numIntervals + 1; j++) {
      double abs_sigma = m_absSigma[i][j];

      IplImage *imgWeight =
          cvCreateImage(cvSize(width, height), 32, 1);
      cvSmooth(magnitude[i][j - 1], imgWeight, CV_GAUSSIAN, 0, 0,
              1.5 * abs_sigma);

      int hfsz = GetKernelSize(1.5 * abs_sigma) / 2;

      IplImage *imgMask =
          cvCreateImage(cvSize(width, height), 8, 1);
      cvZero(imgMask);

      for (xi = 0; xi < width; xi++) {
        for (yi = 0; yi < height; yi++) {
          if (cvGetReal2D(m_extrema[i][j - 1], yi, xi) != 0) {
            for (k = 0; k < NUM_BINS; k++)
              hist_orient[k] = 0.0;

            for (kk = -hfsz; kk <= hfsz; kk++) {
              for (tt = -hfsz; tt <= hfsz; tt++) {
                if (xi + kk < 0 || xi + kk >= width ||
                    yi + tt < 0 || yi + tt >= height)
                  continue;

                double sampleOrient = cvGetReal2D(
                    orientation[i][j - 1], yi + tt, xi + kk);

                if (sampleOrient <= -M_PI || sampleOrient > M_PI)
                  printf("Orientacao ruim: %f\n", sampleOrient);

                sampleOrient += M_PI;

                sampleOrientDegrees = sampleOrient * 180 / M_PI;
                hist_orient[(int)sampleOrientDegrees /
                            (360 / NUM_BINS)] +=
                    cvGetReal2D(imgWeight, yi + tt, xi + kk);
                cvSetReal2D(imgMask, yi + tt, xi + kk, 255);
              }
            }

            double max_peak = hist_orient[0];
```

```
        unsigned int max_peak_index = 0;
        for (k = 1; k < NUM_BINS; k++) {
          if (hist_orient[k] > max_peak) {
            max_peak = hist_orient[k];
            max_peak_index = k;
          }
        }

        vector<double> orien;
        vector<double> mag;
        for (k = 0; k < NUM_BINS; k++) {
          if (hist_orient[k] > 0.8 * max_peak) {
            double x1 = k - 1;
            double y1;
            double x2 = k;
            double y2 = hist_orient[k];
            double x3 = k + 1;
            double y3;
            if (k == 0) {
              y1 = hist_orient[NUM_BINS - 1];
              y3 = hist_orient[1];
            } else if (k == NUM_BINS - 1) {
              y1 = hist_orient[NUM_BINS - 1];
              y3 = hist_orient[0];
            } else {
              y1 = hist_orient[k - 1];
              y3 = hist_orient[k + 1];
            }

            double *b = new double[3];
            CvMat *X = cvCreateMat(3, 3, CV_32FC1);
            CvMat *matInv = cvCreateMat(3, 3, CV_32FC1);
            cvSetReal2D(X, 0, 0, x1 * x1);
            cvSetReal2D(X, 1, 0, x1);
            cvSetReal2D(X, 2, 0, 1);
            cvSetReal2D(X, 0, 1, x2 * x2);
            cvSetReal2D(X, 1, 1, x2);
            cvSetReal2D(X, 2, 1, 1);
            cvSetReal2D(X, 0, 2, x3 * x3);
            cvSetReal2D(X, 1, 2, x3);
            cvSetReal2D(X, 2, 2, 1);
            cvInv(X, matInv);
            b[0] = cvGetReal2D(matInv, 0, 0) * y1 +
                   cvGetReal2D(matInv, 1, 0) * y2 +
                   cvGetReal2D(matInv, 2, 0) * y3;
            b[1] = cvGetReal2D(matInv, 0, 1) * y1 +
                   cvGetReal2D(matInv, 1, 1) * y2 +
```

```
                       cvGetReal2D(matInv, 2, 1) * y3;
                b[2] = cvGetReal2D(matInv, 0, 2) * y1 +
                       cvGetReal2D(matInv, 1, 2) * y2 +
                       cvGetReal2D(matInv, 2, 2) * y3;
                double x0 = -b[1] / (2 * b[0]);

                if (fabs(x0) > 2 * NUM_BINS)
                  x0 = x2;
                while (x0 < 0)
                  x0 += NUM_BINS;
                while (x0 >= NUM_BINS)
                  x0 -= NUM_BINS;

                double x0_n = x0 * (2 * M_PI / NUM_BINS);
                assert(x0_n >= 0 && x0_n < 2 * M_PI);
                x0_n -= M_PI;
                assert(x0_n >= -M_PI && x0_n < M_PI);

                orien.push_back(x0_n);
                mag.push_back(hist_orient[k]);
              }
            }
            m_keyPoints.push_back(
                Keypoint(xi * scale / 2, yi * scale / 2, mag,
                         orien, i * m_numIntervals + j - 1));
          }
        }
      }

      cvReleaseImage(&imgMask);
    }
  }

  assert(m_keyPoints.size() == m_numKeypoints);
  for (i = 0; i < m_numOctaves; i++) {
    for (j = 1; j < m_numIntervals + 1; j++) {
      cvReleaseImage(&magnitude[i][j - 1]);
      cvReleaseImage(&orientation[i][j - 1]);
    }

    delete[] magnitude[i];
    delete[] orientation[i];
  }

  delete[] magnitude;
  delete[] orientation;
}
```

```
// Esta funcao extrai os descritores locais
void SIFT::Descritores() {
  printf("Extraindo os descritores...\n");

  unsigned int i, j;

  IplImage ***imgInterpolatedMagnitude =
      new IplImage **[m_numOctaves];
  IplImage ***imgInterpolatedOrientation =
      new IplImage **[m_numOctaves];
  for (i = 0; i < m_numOctaves; i++) {
    imgInterpolatedMagnitude[i] = new IplImage *[m_numIntervals];
    imgInterpolatedOrientation[i] =
        new IplImage *[m_numIntervals];
  }

  for (i = 0; i < m_numOctaves; i++) {
    for (j = 1; j < m_numIntervals + 1; j++) {
      unsigned int width = m_gList[i][j]->width;
      unsigned int height = m_gList[i][j]->height;

      IplImage *imgTemp =
          cvCreateImage(cvSize(width * 2, height * 2), 32, 1);
      cvZero(imgTemp);
      cvPyrUp(m_gList[i][j], imgTemp);

      imgInterpolatedMagnitude[i][j - 1] =
          cvCreateImage(cvSize(width + 1, height + 1), 32, 1);
      imgInterpolatedOrientation[i][j - 1] =
          cvCreateImage(cvSize(width + 1, height + 1), 32, 1);
      cvZero(imgInterpolatedMagnitude[i][j - 1]);
      cvZero(imgInterpolatedOrientation[i][j - 1]);

      for (float ii = 1.5; ii < width - 1.5; ii++) {
        for (float jj = 1.5; jj < height - 1.5; jj++) {
          double dx =
              (cvGetReal2D(m_gList[i][j], jj, ii + 1.5) +
               cvGetReal2D(m_gList[i][j], jj, ii + 0.5)) /
                  2 -
              (cvGetReal2D(m_gList[i][j], jj, ii - 1.5) +
               cvGetReal2D(m_gList[i][j], jj, ii - 0.5)) /
                  2;
          double dy =
              (cvGetReal2D(m_gList[i][j], jj + 1.5, ii) +
               cvGetReal2D(m_gList[i][j], jj + 0.5, ii)) /
                  2 -
```

```
            (cvGetReal2D(m_gList[i][j], jj - 1.5, ii) +
             cvGetReal2D(m_gList[i][j], jj - 0.5, ii)) /
                2;

        unsigned int iii = ii + 1;
        unsigned int jjj = jj + 1;
        assert(iii <= width && jjj <= height);

        cvSetReal2D(imgInterpolatedMagnitude[i][j - 1], jjj,
                    iii, sqrt(dx * dx + dy * dy));
        cvSetReal2D(
            imgInterpolatedOrientation[i][j - 1], jjj, iii,
            (atan2(dy, dx) == M_PI) ? -M_PI : atan2(dy, dx));
      }
    }

    for (unsigned int iii = 0; iii < width + 1; iii++) {
      cvSetReal2D(imgInterpolatedMagnitude[i][j - 1], 0, iii,
                  0);
      cvSetReal2D(imgInterpolatedMagnitude[i][j - 1], height,
                  iii, 0);
      cvSetReal2D(imgInterpolatedOrientation[i][j - 1], 0, iii,
                  0);
      cvSetReal2D(imgInterpolatedOrientation[i][j - 1], height,
                  iii, 0);
    }

    for (unsigned int jjj = 0; jjj < height + 1; jjj++) {
      cvSetReal2D(imgInterpolatedMagnitude[i][j - 1], jjj, 0,
                  0);
      cvSetReal2D(imgInterpolatedMagnitude[i][j - 1], jjj,
                  width, 0);
      cvSetReal2D(imgInterpolatedOrientation[i][j - 1], jjj, 0,
                  0);
      cvSetReal2D(imgInterpolatedOrientation[i][j - 1], jjj,
                  width, 0);
    }

    cvReleaseImage(&imgTemp);
  }
}

CvMat *G = BuildInterpolatedGaussianTable(
    FEATURE_WINDOW_SIZE, 0.5 * FEATURE_WINDOW_SIZE);

vector<double> hist(DESC_NUM_BINS);
```

```
for (unsigned int ikp = 0; ikp < m_numKeypoints; ikp++) {
  unsigned int scale = m_keyPoints[ikp].scale;
  float kpxi = m_keyPoints[ikp].xi;
  float kpyi = m_keyPoints[ikp].yi;

  float descxi = kpxi;
  float descyi = kpyi;

  unsigned int ii =
      (unsigned int)(kpxi * 2) /
      (unsigned int)(pow(2.0, (double)scale / m_numIntervals));
  unsigned int jj =
      (unsigned int)(kpyi * 2) /
      (unsigned int)(pow(2.0, (double)scale / m_numIntervals));

  unsigned int width =
      m_gList[scale / m_numIntervals][0]->width;
  unsigned int height =
      m_gList[scale / m_numIntervals][0]->height;

  vector<double> orien = m_keyPoints[ikp].orien;
  vector<double> mag = m_keyPoints[ikp].mag;

  double main_mag = mag[0];
  double main_orien = orien[0];
  for (unsigned int orient_count = 1;
       orient_count < mag.size(); orient_count++) {
    if (mag[orient_count] > main_mag) {
      main_orien = orien[orient_count];
      main_mag = mag[orient_count];
    }
  }

  unsigned int hfsz = FEATURE_WINDOW_SIZE / 2;
  CvMat *weight = cvCreateMat(FEATURE_WINDOW_SIZE,
                              FEATURE_WINDOW_SIZE, CV_32FC1);
  vector<double> fv(FVSIZE);

  for (i = 0; i < FEATURE_WINDOW_SIZE; i++) {
    for (j = 0; j < FEATURE_WINDOW_SIZE; j++) {
      if (ii + i + 1 < hfsz || ii + i + 1 > width + hfsz ||
          jj + j + 1 < hfsz || jj + j + 1 > height + hfsz)
        cvSetReal2D(weight, j, i, 0);
      else
        cvSetReal2D(
            weight, j, i,
            cvGetReal2D(G, j, i) *
```

```
                cvGetReal2D(imgInterpolatedMagnitude
                                [scale / m_numIntervals]
                                [scale % m_numIntervals],
                            jj + j + 1 - hfsz,
                            ii + i + 1 - hfsz));
      }
    }

    for (i = 0; i < FEATURE_WINDOW_SIZE / 4; i++) {
      for (j = 0; j < FEATURE_WINDOW_SIZE / 4; j++) {
        for (unsigned int t = 0; t < DESC_NUM_BINS; t++)
          hist[t] = 0.0;

        int starti =
            (int)ii - (int)hfsz + 1 + (int)(hfsz / 2 * i);
        int startj =
            (int)jj - (int)hfsz + 1 + (int)(hfsz / 2 * j);
        int limiti = (int)ii + (int)(hfsz / 2) * ((int)(i)-1);
        int limitj = (int)jj + (int)(hfsz / 2) * ((int)(j)-1);

        for (int k = starti; k <= limiti; k++) {
          for (int t = startj; t <= limitj; t++) {
            if (k < 0 || k > width || t < 0 || t > height)
              continue;

            cvGetReal2D(imgInterpolatedOrientation
                            [scale / m_numIntervals]
                            [scale % m_numIntervals],
                        t, k);
            sample_orien -= main_orien;

            while (sample_orien < 0)
              sample_orien += 2 * M_PI;
            while (sample_orien > 2 * M_PI)
              sample_orien -= 2 * M_PI;

            if (!(sample_orien >= 0 && sample_orien < 2 * M_PI))
              printf("RUIM: %f\n", sample_orien);
            assert(sample_orien >= 0 && sample_orien < 2 * M_PI);

            unsigned int sample_orien_d =
                sample_orien * 180 / M_PI;
            assert(sample_orien_d < 360);

            unsigned int bin =
                sample_orien_d / (360 / DESC_NUM_BINS);
            double bin_f = (double)sample_orien_d /
```

```
                              (double)(360 / DESC_NUM_BINS);

              assert(bin < DESC_NUM_BINS);
              assert(k + hfsz - 1 - ii < FEATURE_WINDOW_SIZE &&
                     t + hfsz - 1 - jj < FEATURE_WINDOW_SIZE);

              hist[bin] += (1 - fabs(bin_f - (bin + 0.5))) *
                           cvGetReal2D(weight, t + hfsz - 1 - jj,
                                      k + hfsz - 1 - ii);
            }
          }

          for (unsigned int t = 0; t < DESC_NUM_BINS; t++) {
            fv[(i * FEATURE_WINDOW_SIZE / 4 + j) * DESC_NUM_BINS +
               t] = hist[t];
          }
        }
      }

      double norm = 0;
      for (unsigned int t = 0; t < FVSIZE; t++)
        norm += pow(fv[t], 2.0);

      norm = sqrt(norm);
      for (unsigned int t = 0; t < FVSIZE; t++)
        fv[t] /= norm;

      for (unsigned int t = 0; t < FVSIZE; t++)
        if (fv[t] > FV_THRESHOLD)
          fv[t] = FV_THRESHOLD;

      norm = 0;
      for (unsigned int t = 0; t < FVSIZE; t++)
        norm += pow(fv[t], 2.0);

      norm = sqrt(norm);
      for (unsigned int t = 0; t < FVSIZE; t++)
        fv[t] /= norm;

      m_keyDescs.push_back(Descriptor(descxi, descyi, fv));
    }

    assert(m_keyDescs.size() == m_numKeypoints);

    for (i = 0; i < m_numOctaves; i++) {
      for (j = 1; j < m_numIntervals + 1; j++) {
        cvReleaseImage(&imgInterpolatedMagnitude[i][j - 1]);
```

```
      cvReleaseImage(&imgInterpolatedOrientation[i][j - 1]);
    }

    delete[] imgInterpolatedMagnitude[i];
    delete[] imgInterpolatedOrientation[i];
  }

  delete[] imgInterpolatedMagnitude;
  delete[] imgInterpolatedOrientation;
}

unsigned int SIFT::GetKernelSize(double sigma, double cut_off) {
  unsigned int i;
  for (i = 0; i < MAX_KERNEL_SIZE; i++)
    if (exp(-((double)(i * i)) / (2.0 * sigma * sigma)) <
        cut_off)
      break;
  unsigned int size = 2 * i - 1;
  return size;
}

CvMat *SIFT::BuildInterpolatedGaussianTable(unsigned int size,
                                            double sigma) {
  unsigned int i, j;
  double half_kernel_size = size / 2 - 0.5;

  double sog = 0;
  CvMat *ret = cvCreateMat(size, size, CV_32FC1);

  assert(size % 2 == 0);

  double temp = 0;
  for (i = 0; i < size; i++) {
    for (j = 0; j < size; j++) {
      temp = gaussian2D(i - half_kernel_size,
                        j - half_kernel_size, sigma);
      cvSetReal2D(ret, j, i, temp);
      sog += temp;
    }
  }

  for (i = 0; i < size; i++) {
    for (j = 0; j < size; j++) {
      cvSetReal2D(ret, j, i, 1.0 / sog * cvGetReal2D(ret, j, i));
    }
  }
  return ret;
```

```
}

double SIFT::gaussian2D(double x, double y, double sigma) {
  double ret = 1.0 / (2 * M_PI * sigma * sigma) *
                 exp(-(x * x + y * y) / (2.0 * sigma * sigma));
  return ret;
}

void SIFT::ShowKeypoints() {
  IplImage *img = cvCloneImage(m_srcImage);

  for (int i = 0; i < m_numKeypoints; i++) {
    Keypoint kp = m_keyPoints[i];

    cvLine(img, cvPoint(kp.xi, kp.yi), cvPoint(kp.xi, kp.yi),
           CV_RGB(255, 255, 255), 3);
    cvLine(img, cvPoint(kp.xi, kp.yi),
           cvPoint(kp.xi + 10 * cos(kp.orien[0]),
                   kp.yi + 10 * sin((double)kp.orien[0])),
           CV_RGB(255, 255, 255), 1);
  }

  cvNamedWindow("Keypoints");
  cvShowImage("Keypoints", img);
}

void SIFT::ShowAbsSigma() {
  for (int i = 0; i < m_numOctaves; i++) {
    for (int j = 1; j < m_numIntervals + 4; j++) {
      printf("%f\t", m_absSigma[i][j - 1]);
    }
    printf("\n");
  }
}
```

2.1.5 ESTABELECIMENTO DAS CORRESPONDÊNCIAS

Dado um conjunto de histogramas de descritores locais da imagem $I(x, y)$, denominado dl_i, e da imagem $J(x, y)$, denominado de dl_j, com tamanhos l e m, respectivamente, a métrica empregada para calcular a similaridade entre dl_i e dl_j é dada por:

$$d\left(dl_i - dl_j\right) = \sum \frac{\left(dl_i - dl_j\right)^2}{dl_i}. \tag{2.10}$$

A Equação (2.10) deve ser aplicada para todo descritor, de modo a serem encontrados todos os pares de descritores correspondentes.

2.1.5.1 DETERMINAÇÃO DOS PARÂMETROS DE ORIENTAÇÃO RELATIVA

Na medida em que um conjunto de pares de pontos correspondentes foi automaticamente estabelecido, e os POI foram previamente determinados por meio de um processo de calibração de câmeras, a estimativa dos parâmetros de orientação relativa entre os pares de imagens depende da determinação das matrizes Essencial (E) e Fundamental (F), que contêm todas as informações da geometria interna e externa da câmera. Isso pode ser feito por meio da geometria epipolar. A Figura 2.5 mostra a geometria epipolar para um par de imagens.

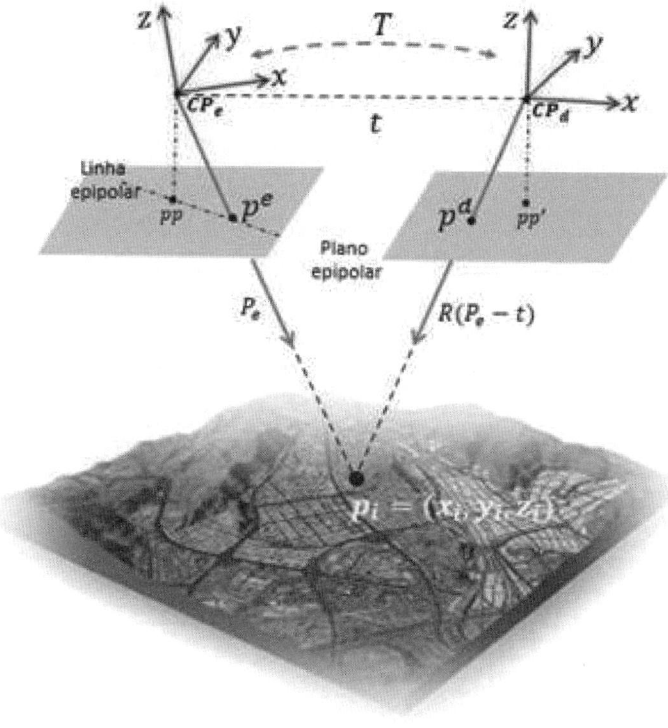

Figura 2.5 – Geometria epipolar.

Na Figura 2.5, CP_e, CP_d representam os centros perspectivos da câmera da esquerda e da direita, respectivamente, em função de seus PoE; P_e e P_d são as coordenadas do ponto p_i nos referenciais de cada câmera; o plano epipolar é definido pelos pontos CP_e, CP_d e p_i; e as linhas epipolares são definidas pela intersecção do plano epipolar com os planos das imagens da esquerda e da direita.

O par de câmeras CP_e e CP_d está relacionado por uma transformação de corpo rígido, que é definida por um vetor de translação ($t = CP_d - CP_e = \left[t_x, t_y, t_z\right]$), dado pela distância entre os centros perspectivos das câmeras, e por uma matriz de rotação

(R) determinada em função dos ângulos de Euler (ω, φ, κ), sendo representados por T na Figura 2.5 e escrito da seguinte forma:

$$T = \begin{bmatrix} R & t \\ 0 & 1 \end{bmatrix} = \begin{bmatrix} r_{11} & r_{12} & r_{13} & t_x \\ r_{21} & r_{22} & r_{23} & t_y \\ r_{31} & r_{32} & r_{33} & t_z \\ 0 & 0 & 0 & 1 \end{bmatrix}, \quad (2.11)$$

sendo $r_{11}, \ldots, r_{33}$ os elementos da matriz de rotação R.

A relação entre P_e e P_d (projeção do ponto p_i no espaço 3-D nas imagens da esquerda e da direita) é dada por:

$$P_d = R(P_e - t) \quad (2.12)$$

$$P_e - t = R^{-1} P_d = R^T P_d. \quad (2.13)$$

Note-se na Figura 2.5 que t, P_e e $(P_e - t)$ são coplanares, satisfazendo a seguinte equação de coplanaridade:

$$(P_e - t)^T (t \times P_e) = 0. \quad (2.14)$$

Substituindo-se a Equação (2.12) na Equação (2.14), tem-se:

$$\left(R^T P_d\right)^T (t \times P_e) = 0 \quad (2.15)$$

$$({P_d}^T R)(t \times P_e) = 0. \quad (2.16)$$

Fazendo-se

$$\begin{aligned} t \times P_e = \begin{vmatrix} i & j & k \\ t_x & t_y & t_z \\ P_{ex} & P_{ey} & P_{ez} \end{vmatrix} &= \left(t_y P_{ez} - t_z P_{ey}\right) i \\ &+ \left(t_z P_{ex} - t_x P_{ez}\right) j \\ &+ \left(t_x P_{ey} - t_y P_{ex}\right) k, \end{aligned} \quad (2.17)$$

tem-se:

$$t \times P_e = \begin{bmatrix} t_y P_{ez} - t_z P_{ey} \\ t_z P_{ex} - t_x P_{ez} \\ t_x P_{ey} - t_y P_{ex} \end{bmatrix} = [t]_\times P_e = \begin{bmatrix} 0 & -t_z & t_y \\ t_z & 0 & -t_x \\ -t_y & t_x & 0 \end{bmatrix} \begin{bmatrix} P_{ex} \\ P_{ey} \\ P_{ez} \end{bmatrix}. \quad (2.18)$$

Sendo $[\cdot]_\times$ um operador de transformação, e $\begin{bmatrix} 0 & -t_z & t_y \\ t_z & 0 & -t_x \\ -t_y & t_x & 0 \end{bmatrix}$ uma matriz de transformação antissimétrica.

Então, a Equação (2.16) pode ser reescrita como segue:

$$P_d{}^T E P_e = 0, \tag{2.19}$$

sendo $E = \begin{bmatrix} r_{11} & r_{12} & r_{13} \\ r_{21} & r_{22} & r_{23} \\ r_{31} & r_{32} & r_{33} \end{bmatrix} \begin{bmatrix} 0 & -t_z & t_y \\ t_z & 0 & -t_x \\ -t_y & t_x & 0 \end{bmatrix} = R[t]_\times$.

Sabendo-se que $p_e = \frac{f}{Z} P_e$ e $p_d = \frac{f}{Z} P_d$, pode-se escrever a Equação (2.19) da seguinte forma:

$$P_d{}^T E P_e = \left(\frac{Z}{f} p_e\right)^T E \left(\frac{Z}{f} p_d\right) = 0 \tag{2.20}$$

Eliminando-se o termo $\frac{Z}{f}$ da Equação (2.20), tem-se:

$$p_d{}^T E p_e = \begin{bmatrix} x_i^d & y_i^d & 1 \end{bmatrix} E \begin{bmatrix} x_i^e \\ y_i^e \\ 1 \end{bmatrix} = 0, \tag{2.21}$$

sendo x_i^e, y_i^e, x_i^d e y_i^d as fotocoordenadas dos pontos p_e e p_d corrigidas dos efeitos sistemáticos.

Considerando-se que os POI foram devidamente obtidos, a Equação (2.21) pode ser escrita da seguinte forma:

$$p_d{}^T (M_d^{-1})^T E M_e^{-1} p_e = 0; \tag{2.22}$$

$$p_d{}^T F p_e = 0, \tag{2.23}$$

sendo $F = (M_d^{-1})^T E M_e^{-1}$ a matriz fundamental; $M_e = \begin{bmatrix} f_e \lambda_x & \xi & x_{pp}^e \\ 0 & f_e \lambda_y & y_{pp}^e \\ 0 & 0 & 1 \end{bmatrix}$ e $M_d = \begin{bmatrix} f_d \lambda_x & \xi & x_{pp}^d \\ 0 & f_d \lambda_y & y_{pp}^d \\ 0 & 0 & 1 \end{bmatrix}$, as matrizes do POI de cada câmera; f_e e f_d, as distâncias focais; λ_x e λ_y, os fatores de escala nos eixos x e y do sistema referencial digital; e x_{pp}^e, y_{pp}^e, x_{pp}^d, y_{pp}^d as coordenadas do ponto principal de ambas as câmeras.

Para simplificar o raciocínio, pode-se considerar que $F = \begin{bmatrix} f_{11} & f_{12} & f_{13} \\ f_{21} & f_{22} & f_{23} \\ f_{31} & f_{32} & f_{33} \end{bmatrix}$. Dessa forma, a Equação (2.23) pode ser reescrita como segue:

$$\begin{bmatrix} x_i^d & y_i^d & 1 \end{bmatrix} \begin{bmatrix} f_{11} & f_{12} & f_{13} \\ f_{21} & f_{22} & f_{23} \\ f_{31} & f_{32} & f_{33} \end{bmatrix} \begin{bmatrix} x_i^e \\ y_i^e \\ 1 \end{bmatrix} = \begin{bmatrix} x_i^d & y_i^d & 1 \end{bmatrix} \begin{bmatrix} x_i^e f_{11} + y_i^e f_{12} + f_{13} \\ x_i^e f_{21} + y_i^e f_{22} + f_{23} \\ x_i^e f_{31} + y_i^e f_{32} + f_{33} \end{bmatrix}. \tag{2.24}$$

Desenvolvendo-se a Equação (2.24), tem-se a seguinte equação:

$$x_i^d x_i^e f_{11} + x_i^d y_i^e f_{12} + x_i^d f_{13} + y_i^d x_i^e f_{21} + y_i^d y_i^e f_{22} + y_i^d f_{23} + x_i^e f_{31} + y_i^e f_{32} + f_{33} = 0 \quad (2.25)$$

Na prática, $f_{33} = 1$, devido ao fator de escala. O sistema de equações apresentado na Equação (2.25) pode ser escrito como:

$$A \cdot f = 0, \quad (2.26)$$

sendo

$$A = \begin{bmatrix} x_1^d x_1^e & x_1^d y_1^e & x_1^d & y_1^d y_1^e & y_1^d & x_1^e & y_1^e & 1 \\ x_2^d x_2^e & x_2^d y_2^e & x_2^d & y_2^d y_2^e & y_2^d & x_2^e & y_2^e & 1 \\ \vdots & \vdots & \vdots & \vdots & \vdots & \vdots & \vdots & \vdots \\ x_n^d x_n^e & x_n^d y_n^e & x_n^d & y_n^d y_n^e & y_n^d & x_n^e & y_n^e & n \end{bmatrix}$$

uma matriz de dimensão $n \times 9$, em que n representa o número de correspondências e f é o vetor dos coeficientes de $F = [f_{11}, \ldots, f_{33}]^T$. Note que a Equação (2.26) é uma injunção epipolar.

A matriz F que opera no sistema referencial digital é de ordem 3, posta igual a 2 com sete parâmetros a serem determinados (2 para cada epípolo e 3 para a homografia que relaciona os dois planos-imagem). Portanto, F possui 7 graus de liberdade independentes. Então, deve ser utilizado um mínimo de sete pares de pontos correspondentes mais a restrição do determinante para solucionar o sistema linear homogêneo apresentado na Equação (2.26), podendo ser aplicado o SVD, como segue:

$$F = \begin{bmatrix} u_1 & u_2 & u_3 \end{bmatrix} \begin{bmatrix} \lambda_1 & 0 & 0 \\ 0 & \lambda_2 & 0 \\ 0 & 0 & \lambda_3 \end{bmatrix} \begin{bmatrix} v_1^T \\ v_2^T \\ v_3^T \end{bmatrix}, \quad (2.27)$$

sendo $\begin{bmatrix} \lambda_1 & 0 & 0 \\ 0 & \lambda_2 & 0 \\ 0 & 0 & \lambda_3 \end{bmatrix}$ uma matriz diagonal de ordem 3, que satisfaz $\lambda_1 \geq \lambda_2 \geq \lambda_3 > 0$. As matrizes U e V são ortogonais, isto é, $U^T U = I$ e $V^T V = I$, sendo expressas pelos seus vetores coluna $u_i u_j = v_i v_j = \delta_i$.

Os valores singulares não são negativos, podendo ser ordenados de modo decrescente como $\lambda_1 \geq \lambda_2 \geq \lambda_3 \geq 0$. Geometricamente, a matriz F pode ser obtida reescrevendo-se $F = U \Sigma V^T$ em $u_i u_j = v_i v_j = \delta_i$, como segue:

$$F v_j = \lambda_j u_j \quad (2.28)$$

A Equação (2.28) indica que a matriz F usa qualquer base do vetor v_j, para ser mapeado na direção u_j, com comprimento λ_j.

Uma propriedade importante do SVD de uma matriz é que, se for truncada a expansão

$$F = \sum_{j=o}^{t} \lambda_j u_j v_j^T, \tag{2.29}$$

é obtida a melhor solução aproximada para a matriz original F.

Embora uma grande quantidade de correspondências seja estabelecida, existem diversos falsos positivos que devem ser detectados e removidos do processo. Isso é necessário para se verificar quais pontos extremos devem ser usados para se gerar a melhor F. Desse modo, podem ser obtidas diversas matrizes fundamentais a partir de diferentes combinações e, então, escolhida a F ótima. Como esse processo envolve um alto custo computacional, o algoritmo RANSAC é recomendado.

O RANSAC foi proposto por Fischler e Bolles, 1981 e baseia-se na noção de conjuntos mínimos, ou seja, emprega o número mínimo de amostras necessárias para, de maneira unívoca, definir um modelo. Basicamente, o algoritmo é dividido em duas partes. Primeiro, um conjunto mínimo de correspondências é aleatoriamente selecionado a partir de todo o conjunto de dados disponível. Em seguida, o algoritmo verifica quais elementos de todo esse conjunto são consistentes com o modelo estabelecido pelo conjunto mínimo. Os elementos considerados consistentes formarão um conjunto chamado de *consenso*.

Esses dois processos ocorrem iterativamente e, ao final deles, o conjunto que será adotado como modelo deve corresponder ao conjunto mínimo que apresentar o maior conjunto consenso.

Por exemplo, para um conjunto de correspondências com uma respectiva proporção γ de *inliers*, o número de tentativas nt necessárias para, suficientemente, oferecer-se uma probabilidade máxima Pz na escolha de um conjunto sem falsos positivos, consistindo de nc correspondências entre pontos, é dado por:

$$nt = \frac{\log(1 - Pz)}{\log(1 - \gamma^{nc})}. \tag{2.30}$$

Então, todo o processo de construção da matriz F, por meio do RANSAC, pode ser dividido nos seguintes passos:

1. Iteração nt vezes, em que nt é ajustado usando a Equação (2.30) quando γ é atualizado.
   a) Seleção de um subconjunto mínimo S a partir do conjunto total de dados;
   b) cálculo de F usando S (SVD);
   c) avaliação da consistência de F com todas as correspondências do conjunto total de dados. Primeiramente, é calculado o erro quadrático $\{e_i\}$ para cada ponto do conjunto total de dados com F. Em seguida, F é avaliado por uma função de *score*, separando o conjunto de dados em *inliers* e *outliers*.
2. Escolha da melhor solução ao longo de um conjunto de soluções $\{F\}$, $k = 1, \ldots, Ns$ de acordo com seus *scores*.

A função *score* é empregada para avaliar se a F se encaixa com o conjunto de dados testado (*inliers*). Ao particionar o conjunto de dados em *inliers* e falsos positivos, o algoritmo permite a eliminação dos valores que não estão adequados ao modelo. A função *score* do RANSAC é dada pela expressão a seguir:

$$f(k) = \binom{t}{k} \cdot ps^{k}(1 - ps)^{nt-k} \tag{2.31}$$

sendo k o número de tentativas que resultam em sucesso; e ps, a probabilidade de sucesso em cada tentativa. Cabe dizer que a solução pode ser refinada por meio de um ajustamento, empregando-se os dados contidos no conjunto consenso.

Portanto, para verificar se a correspondência é um falso positivo, é realizado um teste de distância pela expressão:

$$l' = F \cdot p^{e}, \tag{2.32}$$

sendo que $F \cdot p^{e}$ define a linha epipolar l' do ponto p^{e} na imagem da direita, e "·" representa o operador de multiplicação.

A Figura 2.6 mostra o teste de distância realizado em um par de imagens.

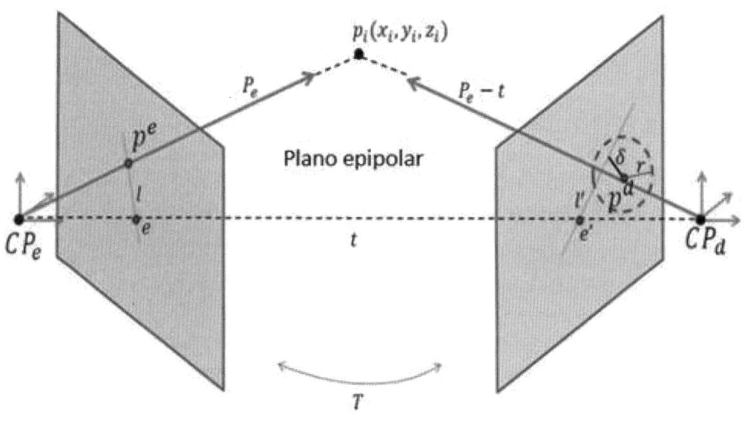

Figura 2.6 – Processo de remoção de outliers com o RANSAC.

Enfim, para se extraírem R e t de F, deve-se considerar que a matriz E é de ordem 3, e $\det(E) = 0$ devido à deficiência de posto ser igual a 2, que depende apenas dos PoEs (3 rotações e apenas 2 direções da translação, uma vez que o fator de escala não é conhecido), e dois valores singulares são iguais, porque $[t]_{\times}$ é uma matriz antissimétrica e R é uma matriz de rotação. Na prática, é necessário aplicar o SVD para $E = (M_d^{-1})^T F M_e^{-1}$ e fazerem-se as seguintes considerações:

$$R = U \begin{bmatrix} 0 & -1 & 0 \\ 1 & 0 & 0 \\ 0 & 0 & -1 \end{bmatrix} V^T \tag{2.33}$$

$$t = V \begin{bmatrix} 0 & 1 & 0 \\ -1 & 0 & 0 \\ 0 & 0 & 0 \end{bmatrix} V^T \tag{2.34}$$

O algoritmo para determinar a matriz fundamental é apresentado a seguir:

```
#include <iostream>
#include <math.h>
#include <string.h>
// OPENC
#include "opencv2/calib3-D /calib3-D .hpp"
#include "opencv2/core/core.hpp"
#include "opencv2/features2d/features2d.hpp"
#include "opencv2/highgui/highgui.hpp"
#include "opencv2/imgproc/imgproc.hpp"
#include "opencv2/nonfree/features2d.hpp"
#include "opencv2/video/tracking.hpp"
#include <opencv2/nonfree/nonfree.hpp>
#include <opencv2/opencv.hpp>

#define SIZE 16

using namespace cv;
using namespace std;

void Teste_RANSAC(const std::vector<cv::DMatch> matches,
                  const std::vector<cv::KeyPoint> &keypoints1,
                  const std::vector<cv::KeyPoint> &keypoints2,
                  std::vector<cv::DMatch> &goodMatches,
                  double distancia,
                  double intervalo_de_confianca,
                  double Raio_min_inlier) {

  goodMatches.clear();
  // converte keypoints em Point2f
  std::vector<cv::Point2f> points1, points2;
  for (std::vector<cv::DMatch>::const_iterator it =
           matches.begin();
       it != matches.end(); ++it) {

    // obter a posição dos keypoints da esquerda
    float x = keypoints1[it->queryIdx].pt.x;
    float y = keypoints1[it->queryIdx].pt.y;
    points1.push_back(cv::Point2f(x, y));

    // obter a posicao dos keyponts da direita
    x = keypoints2[it->trainIdx].pt.x;
    y = keypoints2[it->trainIdx].pt.y;
    points2.push_back(cv::Point2f(x, y));
  }
  // calculando a matriz F a partir do ransac
```

```
  std::vector<uchar> inliers(points1.size(), 0);

  std::vector<cv::Point2f> pto1_ok;
  std::vector<cv::Point2f> pto2_ok;

  Mat F = findFundamentalMat(cv::Mat(points1), cv::Mat(points2),
                             inliers, FM_RANSAC, distancia,
                             intervalo_de_confianca);

  cout << F.at<float>(0, 0) << '\t' << F.at<float>(0, 1) << '\t'
       << F.at<float>(0, 2) << endl
       << F.at<float>(1, 0) << '\t' << F.at<float>(1, 1) << '\t'
       << F.at<float>(1, 2) << endl
       << F.at<float>(2, 0) << '\t' << F.at<float>(2, 1) << '\t'
       << F.at<float>(2, 2) << endl;

  waitKey(0);

  std::vector<uchar>::const_iterator itIn = inliers.begin();
  std::vector<cv::DMatch>::const_iterator itM = matches.begin();
  // para todos os inliers
  for (; itIn != inliers.end(); ++itIn, ++itM) {
    if (*itIn) { // este é um match verdadeiro
      goodMatches.push_back(*itM);
    }
  }
}
//-----------------------------------------------------------

Mat MatrizFundamental(
    const std::vector<cv::DMatch> matches,
    const std::vector<cv::KeyPoint> &keypoints1,
    const std::vector<cv::KeyPoint> &keypoints2) {

  // converte keypoints em Point2f
  std::vector<cv::Point2f> points1, points2;
  for (std::vector<cv::DMatch>::const_iterator it =
           matches.begin();
       it != matches.end(); ++it) {
    // obter a posição dos keypoints da esquerda
    float x = keypoints1[it->queryIdx].pt.x;
    float y = keypoints1[it->queryIdx].pt.y;
    points1.push_back(cv::Point2f(x, y));

    // obter a posicao dos keyponts da direita
    x = keypoints2[it->trainIdx].pt.x;
    y = keypoints2[it->trainIdx].pt.y;
```

```
      points2.push_back(cv::Point2f(x, y));
    }
    // calculando a matriz F a partir do ransac

    Mat F =
        findFundamentalMat(cv::Mat(points1), cv::Mat(points2),
                           FM_RANSAC); // intervalo de confianca
}
/*+-------------------------------------------------------------+
  +                     Programa Principal                      +
  +-------------------------------------------------------------+
 */
int main() {
  Mat img11, img22;

  img11 = imread("ImgE.png");
  imshow("", img11);
  waitKey(0);
  img22 = imread("ImgD.png");
  imshow("", img22);
  waitKey(0);

  // SIFT - detecta e extrai pontos extremos
  SIFT sift;

  vector<KeyPoint> keypoints1, keypoints2;

  Mat descriptor1, descriptor2;
  sift(img11, Mat(), keypoints1, descriptor1);
  sift(img22, Mat(), keypoints2, descriptor2);

  Mat feat1, feat2;
  drawKeypoints(img11, keypoints1, feat1);
  drawKeypoints(img22, keypoints2, feat2);

  namedWindow("Resultado da extracao ImgE");
  imshow("Resultado da extracao ImgE", feat1);
  waitKey(0);
  destroyWindow("Resultado da extracao ImgE");

  namedWindow("Resultado da extracao ImgD");
  imshow("Resultado da extracao ImgD", feat2);
  waitKey(0);
  destroyWindow("Resultado da extracao ImgD");

  std::cout << "Encontrando correspondencias...\n";

```

```
// SIFT - encontra as correspondencias usando
// algoritmo força bruta
vector<DMatch> matches;

FlannBasedMatcher matcher;

matcher.match(descriptor1, descriptor2, matches);

double max_dist = 0;
double min_dist = 100;

for (int i = 0; i < descriptor1.rows; i++) {
  double dist = matches[i].distance;
  if (dist < min_dist)
    min_dist = dist;
  if (dist > max_dist)
    max_dist = dist;
}

std::vector<DMatch> match_otimo, goodMatches;

Mat resul;
drawMatches(img11, keypoints1, img22, keypoints2, matches,
            resul, Scalar::all(-1), Scalar::all(-1),
            vector<char>(),
            DrawMatchesFlags::NOT_DRAW_SINGLE_POINTS);

imshow("Correspondencias", resul);
waitKey(0);

for (int i = 0; i < descriptor1.rows; i++) {
  if (matches[i].distance <= max(3 * min_dist, 0.03)) {
    match_otimo.push_back(matches[i]);
  }
}
cout << "número de inliers sem RANSAC: " << matches.size()
     << endl;

// RANSAC - detecção e remoção de outliers
Teste_RANSAC(match_otimo, keypoints1, keypoints2, goodMatches,
             0.08, 0.99, 3);

int k = 0;
int num_keypoints = goodMatches.size();

std::vector<cv::Point2f> pto1;
std::vector<cv::Point2f> pto2;
```

```

    while (k < num_keypoints) {
      pto1.push_back(keypoints1[goodMatches[k].queryIdx].pt);
      pto2.push_back(keypoints2[goodMatches[k].trainIdx].pt);
      k++;
    }

    // Visualiza apenas as correspondencias verdadeiras
    Mat result;
    drawMatches(img11, keypoints1, img22, keypoints2, goodMatches,
                result, Scalar::all(-1), Scalar::all(-1),
                vector<char>(),
                DrawMatchesFlags::NOT_DRAW_SINGLE_POINTS);

    cout << "número de inliers com RANSAC: " << goodMatches.size()
         << endl;

    imshow("Correspondencias", result);
    waitKey(0);

    // Calcula Matriz Essencial
    double focal = 718.8560;
    cv::Point2d pp(607.1928, 185.2157);
    Mat F = MatrizFundamental(goodMatches, keypoints1, keypoints2);

    // Desaloca memoria de imagens e vetores
    descriptor1.release();
    descriptor2.release();
    feat1.release();
    feat2.release();

    matches.clear();
    keypoints1.clear();
    keypoints2.clear();
    img11.release();
    img22.release();
    result.release();

    return 0;
}
```

Na literatura, diversos descritores foram desenvolvidos para a detecção de pontos extremos em imagens digitais. Para o leitor interessado, sugere-se a leitura dos seguintes artigos: Abdel-hakim e Farag, 2006; Bay et al., 2006; M. Brown et al., 2005; Elder e Goldberg, 2001; Matas et al., 2004; Mikolajczyk e Schmid, 2005; Shi e Tomasi, 1994; Sinha et al., 2008; Tola et al., 2010; Triggs, 2004; van de Weijer e Schmid, 2006; Winder e Brown, 2007

Fica a cargo do leitor extrair R e t em função de $E = \left(M_d^{-1}\right)^T FM_e^{-1}$, como descrito. Finalmente, pontos com coordenadas 3-D no terreno podem ser determinados a partir de um par de imagens digitais.

2.1.6 GERAÇÃO DA NUVEM DE PONTOS FOTOGRAMÉTRICA 3-D

Na subseção anterior, foi mostrado como são determinadas as matrizes E e F que contêm os POI e PoE das câmeras. Nesta subseção, será mostrado como gerar nuvens de pontos fotogramétricas a partir de um conjunto esparso e denso de pontos correspondentes.

2.1.6.1 GERAÇÃO DE NUVENS DE PONTOS FOTOGRAMÉTRICA A PARTIR DE DADOS ESPARSOS

O problema de se determinar a posição 3-D de um ponto a partir de um conjunto de pontos correspondentes e câmeras, com posição e orientação conhecidas, é chamado de *fototriangulação de imagens*.

Em fototriangulação de imagens, as fotocoordenadas, os PoEs e os POIs da câmera são explicitamente relacionadas:

$$g = Fp_i, \tag{2.35}$$

sendo $g = w(p_e, p_d, 1)^T$; $p_i = [x_i, y_i, z_i, 1]^T$; e w, um fator de escala desconhecido.

Considerando-se f_i^T a i-ésima linha da matriz F, a Equação (2.35) pode ser escrita da seguinte forma:

$$\begin{aligned} wp_e &= f_1^T p_i \\ wp_d &= f_2^T p_i \\ w &= f_3^T p_i \end{aligned} \tag{2.36}$$

Dividindo-se $wp_e = f_1^T p_i$ e $wp_d = f_2^T p_i$ por $w = f_3^T p_i$, o fator de escala (w) é eliminado, e as equações, normalizadas, como segue:

$$p_e f_3^T p_i = f_1^T p_i \tag{2.37}$$

$$p_d f_3^T p_i = f_2^T p_i \tag{2.38}$$

Então, é obtido um total de quatro equações no sistema referencial de p_i, que devem ser escritas na forma $Ap_i = 0$, para uma matriz A com dimensão 4×4. Assumindo-se $p_i = [x_i, y_i, z_i, 1]^T$, é reduzido o conjunto de equações homogêneas de A para uma dimensão 4×3, obtendo-se, dessa forma, um sistema do tipo $Ap_i = b$, sendo$A$ uma matriz de dimensão 4×3; p_i, um vetor de dimensão 4×3; e b, um vetor de dimensão 4×3.

Dessa forma, o sistema $Ap_i = b$ pode ser solucionado por SVD, resultando em um conjunto esparso de coordenadas 3-D(x_i, y_i, z_i) do ponto p_i, uma vez que um conjunto de pontos de enlace são automaticamente extraídos nas imagens.

A inconsistência de fator de escala (s) pode ser solucionada usando-se pontos de controle ou calculando-se uma escala relativa para cada dois pares de imagens. Para se determinar a escala relativa entre dois pares de imagens, deve-se calcular a distância euclidiana entre qualquer combinação de dois pontos 3-D correspondentes. Então, s pode ser determinado pela razão (s_r) da distância entre um par de pontos 3-D em um par de imagens (P_{i-1}) e um par de pontos 3-Dno outro par de imagens (P_i), como segue:

$$s_r = \frac{\left\| P_{i-1,o} - P_{i-1,p} \right\|}{\left\| P_{i,o} - P_{i,p} \right\|}, \tag{2.39}$$

sendo $P_{i,o}$ e $P_{i,p}$ o par de pontos 3-D no par de imagens i e $P_{i-1,o}$; e $P_{i-1,p}$, o par de pontos 3-D no par de imagens $i - 1$.

O código implementado em C++ usando-se a biblioteca OpenCV para reconstrução e ajustamento da trajetória de uma sequência de imagens digitais é apresentado como segue:

```
#include "vo_features.h"
#define MAX_FRAME 1000
#define MIN_NUM_FEAT 2000

using namespace cv;
using namespace std;

double EscalaAbsoluta(int frame_id, int sequence_id,
                      double z_cal) {

  string line;
  int i = 0;
  ifstream myfile("POEs/08.txt");
  double x = 0, y = 0, z = 0;
  double x_prev, y_prev, z_prev;

  if (myfile.is_open()) {
    while ((getline(myfile, line)) && (i <= frame_id)) {
      z_prev = z;
      x_prev = x;
      y_prev = y;
      std::istringstream in(line);
      cout << line << '\n';

      for (int j = 0; j < 12; j++) {
        in >> z;
        if (j == 7)
          y = z;
        if (j == 3)
          x = z;
      }
```

```
      i++;
    }
    myfile.close();
  } else {
    cout << "Arquivo não existe Não! "
            "Por favor, verificar os dados de verdade de campo!";
    return 0;
  }
  // Calcula a distância entre a verdade de campo e a
  // nova trajetória
  return sqrt((x - x_prev) * (x - x_prev) +
              (y - y_prev) * (y - y_prev) +
              (z - z_prev) * (z - z_prev));
}
int main(int argc, char **argv) {

  Mat img_1, img_2;
  Mat R_f, t_f; // A matriz de rotação e o vetor de tranlação
                // contem esses valores
  ofstream myfile1, myfile2;
  myfile1.open("POEs_SemEscala.txt");
  myfile2.open("POEs_ComEscala.txt");

  double scale = 1.00;
  char filename1[200];
  char filename2[200];
  sprintf(filename1, "/08/image_0/%06d.png", 0);
    sprintf(filename2, /08/image_0 / % 06 d.png ", 1);
      char text[100]; int fontFace = FONT_HERSHEY_PLAIN;
        double fontScale = 1; int thickness = 1;
        cv::Point textOrg(10, 50);

      //Ler as primeiras duas imagens do dataset
      Mat img_1_c = imread(filename1);
      Mat img_2_c = imread(filename2);

      if (!img_1_c.data || !img_2_c.data) {
    std::cout << " --(!) Erro lendo as imagens " << std::endl;
    return -1;
      }
      // Imagem em tons de cinza
      cvtColor(img_1_c, img_1, COLOR_BGR2GRAY);
      cvtColor(img_2_c, img_2, COLOR_BGR2GRAY);

      // Detecção e tracking de primitivas
      vector < Point2f > points1, points2; featureDetection(
```

```
        img_1, points1); //detecta primitivas na imagem 1
    vector < uchar > status; featureTracking(
        img_1, img_2, points1, points2,
        status); //track essas primitivas para imagem 2

    //Mudar os POIs (em Coluna e Linha) pois em funçao da
    //camera empregada
    double focal = 718.8560;
    cv::Point2d pp(607.1928, 185.2157);

    //Extraindo POEs usando matriz essencial
    Mat E, R, t, mask; E = findEssentialMat(points2, points1,
        focal, pp, RANSAC, 0.999, 1.0, mask); recoverPose(
          E, points2, points1, R, t, focal, pp, mask);
    Mat prevImage = img_2; Mat currImage; vector < Point2f >
      prevFeatures = points2; vector < Point2f > currFeatures;

    char filename[200];
    R_f = R.clone(); t_f = t.clone();
    clock_t begin = clock();

    // cria uma janela para display
    namedWindow("Visao da camera", WINDOW_AUTOSIZE);
    namedWindow("Trajetoria", WINDOW_AUTOSIZE);

    Mat traj = Mat::zeros(600, 600, CV_8UC3);

    for (int numFrame = 2; numFrame < MAX_FRAME; numFrame++) {
      sprintf(filename, "/08/image_0/%06d.png", numFrame);
      Mat currImage_c = imread(filename);
      cvtColor(currImage_c, currImage, COLOR_BGR2GRAY);
      vector<uchar> status;
      featureTracking(prevImage, currImage, prevFeatures,
                      currFeatures, status);

      E = findEssentialMat(currFeatures, prevFeatures, focal, pp,
                           RANSAC, 0.999, 1.0, mask);
      recoverPose(E, currFeatures, prevFeatures, R, t, focal, pp,
                  mask);

      Mat prevPts(2, prevFeatures.size(), CV_64F),
          currPts(2, currFeatures.size(), CV_64F);

      for (int i = 0; i < prevFeatures.size(); i++) {
        prevPts.at<double>(0, i) = prevFeatures.at(i).x;
        prevPts.at<double>(1, i) = prevFeatures.at(i).y;
        currPts.at<double>(0, i) = currFeatures.at(i).x;
```

```
        currPts.at<double>(1, i) = currFeatures.at(i).y;
    }

    // Depende de uma verdade de campo para calcular
    // a escala absoluta
    scale = getAbsoluteScale(numFrame, 0, t.at<double>(2));

    // cout << "A escala eh " << scale << endl;
    if ((scale > 0.1) && (t.at<double>(2) > t.at<double>(0)) &&
        (t.at<double>(2) > t.at<double>(1))) {

      t_f = t_f + scale * (R_f * t);
      R_f = R * R_f;

    } else {
      cout << "escala abaixo de 0.1, ou tranlação incorreta"
           << endl;
    }
    // std::cout <<"x = "<< t_f.at<double>(0) << "y
    // = "<< t_f.at<double>(1) << "z = "<< t_f.at<double>(2)
    // <<std::endl;

    // Imprime o resultado no arquivo poes.txt
    myfile1 << t.at<double>(0) << " " << t.at<double>(1) << " "
            << t.at<double>(2) << R.at<double>(0) << " "
            << R.at<double>(1) << " " << R.at<double>(2) << endl;
    myfile2 << t_f.at<double>(0) << " " << t_f.at<double>(1)
            << " " << t_f.at<double>(2) << R_f.at<double>(0)
            << " " << R_f.at<double>(1) << " "
            << R_f.at<double>(2) << endl;

    if (prevFeatures.size() < MIN_NUM_FEAT) {
      cout << "Número de primitivas reduzida para:"
           << prevFeatures.size() << endl;
      cout << "reduz o tempo" << endl;
      featureDetection(prevImage, prevFeatures);
      featureTracking(prevImage, currImage, prevFeatures,
                      currFeatures, status);
    }

    prevImage = currImage.clone();
    prevFeatures = currFeatures;

    int x = int(t_f.at<double>(0)) + 300;
    int y = int(t_f.at<double>(2)) + 100;
    circle(traj, Point(x, y), 1, Scalar(255, 0, 0), 2);
```

```
            rectangle(traj, Point(10, 30), Point(550, 50),
                     Scalar(0, 0, 0), 8);
            sprintf(text,
                    "Coordenadas: x = %02fm y = %02fm "
                    "z = %02fm",
                    t_f.at<double>(0), t_f.at<double>(1),
                    t_f.at<double>(2));
            putText(traj, text, textOrg, fontFace, fontScale,
                    Scalar::all(255), thickness, 8);

            imshow("Visao da camera", currImage_c);
            imshow("Trajetoria", traj);

            waitKey(1);
          }

          clock_t end = clock(); double elapsed_secs =
            double(end - begin) / CLOCKS_PER_SEC; cout
            << "Tempo estimado de processamento: " << elapsed_secs
            << "s" << endl; myfile1.close(); myfile2.close();
          return 0;
}

#include "opencv2/calib3-D /calib3-D .hpp"
#include "opencv2/features2d/features2d.hpp"
#include "opencv2/highgui/highgui.hpp"
#include "opencv2/imgproc/imgproc.hpp"
#include "opencv2/video/tracking.hpp"
#include <algorithm>
#include <ctime>
#include <ctype.h>
#include <fstream>
#include <iostream>
#include <iterator>
#include <sstream>
#include <string>
#include <vector>

using namespace cv;
using namespace std;

// Esta função foi extraída de
// https://opensource.org/licenses/MIT
void featureTracking(Mat img_1, Mat img_2,
                     vector<Point2f> &points1,
                     vector<Point2f> &points2,
                     vector<uchar> &status) {
```

```
  vector<float> err;
  Size winSize = Size(21, 21);
  TermCriteria termcrit = TermCriteria(
      TermCriteria::COUNT + TermCriteria::EPS, 30, 0.01);

  calcOpticalFlowPyrLK(img_1, img_2, points1, points2, status,
                       err, winSize, 3, termcrit, 0, 0.001);

  int indexCorrection = 0;
  for (int i = 0; i < status.size(); i++) {
    Point2f pt = points2.at(i - indexCorrection);
    if ((status.at(i) == 0) || (pt.x < 0) || (pt.y < 0)) {
      if ((pt.x < 0) || (pt.y < 0)) {
        status.at(i) = 0;
      }
      points1.erase(points1.begin() + (i - indexCorrection));
      points2.erase(points2.begin() + (i - indexCorrection));
      indexCorrection++;
    }
  }
}

void featureDetection(Mat img_1, vector<Point2f> &points1) {
  vector<KeyPoint> keypoints_1;
  int fast_threshold = 20;
  bool nonmaxSuppression = true;
  FAST(img_1, keypoints_1, fast_threshold, nonmaxSuppression);
  KeyPoint::convert(keypoints_1, points1, vector<int>());
}
```

2.1.6.2 GERAÇÃO DE NUVENS DE PONTOS FOTOGRAMÉTRICA A PARTIR DE DADOS DENSOS

O problema de reconstrução densa da nuvem de pontos fotogramétrica é um pouco mais desafiador do que quando se trata de reconstruir esparsamente a superfície física da Terra, uma vez que inferir os valores de profundidade em regiões sem textura ou de baixa frequência requer um certo custo computacional.

As abordagens de correspondências baseadas em áreas são comumente empregadas em problemas de densificação de pontos em imagens digitais. Um problema muito comum em correspondência de imagens é encontrar modelos matemáticos invariantes à mudança de escala, rotação e mudanças de iluminação da cena. Outro problema é definir adequadamente o espaço de busca sem afetar o desempenho computacional e aumentar a taxa de falsos positivos.

Visto que os PoE são conhecidos, o espaço de busca pode ser facilmente restringido para linhas epipolares. Por exemplo, considerando-se a Figura 2.7, o plano definido pelos pontos CP_e, CP_d e p_i é conhecido como plano epipolar. A ligação dos pontos p_e com pp e p_d com pp' produz as linhas epipolares, sendo estas conjugadas. Como se pode notar, há um número infinito de linhas epipolares correspondentes ao conjunto de planos que cortam as imagens e contêm a linha de base $\overline{p_e pp}$ e $\overline{p_d pp'}$.

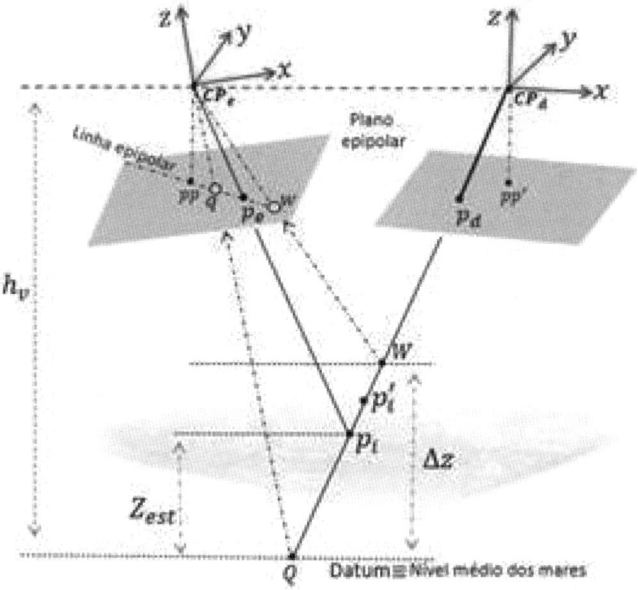

Figura 2.7 – Redução do espaço de busca em linhas epipolares.

Sabendo-se que as linhas epipolares e a linha de base $\overline{CP_e CP_d}$ não são paralelas ao eixo primário x do referencial fotogramétrico (ver Figura 2.7), é necessário transformar o par de imagens para suas posições normalizadas. Esse procedimento é conhecido como *normalização de imagens*.

O problema de normalização de imagens consiste em gerar um novo par de imagens, tornando as linhas epipolares paralelas ao eixo x do referencial fotogramétrico. Em outras palavras, a normalização de imagens tem como objetivo adequar a geometria epipolar, facilitando os processos de correspondência de imagens e melhorando a visualização estereoscópica da cena.

Na prática, todos os ângulos de atitude da plataforma e os componentes de base BY e BZ do par de imagens devem ser eliminados, para que ambas as imagens estejam com a mesma distância do objeto na superfície e com seus pontos correspondentes em uma mesma linha epipolar. Vale salientar que BX não pode ser eliminado, para que uma imagem não seja colocada em cima da outra; ou seja, não deve ser eliminada a condição estereoscópica do par fotogramétrico. Note-se também que, no procedimento de normalização ou retificação de imagens, não é corrigido o deslocamento, devido ao relevo, sendo essa tarefa executada apenas por meio de um processo de ortorretificação de imagens (ver Seção 2.2).

Para se obterem imagens normalizadas de suas posições originais, devem ser conduzidas algumas transformações, de tal forma que os eixos ópticos das câmeras se tornem perpendiculares à linha de base, isto é, as imagens devem ser transformadas para suas posições verticais e, em seguida, para suas posições normalizadas. A Figura 2.8 mostra um par de imagens antes e após o procedimento de normalização.

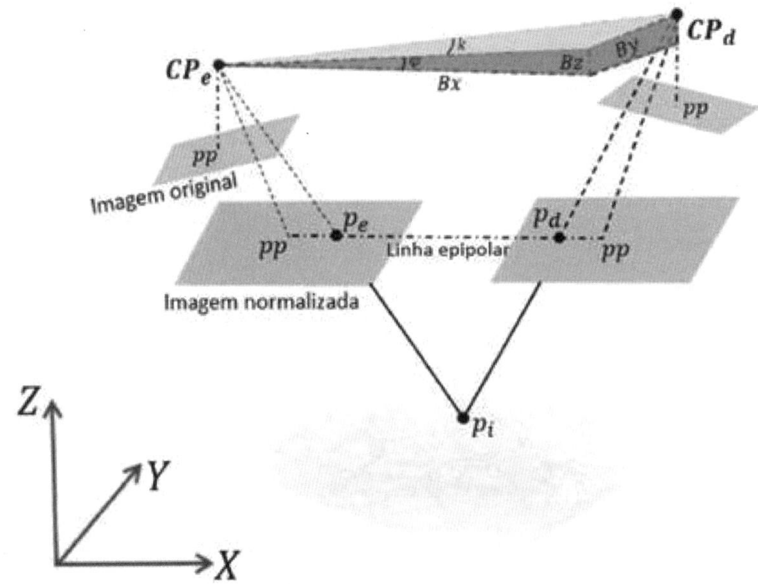

Figura 2.8 - Par de imagens antes e após o procedimento de normalização.

A transformação das imagens para suas posições verticais envolve o conhecimento das matrizes de rotação R em relação aos ângulos de Euler (ω, φ, k) e as posições (X_{CP}, Y_{CP}, Z_{CP}) das imagens da esquerda e da direita, os POI da câmera e a determinação da matriz de rotação da base $R_b = R_{\theta x} R_{\theta y} R_{\theta z}$, realizada pelas direções espaciais da base no espaço objeto, como segue:

$$\theta_z = \arctan\left(\frac{Y_{CPd} - Y_{CPe}}{X_{CPd} - X_{CPe}}\right) \tag{2.40}$$

$$\theta_y = \arctan\left(\frac{-Z_{CPd} - Z_{CPe}}{\sqrt{(X_{CPd} - X_{CPe})^2 + (Y_{CPd} - Y_{CPe})^2}}\right) \tag{2.41}$$

$$\theta_x = \frac{\omega_e + \omega_d}{2}. \tag{2.42}$$

Dessa forma, a matriz de rotação $R_n = R_b R^T$ é determinada para as imagens da esquerda e da direita, devendo ser empregada a matriz R^T correspondente a cada imagem. Finalmente, as imagens normalizadas são obtidas usando-se as expressão que seguem:

$$x_N = -f_r \frac{(r_{11}x + r_{12}y - r_{13}f_i)}{(r_{31}x + r_{32}y - r_{33}f_i)}; \tag{2.43}$$

$$y_N = -f_r \frac{(r_{21}x + r_{22}y - r_{23}f_i)}{(r_{31}x + r_{32}y - r_{33}f_i)}, \tag{2.44}$$

enquanto as coordenadas x_N, y_N são transformadas para suas correspondentes posições nas imagens originais aplicando-se a transformação inversa das equações (2.43) e (2.44), como segue:

$$x_{\text{original}} = -f_r \frac{(r_{11}x_N + r_{21}y_N - r_{31}f_i)}{(r_{13}x_N + r_{23}y_N - r_{33}f_i)} \quad (2.45)$$

$$y_{\text{original}} = -f_r \frac{(r_{12}x_N + r_{22}y_N - r_{32}f_i)}{(r_{13}x_N + r_{23}y_N - r_{33}f_i)}. \quad (2.46)$$

Como descrito anteriormente, alguma técnica de interpolação deve ser aplicada para se obterem os níveis de cinza correspondentes dos valores fracionários das coordenadas x_{original} e y_{original}.

Agora, uma vez normalizadas as imagens da esquerda e da direita, e um feixe de raio de luz formado por CP_d, p_d e p_i com a elevação estimada Z_{est}, sendo igual a altitude média da região, intercepta a superfície física da Terra no ponto p_i' (ver Figura 2.7), então, pode-se definir a região de busca para o processo de correspondência baseada em área.

Para isso, o ponto imagem p_d deve ser projetado no ponto p_i, referenciado ao sistema de mapeamento, a partir das equações de colinearidade na forma indireta, a saber:

$$X = X_0 + (Z_{\text{est}} - Z_0)\frac{m_{11}\left(x' - x_0 - \partial x - \delta_{dx}\right) + m_{21}\left(y' - y_0 - \partial y - \delta_{dy}\right) - m_{31}f}{m_{13}\left(x' - x_0 - \partial x - \delta_{dx}\right) + m_{23}\left(y' - y_0 - \partial y - \delta_{dy}\right) - m_{33}f} \quad (2.47)$$

$$Y = Y_0 + (Z_{est} - Z_0)\frac{m_{12}\left(x' - x_0 - \partial x - \delta_{dx}\right) + m_{22}\left(y' - y_0 - \partial y - \delta_{dy}\right) - m_{32}f}{m_{13}\left(x' - x_0 - \partial x - \delta_{dx}\right) + m_{23}\left(y' - y_0 - \partial y - \delta_{dy}\right) - m_{33}f} \quad (2.48)$$

Como, a priori, é empregada a altitude média da região para o ponto p_i, uma incerteza é atribuída a Z_{est}. Dado que uma nuvem de pontos fotogramétrica esparsa foi gerada anteriormente, o intervalo de incerteza formado pela linha $\overline{WQ}$ é estabelecido com boas aproximações.

Dessa forma, tanto p_i como os pontos W e Q são reprojetados para o espaço-imagem usando-se as equações de colinearidade na forma direta (ver Equação (1.25)), produzindo uma região de busca.

Desde que a região de busca esteja definida, pode-se aplicar uma abordagem baseada em modelos de correspondência por área para densificação da nuvem de pontos fotogramétrica. A principal característica dessas abordagens é comparar a distribuição de níveis de cinza de uma subimagem $S(x, y)$ com sua correspondente em $I'(x, y)$, e isso pode ser feito usando-se funções matemáticas que determinam seu coeficiente de correlação ou por meio da minimização da diferença de níveis de cinza entre S e uma janela de correlação em I'.

A subimagem $S(x, y)$ é expressa por uma porção da imagem (janela de referência) que percorre a região de busca por convolução (deslocamento da máscara de convolução para o cálculo do gradiente), podendo ser feita com vários critérios de medida de similaridade, como função erro, correlação cruzada, mínimos quadrados, entre outros. A Figura 2.9 ilustra o problema de correlação baseada em área.

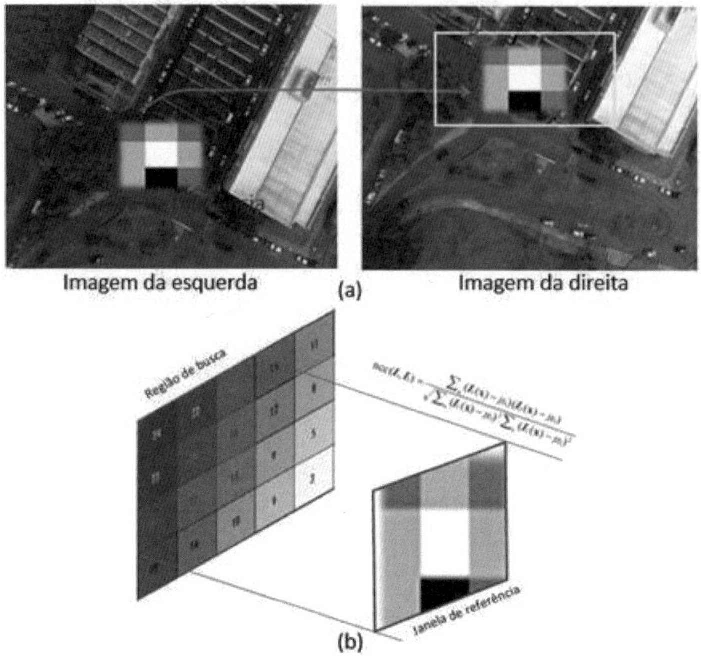

Figura 2.9 - Exemplo de correlação baseada em área: (a) imagens da esquerda e da direita com a janela de referência e de busca; (b) exemplo de funcionamento dos cálculos.

Embora os modelos de correspondência baseados em área sejam eficientes, alguns fatores devem ser levados em consideração, independentemente da medida de similaridade utilizada. Por exemplo, a localização da janela de referência pode ser dada em qualquer posição da imagem com sobreposição, mas se devem evitar áreas com baixo padrão repetitivo. O tamanho da janela de referência é altamente correlacionado com a unicidade da função de nível de cinza, podendo ocorrer falsos positivos. O critério de aceitação deve ser determinado localmente, e deve ser considerado algum critério de avaliação da acurácia e precisão da localização das entidades correspondentes.

Na prática, para se obter um resultado de correspondência com precisão ao nível "subpixel", deve ser empregada uma solução por mínimos quadrados, que tem como finalidade minimizar as diferenças geométricas e radiométricas entre os pixels g correspondentes, contidos nas janelas de referência e de busca.

Sejam $f(c, l)$ e $g(c, l)$ as funções discretas que representam as janelas de referência e de busca, respectivamente; o processo de correspondência de imagens baseado em área é dado pela seguinte expressão:

$$f(c,l) - e(c,l) = g(c,l), \quad (2.49)$$

sendo $e(c, l)$ os ruídos; e c, l, os valores de coluna e linha, respectivamente.

A localização das observações $f(c,l)$ expressas em função de $g(c,l)$ na imagem da direita deve ser estimada pelo MMQ. Como a Equação (2.49) pode ser considerada como não linear, a função $g(c,l)$ deve ser linearizada por série de Taylor, como segue:

$$f(c,l) - e(c,l) = g^0(c,l) + \frac{\delta g^0(c,l)}{\delta c} dc + \frac{\delta g^0(c,l)}{\delta l} dl \tag{2.50}$$

Na Equação (2.50), $g^0(c,l)$ representa a função $g(c,l)$ calculada com os valores das aproximações iniciais dos parâmetros de transformação afim geral no plano (a, b, e, f, Δx, Δy); $\frac{\delta g^0(c,l)}{\delta c}$ e $\frac{\delta g^0(c,l)}{\delta l}$ são os gradientes nas direções de c e l, respectivamente; dc e dl correspondem às derivadas parciais das funções em c e l, em relação aos parâmetros da transformação afim geral no plano.

Note-se que é necessário encontrar um modelo de transformação matemática que seja invariante a escala, rotação, mudança de ponto de vista e iluminação. Nesse caso, admitindo-se que as imagens foram normalizadas, o problema pode ser descrito por uma transformação afim geral no plano com inclusão dos parâmetros radiométricos u_r, deslocamento u_d e escala u_λ, como segue:

$$\begin{aligned} f(c,l) - e(c,l) = g^0(c,l) &+ \frac{\delta g^0(c,l)}{\delta c} c_0 a \\ &+ \frac{\delta g^0(c,l)}{\delta c} c_0 b + \frac{\delta g^0(c,l)}{\delta c} c_0 \Delta x \\ &+ \frac{\delta g^0(c,l)}{\delta l} l_0 e + \frac{\delta g^0(c,l)}{\delta l} l_0 f \\ &+ \frac{\delta g^0(c,l)}{\delta l} l_0 \Delta y + g^0(c,l) u_r + u_\lambda + g^0(c,l) u_d \end{aligned} \tag{2.51}$$

Os parâmetros a, b, e, f, Δx, Δy, u_r, u_d, u_λ são estimados pelo modelo paramétrico não linear do MMQ, e as observações são obtidas em função de $g(c,l) - g^0(c,l)$. Como o modelo não é linear, há a necessidade de se adotarem valores aproximados para os parâmetros, a fim de se solucionar o sistema. Nesse caso, pode-se adotar 1 para os valores das aproximações iniciais dos parâmetros u_r, u_d, u_λ e 0 (zero), para os parâmetros da transformação afim geral no plano.

Como o procedimento é iterativo, deve ser estabelecido um critério de convergência (parada), isto é, a diferença entre Δx e Δy ajustados e Δx e Δy, considerados como aproximados ou ajustados na iteração anterior, deve ser menor que um determinado limiar preestabelecido, por exemplo, um décimo do pixel (0,1 pixel).

Após a primeira iteração, é necessário atribuir os valores de cinza reamostrados para a nova janela de busca. Isso pode ser feito usando-se alguma técnica de interpolação, como a interpolação bilinear. Posteriormente, deve-se atribuir os valores das coordenadas transformadas às coordenadas da nova janela de busca reamostrada e, também, atribuir, como novos valores, os valores dos parâmetros ajustados. O código implementado em C para correspondência baseada em área é o que segue:

```
#include <vcl.h>
#include <iostream.h>
#include <stdio.h>
#include <stdlib.h>
#include " print s e_MMQ_u.h"
#include "informacao.h"

#pragma hdrstop
#define par 6 // número de  print s e a b c d dx dy
             // modelo utilizado por Peggy Agouris

#pragma package(smart_init)
#pragma resource " * .dfm"

void MQ(int **jref, double **jpes, double Xo[par],
        double Xa[par], double X[par], double U[par], double *xt,
        double *yt);

void versol(int I, double N[par][par]);

void reamostragem(double **jpes, double *xt, double *yt,
                  double *Xp, double *Yp, double **Gi);

FILE *out, *fout;
FILE *pri, *saiN, *pri, *saiL;

int **ImS, **jref;
double **Gi, **jpes, **Ar;

int larg, altu;

// jref matriz que recebe valores de cinza da imagem de
// referência:

// jpes matriz que recebe valores de cinza da imagem de pesquisa:
// Xo vetor dos parâmetros aproximados;
// Xa vetor dos parâmetros ajustados;
// X vetor dos parâmetros calculados;

// xt e yt coordenadas transformadas que representaram o novo
// grid.

Tform1 *Form1;
//------------------------------------------------------------
__fastcall Tform1::Tform1(Tcomponent *Owner) : Tform(Owner) {}
//------------------------------------------------------------
void Aloca_Memoria(int larg, int altu) {
```

```
  int I;

  try {
    jref = new int *[larg];
    for (i = 0; i < larg; i++)
      jref[i] = new int[altu];
  } catch (...) {
    exit(-1);
  }

  try {
    ImS = new int *[larg];
    for (i = 0; i < larg; i++)
      ImS[i] = new int[altu];
  } catch (...) {
    exit(-1);
  }

  try {
    jpes = new double *[larg];
    for (i = 0; i < larg; i++)
      jpes[i] = new double[altu];
  } catch (...) {
    exit(-1);
  }

  try {
    Gi = new double *[larg];
    for (i = 0; i < larg; i++)
      Gi[i] = new double[altu];
  } catch (...) {
    exit(-1);
  }

  try {
    Ar = new double *[larg * altu];
    for (i = 0; i < larg * altu; i++)
      Ar[i] = new double[par];
  } catch (...) {
    exit(-1);
  }
}
//---------------------------------------------------------------------
void __fastcall Tform1::Referencia1Click(Tobject *Sender) {
  OpenPictureDialog1->Title = "Abre Imagem de Referência";
  if (OpenPictureDialog1->Execute()) { // if 1
    Image1->Enabled = true;
```

```
    Image1->Picture->LoadFromFile(OpenPictureDialog1->FileName);
  } // endif 1
}
//----------------------------------------------------------------
void __fastcall Tform1::Pesquisa1Click(Tobject *Sender) {
  OpenPictureDialog2->Title = "Abre Imagem de Pesquisa";
  if (OpenPictureDialog2->Execute()) { // if 1
    Image2->Enabled = true;
    Image2->Picture->LoadFromFile(OpenPictureDialog2->FileName);
  } // endif 1
}
//----------------------------------------------------------------
void __fastcall Tform1::SpeedButton1Click(Tobject *Sender) {
  int iteracao = 0, temp = 0;
  double *Xp, *Yp, *xt, *yt, convx, convy, convx1, convy1;
  double Xo[par], Xa[par], X[par], U[par];
  HDC h1, h2;
  Tcolor cor1, cor2;

  /*+-----------------------------------------------------------+
    + Copia os valores de cinza da imagem de referência jref  +
    + e pesquisa jpes                                         +
    +-----------------------------------------------------------+*/
  Image1->Visible = true;
  Image1->Enabled = true;
  larg = Image1->Width;
  altu = Image1->Height;
  h1 = Image1->Canvas->Handle;

  Image2->Visible = true;
  Image2->Enabled = true;
  h2 = Image2->Canvas->Handle;

  Aloca_Memoria(larg, altu);

  Xp = new double[larg * altu];
  Yp = new double[larg * altu];
  xt = new double[larg * altu];
  yt = new double[larg * altu];

  for (int i = 0; i < larg; i++)
    for (int j = 0; j < altu; j++) { // for 1
      jpes[i][j] = 0;
      jref[i][j] = 0;
      Gi[i][j] = 0;
    } // endfor 1
```

```
  int k1, k2;
  for (int i = 0; i < larg; i++)
    for (int j = 0; j < altu; j++) { // for 2
      cor1 = Image1->Canvas->Pixels[i][j];
      cor2 = Image2->Canvas->Pixels[i][j];
      k1 = GetRValue(cor1);
      k2 = GetRValue(cor2);
      jpes[i][j] = k2;
      jref[i][j] = k1;
    } // endfor 2

  /*-------------------------------------------------------*/
  /*                VALORES APROXIMADOS                     */
  /*-------------------------------------------------------*/
  Xo[0] = 1.; // a
  Xo[1] = 0.; // b
  Xo[2] = 0.; // dx
  Xo[3] = 0.; // c
  Xo[4] = 1.; // d
  Xo[5] = 0.; // dy

  /*--- atribui valores à priori para as distâncias ----*/
  int k = 0;
  for (int i = 0; i < larg; i++)
    for (int j = 0; j < altu; j++) { // for 1
      k = larg * I + j;
      Xp[k] = j;
      Yp[k] = I;
    } // endfor 1

  out = fopen("Gdi.txt", "wt");
  fout = fopen("Xo.txt", "wt");
  saiA = fopen("A.txt", "wt");
  pri = fopen("L.txt", "wt");

  do { // do 1
    if (print s != 0) {
      fprintf(fout, "print s = % d\ n", print s);
      for (int j = 0; j < par; j++) {
        fprintf(fout, "Xo[ % d] = % .3 lf\ n", j, Xa[j]);
      }
      /*-----------------------------------------------------*/
      /* atribui os valores de cinza para a janela de pesquisa */
      /*                  após a reamostragem                  */
      /*-----------------------------------------------------*/
      for (int i = 0; i < larg; i++)
        for (int j = 0; j < altu; j++)
```

```
          jpes[i][j] = Gi[i][j];
      //                  k = tamanho*i+j;
      //                  jp[k] =  (int)Gi[i][j];
      /*-----------------------------------------------------*/
      /* atribui os valores das coordenadas transformadas para */
      /*        para as coordenadas da janela de Pesquisa       */
      /*                  após a reamostragem                   */
      /*-----------------------------------------------------*/
      int k = 0;
      for (int i = 0; i < larg; i++)
        for (int j = 0; j < altu; j++) { // for 1
          k = larg * i + j;
          Xp[k] = xt[k];
          Yp[k] = yt[k];
        } // endfor 1
      /*-----------------------------------------------------*/
      /*     atribui os prints e ajustados no vetor dos      */
      /*      prints e aproximados após a reamostragem       */
      /*-----------------------------------------------------*/
      for (int i = 0; i < par; i++)
        Xo[i] = Xa[i];
    } // fim do if
    //          fprintf( pri,"itercao=%d\n", print s);
    //          fprintf(saiL,"itercao=%d\n", print s);
    MQ(jref, jpes, Xo, Xa, X, U, xt, yt);

    fprintf(out, "itercao = % d\ n", print s);
    reamostragem(jpes, xt, yt, Xp, Yp, Gi);

    print s = print s + 1;

    convx1 = 0;
    convy1 = 0;
    convx = fabs(Xo[0] - Xa[0]);
    convy = fabs(Xo[3] - Xa[3]);

    if (convx >= convx1 && convy >= convy1) {
      convx1 = convx;
      convy1 = convy;
    }
    if (convx1 < 0.0001 || convy1 < 0.0001 || iteracao > 28) {
      temp = 1;
    }
  } while (temp != 1); // fim do laco do

  fclose(out);
  fclose(fout);
```

```
  fclose(saiA);
  fclose(pri);

  for (int i = 0; i < larg; i++)
    for (int j = 0; j < altu; j++)
      Image3->Canvas->Pixels[i][j] =
          Tcolor(RGB(ImS[i][j], ImS[i][j], ImS[i][j]));

  //-------- Desaloca Memória -----------------------
  for (int i = 0; i < larg; i++)
    delete[] Gi[i];
  delete[] Gi;

  for (int i = 0; i < larg; i++)
    delete[] jref[i];
  delete[] jref;

  for (int i = 0; i < larg; i++)
    delete[] jpes[i];
  delete[] jpes;
  delete[] Xp;
  delete[] Yp;
  delete[] xt;
  delete[] yt;
}
/*-------------------------------------------------------------*/
/*               TÉCNICA DOS MÍNIMOS QUADRADOS                  */
/*-------------------------------------------------------------*/

void MQ(int **jref, double **jpes, double Xo[par],
        double Xa[par], double X[par], double U[par], double *xt,
        double *yt) {
  int *Lb;        // vetor das  print s es Lb
  double *Lo, L; // vetor das  print s es L
  double A[par], // matriz designe A
      N[par][par];
  double *Gx, *Gy; // Gradiente em x e y
  int *Xr, *Yr;    // X e Y da janela de referência
  double r;
  int I, j;

  Lb = new int[larg * altu];
  Lo = new double[larg * altu];
  Gx = new double[larg * altu];
  Gy = new double[larg * altu];
  Xr = new int[larg * altu];
  Yr = new int[larg * altu];
```

```
/*--------------------------------------------------------------*/
/*                    Atribui valores para                      */
/*          os vetores Lb Lo para as  print s Xr Yr             */
/*                  para os gradientes Gx Gy                    */
/*                     e para a matriz A                        */
/*--------------------------------------------------------------*/
int k = 0;
for (i = 0; i < larg; i++)
  for (j = 0; j < altu; j++) { // for 1
    k = larg * I + j;
    Lb[k] = jref[i][j];
    Lo[k] = jpes[i][j];
    /*-------------- primeiro caso -----------------*/
    if (j == 0 && i == 0) {
      Gx[k] = jpes[i][j + 1] - jpes[i][j];
      Gy[k] = jpes[i + 1][j] - jpes[i][j];
    }
    /*-------------- segundo caso ------------------*/
    if ((j > 0 && j < altu - 1) && i == 0) {
      Gx[k] = (jpes[i][j + 1] - jpes[i][j - 1]) / 2.;
      Gy[k] = jpes[i + 1][j] - jpes[i][j];
    }
    /*-------------- terceiro caso -----------------*/
    if (j == altu - 1 && i == 0) {
      Gx[k] = jpes[i][j] - jpes[i][j - 1];
      Gy[k] = jpes[i + 1][j] - jpes[i][j];
    }
    /*-------------- quarto caso ------------------*/
    if (j == 0 && (i > 0 && i < larg - 1)) {
      Gx[k] = jpes[i][j + 1] - jpes[i][j];
      Gy[k] = (jpes[i + 1][j] - jpes[i - 1][j]) / 2.;
    }
    /*-------------- quinto caso ------------------*/
    if (j == altu - 1 && (i > 0 && i < larg - 1)) {
      Gx[k] = jpes[i][j] - jpes[i][j - 1];
      Gy[k] = (jpes[i + 1][j] - jpes[i - 1][j]) / 2.;
    }
    /*-------------- caso central ------------------*/
    if ((j > 0 && j < altu - 1) && (i > 0 && i < larg - 1)) {
      Gx[k] = (jpes[i][j + 1] - jpes[i][j - 1]) / 2.;
      Gy[k] = (jpes[i + 1][j] - jpes[i - 1][j]) / 2.;
    }
    /*-------------- sexto caso ------------------*/
    if (j == 0 && i == larg - 1) {
      Gx[k] = jpes[i][j + 1] - jpes[i][j];
      Gy[k] = jpes[i - 1][j] - jpes[i][j];
    }
```

```
      /*------------- sétimo caso -----------------*/
      if ((j > 0 && j < altu - 1) && I == larg - 1) {
        Gx[k] = (jpes[i][j + 1] - jpes[i][j - 1]) / 2.;
        Gy[k] = jpes[i - 1][j] - jpes[i][j];
      }
      /*------------- oitavo caso -----------------*/
      if (j == altu - 1 && I == larg - 1) {
        Gx[k] = jpes[i][j] - jpes[i][j - 1];
        Gy[k] = jpes[i - 1][j] - jpes[i][j];
      }
      Xr[k] = j;
      Yr[k] = I;
    } // end for1
  /*-----------------------------------------------------------*/
  /*                CÁLCULO DAS MATRIZES N  U                  */
  /*-----------------------------------------------------------*/
  for (i = 0; i < par; i++) {
    for (j = 0; j < par; j++) {
      N[i][j] = 0.;
    }
    U[i] = 0.;
  }
  for (j = 0; j < (larg * altu); j++) {
    A[0] = Gx[j] * Xr[j];
    A[1] = Gx[j] * Yr[j];
    A[2] = Gx[j];
    A[3] = Gy[j] * Xr[j];
    A[4] = Gy[j] * Yr[j];
    A[5] = Gy[j];

    fprintf(pri, "\n");
    for (int f = 0; f < par; f++) {
      Ar[j][f] = A[f];
      fprintf(pri, " % .1 lf", A[f]);
    }
    L = (double)Lb[j]- Lo[j];
    fprintf(pri, " % .1 lf\ n", L);

    for (int k = 0; k < par; k++) {
      for (i = 0; i < par; i++) {
        N[k][i] += A[k] * A[i];
      }
      U[k] += A[k] * L;
    }
  }
  versol(par, N);
  /*-----------------------------------------------------------*/
```

```
  /*                 CÁLCULO DOS VETORES X XA                    */
  /*-------------------------------------------------------------*/
  for (i = 0; i < par; i++)
    X[i] = 0.;

  for (i = 0; i < par; i++) {
    for (j = 0; j < par; j++) {
      X[i] += N[i][j] * U[j];
    }
    Xa[i] = X[i] + Xo[i];
  }
  for (i = 0; i < (larg * altu); i++) {
    L = (double)Lb[i] - Lo[i];

    for (j = 0; j < par; j++) {
      r += Ar[i][j] * X[j];
    }
    r = r + L;
    r = 0;
  }
  /*-------------------------------------------------------------*/
  /*                    TRANSFORMAÇÃO AFIM                       */
  /*-------------------------------------------------------------*/
  for (i = 0; i < (larg * altu); i++) {
    xt[i] =
        Xa[0] * (double)Xr[i] + Xa[1] * (double)Yr[i] + Xa[2];
    yt[i] =
        Xa[3] * (double)Xr[i] + Xa[4] * (double)Yr[i] + Xa[5];
  }
  delete[] Lb;
  delete[] Lo;
  delete[] Gx;
  delete[] Gy;
  delete[] Xr;
  delete[] Yr;
}
/*-------------------------------------------------------------*/
/*                         FUNÇãO VERSOL                       */
/*-------------------------------------------------------------*/
void versol(int I, double N[par][par]) {
  double B[par];
  int j, k, l, im;

  if (i == 1) {
    N[0][0] = 1. / N[0][0];
  }
  im = i - 1;
```

```
  for (k = 0; k < i; k++) {
    for (j = 0; j < im; j++)
      B[j] = N[0][j + 1] / N[0][0];
    B[i - 1] = 1. / N[0][0];

    for (l = 0; l < im; l++) {
      for (j = 0; j < im; j++)
        N[l][j] = N[l + 1][j + 1] - N[l + 1][0] * B[j];
      N[l][i - 1] = -N[l + 1][0] * B[j];
    }
    for (j = 0; j < i; j++)
      N[i - 1][j] = B[j];
  }
}
/*------------------------------------------------------------*/
/*                  INTERPOLACAO BILINEAR                      */
/*                                                             */
/*     CALCULA OS NOVOS VALORES DE BRILHO PARA AS              */
/*              COORDENADAS AJUSTADAS                          */
/*------------------------------------------------------------*/
void reamostragem(double **jpes, double *xt, double *yt,
                  double *Xp, double *Yp, double **Gi) {
  int I, j, k;
  double dx, dy;

  for (i = 0; i < larg - 1; i++) {
    for (j = 0; j < altu - 1; j++) {

      k = larg * I + j;

      dx = (xt[k] - Xp[k]);
      dy = (yt[k] - Yp[k]);

      Gi[i][j] = jpes[i][j] +
                 dx * (jpes[i][j + 1] - jpes[i][j]) +
                 dy * (jpes[i + 1][j] - jpes[i][j]) +
                 dx * dy *
                     (jpes[i][j] - jpes[i][j + 1] -
                      jpes[i + 1][j] + jpes[i + 1][j + 1]);
    }
  }
  /*----CÁLCULO DE Gdi NA ÚLTIMA LINHA E ÚLTIMA COLUNA---*/
  for (i = larg - 1; i < larg; i++)
    for (j = 0; j < altu; j++)
      Gi[i][j] = jpes[i][j];

```

```
  for (i = 0; i < larg; i++)
    for (j = altu - 1; j < altu; j++)
      Gi[i][j] = jpes[i][j];

  k = 0;
  for (i = 0; i < larg; i++)
    for (j = 0; j < altu; j++) {
      fprintf(out, "posicao = % d x = % .2 lf y = % .2 lf\ n", k,
              xt[k], yt[k]);
      fprintf(out, "Gi[ % d][ % d] = % .3 lf\ n", I, j,
              Gi[i][j]);
      ImS[i][j] = Gi[i][j];
      k++;
    }
}
//----------------------------------------------------------------
void __fastcall Tform1::Sair1Click(Tobject *Sender) {
  Form1->Close();
}
//----------------------------------------------------------------
void __fastcall Tform1::Image1MouseMove(Tobject *Sender,
                                        TshiftState Shift, int X,
                                        int Y) {
  char Coord[30];
  print(Coord, "C: % d L: % d", X, Y);
  StatusBar1->Panels->Items[0]->Text = Coord;
}
//----------------------------------------------------------------
void __fastcall Tform1::Image2MouseMove(Tobject *Sender,
                                        TshiftState Shift, int X,
                                        int Y) {
  char Coord[30];
  print(Coord, "C: % d L: % d", X, Y);
  StatusBar1->Panels->Items[0]->Text = Coord;
}
//----------------------------------------------------------------
void __fastcall Tform1::Image3MouseMove(Tobject *Sender,
                                        TshiftState Shift, int X,
                                        int Y) {
  char Coord[30];
  print(Coord, "C: % d L: % d", X, Y);
  StatusBar1->Panels->Items[0]->Text = Coord;
}
//----------------------------------------------------------------
void __fastcall Tform1::Info1Click(Tobject *Sender) {
  Form2->Show();
}
```

Agora, admitindo-se que um conjunto denso de pares de pontos correspondentes foi extraído usando-se o modelo de correspondência baseado em área, a nuvem de pontos fotogramétrica pode ser densificada usando-se as equações (2.35) a (2.38).

Figura 2.10 – Reconstrução 3-D da superfície mapeada.

A técnica descrita para a geração de nuvens de pontos fotogramétricas também é conhecida, em visão computacional, como *structure from motion* (SFM). O problema dessa técnica consiste na estimativa dos parâmetros de orientação da câmera (*motion*) e de coordenadas tridimensionais no terreno (*structure*), o que tem gerado bastante confusão em algumas escolas fotogramétricas. Há, na literatura, inúmeras formas de se obterem nuvens de pontos fotogramétricas esparsas e densas usando-se a referida técnica, e, para mitigar qualquer confusão, também se sugere a leitura de Hartley e Zisserman, 2000. A Figura 2.10 mostra um exemplo de nuvem de pontos 3-D texturizada, obtida com o método descrito.

2.2 ORTORRETIFICAÇÃO DE IMAGENS DIGITAIS

A ortoimagem é uma representação ortográfica da superfície de interesse em forma de imagem, a qual se baseia em uma projeção ortogonal em vez da projeção em perspectiva central, mantendo os objetos em suas verdadeiras posições ortogonais, ou seja, com escala única, assim como nos mapas de linhas e símbolos. Isso ocorre porque, durante a sua elaboração, são considerados os erros sistemáticos inerentes ao sensor, à atitude da plataforma no instante de tomada da imagem e ao relevo da área de interesse. Esse produto, portanto, pode ser considerado geometricamente equivalente a uma carta, o que permite a medição direta de informações espaciais sobre ele (ângulos, distâncias, áreas e posições).

A ortoimagem é muito utilizada como plano de referência em um sistema de informação geográfica (SIG), facilitando a fotointerpretação, devido à riqueza de informação pictórica, e possibilitando a vetorização de feições de interesse em um computador pessoal. Sua geração, atualmente, é feita de forma automática e digital, em um curto espaço de tempo, em comparação à restituição e geração de mapas de linha, o que reduz o tempo de elaboração de projetos e, consequentemente, os custos de execução.

Para a geração desse produto, são necessários: um conjunto de imagens, os POI do sensor utilizado, os PoE da plataforma e uma nuvem de pontos 3-D, também conhecida como modelo digital de elevação (MDE) — que, por sua vez, pode ser um modelo digital de terreno (MDT) ou um modelo digital de superfície (MDS).

O MDT e o MDS são representações de uma porção da superfície terrestre de forma digital (Figura 2.11 (a)). Quando o MDE está associado apenas ao nível do terreno, sem feições antrópicas ou vegetação, dá-se a ele o nome de MDT (Figura 2.11 (b)). Porém, quando o MDE representa não só o terreno da área de interesse, mas também as feições sobre ele, como vegetação, edificações, objetos, entre outros, é denominado MDS (Figura 2.11 (c)). Essa diferenciação é de grande importância para o entendimento dos conceitos relacionados à ortoimagem convencional e verdadeira. A Figura 2.11 mostra as diferenças entre MDE, MDT e MDS.

Figura 2.11 - Diferenças entre modelos digitais: (a) MDE; (b) MDT; (c) MDS.

O processo de ortorretificação, também conhecido por retificação diferencial, tem como principal objetivo transformar uma imagem cuja projeção se dá em perspectiva central em uma imagem de projeção ortogonal. Para isso, é importante entender a diferença entre essas projeções.

Na projeção em perspectiva central, todos os raios de luz que incidem no sistema de lentes da câmera passam por um mesmo ponto, o *CP* da câmera, e atingem o sistema de registro, a exemplo de um sensor CCD ou um CMOS, como pode ser visto na Figura 2.12 (a).

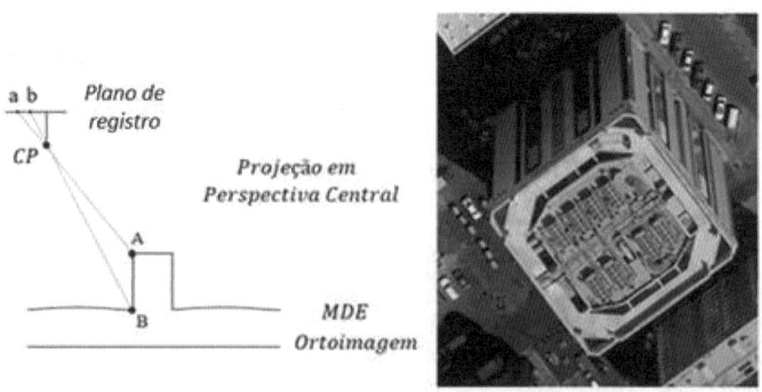

(a) (b)

Figura 2.12 - Projeção em perspectiva central: (a) ilustração do problema de perspectiva central; (b) imagem de um edifício em perspectiva central. Fonte: **https://www.gisbox.ro** (cortesia).

Nas situações em que a plataforma sofre uma variação de atitude (quase a totalidade das aplicações), ou seja, em que os ângulos de Euler ω e φ são diferentes de zero, a escala da imagem não é mantida (Figura 2.12 (a)). O procedimento responsável pela correção dessa não verticalidade da imagem é denominado *retificação* e, portanto, corrige a atitude do sensor, criando uma imagem com escala única, característica exclusiva para superfícies planas; condição, porém, praticamente impossível de ocorrer em um projeto de engenharia com utilização de imagens aéreas.

Observou-se que, para terrenos planos, a retificação soluciona a não uniformidade da escala ao corrigir a atitude do sensor. No entanto, pontos na superfície que possuem uma mesma coordenada planimétrica, embora situados em diferentes elevações (diferentes coordenadas altimétricas), são projetados em diferentes posições na imagem (Figura 2.12 (a)), ocasionando diferença de escala ao longo da imagem.

Assim, objetos idênticos geometricamente e imageados com configuração vertical (ω e φ iguais a zero — imagem retificada), mas situados em diferentes elevações, carecem de uniformidade de escala, como mostra a Figura 2.13 (c).

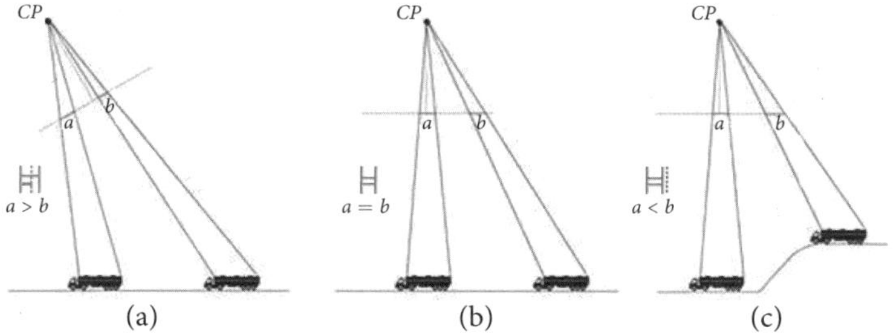

Figura 2.13 – Objetos imageados com diferentes inclinações da imagem: (a) imagem vertical com terreno plano; (b) imagem inclinada com terreno plano; (c) imagem vertical com terreno não plano.

Pode-se dizer, portanto, que uma imagem em projeção de perspectiva central possui distorções devido à variação de elevação da superfície e da não verticalidade do sensor no instante de tomada da imagem. Para correção desses dois elementos, utiliza-se o processo denominado de retificação diferencial, ou ortorretificação. A ortoimagem, por isso, é apresentada em projeção ortogonal (Figura 2.14 (a)).

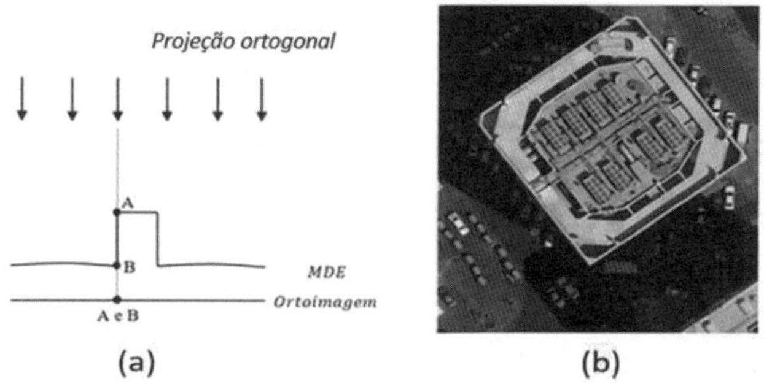

Figura 2.14 – Projeção ortogonal: (a) ilustração do problema de projeção ortogonal; (b) imagem de um edifício corrigido da perspectiva central. Fonte: https://www.gisbox.ro (cortesia).

Nessa projeção, os raios de luz são projetados como se o *CP* fosse localizado no infinito; são paralelos entre si e perpendiculares ao plano focal de referência (*datum*), fazendo com que pontos com as mesmas coordenadas planimétricas e diferentes elevações sejam representados em uma única posição (Figura 2.14 (b)), como nas cartas convencionais, obtendo, assim, um produto com escala constante (Figura 2.15).

De maneira geral, o procedimento de ortorretificação visa a corrigir os deslocamentos causados por erros sistemáticos do sistema sensor (utilizando os POI), os efeitos causados pela atitude do sensor (com o uso dos PoE) e os deslocamentos oriundos da variação de elevação do relevo (com base em um MDE). Portanto, uma imagem em perspectiva central pode ser reamostrada com base nessas correções, obtendo-se, assim, uma imagem em projeção ortogonal (ortoimagem), desde que se tenham, como dados de entrada, os POI, os PoE, um MDE e as imagens em perspectiva central.

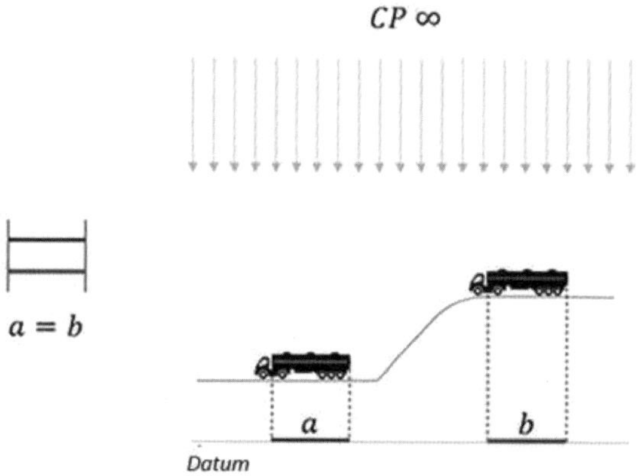

Figura 2.15 – Imagem em projeção ortogonal.

Na prática, a geração de ortoimagens é feita inteiramente de maneira digital. Para a realização de tal tarefa, são utilizados modelos matemáticos, sendo a condição de colinearidade o modelo fundamental para a fotogrametria analítica, que é composta por rigorosos cálculos matemáticos.

Na literatura, pode-se encontrar dois métodos de ortorretificação de imagens: o método direto e o método indireto, também conhecidos por *forward* e *backward orthorectification*, respectivamente. A seguir, são apresentados esses dois métodos de rtorretificação de imagens.

2.2.1 ORTORREITIFICAÇÃO DIRETA E INDIRETA

O método direto de ortorretificação de imagens tem como característica a elaboração da ortoimagem, partindo-se da imagem original, "de cima para baixo", como apresentado na Figura 2.13 (a). Inicialmente, para um dado pixel na imagem, representado por coordenadas de tela Coluna e Linha (c, l), faz-se a transformação para o sistema fotogramétrico $(x_p, y_p, -f)$. A partir das coordenadas fotogramétricas, em conjunto com os POIs e POEs, determinam-se as coordenadas de P no espaço objeto (X, Y, Z), via equação de colinearidade inversa.

Todavia, nota-se que, para a utilização das equações de colinearidade na forma inversa, é necessário conhecer o valor de elevação do ponto no espaço-objeto (Z). Para isso, aplica-se o procedimento de monorrestituição, que visa a identificar a elevação do ponto P que melhor se ajusta ao MDE utilizado. Esse é um procedimento iterativo (i vezes) que se inicia com o uso da altitude média do terreno nas referidas equações, determinando um valor de planimetria para X_0 e Y_0. Esse valor é, então, atualizado (X_1 e Y_1) de acordo com Z_0, até que seja obtido um valor de Z_i que atenda a algum critério de convergência.

Conhecendo-se as coordenadas tridimensionais de P, este é projetado na ortoimagem, até então vazia. Ao realizar tal projeção, porém, os valores de X e Y obtidos não coincidirão com as coordenadas predefinidas para a ortoimagem (*grid*). Faz-se necessário, então, o uso de um interpolador para identificar sobre qual pixel da ortoimagem o valor radiométrico de p será inserido (vizinho mais próximo, bilinear etc.). Esse procedimento deve ser feito para todos os pixels da imagem original.

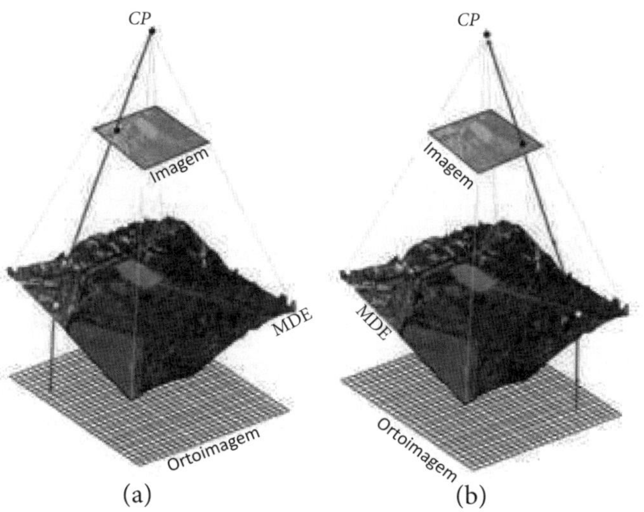

Figura 2.16 – Métodos de ortorretificação de imagens: (a) método direto; (b) método indireto.

Já no caso do método indireto de ortorretificação de imagens (Figura 2.16 (b)), diferentemente do método direto, o procedimento se inicia "de baixo para cima". A partir de uma ortoimagem vazia (matriz, cujas coordenadas X e Y de cada pixel é conhecida), identifica-se a elevação de cada pixel, via interpolação de um MDE. Conhecidos X, Y e Z (referentes a um pixel da ortoimagem), os POI e os PoE, são utilizadas as equações de colinearidade na forma direta para se determinarem as coordenadas fotogramétricas do ponto p, correspondente ao P do espaço objeto, na imagem original (projeção perspectiva).

Sabendo-se que as coordenadas fotogramétricas $(x_p, y_p, -f)$, ao serem transformadas para coordenadas de tela (c, l), não serão valores inteiros, também se faz necessária uma interpolação para definir qual pixel na imagem original será utilizado para compor a informação radiométrica do pixel inicial, a ser preenchido na ortoimagem. Esse procedimento não necessita da aplicação da monorrestituição. É importante destacar que, para o processo indireto, os erros sistemáticos — oriundos do sistema de lentes e sensor devem ser inseridos de forma iterativa, ao contrário do procedimento direto, em que as coordenadas fotogramétricas devem ser corrigidas desses erros. Esse detalhe é vital para a extração de informação precisa utilizando-se câmeras não métricas. O código implementado em C++, usando-se as bibliotecas OpenCV e PCL para ortorretificação de imagens com o método indireto, é apresentado a seguir:

```
#include "ComputeZ.h"
#include "Global.h"
#include "Ortofoto.h"
#include "ReadF.h"
#include <cv.h>
#include <iostream>
#include <math.h>
#include <opencv2/core/core.hpp>
#include <opencv2/highgui/highgui.hpp> //ou #include "highgui.h"
#include <opencv2/legacy/legacy.hpp>
#include <opencv2/nonfree/features2d.hpp>
#include <opencv2/nonfree/nonfree.hpp>
#include <opencv2/objdetect/objdetect.hpp>
#include <pcl/io/pcd_io.h>
#include <pcl/io/ply_io.h>
#include <pcl/visualization/cloud_viewer.h>

/* #define PI 3.14159265358979323846264338832795 */
#define ROTATE(a, I, j, k, l) g = a[i][j];
h = a[k][l];
a[i][j] = g - s * (h + g * tau);
a[k][l] = h + s * (g - h * tau);
#define PAR 6
#define NOBS 3

#define SIZE 16

using namespace cv;
using namespace std;

int OrtoRretificacao() {
  void rtc(float w, float phi, float k, float trig[6],
           float r[3][3]);

  void RefinementImageCoordinates(
      int I, int j, float pixdimx, float pixdimy,
      int corrWinSize, float xp, float yp, float k1, float k2,
      float k3, float p1, float p2, float *xf, float *yf);

  void InverseColinearidade(
      float f, float pixdimx, float pixdimy, int corrWinSize,
```

```
        float xp, float yp, float k1, float k2, float k3, float p1,
        float p2, float X, float Y, float Z, int *C, int *L);

    void GrayScale(float Z, int *Gray);

    pcl::visualization::CloudViewer visualizar_antes(
        "visualizar 3 - D antes do ajustamento global");

    FILE *WriteTransformedPC1, *fileZ_LEFT, *Frame;
    float Z1_, XLEFT2_, YLEFT2_, stdx, stdy, Px, Py, Pz, Xk_L,
        Yk_L, X, Y, Z, X1, Y1, Z1, x, y, kappa, phi_,
        omega, // rotation parameters
        trig[6], R_[3][3], T[3], POI[10], C_, L_, drx, dry, dpx,
        dpy, R12[3][3], R23[3][3], T12[3], T23[3], H12[4][4],
        H23[4][4], H[4][4], _R[3][3], _Tx, _Ty, _Tz;
    int I, j, id_LEFT, R, G, B, Gray, nNumber, C1, L1, nframe,
        frameP, rgb;
    Mat img1;

    pcl::PointCloud<pcl::PointXYZRGB>::Ptr cloud_source(
        new pcl::PointCloud<pcl::PointXYZRGB>);

    //------------------------------------------------------------

    pixdimx_RGB = formatWidth_RGB / nCol;  // pixel width in mm
    pixdimy_RGB = formatHeight_RGB / nRow; // pixel height in mm

    path1 = "/view000";
    path11 = "/raw/color.png";
    mega(buf, " % s % d % s", path1, nframe, path11);
    img1 = imread(buf, CV_LOAD_IMAGE_COLOR);

    // Lê o arquivo com o MDS
    for (i = 0; i < nRow; i++)
      for (j = 0; j < nCol; j++) {
        fscanf(fileZ_LEFT, " % f % f % f\ n", &X1[i][j], &Y1[i][j],
              &Z1[i][j]);
      }
    fclose(fileZ_LEFT);
    //------------------------------------------------------------

    omega = OMEGAA;
    phi_ = PHII;
    kappa = KAPPAA;

    omega = omega * (PI / 180.);
    phi_ = phi_ * (PI / 180.);
```

```
    kappa = kappa * (PI / 180.);

    rtc(mega, phi_, kappa, trig, R_);

    T[0] = T1o;
    T[1] = T2o;
    T[2] = T3o;

    T[0] = T[0] * 0.1;
    T[1] = T[1] * 0.1;
    T[2] = T[2] * 0.1;
    //------------------------------------------------------------

    cloud_source->width = nRow * nCol;
    cloud_source->height = 1;
    cloud_source->is_dense = true;
    cloud_source->points.resize(cloud_source->width *
                                cloud_source->height);

    int k = 0;
    for (i = 0; i < nCol; i++) {
      for (j = 0; j < nRow; j++) {
        // Refinamento das fotocoordenadas
        RefinementImageCoordinates(
            i, j, pixdimx_IR, pixdimy_IR, corrWinSize, xp_IR,
            yp_IR, k1_IR, k2_IR, k3_IR, p1_IR, p2_IR, &x, &y);

        // Aplica a equaÃ§Ã£o de colinearidade inversa
        InverseColinaeridade(f_RGB, pixdimx_RGB, pixdimy_RGB,
                             corrWinSize, xp_RGB, yp_RGB, k1_RGB,
                             k2_RGB, k3_RGB, p1_RGB, p2_RGB, X1,
                             Y1, Z1, &C1, &L1);

        if ((C1 > 0 && C1 < nCol) && (L1 > 0 && L1 < nRow)) {
          vector<float> index(3);
          index[0] = img1.at<Vec3b>(L1, C1)[0]; // Blue
          index[1] = img1.at<Vec3b>(L1, C1)[1]; // Green
          index[2] = img1.at<Vec3b>(L1, C1)[2]; // Red
          R = index[2];
          G = index[1];
          B = index[0];
        } // end if
        else {
          R = 0;
          G = 0;
          B = 0;
        } // end else*/
```

```

            rgb = ((int)R) << 16 | ((int)G) << 8 | ((int)B);
            cloud_source->points[k].x = Xk_L;
            cloud_source->points[k].y = Yk_L;
            cloud_source->points[k].z = Zk_L[j][i];
            cloud_source->points[k].r = R;
            cloud_source->points[k].g = G;
            cloud_source->points[k].b = B;
            k++;
        }
    }

    std::cout << "Salvando nuvem de pontos...\n" << std::endl;
    std::stringstream ss;
    ss << "/home/danielsantos / Data_Set / PointCloud_" << frameP
        << ".pcd";
    pcl::io::savePCDFile(ss.str(), *cloud_source, true);

    img1.release();
}
//-----------------------------------------------------------

void rtc(float k, float phi, float w, float trig[6],
         float r[3][3]) {

    trig[0] = sin(k);
    trig[1] = cos(k);
    trig[2] = sin(phi);
    trig[3] = cos(phi);
    trig[4] = sin(w);
    trig[5] = cos(w);

    // Rotation matrix
    r[0][0] = trig[3] * trig[1];
    r[0][1] = trig[5] * trig[0] + trig[4] * trig[2] * trig[1];
    r[0][2] = trig[4] * trig[0] - trig[5] * trig[2] * trig[1];
    r[1][0] = -trig[3] * trig[0];
    r[1][1] = trig[5] * trig[1] - trig[4] * trig[2] * trig[0];
    r[1][2] = trig[4] * trig[1] + trig[5] * trig[2] * trig[0];
    r[2][0] = trig[2];
    r[2][1] = -trig[4] * trig[3];
    r[2][2] = trig[5] * trig[3];
}

//-----------------------------------------------------------
void RefinementImageCoordinates(int I, int j, float pixdimx,
                                float pixdimy, int corrWinSize,
```

```
                              float xp, float yp, float k1,
                              float k2, float k3, float p1,
                              float p2, float *xf, float *yf) {
  float r2, dr, drx, dry, dpx, dpy, x, y;

  x = pixdimx * (I + ((corrWinSize) / 2.0)) - xp;
  y = (pixdimy * (j)-yp);
  r2 = (x * x) + (y * y);
  dr = k1 * (r2) + k2 * (r2 * r2) + k3 * (r2 * r2 * r2);
  drx = x * dr;
  dry = y * dr;
  dpx = p1 * (r2 + 2 * (x * x)) + 2 * p2 * x * y;
  dpy = p2 * (r2 + 2 * (y * y)) + 2 * p1 * x * y;
  *xf = x + drx + dpx;
  *yf = y + dry + dpy;
}

//-----------------------------------------------------------------
void InverseColinearidade(float f, float pixdimx, float pixdimy,
                          int corrWinSize, float xp, float yp,
                          float k1, float k2, float k3, float p1,
                          float p2, float X, float Y, float Z,
                          int *C, int *L) {
  int round(float i);

  float r2, dr, drx, dry, dpx, dpy, C_, L_;

  // Projeta coordenadas 3-D para a imagem
  C_ = (X / Z) * f;
  L_ = (Y / Z) * f;
  r2 = (C_ * C_) + (L_ * L_);

  dr = k1 * (r2) + k2 * (r2 * r2) + k3 * (r2 * r2 * r2);
  drx = C_ * dr;
  dry = L_ * dr;

  dpx = p1 * (r2 + 2 * (C_ * C_)) + 2 * p2 * C_ * L_;
  dpy = p2 * (r2 + 2 * (L_ * L_)) + 2 * p1 * C_ * L_;

  *C = round((C_ - drx - dpx + xp) / pixdimx) * -(corrWinSize) /
      2.0;
  *L = round((L_ - dry - dpy + yp) / pixdimy);
}
//-----------------------------------------------------------------
int round(float i) {
  if ((I - floor(i)) >= 0.5)
    return ceil(i);
```

```
  else
    return floor(i);
}
```

Ao se utilizar qualquer um dos procedimentos descritos anteriormente, tem-se um produto livre de distorções causadas por erros do sistema de lentes e sensor, pela não verticalidade de plataforma no instante de tomada da imagem e pela variação de altitude da superfície (de acordo com o que é representado pelo MDE em uso). Essa explicação geral do procedimento de ortorretificação serve tanto para o uso do MDT quanto para o MDS. Entretanto, ao se utilizar o MDS, alguns cuidados extras devem ser tomados, e serão descritos a seguir.

2.2.2 DUPLO MAPEAMENTO E ÁREAS DE OCLUSÃO

Como visto, a ortorretificação tem como um de seus dados de entrada o MDE, que, por sua vez, pode representar apenas o terreno (MDT) ou, além do terreno, as feições antrópicas e as vegetações (MDS). O uso de um MDT garante uma escala constante ao nível do terreno, desconsiderando os elementos sobre a superfície. Logo, uma imagem ortorretificada utilizando um MDT ainda apresenta as feições localizadas sobre o terreno em perspectiva central (como edificações e vegetações); afinal, essas não foram consideradas na representação tridimensional e, portanto, não foram corrigidas, como mostra a Figura 2.17. Um exemplo claro desse efeito são as altas edificações em áreas urbanas, como apresentado a seguir, em que as laterais são visíveis, indicando a não ortogonalidade da projeção.

Figura 2.17 – Exemplo de edificação em ortoimagem gerada com uso de MDT.

Nota-se, na Figura 2.15, pelo fato de não haver a correção do objeto sobre o terreno (edificação), que a variação de elevação entre base e topo resulta na não uniformidade da escala — a dimensão da base se diferencia da do topo, além de ser projetada de maneira não ortogonal. Diversas são as aplicações, porém, que necessitam realizar mensurações precisas sobre feições em diferentes altitudes, como o cadastro urbano, inspeção de obras, projeto de arquitetura, entre outros.

Para essas situações, o ideal é utilizar um MDS em vez de um MDT. Entretanto, o simples uso de um MDS não garante uma representação perfeita da superfície, devido ao efeito denominado duplo mapeamento. Esse efeito surge em razão da concorrência de múltiplos elementos do MDS (*groundels*) por um mesmo *pixel* na imagem, durante a ortorretificação.

A Figura 2.18 (a) apresenta um perfil hipotético representando um MDS e os elementos necessários para entendimento de tal efeito. Como pode ser visto, dois *groundels* localizados em diferentes posições da superfície (base e topo da edificação) concorrem por um mesmo *pixel* na imagem, como é o caso dos *groundels* A e D com o *pixel a*; B e E com o *pixel b*; e C e F com o *pixel c*. Portanto, ao se aplicar a ortorretificação e identificar qual a radiometria adequada para cada *pixel* da ortoimagem, tem-se uma duplicação dos tons de cinza $g(a)$, $g(b)$ e $g(c)$, ocasionando, assim, o efeito de duplo mapeamento (Figura 2.18 (b)).

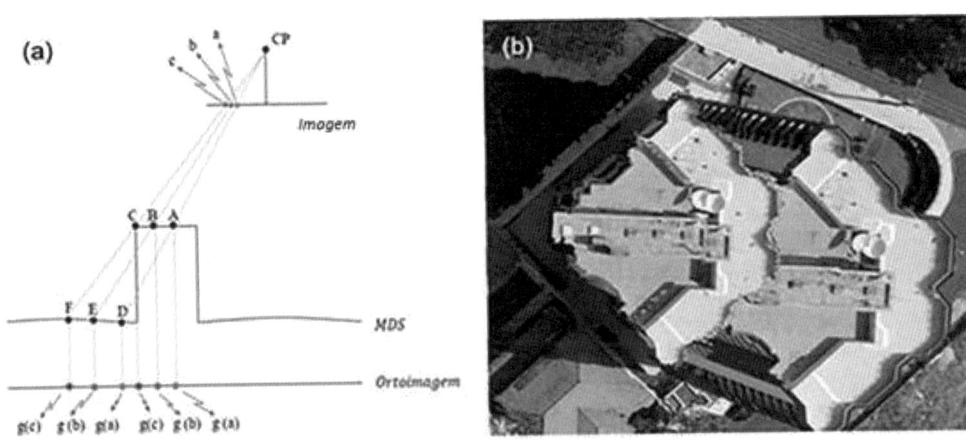

Figura 2.18 - (a) Princípio do duplo mapeamento; (b) efeito do duplo mapeamento.

Como apresentado na Figura 2.18 (b), a ortorretificação com a utilização do MDS é capaz de projetar ortogonalmente a edificação, ou seja, de representar o topo do prédio em sua correta projeção ortogonal. Portanto, seria possível, por exemplo, medir o perímetro e a posição dessa edificação com precisão, pois a escala ao nível do terreno e do telhado são as mesmas.

O simples fato de se utilizar um MDS, entretanto, não garante que a representação original (em perspectiva central) desapareça. Essa região remanescente é a chamada *área de oclusão* (Figura 2.19), pois representa uma parcela da área que não pode ser observada pelo usuário. Desse modo, para se ter um produto em que todas as feições sejam projetadas ortogonalmente e não haja áreas de oclusão, é necessário o uso de um MDS durante a ortorretificação, e, principalmente, a detecção e o preenchimento das áreas de oclusão.

Figura 2.19 – Área de oclusão.

Antes de se apresentarem os métodos capazes de realizar a detecção e o preenchimento de tais áreas, algumas maneiras de evitar as áreas de oclusão podem ser destacadas, visto que, atualmente, poucos softwares comerciais possuem módulos específicos para tal processamento.

As áreas de oclusão ocorrem pois parte da imagem original continua na ortoimagem gerada (área duplicada, também conhecida por "imagem fantasma", ou "*ghost image*"). Essa parcela remanescente foi adquirida em projeção perspectiva. Os efeitos gerados por essa projeção possuem as seguintes características: quanto mais afastado do ponto nadir no terreno estiver um objeto, maior a área de oclusão que este causará (Figura 2.20 (a)); quanto menor a distância focal da câmera, maior as oclusões presentes na imagem (Figura 2.20 (b)); as oclusões são maiores em imagens adquiridas com alturas de voo mais baixas (Figura 2.20 (c)).

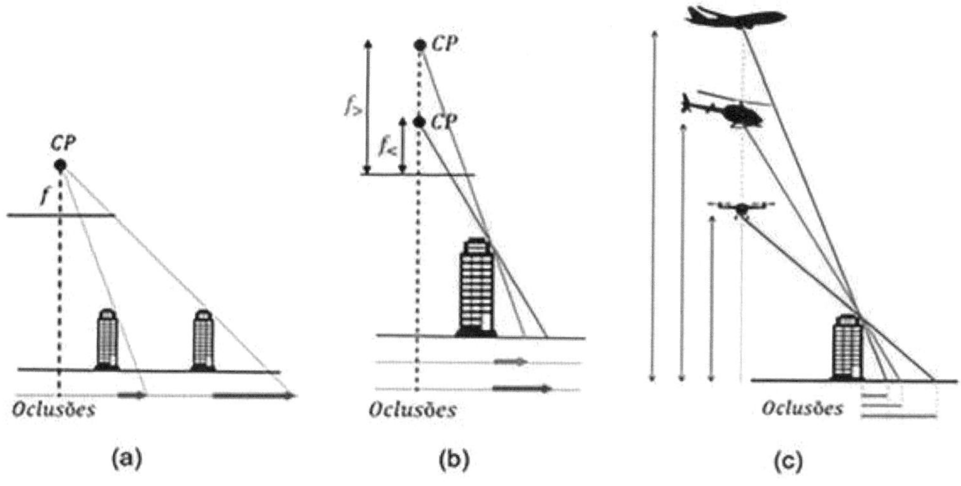

Figura 2.20 – Variação das áreas de oclusão em razão: (a) da distância radial; (b) da distância focal; (c) da altura de voo.

Considerando-se os fatores apresentados, muitos levantamentos são feitos com os seguintes atributos para minimizar a presença de áreas de oclusão: alta porcentagem de sobreposição longitudinal e lateral (por volta de 80 % e 60 %, respectivamente), para que seja possível utilizar a porção central das imagens, local onde há menos distorções e oclusões; uso de câmeras com distâncias focais maiores; e a execução de voos mais altos. Para isso, deve-se adequar o planejamento da missão, a fim de se evitarem efeitos indesejáveis no produto final, analisando-se, principalmente, os recursos disponíveis para o projeto.

Nas situações em que o voo já foi realizado ou será executado com os cuidados descritos, pode haver a presença de áreas de oclusão. Dessa forma, elas precisam ser devidamente identificadas e preenchidas com informação radiométrica condizente com a região em questão, utilizando-se de imagens adjacentes obtidas por diferentes pontos de vista, durante o mesmo voo ou em voos extras/preexistentes.

2.2.3 MÉTODOS PARA DETECÇÃO DE OCLUSÃO

Como mencionado, em algumas situações, mesmo tomando-se todos os cuidados possíveis para se minimizarem as áreas de oclusão, pode ser que ainda haja tais regiões na ortoimagem resultante. Nesse caso, faz-se necessária a identificação dessas áreas com o auxílio de métodos específicos e, posteriormente, o devido preenchimento com informação real, que, a princípio, encontra-se oclusa ao *CP* da imagem original. Os principais métodos encontrados na literatura são o *z-buffer*, o projetivo, o *angle-based* e o *surface gradient-based*. Tais métodos possuem características distintas e, consequentemente, vantagens e desvantagens. A seguir, esses métodos serão descritos de maneira breve, acompanhados de referências relacionadas a cada um deles.

A ideia principal do *z-buffer* é a seguinte: a partir de um MDS, representado por uma grade de pontos tridimensionais, ou seja, uma nuvem de pontos regularmente espaçados, faz-se a identificação de células do MDS (*groundels*) que concorrem por um mesmo *pixel* da imagem (pontos *A* e *B* no exemplo da Figura 2.21).

No exemplo apresentado, por meio da equação de colinearidade direta, nota-se que tanto o *groundel A* quanto o *B* correspondem a um mesmo *pixel* na imagem (p). Isso implica identificar qual desses é ocluso ao *CP*. Para tal, durante o processo indireto de ortorretificação, cada *pixel* da imagem original, utilizado para preencher um *pixel* da ortoimagem, armazena consigo, nas matrizes *z-buffer*, as coordenadas planimétricas do *groundel* relacionado a ele (X, Y), assim como a distância entre *CP* e o *groundel* em questão (d). Com isso, no instante em que o mesmo *pixelp* for utilizado para preencher um diferente *pixel* da ortoimagem, consequentemente relacionado a outro *groundel*, a distância entre o atual *groundel* e o *CP* é comparada com a distância previamente armazenada.

O *groundel* que possuir maior proximidade com o *CP* é, então, rotulado como visível, tornando, automaticamente, ocluso o que possui a maior distância. Essa informação de visibilidade é armazenada em um "mapa de visibilidade" cuja resolução é a mesma da ortoimagem que está sendo criada. O exemplo da Figura 2.21 apresenta tal comparação entre as distâncias $\overline{CPA}$ e $\overline{CPB}$. Como A está mais próximo ao *CP*, o *groundel B* é utilizado para rotular o *pixel* da ortoimagem como ocluso, no mapa de visibilidade. O mesmo procedimento é executado para todas as situações de concorrência por um mesmo *pixel* da imagem durante a ortorretificação.

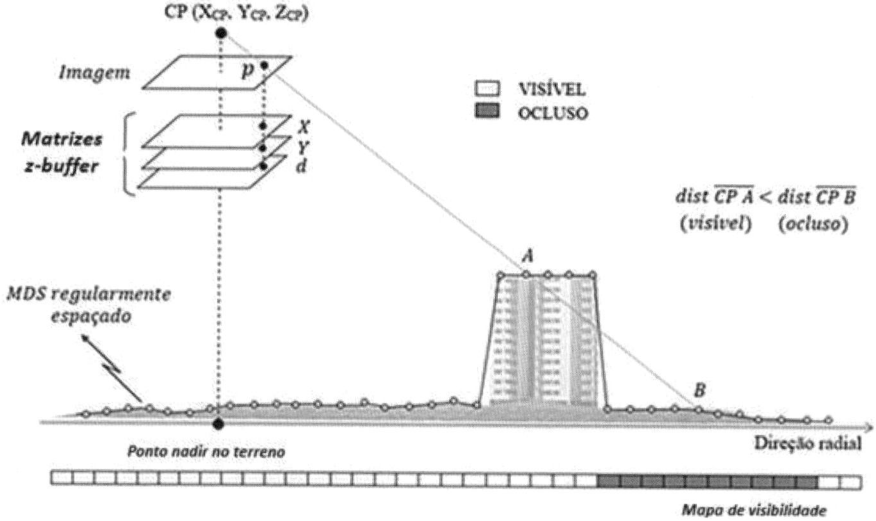

Figura 2.21 – Método *z-buffer*.

A característica negativa desse método é a identificação da falsa visibilidade em virtude da presença de edificações altas e estreitas na área de interesse, assim como devido à não compatibilidade entre resolução do MDS e da imagem original. Outro aspecto que pode ser considerado uma desvantagem é a utilização de um MDS regularmente espaçado, cuja elaboração requer um procedimento de interpolação, o que implica pré-processamento e possibilidade de inserção de artefatos no modelo digital (como a má representação de estruturas verticais, quando se tem uma baixa densidade de pontos representando os arredores de uma edificação — a interpolação cria uma estrutura inclinada em vez de vertical). Apesar dessas desvantagens, esse método é facilmente implementável e pode fornecer bons resultados em regiões com baixas edificações e densidade do MDS, mas seu índice de completeza tende a ser baixo.

2.2.3.1 MÉTODO PROJETIVO

Dentre os métodos de detecção de oclusão descritos neste capítulo, o projetivo apresenta os resultados mais refinados. Contudo, para a realização de tal tarefa, ele necessita de um modelo digital de construção, mais conhecido como *digital building model* (DBM). Esse modelo nada mais é do que uma representação tridimensional da área de interesse, contendo todas as edificações representadas no MDS em 3-D; ou seja, para cada edificação, é criado, a priori, um modelo geométrico com alto grau de detalhamento das edificações (como no exemplo apresentado na Figura 2.22). Esse modelo permite a identificação dos vértices da feição e, consequentemente, facilita a sua projeção no plano de referência (origem do nome desse método). Como se pode notar na Figura 2.22, ao se projetarem os vértices da edificação no terreno, é possível delimitar com qualidade o limite das áreas de oclusão. Essa projeção permite o preenchimento do mapa de visibilidade, assim como no método *z-buffer*.

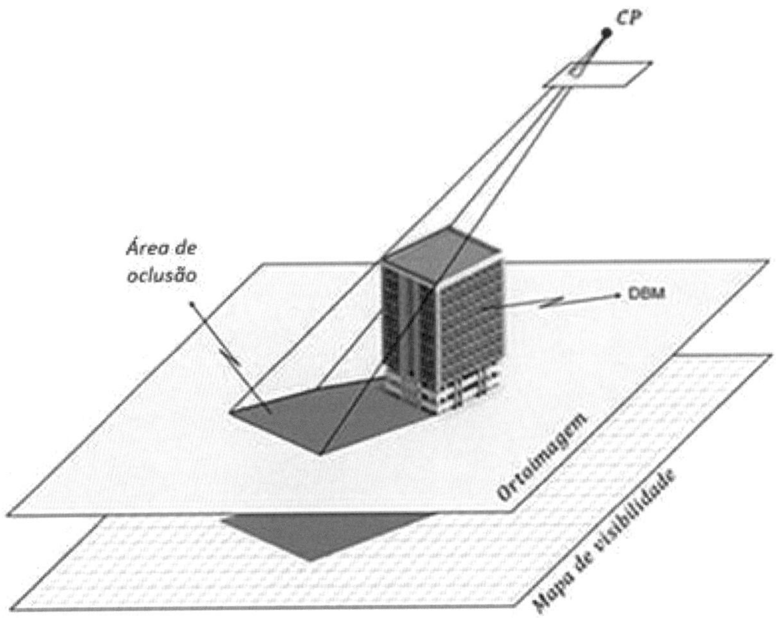

Figura 2.22 – Método projetivo.

A grande vantagem desse método é permitir a identificação das áreas de oclusão com alto grau de detalhamento. Entretanto, para obtenção de tal resultado, é necessária a utilização de um DBM, que, por sua vez, requer certo esforço, manual e computacional, para ser elaborado. Sua geração automática ainda não é uma tarefa trivial e, portanto, requer a intervenção de um operador (geralmente, via restituição fotogramétrica), o que aumenta o tempo de produção da ortoimagem verdadeira e, consequentemente, o custo para a elaboração de tal produto.

2.2.3.2 MÉTODO *ANGLE-BASED*

O método *angle-based* tem como característica a não necessidade de utilização de um DBM e a exclusão do problema relacionado à presença de edificações altas e estreitas, como visto no *z-buffer*. Esse método se baseia na comparação de ângulos para solucionar o problema de *groundels* que competem por um mesmo *pixel* na imagem original, durante a ortorretificação, diferentemente do *z-buffer*, que se baseia nas distâncias. Essa comparação é feita sobre o ângulo α formado entre a direção nadiral (reta passante pelo *CP* e o ponto nadir no terreno) e a semirreta formada pelo *CP*, e o *groundel* em análise (Figura 2.23). O princípio desse método se baseia na característica de que, considerando-se uma projeção em perspectiva central (imagem original), o ângulo α tende a aumentar sucessivamente conforme são analisados os *groundels* do perfil (direção radial), partindo-se do ponto nadir no terreno até a periferia da área de interesse. Os *groundels* compatíveis com tal característica são rotulados como visíveis no mapa de visibilidade. Todavia, a partir do momento em que essa característica não é observada (diminuição do ângulo α), tem-se o início de uma área de oclusão nesse perfil. O término da área de oclusão se dá no instante em que o ângulo α volta a ser maior que o ângulo

α relacionado ao último *groundel* visível. Esse procedimento pode ser observado com a diminuição entre os ângulos α_B e α_C (início da oclusão) e o posterior crescimento entre α_E e α_B (término da oclusão).

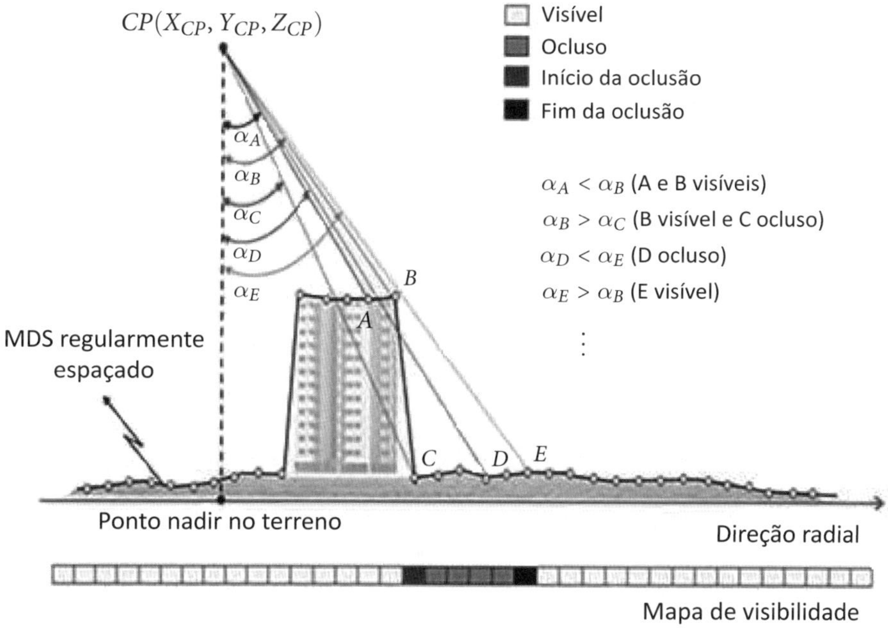

Figura 2.23 – Método *angle-based.*

A utilização desse método evita os problemas descritos no método *z-buffer* e não requer o uso de um DBM. Uma característica considerada como desvantagem é a sua utilização sobre uma grade de pontos, que necessita de uma interpolação, a priori, para ser gerada.

2.2.3.3 MÉTODO *SURFACE GRADIENT-BASED*

O método *surface gradient-based*, diferentemente dos demais apresentados, não necessita de um MDS regularmente espaçado, e sim de uma nuvem de pontos, sem pré-processamento, arranjada como uma TIN (*triangulated irregular network*), ou seja, uma rede de pontos irregularmente espaçados e organizados em triângulos que atendam a algum critério, como o de Delaunay. Além disso, não requerem um DBM para sua execução.

Esse método, portanto, se baseia em uma representação tridimensional formada por triângulos 3-D, em vez de uma grade de pontos. Considerando-se que o problema a ser solucionado por esse método é idêntico aos exemplificados nos métodos anteriores, tem-se o seguinte princípio: ao se extrair um perfil em que se deseja identificar as áreas de oclusão (direção radial), faz-se uma busca, a partir do ponto nadir no terreno, por variações abruptas de altitudes nesse perfil. Para isso, considera-se que, toda vez que houver uma variação negativa de altura (gradiente de superfície negativo acima de determinado limiar), tem-se o início de uma área de oclusão (*groundels* em vermelho na Figura 2.24). Conhecendo-se todos os inícios de oclusão (X, Y, Z) para um dado perfil, para cada um desses, projeta-se o perfil sobre a representação TIN. Essa projeção fará intersecção com algum triângulo da superfície, representando, assim, o final da área de oclusão (*groundels* em preto na Figura 2.24). Isso permite o preenchimento dos pixels do mapa de visibilidade referentes à área entre o início e o término das oclusões.

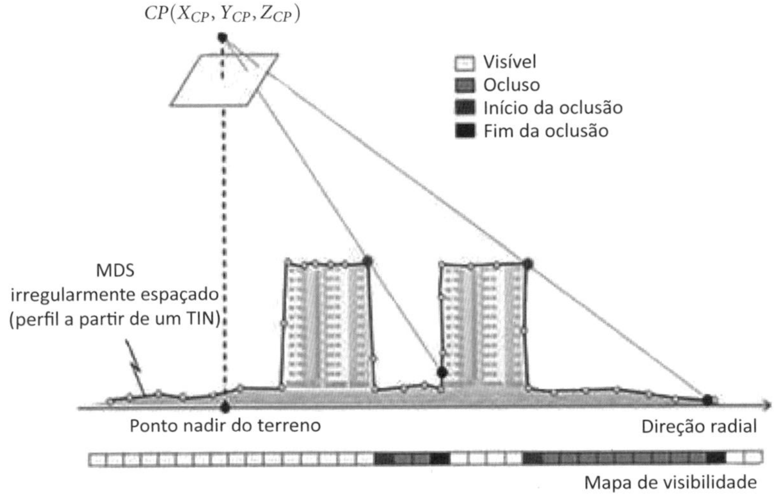

Figura 2.24 – Método *surface gradient-based.*

Apesar de aparentar maior complexidade de solução pelo fato de que a representação é feita por uma triangulação, esse método apresenta uma detecção de oclusão com alto nível de completeza e tempo de processamento inferior ao de outros métodos (a exemplo do *z-buffer* e do *angle-based*, que são métodos automatizados). A principal vantagem de se utilizar o *surface gradient-based* é a possibilidade de se trabalhar com a nuvem de pontos original (evitando-se o processo de interpolação) e a utilização de diferentes densidades de pontos ao longo da área de interesse, o que permite o uso de uma quantidade menor de pontos para representar determinadas áreas, processo não aplicável aos demais métodos.

O uso de qualquer método descrito anteriormente permite a identificação das áreas de oclusão, sendo possível, portanto, a geração de uma ortoimagem com as oclusões devidamente identificadas. Esse produto, apesar de projetar todas as feições em suas verdadeiras posições ortogonais, ainda carece de informações radiométricas adequadas. Desse modo, faz-se necessário o preenchimento de tais áreas — procedimento que permite a geração de uma ortoimagem verdadeira.

2.2.4 ORTOIMAGEM VERDADEIRA

Como descrito, o produto livre de distorções devido à variação de atitude da plataforma no instante de aquisição das imagens, ao conjunto de lentes e ao sistema sensor; e, principalmente, livre de oclusões é denominado *ortoimagem verdadeira*. Esse produto tem grande importância em projetos executados nos grandes centros urbanos, pois evita que medições imprecisas sejam realizadas nessas áreas e garante a presença de informação radiométrica de toda a área imageada. Os resultados podem servir de base para tomada de decisões estratégicas de gestores públicos e privados.

Após a detecção de oclusão ser realizada e os objetos sobre o terreno serem devidamente reprojetados ortogonalmente, é fundamental o preenchimento dessas áreas com informações condizentes com a realidade. Essa identificação pode ser feita de maneira simples, apenas buscando-se informação visível em imagens adjacentes, ou por meio de técnicas mais refinadas, que consideram a posição das imagens entre si e a qualidade radiométrica entre elas.

O planejamento de um aerolevantamento requer, sempre, a sobreposição entre as imagens, tanto longitudinal (entre imagens sucessivas) quanto lateral (entre faixas sucessivas). Essa sobreposição, além de permitir que tais imagens sejam utilizadas pela fotogrametria (devido ao princípio de estereoscopia — objetos observados sob pontos de vista distintos), permite que uma determinada região, a princípio oclusa em uma imagem, seja visível em diversas outras. Essa característica permite o uso de tais imagens para preenchimento dessas áreas por informações radiométricas presentes em imagens adjacentes.

Esse procedimento pode ser realizado por diferentes abordagens. A ideia principal é buscar, para cada pixel ocluso (imagem *a*), o seu correspondente em imagens adjacentes (imagem *b*, *c*, *d*, . . .) e verificar se ele se encontra visível. Caso sim, sua radiometria será utilizada para preencher o *pixel* até então ocluso imagem *a*. Entretanto, um *pixel* ocluso em determinada imagem pode ser visível em diversas outras. Caso haja múltiplas soluções, surge a seguinte questão: qual das imagens é a melhor fonte radiométrica para preenchimento de determinada área de oclusão?

A principal maneira de se definir qual imagem utilizar (imagem *b*, *c*, *d*, . . .) é identificar em qual dessas o *groundel* ocluso possui mais proximidade com o ponto nadir no terreno da imagem em que o pixel é visível. Essa abordagem permite a identificação de *pixels* mais próximos à direção nadir, o que implica menos distorções (influenciadas pelo distanciamento em direção radial) e mais chances de compatibilidade entre a iluminação das imagens utilizadas (imagem *a* e a escolhida para recompor a oclusão). Essa forma assemelha-se ao uso das porções centrais das imagens para se evitarem áreas de oclusão com o emprego de grandes sobreposições longitudinais e laterais. No entanto, desta vez, é garantida a recomposição das áreas de oclusão, e não apenas realizada a minimização de seus efeitos.

A escolha pela imagem com maior proximidade pode ser feita com o cálculo da distância entre o *groundel* referente ao pixel ocluso e todos os pontos nadir no terreno, relativos às imagens em que este é visível. Entretanto, esse cálculo pode demandar alto esforço computacional, visto que, para cada *pixel* ocluso, essa busca é executada, e caso o bloco de imagens possua grandes sobreposições e muitas áreas de oclusão, essa análise demandaria alta repetitividade dos cálculos. Considerando-se esse ponto negativo, existe a possibilidade de criação de um "mapa" contendo os pixels mais próximos a determinado *CP* (ou ponto nadir no terreno), de modo a facilitar essa busca pela imagem ideal. Esse "mapa" pode ser gerado com o auxílio do Diagrama de Voronoi, cujas células são as próprias posições dos *CP* (pontos vermelhos na Figura 2.25 (a)).

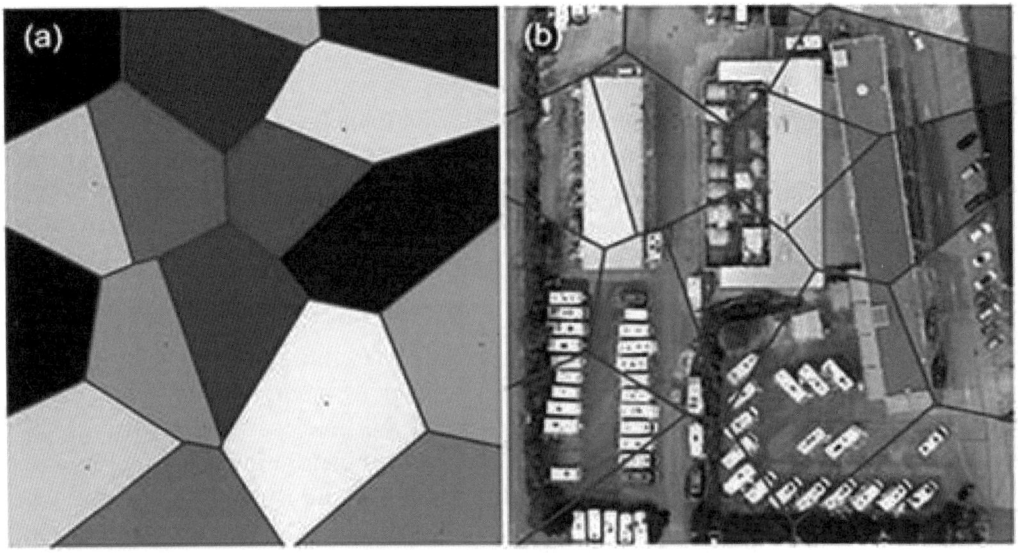

Figura 2.25 – Uso do Diagrama de Voronoi para preenchimento de áreas de oclusão e mosaicagem.

Como apresentado na Figura 2.25, cada célula de Voronoi representa os *pixels* de uma parcela da área de interesse, que estão mais próximos a cada *CP*. As células vizinhas, por sua vez, apresentam as imagens candidatas ao preenchimento da área de oclusão, o que reduz o esforço para a identificação de qual imagem é a ideal para se recompor a oclusão.

O uso do Diagrama de Voronoi também auxilia o procedimento de mosaicagem, que visa à criação de uma única imagem referente a toda a área de interesse. No exemplo da Figura 2.25, dezoito imagens foram utilizadas para se gerar a ortoimagem verdadeira (dezoito células de Voronoi), sendo as linhas de corte do mosaico final as próprias arestas das células de Voronoi.

Na geração de ortoimagem convencional, um cuidado extra deve ser tomado; trata-se da definição das localidades em que as linhas de corte serão inseridas, preferencialmente longe de feições sobre o terreno/as edificações, pois essas edificações apresentam inclinações divergentes devido a diferentes pontos de vista das imagens. Uma alternativa é sempre se estabelecerem as linhas de corte sobre feições com certa homogeneidade radiométrica (estradas, arruamentos, pastagens etc.), procedimento, em geral, executado manualmente.

Já a geração de ortoimagem verdadeira não requer tal atenção, pois todas as feições presentes na imagem são consideradas na ortorretificação (uso de um MDS). Portanto, um objeto cuja representação se dá com o uso de mais de uma imagem não cria um deslocamento ou incompatibilidade geométrica entre elas. A única atenção dada às linhas de corte é o refinamento de variações radiométricas que nelas ocorrem (Figura 2.26 (a) e Figura 2.26 (b)), procedimento executado por métodos específicos, como o *feathering*. O uso da abordagem descrita permite a fácil identificação das linhas de corte (arestas das células de Voronoi) e, consequentemente, seu refinamento (Figura 2.26 (c) e Figura 2.26 (d)).

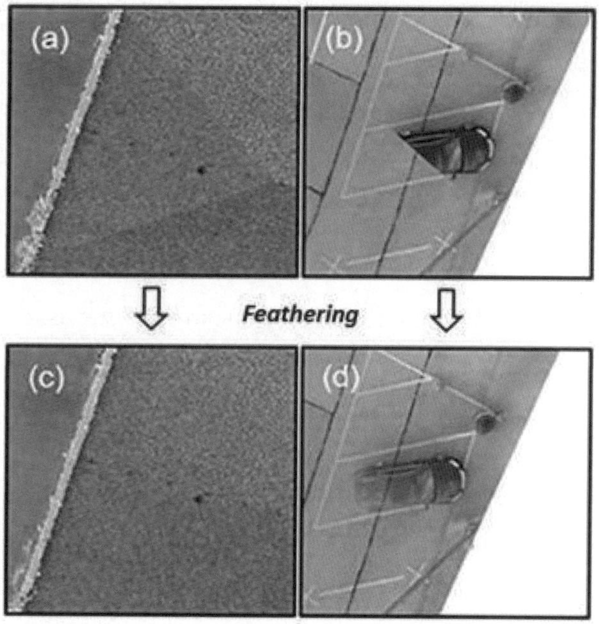

Figura 2.26 – *Feathering*: antes (a e b); depois (c e d).

O mosaico de ortoimagem é um produto comumente requerido em projetos de engenharia que necessitam de imagens aéreas para a extração de informações confiáveis para a tomada de decisões estratégicas. É importante, por isso, conhecer e entender algumas características desse produto. Ainda vale salientar que os benefícios das imagens digitais são bem reconhecidos em termos de melhor desempenho na correspondência de imagens, tanto para a medição de ponto de enlace quanto para a geração de modelos de terreno digital, ou de imagens ortorretificadas com balanceamento radiométrico, embora esses métodos ainda não tenham sido rigorosamente avaliados ou quantificados.

Aos leitores interessados nos principais métodos de ortorretificação de imagens sugere-se a leitura de K. I. Bang et al., 2007; Chen et al., 2007; A. F. Habib et al., 2007; Oliveira, 2013; Zhong et al., 2011.

2.3 EXERCÍCIOS

1. Nos últimos anos, observa-se um aumento considerável no emprego de veículos aéreos não tripulados (RPA) equipados com câmeras digitais compactas, construídos para mapeamentos em pequena escala. A partir disso, a comunidade fotogramétrica passou a desenvolver sistemas de mapeamento RPA embarcados com câmeras oblíquas, cujos insumos (imagens aéreas) são obtidos a partir de direções laterais, permitindo, dessa forma, tanto o recobrimento do topo das edificações quanto de suas fachadas. Como resultado, é possível construir objetos tridimensionais completos, isto é, com informações do topo e da fachada dos prédios e outros objetos de elevação, o que não se consegue obter quando são empregados sistemas fotogramétricos convencionais (embarcados com câmeras com o eixo óptico na vertical). Por isso, sistemas multicâmeras estão sendo cada vez mais desenvolvidos e empregados para

reduzir, significativamente, as principais limitações em recobrimentos aéreos convencionais. Considerando que um sistema RPA multicâmera, composto por cinco câmeras RGB posicionadas com os eixos ópticos inclinados (formando imagens oblíquas), foi desenvolvido para aumentar o campo de visão (FOV), aumentar a área de cobertura do solo, e adquirir dados de imagem de forma eficaz, e admitindo que o conjunto de câmeras foi calibrado e seus parâmetros de orientação interior (IOP) apresentam magnitudes similares, apresente uma solução para a geração do mosaico das imagens, dados os seguintes aspectos:

a) Qual modelo matemático de transformação deve ser usado? Por quê?
b) Onde os pontos homólogos devem ser coletados para cada par de imagens?
c) Qual número mínimo de pontos homólogos deve ser coletado para se resolver a solução por MMQ?
d) Qual modelo do MMQ deve ser empregado?
e) Desenvolva a solução analítica do problema pelo MMQ.

Observação: foram selecionadas dez imagens para os testes. Os dados da imagem foram obtidos a partir de uma altura de 50 m, com GSD igual a 0,029 m na parte central da imagem.

2. Dado um MDT, os parâmetros de orientação interior e exterior de uma imagem, explique como obter um MDT texturizado da região de interesse, incluindo os modelos matemáticos.

3. Considere que o Kinect forneceu 30 frames em um segundo e que os parâmetros de orientação interior das imagens infravermelhas e RGB, bem como os parâmetros de montagem do sistema, foram devidamente estimados. Mostre como atribuir para cada pixel da imagem RGB seus respectivos valores de profundidade.

4. Implemente computacionalmente um algoritmo para estimar as matrizes essencial e fundamental.

5. Demonstre o funcionamento do RANSAC para o algoritmo de 8 pontos.

6. Dado um MDS da região, uma imagem digital e seus parâmetros de orientação interior e exterior, desenvolva um modelo híbrido para a geração de ortofotos digitais, com base na intersecção de um feixe de raio de luz perspectiva com um plano.

7. Dado um par de pontos correspondentes g determinado pelo algoritmo SIFT nas imagens da esquerda e da direita, e sabendo que os coeficientes da matriz fundamental (F) foram devidamente determinados, mostre detalhadamente:

   a) como extrair R e t;
   b) como calcular um ponto com coordenadas 3-D na superfície física da Terra usando a condição $Af = b$.

CAPÍTULO 3

CALIBRAÇÃO E AJUSTAMENTO DE FAIXAS LiDAR

Figura 3.1 – Com o surgimento de sensores RGB-D(Kinect), o teletransporte virtual e o controle de avatares já é uma realidade.

Com base nos dados da Organização Mundial da Saúde (OMS), atualmente, mais da metade da população mundial reside em áreas urbanas. Embora desde 6400 a.C. cartas topográficas sejam empregadas como ferramenta essencial para problemas de localização e navegação, a maioria dos ambientes urbanos ainda são pouco mapeados tridimensionalmente. Com a constante urbanização das cidades, há novos desafios que acercam os órgãos públicos e privados quanto ao gerenciamento eficaz e sustentável de áreas urbanas. Nesse contexto o mapeamento pode facilitar e colaborar com a gestão de informações, na medida em que melhora a infraestrutura de obras, da mobilidade urbana, das telecomunicações, dos serviços públicos em geral e do planejamento urbano. Também vale salientar que, a partir de ambientes urbanos tridimensionalmente mapeados, é possível destacar as informações de construções, sinalizações horizontais e verticais de vias; estudar a poluição do ar e os ruídos de tráfego; mapear corredores; monitorar a vegetação urbana; atualizar dados cadastrais; realizar investigações forenses etc.

Como uma das consequências do mapeamento tridimensional, inúmeros programas tecnológicos têm avançado no campo da modelagem da informação de construção BIM, com a finalidade de gerar representações digitais das edificações para orientar iniciativas de participação pública e privada. Usualmente, soluções geoespaciais são uma das principais ferramentas para a aquisição e manipulação de dados espaciais 3-D. Os sensores ativos são capazes de determinar pontos na superfície física da Terra com coordenadas *x*, *y* e *z* de forma rápida, segura, precisa e com alta densidade de pontos, a partir de medidas de ângulos verticais, horizontais e de distâncias.

Contudo, dependendo da plataforma empregada na aquisição dos dados espaciais, diferentes tarefas devem ser realizadas para se obter uma nuvem de pontos 3-D globalmente consistente da superfície mapeada, como mostra a Figura 3.2.

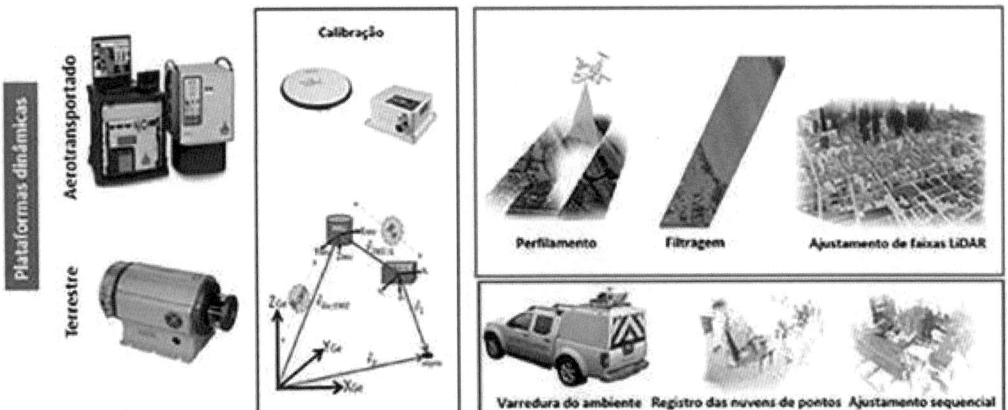

Figura 3.2 – Etapas básicas para a geração de nuvens de pontos LiDAR a partir de sistema LiDAR no modo dinâmico.

Em plataformas dinâmicas, o LiDAR (contendo o espelho de varredura e a unidade de medida laser) é embarcado em plataformas móveis aerotransportadas/terrestres/marítimas, junto com um receptor GNSS integrado a um sensor de navegação INS. Nesse caso, é indispensável quantificar e tratar os erros sistemáticos e aleatórios introduzidos pelo mecanismo do espelho de varredura e pelas incertezas dos parâmetros de montagem do sistema, que correspondem ao deslocamento linear (Δx, Δy, Δz) e ao desalinhamento angular ($\Delta \omega$, $\Delta \varphi$, $\Delta \kappa$) entre os sistemas referenciais da unidade de medida laser e do sensor INS, cuja técnica é conhecida como *calibração dos parâmetros de montagem*.

3.1 CALIBRAÇÃO DOS PARÂMETROS DE MONTAGEM DE UM SISTEMA RPABASEADO EM LIDAR

Em sistemas dinâmicos, o acúmulo de erros sistemáticos e aleatórios é, especificamente, introduzido pelo mecanismo do espelho de varredura da unidade de medida laser, pelas incertezas dos parâmetros de montagem do sistema (Δx, Δy, Δz, $\Delta \omega$, $\Delta \varphi$, $\Delta \kappa$), pela falta de sincronismo temporal dos sensores embarcados na plataforma e pelos sensores GNSS/INS.

Figura 3.3 – Nuvens de pontos LiDAR geradas com o sistema LiDAR aerotransportado: (a) efeito de duplo mapeamento gerado antes da calibração do sistema; (b) nuvem de pontos 3-D obtida após a calibração do sistema LiDAR; (c) faixa LiDAR gerada antes do processo de calibração do sistema; (d) faixa LiDAr gerada após a determinação dos parâmetros de desalinhamento angular.

No caso dos parâmetros de montagem do sistema LiDAR, uma das consequências oriundas dos seus efeitos sistemáticos é o surgimento de discrepâncias entre as primitivas correspondentes contidas em regiões de sobreposição de faixas LiDAR e também de duplo mapeamento. Por isso, é necessário calibrar geometricamente os parâmetros de montagem do sistema, visando a minimizar os erros sistemáticos das coordenadas na nuvem de pontos, uma vez que os erros aleatórios são de natureza desconhecida. A Figura 3.3 mostra o efeito de duplo mapeamento aparente em um telhado de edificação na nuvem de pontos 3-D, causado pela ausência dos valores de desalinhamento angular dos parâmetros de montagem do sistema, e a redução do efeito citado após a calibração do sistema.

Como pode ser visto na Figura 3.3 (a), o efeito de duplo mapeamento gera uma representação imperfeita dos objetos presentes na superfície, prejudicando seu reconhecimento e provocando a concorrência de múltiplos elementos por um mesmo ponto na nuvem de pontos 3-D. Já na Figura 3.3 (c), o leitor pode perceber que a faixa LiDAR obtida antes do processo de calibração tem a forma comprimida no terreno e alongada nos objetos de elevação (edificação e vegetação), dando a impressão de que a plataforma aplicou um movimento brusco de rolagem (*roll*) e arfagem (*pitch*) durante o procedimento de perfilamento da superfície. Tratando-se de altimetria, o impacto dos erros em Δx, Δy, Δz independe da distância entre o sensor e a superfície física da Terra, e das direções de varredura e de deslocamento da plataforma. Por outro lado, em planimetria, a qualidade dos dados LiDAR depende da distância entre o sensor e a superfície física da Terra (ρ). O valor de ρ impacta a altimetria, independentemente da distância entre o sensor e a superfície física da Terra e da direção de deslocamento da plataforma, mas influencia a qualidade planimétrica dos dados em função da direção de varredura da superfície. Já o impacto do erro em $\Delta\varphi$, para a planimetria, depende da distância entre o sensor e a superfície física da Terra e da direção de deslocamento da plataforma. A qualidade das coordenadas altimétricas é influenciada pelo parâmetro $\Delta\omega$ em função da distância entre o sensor e a superfície física da Terra e da direção de deslocamento, enquanto a precisão das coordenadas planimétricas independe das variáveis citadas. Finalmente, o parâmetro $\Delta\kappa$ impacta a qualidade das informações planimétricas, independentemente da distância entre o sensor e a superfície física da Terra e da direção de deslocamento da plataforma, mas há forte correlação com a direção de varredura.

Para solucionar esses problemas, é necessário determinar os parâmetros de montagem do sistema LiDAR por meio de um processo de calibração. De modo geral, as abordagens para calibração do sistema LiDAR podem ser divididas em rigorosas, quase rigorosas e simplificadas. As abordagens rigorosas são baseadas em modelos físicos do sensor, relacionando diretamente os parâmetros/as medidas do sistema LiDAR ao sistema referencial terrestre, por meio da incorporação das medidas brutas do sistema LiDAR. Já a abordagem quase rigorosa necessita de amostras das rigorosa necessita de amostras das posições da trajetória da plataforma e da nuvem de pontos LiDAR com seus instantes de tempo GNSS. Por fim, a abordagem simplificada utiliza apenas a nuvem de pontos LiDAR, enquanto os erros sistemáticos dos parâmetros de montagem do sistema são estimados usando-se as próprias discrepâncias entre as primitivas correspondentes detectadas em regiões de sobreposição entre pares de faixas LiDAR. Esta obra vai se atentar a um método de calibração rigorosa baseada em planos.

Como descrito na Equação (1.118) do Capítulo 1, conhecida como equação LiDAR, a posição tridimensional de um ponto no sistema referencial terrestre de mapeamento é obtida pela soma de três vetores, desde que aplicadas as rotações necessárias para a compatibilização entre os sistemas referenciais de cada sensor envolvido na aquisição dos dados. O código implementado em C++ para a determinação das coordenadas tridimensionais da nuvem de pontos 3-D é baseado nas informações derivadas de um Velodyne VLP-16 Puck HI-RES integrado com sensores GNSS/INS da Applanix APX-15, como segue:

```
#include "pcl/common/transformation_from_correspondences.h"
#include "pcl/common/transforms.h"
#include "pcl/features/normal_3-D .h"
#include "pcl/features/pfh.h"
#include "pcl/io/pcd_io.h"
#include "pcl/kdtree/kdtree_flann.h"
#include "pcl/keypoints/sift_keypoint.h"
#include "pcl/point_cloud.h"
#include "pcl/point_types.h"
#include <armadillo>
#include <ctime>
#include <fstream>
#include <iostream>
#include <math.h>
```

```
#include <pcl/ModelCoefficients.h>
#include <pcl/common/io.h>
#include <pcl/console/parse.h>
#include <pcl/features/integral_image_normal.h>
#include <pcl/filters/extract_indices.h>
#include <pcl/filters/passthrough.h>
#include <pcl/filters/statistical_outlier_removal.h>
#include <pcl/io/pcd_io.h>
#include <pcl/io/png_io.h>
#include <pcl/io/point_cloud_image_extractors.h>
#include <pcl/octree/octree.h>
#include <pcl/octree/octree_impl.h>
#include <pcl/octree/octree_pointcloud_changedetector.h>
#include <pcl/octree/octree_search.h>
#include <pcl/range_image/range_image.h>
#include <pcl/registration/icp.h>
#include <pcl/registration/transforms.h>
#include <pcl/sample_consensus/method_types.h>
#include <pcl/sample_consensus/model_types.h>
#include <pcl/sample_consensus/ransac.h>
#include <pcl/sample_consensus/sac_model_plane.h>
#include <pcl/search/kdtree.h>
#include <pcl/search/search.h>
#include <pcl/segmentation/region_growing.h>
#include <pcl/segmentation/sac_segmentation.h>
#include <pcl/visualization/common/float_image_utils.h>
#include <pcl/visualization/impl/pcl_visualizer.hpp>
#include <pcl/visualization/pcl_visualizer.h>
#include <pcl/visualization/range_image_visualizer.h>
#include <sstream>
#include <stdio.h>
#include <stdlib.h>
#include <string>
#include <vector>

#define PI 3.1416

typedef pcl::PointXYZI PointType;

using namespace pcl;
using namespace std;

// Estrutura para armazenar os pontos na precisão double
typedef struct Lidarpulse {
  double x1, y1, z1, intensity, laser_id, azimute, distance;
  double GPS, LAT, LONG, E, N, H, PITCH, ROLL, HEAD;
```

```
} Lidarpulse;

Lidarpulse *lp;

bool live_update = false;

double xm, ym, zm;

int faixa;

/*+--------------------------------------------------+
   Serve para calcular o centroide da nuvem e auxiliar na
   visualização em 3-D
  +--------------------------------------------------+*/
void VisualizaNuvemPontos(
    pcl::PointCloud<pcl::PointXYZI>::Ptr &entrada, double xm1,
    double ym1, double zm1,
    pcl::PointCloud<pcl::PointXYZI>::Ptr &saida) {
  saida->width = entrada->points.size();
  saida->height = 1;
  saida->is_dense = true;
  saida->points.resize(entrada->width * entrada->height);

  for (size_t l = 0; l < entrada->points.size(); ++l) {
    saida->points[l].x = (entrada->points[l].x - xm1);
    saida->points[l].y = (entrada->points[l].y - ym1);
    saida->points[l].z = (entrada->points[l].z - zm1);
    saida->points[l].intensity = entrada->points[l].intensity;
  }
}

//------------------------------------------------------------
/*+--------------------------------------------------------+
  +             Calcula a Matriz de Rotação                +
  +--------------------------------------------------------+ */
void rtc(double w, double fi, double k, arma::mat &R) {
  arma::mat Rw(3, 3), Rp(3, 3), Rk(3, 3);

  Rw(0, 0) = 1.0;
  Rw(0, 1) = 0.0;
  Rw(0, 2) = 0.0;
  Rw(1, 0) = 0.0;
  Rw(1, 1) = cos(w);
  Rw(1, 2) = sin(w);
  Rw(2, 0) = 0.0;
  Rw(2, 1) = -sin(w);
  Rw(2, 2) = cos(w);
```

```
  Rp(0, 0) = cos(fi);
  Rp(0, 1) = 0.0;
  Rp(0, 2) = -sin(fi);
  Rp(1, 0) = 0.0;
  Rp(1, 1) = 1.0;
  Rp(1, 2) = 0.0;
  Rp(2, 0) = sin(fi);
  Rp(2, 1) = 0.0;
  Rp(2, 2) = cos(fi);

  Rk(0, 0) = cos(k);
  Rk(0, 1) = sin(k);
  Rk(0, 2) = 0.0;
  Rk(1, 0) = -sin(k);
  Rk(1, 1) = cos(k);
  Rk(1, 2) = 0.0;
  Rk(2, 0) = 0.0;
  Rk(2, 1) = 0.0;
  Rk(2, 2) = 1.0;

  R = Rw * Rp * Rk;
}
//------------------------------------------------------------

void id_vertical(int laser_id, double *vertical) {
  if (laser_id == 0)
    *vertical = -15.;
  if (laser_id == 1)
    *vertical = 1.;
  if (laser_id == 2)
    *vertical = -13.;
  if (laser_id == 3)
    *vertical = -3.;
  if (laser_id == 4)
    *vertical = -11.;
  if (laser_id == 5)
    *vertical = 5.;
  if (laser_id == 6)
    *vertical = -9.;
  if (laser_id == 7)
    *vertical = 7.;
  if (laser_id == 8)
    *vertical = -7.;
  if (laser_id == 9)
    *vertical = 9.;
  if (laser_id == 10)
```

```
    *vertical = -5.;
  if (laser_id == 11)
    *vertical = 11.;
  if (laser_id == 12)
    *vertical = -3.;
  if (laser_id == 13)
    *vertical = 13.;
  if (laser_id == 14)
    *vertical = -1.;
  if (laser_id == 15)
    *vertical = 15.;
}

//----------------------------------------------------------
/*+-------------------------------------------------------+
   Remove pontos espúrios presentes da nuvem de pontos 3-D
   usando o método OutlierRemoval
   +-------------------------------------------------------+*/

void REMOVE_ESPURIOS(
    pcl::PointCloud<pcl::PointXYZI>::Ptr &points,
    double espurios,
    pcl::PointCloud<pcl::PointXYZI>::Ptr &pts_spurios) {

  PointCloud<PointXYZI>::Ptr xyz_cloud_pre(
      new pcl::PointCloud<PointXYZI>()),
      xyz_cloud(new pcl::PointCloud<PointXYZI>());

  pcl::PointIndices::Ptr removed_indices(new PointIndices),
      indices(new PointIndices), indices2(new PointIndices);

  std::vector<int> valid_indices;
  std::vector<float> intensidade;

  bool keep_organized = true;
  if (keep_organized) {
    xyz_cloud = points;
    for (int i = 0; i < int(xyz_cloud->size()); ++i)
      valid_indices.push_back(i);
  } else
    removeNaNFromPointCloud<PointXYZI>(
        *xyz_cloud_pre, *xyz_cloud, valid_indices);

  PointCloud<PointXYZI>::Ptr xyz_cloud_filtered(
      new PointCloud<PointXYZI>());

  cout << "removendo outliers da nuvem de pontos (aguarde...)"
```

```
        << endl;
  pcl::StatisticalOutlierRemoval<pcl::PointXYZI> sor;
  sor.setInputCloud(xyz_cloud);
  sor.setMeanK(espurios);
  sor.setStddevMulThresh(0.1);
  sor.setNegative(false);
  sor.setKeepOrganized(keep_organized);
  sor.filter(*xyz_cloud_filtered);
  sor.getRemovedIndices(*removed_indices);

  pts_spurios->width = points->points.size();
  pts_spurios->height = 1;
  pts_spurios->is_dense = true;
  pts_spurios->points.resize(points->width * points->height);

  for (size_t i = 0; i < removed_indices->indices.size(); ++i)
    indices->indices.push_back(
        valid_indices[removed_indices->indices[i]]);

  for (int i = 0; i < int(points->size()); ++i)
    intensidade.push_back(points->points[i].intensity);

  pcl::ExtractIndices<pcl::PointXYZI> ei(true);
  ei.setInputCloud(points);
  ei.setIndices(indices);
  ei.setNegative(true);
  ei.filter(*pts_spurios);
  ei.setNegative(true);
  // ei.setKeepOrganized(true);
  ei.setUserFilterValue(10.);
  ei.filterDirectly(points);
  cout << "Número de pontos apos remocao de outliers: "
       << pts_spurios->points.size() << endl;
}
//------------------------------------------------------------

/*+-----------------------------------------------------------+
   Gera as nuvens de pontos e remove pontos espúrios
 +-----------------------------------------------------------+*/

int GERA_NUVEM_PONTOS() {

  pcl::PointCloud<pcl::PointXYZI>::Ptr points1(
      new pcl::PointCloud<pcl::PointXYZI>);
  pcl::PointCloud<pcl::PointXYZI>::Ptr points2(
      new pcl::PointCloud<pcl::PointXYZI>);
  pcl::PointCloud<pcl::PointXYZI>::Ptr GLOBAL(
```

```
        new pcl::PointCloud<pcl::PointXYZI>);
    pcl::PointCloud<pcl::PointXYZI>::Ptr NUVEMGLOBAL(
        new pcl::PointCloud<pcl::PointXYZI>);

    ifstream NumFaixas; // Lê o arquivo de texto com os dados LiDAR
    string linha;

    int NUM_FAIXAS; //  Define o número de faixas a ser processada

    double ALTURA_VOO,
        pts_espurios, //  Define o tamanho do raio de pesquisa
                      // para verificar se o ponto é espúrio ou não
        Rz, Ry, Rx, E, N, h, ang1, ang2, ang3, Dx, Dy, Dz, BOREw,
        BOREp,
        BOREk, //  Valores de boresight
        vertical, beta, alfa_, alfa;

    arma::colvec LU(3), MAP(3), RANGE(3), Pg(3), P(3);
    arma::mat LEVER_ARM(3, 1), T_(3, 3), N_(3, 3), Rmap(3, 3),
        Rb(3, 3), Rlu(3, 3), R(3, 3);

    // Abre o arquivo que indica a quantidade de faixas do
    // recobrimento
    NumFaixas.open("PARAMETROS.txt");
    if (!NumFaixas.is_open()) {
      cout << "Arquivo PARAMETROS.txt Não Existe!";
      NumFaixas.clear();
      return 0;
    }

    while (getline(NumFaixas, linha)) {
      istringstream ss(linha);
      // ss.fixed;
      ss >> E >> N >> h >> Dx >> Dy >> Dz >> BOREw >> BOREp >>
          BOREk >> NUM_FAIXAS >> pts_espurios;
    }
    NumFaixas.close();

    Rx = BOREw * (PI / 180.);
    Ry = BOREp * (PI / 180.);
    Rz = BOREk * (PI / 180.);

    rtc(Ry, Rx, Rz, Rb);

    LEVER_ARM(0, 0) = Dx;
    LEVER_ARM(1, 0) = Dy;
    LEVER_ARM(2, 0) = Dz;
```

```
  if (NUM_FAIXAS != 999)
    cout << "Quantidade de faixas: " << NUM_FAIXAS << endl;

  pcl::visualization::PCLVisualizer viewer("FAIXAS VOADAS");

  viewer.addCoordinateSystem(3.0, 0.0, 0.0, 0.0, "coordenadas",
                             0);
  viewer.setBackgroundColor(255.0, 255.0, 255.0, 0);

  /*+--------------------------------------------------+
   + Inicia geracao das faixas RPA e coleta de correspon- +
    +dentes "ponto a plano"                               +
    +--------------------------------------------------+*/

  char buf[500] = {0};
  const char *path1;
  string line, linedata;
  // line: variável auxiliar para contar linhas;
  // linedata: armazena conteúdo da linha; nomearq:
  // armazena nome do arquivo digitado;

  int LOOP = 1;
  while (LOOP <= NUM_FAIXAS) {

    faixa = LOOP;

    int nptos = 0, number_of_lines = 0;
    // Variável que armazena o número de pontos da nuvem
    // bem como o número de linhas do arquivo de entrada;

    // Variável que lê o arquivo de texto com os dados LiDAR
    ifstream fp;

    cout << "Lendo arquivo de entrada da faixa " << LOOP
         << " (aguarde...)" << endl;

    //  Abre o arquivo de entrada com X,Y,Z,ITENSITY, LASER_ID,
    //  AZIMUTH, DISTANCE_M,EASTING,NORTHING,ELLIPSOID HEIGHT,
    //  PITCH,ROLL,HEADING
    path1 = "faixa_";
    sprintf(buf, "%s%d.txt", path1, LOOP);
    fp.open(buf);
    if (!fp.is_open()) {
      cout << "Arquivo faixa_ não existe!" << endl;
      fp.clear();
      return 0;
```

```
  }

  // Conta as linhas para estimar o espaço necessário
  // para ser alocado na memória
  while (getline(fp, line))
    ++number_of_lines;

  // Aloca na memória
  lp = new Lidarpulse[number_of_lines];

  // Fixa a precisão que deve ser exibida e gravado as
  // coordenadas (15 dígitos de precisão)
  cout.precision(15);
  cout.fixed;

  // Retorna o cursor do arquivo para o início, para poder
  // ler os dados depois de contar as linhas;
  fp.clear();
  fp.seekg(0, ios::beg);

  // Leitura do arquivo de entrada
  double xs = 0.0, ys = 0.0,
         zs = 0.0; // Variáveis empregadas para calcular o
                   // centroide
  while (getline(fp, linedata)) {

    istringstream ss(linedata);
    ss.precision(15);
    ss.fixed;
    lp[nptos].x1 = 0.0;
    lp[nptos].y1 = 0.0;
    lp[nptos].z1 = 0.0;
    lp[nptos].intensity = 0.0;
    lp[nptos].laser_id = 0.0;
    lp[nptos].azimute = 0.0;
    lp[nptos].distance = 0.0;
    lp[nptos].E = 0.0;
    lp[nptos].N = 0.0;
    lp[nptos].H = 0.0;
    lp[nptos].PITCH = 0.0;
    lp[nptos].ROLL = 0.0;
    lp[nptos].HEAD = 0.0;

    ss >> lp[nptos].x1 >> lp[nptos].y1 >> lp[nptos].z1 >>
        lp[nptos].intensity >> lp[nptos].laser_id >>
        lp[nptos].azimute >> lp[nptos].distance >>
        lp[nptos].E >> lp[nptos].N >> lp[nptos].H >>
```

```
        lp[nptos].PITCH >> lp[nptos].ROLL >> lp[nptos].HEAD;

    nptos++;
  }

  fp.close(); // Fecha arquivo de entrada;

  points1->width = nptos;
  points1->height = 1;
  points1->is_dense = true;
  points1->points.resize(points1->width * points1->height);

  // Transforma o referencial LASER para o referencial do INS
  Rx = 90.0 * (PI / 180.);
  Ry = 0.0 * (PI / 180.);
  Rz = 0.0 * (PI / 180.);
  rtc(Rx, Ry, Rz, Rlu);

  //  Geracao da faixa LiDAR voada
  for (size_t k = 0; k < points1->points.size(); ++k) {
    // Calcula o ponto no sistema de mapeamento
    // usando a equacao LiDAR
    Rx = lp[k].ROLL * (PI / 180.);
    Ry = lp[k].PITCH * (PI / 180.);
    Rz = (lp[k].HEAD) * (PI / 180.);
    rtc(Ry, Rx, Rz, R);

    id_vertical(lp[k].laser_id, &vertical);
    beta = vertical * (PI / 180.);
    alfa_ = lp[k].azimute / 100.;
    alfa = alfa_ * (PI / 180.);

    RANGE(0) = lp[k].distance * cos(beta) * sin(alfa);
    // = lp[k].x1
    RANGE(1) = lp[k].distance * cos(beta) * cos(alfa);
    // = lp[k].z1
    RANGE(2) = lp[k].distance * sin(beta);
    // = -lp[k].y1

    Pg(0) = lp[k].E;
    Pg(1) = lp[k].N;
    Pg(2) = lp[k].H;

    P = Pg + (R * LEVER_ARM) + ((R)*Rb * (Rlu * RANGE));

    points1->points[k].x = P(0);
    points1->points[k].y = P(1);
```

```
        points1->points[k].z = P(2);
        points1->points[k].intensity = lp[k].intensity;
    }

    //     Remoção de outliers
    cout << "Número de pontos antes do pré-processamento: "
         << points1->points.size() << endl;
    REMOVE_ESPURIOS(points1, pts_espurios, points2);

    // Visualiza RPA e LiDAR de apoio separados para coleta
    // de pontos
    pcl::PointCloud<pcl::PointXYZI>::Ptr cloudfinal1(
        new pcl::PointCloud<pcl::PointXYZI>);

    pcl::PointXYZI min_pt, max_pt;
    pcl::getMinMax3 - D(*points1, min_pt, max_pt);
    VisualizaNuvemPontos(points2, E, N, h, cloudfinal1);

    pcl::visualization::PointCloudColorHandler<PointType>::Ptr
        handler1;
    boost::shared_ptr<
        pcl::visualization::PointCloudColorHandlerGenericField<
            PointType>>
        color_handler1(
            new pcl::visualization ::
                PointCloudColorHandlerGenericField<PointType>(
                    "intensity"));
    handler1 = color_handler1;
    handler1->setInputCloud(cloudfinal1);

    stringstream nome;
    nome << "faixa_" << LOOP;
    viewer.addPointCloud(cloudfinal1, *handler1, nome.str());

    *GLOBAL += *points2;

    cout << "Use scroll do mouse para centralizar as nuvens !"
         << endl;
    viewer.spin();

    // Libera espaço na memória ocupado pela estrutura temporária
    delete lp;
    points1->points.clear();
    cloudfinal1->points.clear();

    LOOP++;
  }
```

```
    for (size_t l = 0; l < GLOBAL->points.size(); ++l)
      GLOBAL->points[l].intensity = GLOBAL->points[l].intensity;
    // passa o valor de intensidade para a nuvem filtrada

    pcl::visualization::PCLVisualizer viewer1(
        "NUVEM DE PONTOS GLOBAL");

    viewer1.addCoordinateSystem(3.0, "coordenadas");
    viewer1.setBackgroundColor(255.0, 255.0, 255.0, 0);

    pcl::PointCloud<pcl::PointXYZI>::Ptr nuvem(
        new pcl::PointCloud<pcl::PointXYZI>);

    VisualizaNuvemPontos(GLOBAL, E, N, h, nuvem);

    pcl::visualization::PointCloudColorHandler<PointType>::Ptr
        handler2;
    boost::shared_ptr<
        pcl::visualization::PointCloudColorHandlerGenericField<
            PointType>>
        color_handler2(
            new pcl::visualization::
                PointCloudColorHandlerGenericField<PointType>(
                    "intensity"));
    handler2 = color_handler2;
    handler2->setInputCloud(nuvem);
    viewer1.addPointCloud(nuvem, *handler2, "nuvem final");

    viewer1.spin();

    cout << "Salvando nuvem de pontos (aguarde...)" << endl;
    pcl::io::savePCDFileASCII("NUVEMGLOBAL.pcd", *nuvem);

    return 0;
}

/*+-------------------------+
  + PROGRAMA PRINCIPAL      +
  +-------------------------+*/
int main() { return (GERA_NUVEM_PONTOS()); }
```

Como pode ser notado, há no código apresentado uma função que elimina pontos espúrios da nuvem de pontos 3-D. Pontos espúrios são medidas indesejáveis geradas por superfícies especulares (lâminas-d'água, vidros e metais), objetos em deslocamento (veículos, pessoas, pássaros etc.), oclusões em bordas de objetos, partículas suspensas na atmosfera e reflectância da superfície.

Como pode ser observado na Figura 3.4 (a), os dados obtidos com o sensor LiDAR apresentam uma razoável quantidade de ruídos que pode, por exemplo, frustrar a qualidade da extração dos planos de telhados na nuvem de pontos 3-D, seja de forma manual ou automática. Por isso, a remoção de pontos espúrios é uma tarefa imprescindível de pré-processamento dos dados.

(a) (b)

Figura 3.4 – Resultado da nuvem de pontos obtida com a equação LiDAR e com ausência de pontos espúrios: (a) vista aérea; (b) vista panorâmica.

Embora haja inúmeras técnicas de remoção de pontos espúrios em nuvens de pontos LiDAR, nesta obra, destaca-se uma técnica baseada em análise estatística da vizinhança de pontos de interesse. Para cada ponto $p_i \in \mathbb{N}$ (nuvem de pontos 3-D), é calculada a distância média ($\bar{d}$) em relação aos seus k pontos vizinhos mais próximos e estimada a distribuição média dos pontos $\mu_{\bar{d}}$, junto com seu desvio padrão $\sigma_{\bar{d}}$. O objetivo é manter aqueles pontos cuja distância média $\bar{d}$ ao ponto mais próximo seja similar aos demais pontos. A nuvem de pontos 3-D remanescente é determinada da seguinte forma (Rusu et al., 2008):

$$\mathbb{N}^* = \left\{p_i^* \in \mathbb{N} \middle| \left(\mu_{\bar{d}} - \alpha \cdot \sigma_{\bar{d}}\right) \leq \bar{d} \leq \left(\mu_{\bar{d}} + \alpha \cdot \sigma_{\bar{d}}\right)\right\}, \tag{3.1}$$

sendo α um fator de densidade restritiva e $\mathbb{N}^*$, a nuvem de pontos 3-D remanescente. A Figura 3.3 mostra o resultado da nuvem de pontos obtida após a remoção de pontos espúrios.

Como descrito anteriormente, nossa abordagem para calibração dos parâmetros de montagem do sistema RPA-LiDAR é baseada em planos. O algoritmo RANSAC (ver Capítulo 2) é um algoritmo robusto e também pode ser empregado para extração de planos em nuvens de pontos LiDAR. Como já descrito, o RANSAC é capaz de estimar os parâmetros de um modelo de maneira unívoca usando o menor número de amostras necessárias. Para se modelar um plano, o conjunto mínimo de pontos deve ser igual a três. Na prática, três pontos $P_1(x_1, y_1, z_1)$, $P_2(x_2, y_2, z_2)$ e $P_3(x_3, y_3, z_3)$ são aleatoriamente selecionados na nuvem de pontos para determinar a equação do plano, como segue:

$$\begin{vmatrix} x - x_1 & y - y_1 & z - z_1 \\ x_2 - x_1 & y_2 - y_1 & z_2 - z_1 \\ x_3 - x_1 & y_3 - y_1 & z_3 - z_1 \end{vmatrix} = 0 \tag{3.2}$$

Em seguida, são classificados como *inliers* aqueles pontos com distância mínima ao plano e que serão considerados para se determinar a Equação do plano; caso contrário são classificados como *outliers*. A distância entre um ponto tridimensional e o plano é calculada por:

$$d = x\cos(\alpha) + y\cos(\beta) + z\cos(\gamma) + \rho, \tag{3.3}$$

sendo d a distância do ponto $P(x, y, z)$ ao plano e α, β, γ e ρ, os parâmetros do plano na forma hessiana (matriz quadrada com valores das derivadas parciais de segunda ordem).

Esses passos são repetidos até ser atingido um número razoável de *inliers* ou um número máximo de iterações. Os *inliers* identificados são usados para o cálculo dos parâmetros do plano por meio de sua forma hessiana:

$$x\cos(\alpha) + y\cos(\beta) + z\cos(\gamma) = 0 \tag{3.4}$$

A Equação (3.4) também pode ser escrita em forma de equação matricial como $AX = 0$, em que A representa a matriz das derivadas parciais em relação aos parâmetros do plano, e a solução para X é encontrada via MMQ.

Ainda, com a finalidade de separar os telhados das edificações da vegetação do entorno, pode ser aplicado um filtro morfológico progressivo 3-D. Esse filtro é representado por uma matriz bidimensional de valores de altura dos pontos com células de tamanho w_k. O tamanho da célula pode aumentar linearmente $w_k = 2kb + 1$ ou exponencialmente $w_k = 2b^k + 1$, por meio do parâmetro b, que define o aumento progressivo da janela de pesquisa, sendo $k = 1, 2, \ldots, M$ e M o maior valor de k que define o tamanho máximo da janela (w_M).

Note-se que, na equação linear ($w_k = 2kb+1$), a base corresponde ao tamanho inicial da janela, enquanto, na equação exponencial ($w_k = 2b^k + 1$), refere-se à base da função exponencial. Então, a declividade do terreno (s) pode ser definida pelo quociente entre a diferença de altura do terreno com a distância horizontal. Por exemplo, assumindo que a declividade é constante, pode-se relacioná-la com o tamanho da janela de pesquisa e com a maior diferença de elevação do terreno ($dh_{\max(t),k}$), como segue:

$$s = \frac{dh_{\max(t),k}}{(w_k - w_{k-1})/2} \tag{3.5}$$

Para verificar se um ponto pertence ou não ao terreno, é definido um limiar de diferença de elevação inicial ($dh_{T,k}$). Na prática, a cada iteração, o valor do limiar é recalculado em função da declividade do terreno, do tamanho da janela e do tamanho da célula, como segue:

$$dh_{T,k} = \begin{cases} dh_0 & \text{se } w_k \leq 3 \\ s\,(w_k - w_{k-1})\,c + dh_0 & \text{se } w_k > 3 \\ dh_{\max} & \text{se } dh_{T,k} > dh_{\max} \end{cases} \tag{3.6}$$

sendo c o tamanho da célula; dh_0, o limiar de diferença de elevação inicial; e $dh_{\max}$, a maior diferença de elevação. Nesse caso, pontos pertencentes a edifícios ou árvores que apresentarem altura inferior em relação ao limiar serão classificados incorretamente como pertencentes ao terreno.

Enfim, um parâmetro que corresponde à maior diferença de elevação (dh_{max}) da área de estudo deve ser definido para a identificação de edificações complexas em nuvens de pontos LiDAR.

O código implementado em C++ para filtragem de nuvens de pontos LiDAR, baseada no filtro morfológico progressivo, combinado com o algoritmo RANSAC, usando-se a biblioteca PCL, é o que segue:

```
#include "pcl/common/transformation_from_correspondences.h"
#include "pcl/common/transforms.h"
#include "pcl/features/normal_3-D .h"
#include "pcl/features/pfh.h"
#include "pcl/io/pcd_io.h"
#include "pcl/kdtree/kdtree_flann.h"
#include "pcl/keypoints/sift_keypoint.h"
#include "pcl/point_cloud.h"
#include "pcl/point_types.h"
#include <armadillo>
#include <ctime>
#include <fstream>
#include <iostream>
#include <math.h>
#include <pcl/ModelCoefficients.h>
#include <pcl/common/io.h>
#include <pcl/console/parse.h>
#include <pcl/features/integral_image_normal.h>
#include <pcl/filters/extract_indices.h>
#include <pcl/filters/morphological_filter.h>
#include <pcl/filters/passthrough.h>
#include <pcl/filters/radius_outlier_removal.h>
#include <pcl/filters/statistical_outlier_removal.h>
#include <pcl/registration/icp.h>
#include <pcl/registration/transforms.h>
#include <pcl/sample_consensus/method_types.h>
#include <pcl/sample_consensus/model_types.h>
#include <pcl/sample_consensus/ransac.h>
#include <pcl/sample_consensus/sac_model_plane.h>
#include <pcl/segmentation/sac_segmentation.h>
#include <sstream>
#include <stdexcept>
#include <stdio.h>
#include <stdlib.h>
#include <string>
#include <time.h>
#include <unistd.h>
```

```
#include <vector>
#include <pcl/segmentation/
    approximate_progressive_morphological_filter.h>
#include <pcl/segmentation/impl/
    approximate_progressive_morphological_filter.hpp>
#include <pcl/kdtree/impl/kdtree_flann.hpp>
#include <pcl/search/impl/kdtree.hpp>
#include <pcl/search/kdtree.h>
#include <pcl/search/search.h>
#include <pcl/segmentation/region_growing.h>
#include <pcl/visualization/cloud_viewer.h>
#include <pcl/visualization/pcl_visualizer.h>

using namespace pcl;
using namespace std;
using namespace arma;

typedef pcl::PointXYZI PointType;

using pcl::visualization::PointCloudColorHandlerCustom;
using pcl::visualization::PointCloudColorHandlerGenericField;

int SegmentaPlanos(
    pcl::PointCloud<pcl::PointXYZ>::Ptr REF, double E, double N,
    double h, pcl::PointCloud<pcl::PointXYZI>::Ptr &pontos) {

  pcl::PointCloud<pcl::PointXYZI>::Ptr cloud1(
      new pcl::PointCloud<pcl::PointXYZI>),
      cloud(new pcl::PointCloud<pcl::PointXYZI>),
      cloud_aftFMP(new pcl::PointCloud<pcl::PointXYZI>),
      cloud_local(new pcl::PointCloud<pcl::PointXYZI>);

  66 pcl::PointCloud<pcl::PointXYZI>::Ptr cloud_seg(
      new pcl::PointCloud<pcl::PointXYZI>),
      cloud_aux(new pcl::PointCloud<pcl::PointXYZI>),
      cloud_aux2(new pcl::PointCloud<pcl::PointXYZI>);

  pcl::PointCloud<pcl::PointXYZINormal>::Ptr cloud_aftRANSAC(
      new pcl::PointCloud<pcl::PointXYZINormal>);

  pcl::PointCloud<pcl::Normal>::Ptr normals(
      new pcl::PointCloud<pcl::Normal>);

  // Translada a origem para o centroide da nuvem
  cout << REF->points.size() << endl;
  cloud->width = REF->points.size();
  cloud->height = 1;
```

```
    cloud->is_dense = true;
    cloud->points.resize(cloud->width * cloud->height);

    for (size_t k = 0; k < REF->points.size(); ++k) {
      cloud->points[k].x = (REF->points[k].x - E);
      cloud->points[k].y = (REF->points[k].y - N);
      cloud->points[k].z = (REF->points[k].z - h);
      cloud->points[k].intensity = 999;
    }

    std::cout << "Separando telhados de terreno (aguarde...)"
              << std::endl;
    cloud_aftFMP->width = cloud->size();
    cloud_aftFMP->height = 1;
    cloud_aftFMP->is_dense = true;
    cloud_aftFMP->points.resize(cloud_aftFMP->width *
                                cloud_aftFMP->height);

    pcl::PointIndices::Ptr inliers(new pcl::PointIndices());
    // vector< int > ground;

    pcl::ApproximateProgressiveMorphologicalFilter<pcl::PointXYZI>
        apmf;

    apmf.setInputCloud(cloud);
    apmf.setBase(2.0);
    apmf.setCellSize(1.0);
    apmf.setExponential(true);
    apmf.setInitialDistance(2.0);
    apmf.setMaxDistance(10.0);
    apmf.setMaxWindowSize(65);
    apmf.setSlope(0.05);
    apmf.extract(inliers->indices);

    pcl::ExtractIndices<pcl::PointXYZI> extract;
    extract.setInputCloud(cloud);
    extract.setIndices(inliers);
    extract.setNegative(true);
    extract.filter(*cloud_aftFMP);

    std::cout << "Extraindo planos da nuvem de APOIO (aguarde...)"
              << std::endl;

    int min_plan = 5; // quantidade mínima de pontos num plano

    // Implementa a estrutura kdtree para agilizar as buscas
    // por vizinhos mais próximos
```

```
pcl::KdTreeFLANN<pcl::PointXYZI> kdtree;
kdtree.setInputCloud(cloud_aftFMP);

// Quantidade de vizinhos empregados para a
// análise de cada ponto
int K = 20;

// Armazena os índices dos vizinhos
std::vector<int> indices(K);

// Armazena a distância dos vizinhos em relação ao
// ponto considerado
std::vector<float> distancia(K);

int ig = 0; // Contador de pontos filtrados

// percorre todos os pontos da nuvem
for (size_t it = 0; it < cloud_aftFMP->points.size(); ++it) {
  // Realiza a busca pelos vizinhos mais próximos do
  // ponto considerado
  kdtree.nearestKSearch(cloud_aftFMP->points[it], K, indices,
                        distancia);

  // Preenche a nuvem local com apenas os vizinhos
  // do ponto considerado
  cloud_local->width = K;
  cloud_local->height = 1;
  cloud_local->is_dense = true;
  cloud_local->points.resize(cloud_local->width *
                             cloud_local->height);

  for (size_t i = 0; i < indices.size(); ++i) {
    cloud_local->points[i] = cloud_aftFMP->points[indices[i]];
  }

  // Declara as variáveis necessárias para aplicar o RANSAC
  // Armazena os coeficientes calculados por RANSAC
  pcl::ModelCoefficients::Ptr coefficients(
      new pcl::ModelCoefficients());

  // Armazena os índices dos pontos considerados inliers
  // relativos o equação do plano calculado
  pcl::PointIndices::Ptr inliers(new pcl::PointIndices());

  // Variável que armazena os parâmetros de aplicação do RANSAC
  pcl::SACSegmentation<pcl::PointXYZI> seg;
```

```
    // Retorna os coeficientes otimizados, calculados a partir
    // de todos os inliers
    seg.setOptimizeCoefficients(true);

    // Modelo empregado: plano
    seg.setModelType(pcl::SACMODEL_PLANE);

    // Método empregado: RANSAC
    seg.setMethodType(pcl::SAC_RANSAC);

    // Número máximo de iterações, ou seja, quantos conjuntos de
    // pontos que serão sorteados aleatoriamente
    seg.setMaxIterations(10);

    // Toleroncia correspondente a distância máxima que o ponto
    // pode ter do plano calculado para ser considerado inlier
    seg.setDistanceThreshold(0.1);

    // Adiciona a nuvem local no segmentador
    seg.setInputCloud(cloud_local);

    // Calcula por RANSAC o plano e os inliers
    seg.segment(*inliers, *coefficients);

    // Variáveis auxiliares: a, b, c e d correspondem a equação
    // do plano e x, y, z correspondem as coordenadas
    // do ponto considerado
    double a, b, c, d, x, y, z, S;

    // Verifica se há mais de 5 inliers, ou seja, os pontos são
    // armazenados apenas se dos 20 vizinhos, 15 definem um plano,
    // 15 definem um plano nas condições estabelecidas
    if (inliers->indices.size() > min_plan) {
      a = coefficients->values[0];
      b = coefficients->values[1];
      c = coefficients->values[2];
      d = coefficients->values[3];
      x = cloud_aftFMP->points[it].x;
      y = cloud_aftFMP->points[it].y;
      z = cloud_aftFMP->points[it].z;
      S = a * x + b * y + c * z + d;

      if (fabs(S) < 0.1) {
        pcl::PointXYZINormal pt_sel;
        pt_sel.x = x;
        pt_sel.y = y;
        pt_sel.z = z;
```

```
          pt_sel.intensity = cloud_aftFMP->points[it].intensity;
          pt_sel.normal_x = a;
          pt_sel.normal_y = b;
          pt_sel.normal_z = c;
          pt_sel.curvature = 0.0;
          // Armazena o ponto na nuvem filtrada
          cloud_aftRANSAC->push_back(pt_sel);
          ig++;
        }
      }
    }

    cloud_aftRANSAC->width = cloud_aftRANSAC->size();
    cloud_aftRANSAC->height = 1;
    cloud_aftRANSAC->is_dense = true;
    cloud_aftRANSAC->points.resize(cloud_aftRANSAC->width *
                                   cloud_aftRANSAC->height);

    cout << "Separando pontos e normais (aguarde...)" << endl;
    // Declara e preenche as variáveis pontos e normais, que serão
    // empregadas pelo algoritmo de crescimento de região;
    pontos->width = cloud_aftRANSAC->size();
    pontos->height = 1;
    pontos->is_dense = true;
    pontos->points.resize(pontos->width * pontos->height);

    normals->width = cloud_aftRANSAC->size();
    normals->height = 1;
    normals->is_dense = true;
    normals->points.resize(normals->width * normals->height);

    for (size_t it = 0; it < cloud_aftRANSAC->points.size();
         ++it) {
      pontos->points[it].x = cloud_aftRANSAC->points[it].x;
      pontos->points[it].y = cloud_aftRANSAC->points[it].y;
      pontos->points[it].z = cloud_aftRANSAC->points[it].z;
      pontos->points[it].intensity =
          cloud_aftRANSAC->points[it].intensity;

      normals->points[it].normal_x =
          cloud_aftRANSAC->points[it].normal_x;
      normals->points[it].normal_y =
          cloud_aftRANSAC->points[it].normal_y;
      normals->points[it].normal_z =
          cloud_aftRANSAC->points[it].normal_z;
      normals->points[it].curvature =
          cloud_aftRANSAC->points[it].curvature;
```

```
}

// Define os parâmetros para o algoritmo do crescimento
// de região
cout << "Segmentando planos com crescimento "
        "de regiao (aguarde...)"
     << endl;
pcl::RegionGrowing<pcl::PointXYZI, pcl::Normal> reg;
pcl::search::Search<pcl::PointXYZI>::Ptr tree =
    boost::shared_ptr<pcl::search::Search<pcl::PointXYZI>>(
        new pcl::search::KdTree<
            pcl::PointXYZI>); // Declara a árvore a ser
                              // utilizada

// Tamanho mínimo do plano extraodo
reg.setMinClusterSize(30);

// Tamanho máximo do plano extraodo
reg.setMaxClusterSize(1000000);

// Seleciona o método de busca
reg.setSearchMethod(tree);

// Seleciona o número de vizinhos onde a anolise será feita
reg.setNumberOfNeighbours(50);

// Estabelece a nuvem de pontos na qual o algoritmo
// será aplicado
reg.setInputCloud(pontos);

// Estabelece as normais correspondentes
reg.setInputNormals(normals);

// Define a tolerância angular
reg.setSmoothnessThreshold(3.0 / 180.0 * M_PI);

// Define a tolerância de curvatura
reg.setCurvatureThreshold(1.0);

// Declara vetor que armazenará os planos extraodos, sendo que
// para cada plano está associado o índice de cada ponto
std::vector<pcl::PointIndices> clusters;
reg.extract(clusters);

int cl_count = 0;
int elim = 0;
```

```
pcl::PointXYZI ponto;

Eigen::Matrix3f covariance_matrix;
Eigen::Vector4f centroid, plane_parameters;
float curvature;
pcl::RadiusOutlierRemoval<pcl::PointXYZI> outrem;

pcl::PointCloud<pcl::PointXYZI>::Ptr centro_pontos(
    new pcl::PointCloud<pcl::PointXYZI>);
centro_pontos->width = clusters.size();
centro_pontos->height = 1;
centro_pontos->is_dense = true;
centro_pontos->points.resize(pontos->width * pontos->height);

FILE *tabelaPlan = fopen("TabelaSegmentos.txt", "w");

while (cl_count < clusters.size()) {
  int counter = 0;
  while (counter < clusters[cl_count].indices.size()) {
    ponto.x =
        pontos->points[clusters[cl_count].indices[counter]].x;
    ponto.y =
        pontos->points[clusters[cl_count].indices[counter]].y;
    ponto.z =
        pontos->points[clusters[cl_count].indices[counter]].z;

    //? pelo que entendi é o indice do plano.
    // está saindo o plano 1, fazer com que saia o 0
    ponto.intensity = cl_count + 1 - elim;
    cloud_aux->push_back(ponto);
    counter++;
  }

  int ptel = 1;
  while (ptel != 0) {
    ptel = 0;
    pcl::compute3 - D Centroid(*cloud_aux, centroid);
    pcl::computeCovarianceMatrix(*cloud_aux, centroid,
                                 covariance_matrix);
    pcl::solvePlaneParameters(covariance_matrix, centroid,
                              plane_parameters, curvature);
    float a, b, c, d, x, y, z, s;

    for (size_t it = 0; it < cloud_aux->points.size(); ++it) {
      x = cloud_aux->points[it].x;
      y = cloud_aux->points[it].y;
      z = cloud_aux->points[it].z;
```

```
    a = plane_parameters.x();
    b = plane_parameters.y();
    c = plane_parameters.z();
    d = plane_parameters.w();
    s = a * x + b * y + c * z + d; // distância do pt ao
                                   // plano
    if (fabs(s) > 0.1) {
      cloud_aux->points[it].intensity = 0;
      ptel++;
    }
  }
  pcl::PassThrough<pcl::PointXYZI> pass;
  pass.setInputCloud(cloud_aux);
  pass.setFilterFieldName("intensity");
  pass.setFilterLimits(0.1, 9999);
  pass.filter(*cloud_aux2);
  cloud_aux.swap(cloud_aux2);
}

if (cloud_aux->points.size() < 30) {
  elim++;
  cloud_aux->points.clear();
  cloud_aux2->points.clear();
  cl_count++;
  continue;
}

outrem.setInputCloud(cloud_aux);
outrem.setRadiusSearch(4.0);
outrem.setMinNeighborsInRadius(8);
outrem.filter(*cloud_aux2);
cloud_aux.swap(cloud_aux2);
if (cloud_aux->points.size() < 30) {
  elim++;
  cloud_aux->points.clear();
  cloud_aux2->points.clear();
  cl_count++;
  continue;
}

pcl::compute3 - D Centroid(*cloud_aux, centroid);
pcl::computeCovarianceMatrix(*cloud_aux, centroid,
                             covariance_matrix);
pcl::solvePlaneParameters(covariance_matrix, centroid,
                          plane_parameters, curvature);
for (size_t it = 0; it < cloud_aux->points.size(); ++it)
  cloud_seg->push_back(cloud_aux->points[it]);
```

```

      fprintf(tabelaPlan, "%i %f %f %f %f %f %f %f\n",
              cl_count + 1 - elim, plane_parameters.x(),
              plane_parameters.y(), plane_parameters.z(),
              plane_parameters.w(), centroid.x(), centroid.y(),
              centroid.z()); // cl_count+1-elim

      // Estrutura para armazenar apenas os valores do centroide
      centro_pontos->points[cl_count + 1 - elim].x = centroid.x();
      centro_pontos->points[cl_count + 1 - elim].y = centroid.y();
      centro_pontos->points[cl_count + 1 - elim].z = centroid.z();
      centro_pontos->points[cl_count + 1 - elim].intensity = 1.0;

      cl_count++;
      cloud_aux->points.clear();
      cloud_aux2->points.clear();
    }
    fclose(tabelaPlan);

    // Salva nuvem com planos segmentados
    if (pcl::io::savePCDFile<pcl::PointXYZI>("SEGMENTADA_RPA.pcd",
                                             *cloud_seg) == -1) {
      cout << "Número de segmentos muito pequeno!!" << endl;
      return (-1);
    }

    return 0;
}
```

A Figura 3.5 apresenta os telhados das edificações segmentados, usando-se a combinação do filtro morfológico progressivo (FMP) com o RANSAC.

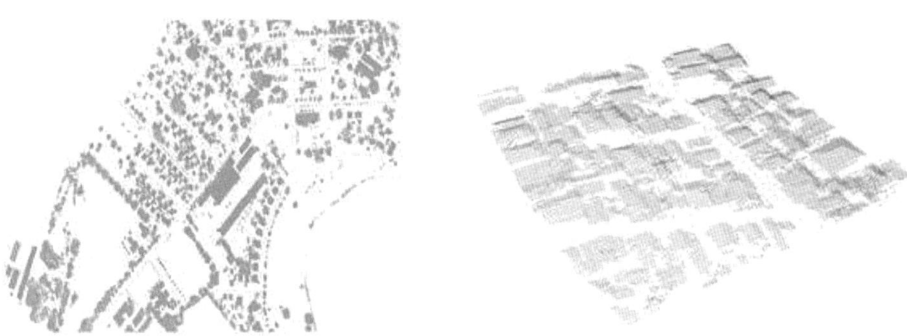

(a) (b)

Figura 3.5 – Objetos de elevação obtidos com a combinação do FMP com o RANSAC: (a) telhados de edificações e vegetação após executar o algoritmo FMP; (b) telhados extraídos e segmentados com o RANSAC.

Nesse exemplo, emprega-se o filtro morfológico progressivo combinado com o algoritmo RANSAC, com os parâmetros para cada filtro mostrados na Tabela 3.1.

Tabela 3.1 – Parâmetros do filtro morfológico progressivo e do algoritmo RANSAC para remoção do terreno e extração de telhados de edificações

Parâmetros do FMP	Parâmetros do algoritmo RANSAC
Tamanho da célula: 1 m	Número de vizinhos: 20
Base: 2 células	Número de conjuntos mínimos: 10
Declividade: 0,05 (5 %)	Tolerância: 10 cm
Limiar de diferença de elevação inicial: 2 m	Número mínimo de *inliers*: 15
Maior diferença de elevação: 10 m	Ângulo mínimo do plano (α): 10°
Tamanho máximo da janela: 65 células	Ângulo máximo do plano (β): 80°

Na Tabela 3.1, os valores de ângulo máximo e mínimo do algoritmo RANSAC foram incluídos como alternativa para se eliminarem pontos que não pertencem a regiões planas (vegetação). Os K vizinhos mais próximos do ponto analisado (i) são selecionados, e aplicado o RANSAC, com tolerância ε e número t de conjuntos mínimos $t = \frac{-2}{\log\left[1-\left(\frac{K!(M-3)!}{M!(K-3)!}\right)\right]}$, sendo M a quantidade mínima de pontos necessária para que a região seja considerada plana; t, o número de conjuntos mínimos; e K, o tamanho da vizinhança. Para o ponto não ser descartado, ele deve atender às seguintes condições: (a) o plano extraído deve possuir pelo menos M pontos; o ponto i deve pertencer ao plano, ou seja, sua distância em relação ao plano deve ser inferior ao valor da tolerância ε; e o ângulo de inclinação do plano em relação à horizontal deve ser superior a α° e inferior a β°. Se o ponto i atender às três condições, suas coordenadas são armazenadas. Também são armazenadas as componentes da normal do plano. O resultado é apenas um conjunto de telhados de edificações, como mostra a Figura 3.5 (b).

A Tabela 3.2 apresenta o número de pontos existentes antes e após o emprego de uma combinação do filtro morfológico progressivo com o RANSAC.

Tabela 3.2 – Quantidade de pontos filtrados em cada etapa de filtragem da nuvem de pontos 3-D.

Original	FPM	Filtro RANSAC
1.159.626	215.516	21.043

Como pode ser visto na Tabela 3.2, o número de pontos decresce drasticamente à medida que são aplicados o FMP e o RANSAC. A tolerância utilizada em cada parâmetro é a maior causa da redução do número de pontos. O leitor interessado pode fazer diversos testes com diferentes valores de parâmetros até encontrar o melhor resultado, em função da sua aplicação.

Vale destacar também um poderoso aplicativo "*open access*" muito empregado, atualmente, pelos usuários de processamento de nuvens de pontos LiDAR, conhecido como *LASTools*. Ele permite realizar diversas operações e manipulações de dados 3-D e ainda possibilita um "link" com aplicativos de sistema de informações geográficas, como o *QGIS*, o *ArcGIS* e o *ERDAS IMAGINE*, entre outros. A Figura 3.6 mostra um teste realizado com a ferramenta *LASTools* para separar edificações e vegetação dos pontos pertencentes ao terreno.

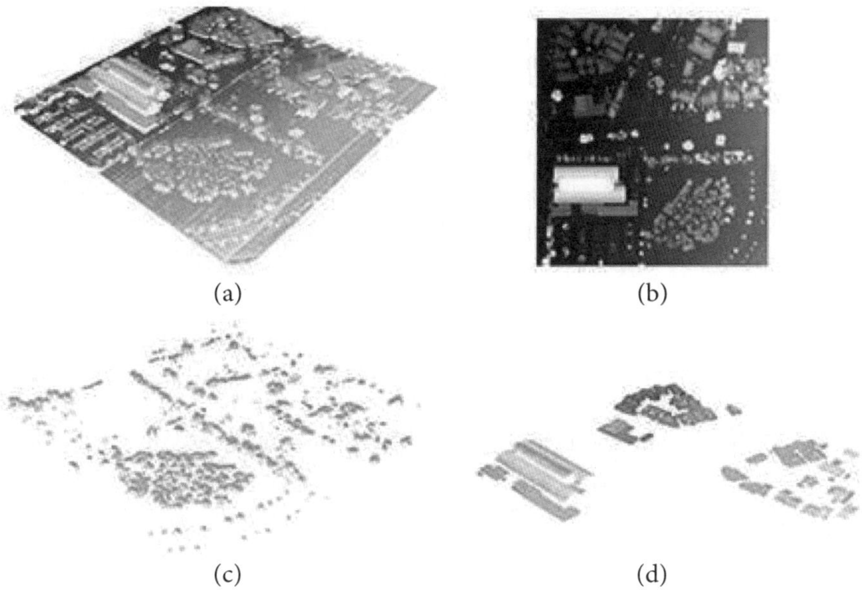

Figura 3.6 – Conjunto de testes realizados com o LASTools: (a) imagem hipsométrica de uma região com edificações e vegetação; (b) imagem de elevação; (c) pontos de vegetação; (d) pontos de telhados de edificações.

Considerando-se que um conjunto de telhados de edificações foram extraídos em todas as faixas LiDAR e que não há correspondência exata entre pontos de faixas adjacentes, deve ser realizada a correspondência entre ponto e plano.

Em cada correspondência, um plano da faixa LiDAR de referência (F_r) é tomado como plano de referência, e o ponto contido no plano correspondente deverá ser coletado na faixa LiDAR de pesquisa (F_p). Vale destacar aqui que, no problema de calibração, a melhor solução é a manual, uma vez que se pretende evitar falsos positivos. Contudo, o leitor pode encontrar diversas soluções automáticas na literatura.

O Código implementado em C++, usando a biblioteca PCL, para coleta de primitivas (feições) "ponto a plano" é o que segue:

```
#include "pcl/common/transformation_from_correspondences.h"
#include "pcl/common/transforms.h"
#include "pcl/features/normal_3-D .h"
#include "pcl/features/pfh.h"
#include "pcl/io/pcd_io.h"
```

```
#include "pcl/kdtree/kdtree_flann.h"
#include "pcl/keypoints/sift_keypoint.h"
#include "pcl/point_cloud.h"
#include "pcl/point_types.h"
#include <armadillo>
#include <ctime>
#include <fstream>
#include <iostream>
#include <math.h>
#include <pcl/ModelCoefficients.h>
#include <pcl/common/io.h>
#include <pcl/console/parse.h>
#include <pcl/features/integral_image_normal.h>
#include <pcl/filters/extract_indices.h>
#include <pcl/filters/passthrough.h>
#include <pcl/filters/statistical_outlier_removal.h>
#include <pcl/io/pcd_io.h>
#include <pcl/io/png_io.h>
#include <pcl/io/point_cloud_image_extractors.h>
#include <pcl/octree/octree.h>
#include <pcl/octree/octree_impl.h>
#include <pcl/octree/octree_pointcloud_changedetector.h>
#include <pcl/octree/octree_search.h>
#include <pcl/range_image/range_image.h>
#include <pcl/registration/icp.h>
#include <pcl/registration/transforms.h>
#include <pcl/sample_consensus/method_types.h>
#include <pcl/sample_consensus/model_types.h>
#include <pcl/sample_consensus/ransac.h>
#include <pcl/sample_consensus/sac_model_plane.h>
#include <pcl/search/kdtree.h>
#include <pcl/search/search.h>
#include <pcl/segmentation/region_growing.h>
#include <pcl/segmentation/sac_segmentation.h>
#include <pcl/visualization/common/float_image_utils.h>
#include <pcl/visualization/impl/pcl_visualizer.hpp>
#include <pcl/visualization/pcl_visualizer.h>
#include <pcl/visualization/range_image_visualizer.h>
#include <sstream>
#include <stdio.h>
#include <stdlib.h>
#include <string>
#include <vector>
#include "SegmentaPlanos.h"

#define PI 3.1416
typedef pcl::PointXYZI PointType;
```

```
using namespace pcl;
using namespace std;

// Estrutura para armazenar os pontos na precisão double
typedef struct Lidarpulse {
  double x1, y1, z1, intensity, laser_id, azimute, distance;
  double GPS, LAT, LONG, E, N, H, PITCH, ROLL, HEAD;

} Lidarpulse;

Lidarpulse *lp;

bool live_update = false;

double xm_, ym_, zm_, xm, ym, zm;

int faixa;

ofstream WritePontosLidos(
    "MedidasObservadas.txt"); // Arquivo de saída que armazena o
                              // centroide de cada faixa de voo

pcl::PointCloud<pcl::PointXYZI>::Ptr
    APOIO(new pcl::PointCloud<pcl::PointXYZI>);

/*+--------------------------------------------------------+
   Serve para visualizar as nuvens de pontos de referência
   e de pesquisa
  +--------------------------------------------------------+*/
void VisualizaNuvemApoio(
    pcl::PointCloud<pcl::PointXYZ>::Ptr &entrada, double xm1,
    double ym1, double zm1, Eigen::Vector4f &Centroid,
    pcl::PointCloud<pcl::PointXYZI>::Ptr &saida) {

  saida->width = entrada->points.size();
  saida->height = 1;
  saida->is_dense = true;
  saida->points.resize(entrada->width * entrada->height);

  for (size_t l = 0; l < entrada->points.size(); ++l) {
    saida->points[l].x = (entrada->points[l].x - xm1);
    saida->points[l].y = (entrada->points[l].y - ym1);
    saida->points[l].z = (entrada->points[l].z - zm1);
    saida->points[l].intensity = 999;
  }
  pcl::compute3 - D Centroid(*saida, Centroid);
```

```
}
/*+------------------------------------------------------+
   Serve para calcular o centroide da nuvem e auxiliar na
   visualização em 3-D
  +------------------------------------------------------+*/
void VisualizaNuvemPontos(
     pcl::PointCloud<pcl::PointXYZI>::Ptr &entrada, double xm1,
     double ym1, double zm1, Eigen::Vector4f &Centroid,
     pcl::PointCloud<pcl::PointXYZI>::Ptr &saida) {

  saida->width = entrada->points.size();
  saida->height = 1;
  saida->is_dense = true;
  saida->points.resize(entrada->width * entrada->height);

  for (size_t l = 0; l < entrada->points.size(); ++l) {
    saida->points[l].x = (entrada->points[l].x - xm1);
    saida->points[l].y = (entrada->points[l].y - ym1);
    saida->points[l].z = (entrada->points[l].z - zm1);
    saida->points[l].intensity = entrada->points[l].intensity;
  }

  pcl::compute3 - D Centroid(*saida, Centroid);
}
/*+------------------------------------------------------+
  + Coleta pontos na nuvem de RPA para ajustamento
  + manual
  +------------------------------------------------------+*/
void pp_callback_ref(
     const pcl::visualization::PointPickingEvent &event,
     void *viewer_void) {
  if (event.getPointIndex() != -1) {
    float x, y, z;
    int id;
    event.getPoint(x, y, z);
    id = event.getPointIndex();

    double x_, y_, z_;
    x_ = double(x + xm);
    y_ = double(y + ym);
    z_ = double(z + zm);

    if (z != 0.0) {
      int number_of_lines = 0;
      ifstream fp1; // Variável que lê o arquivo de texto com os
                    // dados LiDAR
      fp1.open("TabelaSegmentos.txt");
```

```

      int hv_digitado;
      cout << "Entre com o nome do PLANO de apoio:";
      cin >> hv_digitado;

      double dist, S, nx, ny, nz, ro, x2, y2, z2;
      int hv;
      string linedata1;
      while (getline(fp1, linedata1)) {
        istringstream ss1(linedata1);
        ss1.precision(15);
        ss1.fixed;
        ss1 >> hv >> nx >> ny >> nz >> ro >> x2 >> y2 >> z2;

        if (hv == hv_digitado) {
          dist = sqrt((nx * nx) + (ny * ny) + (nz * nz));
          S = nx * (x - x2) + ny * (y - y2) + nz * (z - z2);
          double d = fabs(S) / dist;

          cout << "Distância ponto-a-plano: " << d << endl;

          if (d < 2.0) {
            cout << "Ponto-Plano coletado!" << endl;
            WritePontosLidos.precision(15);
            WritePontosLidos
                << faixa << " " << hv << " " << lp[id].x1 << " "
                << lp[id].y1 << " " << lp[id].z1 << " "
                << lp[id].E << " " << lp[id].N << " " << lp[id].H
                << " " << lp[id].ROLL << " " << lp[id].PITCH
                << " " << lp[id].HEAD << " " << nx << " " << ny
                << " " << nz << " " << ro << " " << (x2 + xm)
                << " " << (y2 + ym) << " " << (z2 + zm) << endl;
          } else
            cout << "Ponto-Plano não coletado!" << endl;
        }
      }
      fp1.close();
    } else
      cout << "Ponto RPA coletado não existe na nuvem!" << endl;
  }
}
//---------------------------------------------------------

int PlotaNumeroPlanos(void *viewer, void *viewer1) {
  pcl::visualization::PCLVisualizer *viewer_ =
      static_cast<pcl::visualization::PCLVisualizer *>(viewer);
  pcl::visualization::PCLVisualizer *viewer1_ =
```

```
        static_cast<pcl::visualization::PCLVisualizer *>(viewer1);

  //  Leia a tabela de segmentos da nuvem RPA e plota
  int number_of_lines = 0;
  string line;
  ifstream fp1; // Variável que lê o arquivo de texto com os
                // dados LiDAR
  fp1.open("TabelaSegmentosAPOIO.txt");

  if (!fp1.is_open()) {
    cout << "Não encontrou o arquivo TabelaSegmentosAPOIO!"
         << endl;
    fp1.clear();
    return 0;
  }

  while (getline(fp1, line))
    ++number_of_lines;

  pcl::PointCloud<pcl::PointXYZ>::Ptr GPS(
      new pcl::PointCloud<pcl::PointXYZ>);

  GPS->width = number_of_lines;
  GPS->height = 1;
  GPS->is_dense = true;
  GPS->points.resize(GPS->width * GPS->height);

  //          Fixa a precisão que deve ser exibida e gravado as
  //          coordenadas (15 dogitos de precisão)
  cout.precision(15);
  cout.fixed;

  //          Retorna o cursor do arquivo para o início, para
  //          poder ler os dados depois de contar as linhas;
  fp1.clear();
  fp1.seekg(0, ios::beg);

  double nx_, ny_, nz_, ro_, x2, y2, z2;
  char hv[500];
  string linedata1; // line:
  int HV = 0;

  while (getline(fp1, linedata1)) {
    istringstream ss1(linedata1);
    ss1.precision(15);
    ss1.fixed;

```

```
      ss1 >> hv >> nx_ >> ny_ >> nz_ >> ro_ >> x2 >> y2 >> z2;

      GPS->points[HV].x = x2;
      GPS->points[HV].y = y2;
      GPS->points[HV].z =
          z2; // Soma 5 metros para visualizar melhor o plano

      viewer_->addText3 -
          D(hv, GPS->points[HV], 1.0, 1.0, 0.0, 10.0);
      viewer1_->addText3 -
          D(hv, GPS->points[HV], 1.0, 1.0, 0.0, 10.0);

      HV++;
    }
    fp1.close();

    return (0);
}

/*+-----------------------------------------------------------+
    Gera as nuvens de pontos e remove pontos espúrios
  +------------------------------------------------------------+*/
int COLETA_PONTO_PLANO() {

    WritePontosLidos
        << "faixa PLANO x y z (do LiDAR no RPA em metros) E N H "
           "(do INS em m) ROLL PITCH HEAD (do INS em graus) nx ny "
           "nz ro xc yc zc (centroide do plano em metros)"
        << endl;

    pcl::PointCloud<pcl::PointXYZ>::Ptr REF(
        new pcl::PointCloud<pcl::PointXYZ>);

    pcl::PointCloud<pcl::PointXYZI>::Ptr points1(
        new pcl::PointCloud<pcl::PointXYZI>);
    pcl::PointCloud<pcl::PointXYZI>::Ptr points2(
        new pcl::PointCloud<pcl::PointXYZI>);

    ifstream NumFaixas; // Lê o arquivo de texto com os dados LiDAR

    string linha,
        VISUALIZA_RPA_APOIO; // Indica se quer visualizar as
                             // faixas geradas

    int NUM_FAIXAS; // Define o número de faixas a ser processada

    double ALTURA_VOO,
```

```
    pts_espurios, // Define o tamanho do raio de pesquisa para
                  // verificar se o ponto é espúrio ou não
    Rz, Ry, Rx, E, N, h, ang1, ang2, ang3, kappa, phi,
    omega, // Valores de rotação da trajetória
    r[3][3], rlu[3][3], rb[3][3],
    rmap[3][3], // Matrizes de rotação 3x3
    Dx, Dy, Dz, BOREw, BOREp, BOREk, // Valores de boresight
    vertical, beta, alfa_, alfa;

arma::colvec LU(3), MAP(3), RANGE(3), Pg(3), P(3);
arma::mat LEVER_ARM(3, 1), T_(3, 3), N_(3, 3), Rmap(3, 3),
    Rb(3, 3), Rlu(3, 3), R(3, 3);

// Abre o arquivo que indica a quantidade de faixas do
// recobrimento
NumFaixas.open("PARAMETROS.txt");
if (!NumFaixas.is_open()) {
  cout << "Arquivo PARAMETROS.txt Não Existe!";
  NumFaixas.clear();
  return 0;
}

while (getline(NumFaixas, linha)) {
  istringstream ss(linha);
  ss >> E >> N >> h >> Dx >> Dy >> Dz >> BOREw >> BOREp >>
      BOREk >> NUM_FAIXAS >> pts_espurios >>
      VISUALIZA_RPA_APOIO;
}
NumFaixas.close();

// Chama funcao em SegmentaPlanos.h para extracao de planos e
// suas normais, no LIDAR de APOIO
cout << "Lendo nuvem de pontos de APOIO (aguarde...)" << endl;
if (pcl::io::loadPCDFile<pcl::PointXYZ>("Lagoa.pcd", *REF) ==
    -1) {
  cout << "O arquivo Lagoa.pcd não existe!" << endl;
  return (-1);
}

pcl::PointCloud<pcl::PointXYZI>::Ptr cloud_seg(
    new pcl::PointCloud<pcl::PointXYZI>);

int SEGMENTADO;
cout << "Nuvem de Apoio já está SEGMENTADA: (0->NÃO) "
        "(1->SIM):";
cin >> SEGMENTADO;
if (SEGMENTADO == 0) {
```

```
    SegmentaPlanos(REF, E, N, h, cloud_seg);
  } else {
    cout << "Lendo nuvem de APOIO SEGMENTADA (aguarde...)"
         << endl;
    if (pcl::io::loadPCDFile<pcl::PointXYZI>("SEGMENTADA.pcd",
                                             *cloud_seg) == -1) {
      cout << "O arquivo SEGMENTADA.pcd não existe!" << endl;
      return (-1);
    }
  }

  BOREw = BOREw * (PI / 180.);
  BOREp = BOREp * (PI / 180.);
  BOREk = BOREk * (PI / 180.);

  rtc(BOREp, BOREw, BOREk, Rb);

  LEVER_ARM(0, 0) = Dx;
  LEVER_ARM(1, 0) = Dy;
  LEVER_ARM(2, 0) = Dz;

  if (NUM_FAIXAS != 999)
    cout << "Quantidade de faixas: " << NUM_FAIXAS << endl;

  pcl::visualization::PCLVisualizer viewer(
      "NUVEM RPA e PLANO DE APOIO");

  int v1(0);
  int v2(0);
  viewer.createViewPort(0.0, 0.0, 0.5, 1.0, v1);
  viewer.createViewPort(0.5, 0.0, 1.0, 1.0, v2);

  viewer.addCoordinateSystem(3.0, "coordenadas");
  viewer.setBackgroundColor(255.0, 255.0, 255.0, 0);

  pcl::visualization::PCLVisualizer viewer1("NUVEM RPA");

  viewer1.addCoordinateSystem(3.0, 0.0, 0.0, 0.0, "coordenadas",
                              0);
  viewer1.setBackgroundColor(255.0, 255.0, 255.0, 0);

  /*+--------------------------------------------------------+
    +  Inicia coleta de correspondentes "ponto a plano"     +
    +----------------------------------------------------------+*/
  char buf[500] = {0};
  const char *path1;
  string line,
```

```
      linedata; // line: variável auxiliar para contar linhas;
                // linedata: armazena conteúdo da linha; nomearq:
                // armazena nome do arquivo digitado;

  int LOOP = 1;
  while (LOOP <= NUM_FAIXAS) {

    faixa = LOOP;

    int nptos = 0,
        number_of_lines = 0; // Variável que armazena o número de
                             // pontos da nuvem bem como o número
                             // de linhas do arquivo de entrada;
    ifstream fp; // Variável que lê o arquivo de texto com os
                 // dados LiDAR

    cout << "Lendo arquivo de entrada da faixa: " << LOOP
         << " (aguarde...)" << endl;

    // Abre o arquivo de entrada com X,Y,Z,ITENSITY, LASER_ID,
    // AZIMUTH, DISTANCE_M,EASTING,NORTHING,ELLIPSOID
    // HEIGHT,PITCH,ROLL,HEADING
    path1 = "faixa_";
    sprintf(buf, "%s%d.pcd", path1, LOOP);
    fp.open(buf);

    if (pcl::io::loadPCDFile<pcl::PointXYZI>(buf, *points1) ==
        -1) {
      cout << "O arquivo pcd não existe!" << endl;
      return (-1);
    }

    REMOVE_ESPURIOS(points1, pts_espurios, points2);

    //   Visualiza Nuvem de Pontos com remoção de pontos
    //   espúrios e Nuvem de Apoio
    if (VISUALIZA_RPA_APOIO == "S") {
      pcl::visualization::PointCloudColorHandlerCustom<
          pcl::PointXYZI>
          cloud_in_color_h1(APOIO, 0, 0, 200);
      pcl::visualization::PointCloudColorHandlerCustom<
          pcl::PointXYZI>
          cloud_in_color_h2(cloud_seg, 0, 200, 0);

      if (LOOP == 1) {
        Eigen::Vector4f centroid_2;
        VisualizaNuvemApoio(REF, E, N, h, centroid_2, APOIO);
```

```

      viewer.addPointCloud(APOIO, cloud_in_color_h1,
                           "nuvem1_v1", v1);

      viewer.addPointCloud(APOIO, cloud_in_color_h1,
                           "nuvem1_v1_apoio", v2);
      viewer.addPointCloud(cloud_seg, cloud_in_color_h2,
                           "nuvem1_v1_seg", v2);
    }

    pcl::PointCloud<pcl::PointXYZI>::Ptr cloudfinal1(
        new pcl::PointCloud<pcl::PointXYZI>);
    Eigen::Vector4f centroid;

    VisualizaNuvemPontos(points2, E, N, h, centroid,
                         cloudfinal1);

    pcl::visualization::PointCloudColorHandler<PointType>::Ptr
        handler;
    const std::type_info &type = typeid(PointType);
    boost::shared_ptr<
        pcl::visualization::PointCloudColorHandlerGenericField<
            PointType>>
        color_handler(
            new pcl::visualization::
                PointCloudColorHandlerGenericField<PointType>(
                    "intensity"));
    handler = color_handler;

    handler->setInputCloud(cloudfinal1);
    if (LOOP == 1)
      viewer.addPointCloud(cloudfinal1, *handler, "nuvem2_v2",
                           v1);
    else
      viewer.updatePointCloud(cloudfinal1, *handler,
                              "nuvem2_v2");
  }
  // Visualiza RPA e LiDAR de apoio separados para coleta de
  // pontos
  cout << "Preparando visualização (aguarde...)" << endl;

  //    Criar duas janelas de visualização separadas
  for (size_t l = 0; l < points1->points.size(); ++l)
    points1->points[l].intensity =
        lp[l].intensity; // passa o valor de intensidade para a
                         // nuvem filtrada
  pcl::PointCloud<pcl::PointXYZI>::Ptr cloudfinal2(
```

```
          new pcl::PointCloud<pcl::PointXYZI>);
      Eigen::Vector4f centroid_;

      VisualizaNuvemPontos(points1, E, N, h, centroid_,
                           cloudfinal2);
      pcl::visualization::PointCloudColorHandler<PointType>::Ptr
          handler1;
      boost::shared_ptr<
          pcl::visualization::PointCloudColorHandlerGenericField<
              PointType>>
          color_handler1(
              new pcl::visualization::
                  PointCloudColorHandlerGenericField<PointType>(
                      "intensity"));
      handler1 = color_handler1;
      handler1->setInputCloud(cloudfinal2);
      if (LOOP == 1)
        viewer1.addPointCloud(cloudfinal2, *handler1, "nuvem1_v1");
      else
        viewer1.updatePointCloud(cloudfinal2, *handler1,
                                 "nuvem1_v1");
      if (LOOP == 1) {
        viewer1.registerPointPickingCallback(pp_callback_ref,
                                             (void *)&viewer1);
        PlotaNumeroPlanos((void *)&viewer, (void *)&viewer1);
      }
      cout << "Use o scroll do mouse para centralizar as nuvens "
              "na tela!"
           << endl;
      viewer1.spin();

      //  Libera espaço na memória ocupado pela estrutura
      //  temporária
      delete lp;
      points1->points.clear();
      points2->points.clear();
      cloudfinal2->points.clear();
      LOOP++;
    }
    WritePontosLidos.close();
    return 0;
}
/*+-----------------------------------------+
  +            PROGRAMA PRINCIPAL            +
  +-----------------------------------------+*/
int main() { return (COLETA_PONTO_PLANO()); }
```

Uma vez que há um conjunto de pares de planos correspondentes com número do ponto LiDAR da faixa i, xyz do ponto LiDAR no plano de referência na faixa i, $X_I(t)$ $Y_I(t)$ $Z_I(t)$ do GNSS/INS, $yaw(t)$ pitch(t) $roll(t)$ do GNSS/INS e $nx\ ny\ nz\ d\ C_x\ C_y\ C_z$ do plano de pesquisa correspondente na na faixa $i+1$, o modelo matemático parte da equação vetorial do plano baseada em vetores normais, como segue:

$$n^T p + d = n^T \left(\vec{X}_{\text{IMU}} + R_{y,p,r}\vec{X}_0 + R_{y,p,r}R_b v\right) + d, \tag{3.7}$$

sendo $\left[n^T = nx \quad ny \quad nz\right]$; d, a distância do plano à origem do sistema referencial; $p = \vec{X}_{\text{IMU}} + R_{y,p,r}\vec{X}_0 + R_{y,p,r}R_b v$, $\vec{X}_{\text{IMU}} = \left[X_I(t) \quad Y_I(t) \quad Z_I(t)\right]^T$, a coordenada terrestre da origem do referencial do GNS/INS; $R_{y,p,r}$, a matriz de rotação que relaciona o sistema de coordenada terrestre com o sistema de coordenadas do INS em relação aos ângulos $yaw(t), pitch(t), roll(t)$; $\vec{X}_0 = \left[\Delta x \quad \Delta y \quad \Delta z\right]^T$, os parâmetros de montagem que compreendem o deslocamento entre a origem do referencial do INS e a origem do referencial da unidade de medida laser; R_b, a matriz de rotação que representa o desalinhamento entre os sistemas de coordenadas do INS; e o sistema de coordenadas do dispositivo em função de $\Delta\omega$, $\Delta\varphi$ e $\Delta\kappa$, $v = \left[x \quad y \quad z\right]^T$, o ponto LiDAR no plano de referência na faixa i.

Na Equação (3.7), vale ressaltar que todo vetor p que satisfaz a Equação (3.7) pertence ao referido plano. Os parâmetros de desalinhamento angular do sistema de montagem $\Delta\omega$, $\Delta\varphi$ e $\Delta\kappa$ devem ser estimados pelo MMQ, uma vez que Δx, Δy, Δz podem ser determinados por meio de levantamento topográfico.

Como $\Delta\omega$, $\Delta\varphi$ e $\Delta\kappa$ representam valores muito pequenos, pode-se admitir que a matriz R_b é simplificada da seguinte forma:

$$R_b = \begin{bmatrix} 1 & -\kappa & \varphi \\ \kappa & 1 & -\omega \\ -\varphi & \omega & 1 \end{bmatrix} \rightarrow \text{sentido Norte} \tag{3.8}$$

$$R_b = \begin{bmatrix} -1 & \kappa & -\varphi \\ -\kappa & -1 & \omega \\ \varphi & -\omega & -1 \end{bmatrix} \rightarrow \text{sentido Sul.} \tag{3.9}$$

Note-se que, nas Equações (3.8) e (3.9), as inversões de sinais fazem referência aos sentidos opostos das trajetórias de voo (sentido Norte e sentido Sul). Da mesma forma, o vetor de deslocamento linear $\vec{X}_0$ da montagem do sistema também pode ser reescrito de acordo com o sentido da trajetória de voo, como segue:

$$\vec{X}_0 = \begin{bmatrix} \Delta x \\ \Delta y \\ \Delta z \end{bmatrix} \rightarrow \text{sentido Norte} \tag{3.10}$$

$$\vec{X}_0 = \begin{bmatrix} -\Delta x \\ -\Delta y \\ \Delta z \end{bmatrix} \rightarrow \text{sentido Sul.} \tag{3.11}$$

Então, a Equação (3.7) pode ser reescrita em função de ambos os sentidos de voo, a saber:

$$\begin{bmatrix} nx & ny & nz \end{bmatrix} \left(\begin{bmatrix} X_I(t) \\ Y_I(t) \\ Z_I(t) \end{bmatrix} + R_{y,p,r} \begin{bmatrix} \Delta x \\ \Delta y \\ \Delta z \end{bmatrix} + R_{y,p,r} \begin{bmatrix} 1 & -\Delta\kappa & \Delta\varphi \\ \Delta\kappa & 1 & -\Delta\omega \\ -\Delta\varphi & \Delta\omega & 1 \end{bmatrix} \begin{bmatrix} x \\ y \\ z \end{bmatrix} \right) + d = 0 \tag{3.12}$$

$$\begin{bmatrix} nx & ny & nz \end{bmatrix} \left(\begin{bmatrix} X_I(t) \\ Y_I(t) \\ Z_I(t) \end{bmatrix} + R_{y,p,r} \begin{bmatrix} -\Delta x \\ -\Delta y \\ \Delta z \end{bmatrix} + R_{y,p,r} \begin{bmatrix} -1 & \Delta\kappa & -\Delta\varphi \\ -\Delta\kappa & -1 & \Delta\omega \\ \Delta\varphi & -\Delta\omega & -1 \end{bmatrix} \begin{bmatrix} x \\ y \\ z \end{bmatrix} \right) + d = 0 \tag{3.13}$$

As observações e os parâmetros nas Equações (3.12) e (3.13) atendem a uma injunção de condição, e a solução do problema é feita por meio do modelo combinado do MMQ. Os modelos funcionais aplicados a esse método são formados por equações implícitas do tipo (Mikhail, 1976):

$$F\left(X_a, L_a\right) = 0. \tag{3.14}$$

O modelo combinado de ajustamento é obtido por meio da linearização, utilizando-se a expansão em série de Taylor e tomando-se apenas os dois primeiros termos da série:

$$AX + BV + W = 0, \tag{3.15}$$

sendo $A = \frac{\partial F}{\partial X_a}|_{X_0,L_b}$; $B = \frac{\partial F}{\partial L_a}|_{X_0,L_b}$; $W = F\left(X_0, L_b\right)$; $X = X_a - X_0$; $V = L_a - L_b$; X_0 é o vetor dos parâmetros aproximados; X_a é o vetor dos parâmetros ajustados; L_b é o vetor no qual são inseridas as observações; e L_aé o vetor das observações ajustadas.

Dessa forma, tem-se a seguinte solução para as equações normais:

$$X = \left[A^T \left(\mathrm{BPB}^T \right)^{-1} A \right]^{-1} A^T \left(\mathrm{BPB}^T \right)^{-1} W \tag{3.16}$$

O desvio padrão de d (σ_d) pode ser obtido propagando-se a variância-covariância da equação $ax + by + cz = d$, como segue:

$$\sigma_d = \sqrt[2]{C_x^2 + C_y^2 + C_z^2 + \left(\frac{\sigma^2}{n_{\text{plan}}} \right)}, \tag{3.17}$$

sendo C_x C_y, C_z as coordenadas do centroide; σ^2, a variância nominal das coordenadas planialtimétricas do sistema LiDAR; e n_{plan}, o número de pontos contidos em cada plano.

Dessa forma, conseguem-se atribuir valores para a matriz dos pesos (Σ_P) em função de d, enquanto para as demais observações pode-se aplicar o valor nominal dos equipamentos empregados na solução. O código implementado em C++ para calibração dos parâmetros de montagem do sistema RPA-LiDAR, baseado no modelo "ponto a plano", é o que segue:

```
#include "pcl/common/transformation_from_correspondences.h"
#include "pcl/common/transforms.h"
```

```
#include "pcl/features/normal_3-D .h"
#include "pcl/features/pfh.h"
#include "pcl/io/pcd_io.h"
#include "pcl/kdtree/kdtree_flann.h"
#include "pcl/keypoints/sift_keypoint.h"
#include "pcl/point_cloud.h"
#include "pcl/point_types.h"
#include <Eigen/Core>
#include <Eigen/Dense>
#include <Eigen/Eigen>
#include <armadillo>
#include <fstream>
#include <iostream>
#include <opencv/cv.h>
#include <pcl/common/common.h>
#include <pcl/common/io.h>
#include <pcl/features/integral_image_normal.h>
#include <pcl/filters/passthrough.h>
#include <pcl/filters/statistical_outlier_removal.h>
#include <pcl/registration/icp.h>
#include <pcl/registration/transforms.h>
#include <pcl/sample_consensus/ransac.h>
#include <pcl/sample_consensus/sac_model_plane.h>
#include <pcl/visualization/pcl_visualizer.h>
#include <string>
#include <vector>

#define PI 3.1416

using namespace pcl;
using namespace std;
using namespace cv;

typedef pcl::PointXYZ PointType;

typedef struct Correspondencia {
  double x1, y1, z1, E, N, h, ROLL, PITCH, HEAD, nx, ny, nz, ro,
      xc, yc, zc;
  int num_faixa, num_plano;
} Correspondencia;

FILE *WriteCorrespondenciaRef, *WriteCorrespondenciaPesq;

/* + ------------------------------------- +
   +        Calcula a Matriz de Rotação     +
   + Syntax:                                +
   + rtc(w, phi, k, trig, r)                +
```

```
   + sendo:                                   +
   + k, phi, w os parâmetros de rotação       +
   + r uma matriz 3x3                         +
   + trig as funcoes trignometricas           +
   + ---------------------------------------- +*/

void rtc_wpk(double w, double fi, double k, arma::mat &Rwpk) {

  arma::mat Rw(3, 3), Rp(3, 3), Rk(3, 3);

  Rw(0, 0) = 1.0;
  Rw(0, 1) = 0.0;
  Rw(0, 2) = 0.0;
  Rw(1, 0) = 0.0;
  Rw(1, 1) = cos(w);
  Rw(1, 2) = sin(w);
  Rw(2, 0) = 0.0;
  Rw(2, 1) = -sin(w);
  Rw(2, 2) = cos(w);

  Rp(0, 0) = cos(fi);
  Rp(0, 1) = 0.0;
  Rp(0, 2) = -sin(fi);
  Rp(1, 0) = 0.0;
  Rp(1, 1) = 1.0;
  Rp(1, 2) = 0.0;
  Rp(2, 0) = sin(fi);
  Rp(2, 1) = 0.0;
  Rp(2, 2) = cos(fi);

  Rk(0, 0) = cos(k);
  Rk(0, 1) = sin(k);
  Rk(0, 2) = 0.0;
  Rk(1, 0) = -sin(k);
  Rk(1, 1) = cos(k);
  Rk(1, 2) = 0.0;
  Rk(2, 0) = 0.0;
  Rk(2, 1) = 0.0;
  Rk(2, 2) = 1.0;

  Rwpk = Rw * Rp * Rk;
}

/* + ----------------------------------------------------------- +
   +                        m   d   p   _   A                   +
   + Calcula matriz das derivadas parciais em relaçao          +
   + aos parâmetros                                            +
```

```
  + ---------------------------------------------------------- + */

void mdp_A_B(int i, arma::vec Xa, arma::vec La, arma::mat &AA,
             arma::mat &BB, arma::vec &F) {

  double Dx, Dy, Dz, Dw, Dfi, Dka;

  Dx = Xa(0);
  Dy = Xa(1);
  Dz = Xa(2);
  Dw = Xa(3);
  Dfi = Xa(4);
  Dka = Xa(5);

  double x = La(i * 13);
  double y = La((i * 13) + 1);
  double z = La((i * 13) + 2);
  double E = La((i * 13) + 3);
  double N = La((i * 13) + 4);
  double h = La((i * 13) + 5);
  double om = La((i * 13) + 6);
  double fi = La((i * 13) + 7);
  double ka = La((i * 13) + 8);
  double A = La((i * 13) + 9);
  double B = La((i * 13) + 10);
  double C = La((i * 13) + 11);
  double D = La((i * 13) + 12);

  double c_w = cos(om);
  double c_fi = cos(fi);
  double c_ka = cos(ka);
  double s_w = sin(om);
  double s_fi = sin(fi);
  double s_ka = sin(ka);

  // Derivadas em relação a Dw Dfi e Dka (angulos do boresight)
  AA(i, 0) = A * (-y * s_fi - z * c_fi * s_ka) +
             B * (y * s_w * c_fi -
                  z * (s_w * s_fi * s_ka + s_w * c_ka)) +
             C * (y * c_w * s_fi -
                  z * (c_w * s_fi * s_ka - s_w * c_ka));
  AA(i, 1) = A * (z * c_fi * c_ka + x * s_fi) +
             B * (-x * s_w * c_fi +
                  z * (s_w * s_fi * c_ka - s_ka * c_w)) +
             C * (-x * c_w * s_fi +
                  z * (c_w * s_fi * c_ka + s_w * s_ka));
  AA(i, 2) = A * (x * c_fi * s_ka - y * c_fi * c_ka) +
```

```
                  B * (x * (s_w * s_fi + c_w * c_ka) -
                       y * (s_w * s_fi * c_ka - s_ka * c_w)) +
                  C * (x * (c_w * s_fi * s_ka) -
                       y * (c_w * s_fi * c_ka + s_w * s_ka));

// Derivadas em relação a Dtx Dty e Dtz (lever arm)
AA(i, 3) = A * (c_fi * c_ka) +
           B * ((s_w * s_fi * c_ka - s_ka * c_w)) +
           C * (c_w * s_fi * c_ka + s_w * s_ka);
AA(i, 4) = A * (c_fi * s_ka) +
           B * (s_w * s_fi * s_ka + c_w * c_ka) +
           C * (c_w * s_fi * s_ka - s_w * c_ka);
AA(i, 5) = A * (-s_fi) + B * (s_w * c_fi) + C * (c_w * s_fi);

// Derivadas em relação a x y e z
BB(i, (i * 13)) =
    A * (c_fi * c_ka + c_fi * s_ka * Dka + s_fi * Dfi) +
    B * ((s_w * s_fi * c_ka - s_ka * c_w) +
         Dka * (s_w * s_fi + c_w * c_ka) - Dfi * s_w * c_fi) +
    C * ((c_w * s_fi * c_ka + s_w * s_ka) +
         Dka * (c_w * s_fi * s_ka - s_w * c_ka) -
         Dfi * c_w * s_fi);
BB(i, (i * 13) + 1) =
    A * (-Dka * c_fi * c_ka + c_fi * s_ka + Dw * s_fi) +
    B * (-Dfi * (s_w * s_fi * c_ka) +
         (s_w * s_fi * s_ka + c_w * c_ka) + Dw * s_w * c_fi) +
    C * (-Dka * (c_w * s_fi * c_ka + s_w * s_ka) +
         (c_w * s_fi * s_ka - s_w * c_ka) + Dw * c_w * s_fi);
BB(i, (i * 13) + 2) =
    A * (Dfi * c_fi * c_ka - Dw * c_fi * s_ka - s_fi) +
    B * (Dfi * (s_w * s_fi * c_ka - s_ka * c_w) -
         Dw * (s_w * s_fi * s_ka + c_w * c_ka) + s_w * c_fi) +
    C * (Dfi * (c_w * s_fi * c_ka + s_w * s_ka) -
         Dw * (c_w * s_fi * s_ka - s_w * c_ka) + c_w * s_fi);

// Derivadas em relação a E N e h
BB(i, (i * 13) + 3) = A;
BB(i, (i * 13) + 4) = B;
BB(i, (i * 13) + 5) = C;

// Derivadas em relacao a ROLL PITCH e HEAD
double c1 = c_w * s_fi * c_ka + s_ka * s_w;
double c2 = c_w * s_fi * s_ka - s_w * c_ka;
double c3 = c_w * c_fi;

double c4 = -s_w * s_fi * c_ka + c_w * s_ka;
double c5 = -s_w * s_fi * s_ka - c_w * c_ka;
```

```
double c6 = s_w * s_fi;

BB(i, (i * 13) + 6) =
    B * ((Dx * c1 + Dy * c2 + Dz * c3) +
         x * ((c1 + Dka * (c_w * s_fi - s_w * c_ka) -
               Dfi * c3)) +
         y * (-Dka * c1 + c2 + Dw * c3) +
         Dfi * (c1 - Dw * c2 + c3)) +
    C * ((Dx * c4 + Dy * c2 - Dz * c3) +
         x * ((c1 + Dka * c2 + Dfi * c3)) +
         y * (-Dka * c1 + c2 - Dw * c3) +
         z * (Dfi * c1 - Dw * c2 - c3));

double c7 = -s_fi * c_ka - s_fi * s_ka * Dka + c_fi * Dfi;
double c8 = -Dka * s_fi * c_ka - s_fi * s_ka - c_fi * Dw;
double c9 = -s_fi * c_ka * Dfi + Dw * s_fi * s_ka - c_fi;

double c10 =
    s_w * c_fi * c_ka + Dka * s_w * c_fi + Dfi * s_w * s_fi;
double c11 = -Dka * c_w * c_fi * c_ka + c_w * c_fi * s_ka -
             Dw * s_w * s_fi;
double c12 = Dfi * s_w * c_fi * c_ka - Dw * s_w * c_fi * s_ka +
             s_w * c_fi;

double c13 = -c_w * s_fi * s_ka + s_w * c_ka;
double c14 = c_w * s_fi * c_ka + s_w * s_ka;

BB(i, (i * 13) + 7) =
    A * ((-Dx * (s_fi * c_ka) - Dy * (s_fi * s_ka) -
          Dz * c_fi) +
         x * c7 + y * c8 + z * c9) +
    B * ((Dx * (s_w * c_fi * c_ka - s_ka * c_w) +
          Dy * (s_w * c_fi * s_ka + c_w * c_ka) -
          Dz * s_w * s_fi) +
         x * c10 + y * c11 + z * c12) +
    C * ((Dx * (c_w * c_fi * c_ka) + Dy * (c_w * c_fi * s_ka) -
          Dz * (c_w * c_fi)) +
         x * c13 + Dka * c14 + y * (-Dka * c13 + c14) +
         z * (Dfi * c13 - Dw * c14));

double c15 = -c_fi * s_ka + c_fi * c_ka * Dka;
double c16 = Dka * c_fi * s_ka + c_fi * c_ka;
double c17 = -c_fi * s_ka * Dfi - Dw * c_fi * c_ka;

double c18 = s_w * s_fi * s_ka - c_ka * c_w;
double c19 = s_w * s_fi * c_ka - c_w * s_ka;
double c20 = s_w * s_fi * c_ka - c_w * s_ka;
```

```
double c21 = (-c_w * s_fi * s_ka + s_w * c_ka) +
             Dka * (c_w * s_fi * c_ka + s_w * s_ka);
double c22 = -Dka * (-c_w * s_fi * s_ka + s_w * c_ka) +
             (c_w * s_fi * c_ka + s_w * s_ka);
double c23 = Dfi * (-c_w * s_fi * s_ka + s_w * c_ka) -
             Dw * (c_w * s_fi * c_ka + s_w * s_ka);

BB(i, (i * 13) + 8) =
    A * (-Dx * (c_ka * s_ka) + Dy * (c_fi * c_ka) + x * c15 +
         y * c16 + z * c17) +
    B * (-Dx * c18 + Dy * c19 + x * (-c18 - Dka * c_w * s_ka) +
         y * (Dka * s_w * s_fi * s_ka + c20) +
         z * (Dfi * (-c18) - c19)) +
    C * ((Dx * (-c_w * s_fi * s_ka) +
          Dy * (c_w * s_fi * c_ka)) +
         x * c21 + y * c22 + z * c23);

// Derivadas em relacao a nx ny nz e ro
double Ax = Dx * c_fi * c_ka + Dy * c_fi * s_ka - Dz * s_fi;
double Ay = Dx * (s_w * s_fi * c_ka - s_ka * c_w) +
            Dy * (s_w * s_fi * s_ka + c_w * c_ka) +
            Dz * s_w * c_fi;
double Az = Dx * (c_w * s_fi * c_ka + s_w * s_ka) +
            Dy * (c_w * s_fi * s_ka - s_w * c_ka) +
            Dz * (c_w * s_fi);

double Bx =
    x * (c_fi * c_ka + c_fi * s_ka * Dka + s_fi * Dfi) +
    y * (-Dka * c_fi * c_ka - s_fi * Dw) +
    z * (c_fi * c_ka * Dfi - Dw * c_fi * s_ka - s_fi);
double By =
    x * ((s_w * s_fi * c_ka - s_ka * c_w) +
         Dka * (s_w * s_fi + c_w * c_ka) - Dfi * s_w * c_fi) +
    y * (-Dka * (s_w * s_fi * c_ka - s_ka * c_w) +
         (s_w * s_fi * s_ka + c_w * c_ka) + Dw * s_w * c_fi) +
    z * (Dfi * (s_w * s_fi * c_ka - s_ka * c_w) -
         Dw * (s_w * s_fi * s_ka + c_w * c_ka) + s_w * c_fi);
double Bz =
    x * ((c_w * s_fi * c_ka + s_w * s_ka) +
         Dka * (c_w * s_fi * s_ka - s_w * c_ka) -
         Dfi * (c_w * s_fi)) +
    y * (-Dka * (c_w * s_fi * c_ka + s_w * s_ka) +
         (c_w * s_fi * s_ka - s_w * c_ka) +
         Dw * (c_w * s_fi)) +
    z * (Dfi * (c_w * s_fi * c_ka + s_w * s_ka) -
         Dw * (c_w * s_fi * s_ka - s_w * c_ka) + c_w * s_fi);
```

```
    BB(i, (i * 13) + 9) = E + Ax + Bx;
    BB(i, (i * 13) + 10) = N + Ay + By;
    BB(i, (i * 13) + 11) = h + Az + Bz;
    BB(i, (i * 13) + 12) = 1.;

    F(i) = A * (BB(i, (i * 13) + 9)) + B * (BB(i, (i * 13) + 10)) +
           C * (BB(i, (i * 13) + 11)) + D;
    // cout<<F<<endl;
  }
  //-------------------------------------------------------------
  /*+-----------------------------------------------------------+
     Calibracao dos parâmetros de montagem do RPA usando
     abordagem ponto-a-plano: CASO LiDAR                          +
     +-----------------------------------------------------------+*/
  int CalibracaoBoresight() {

    Eigen::Matrix4f transform_ransac;

    ifstream
        ParametrosInicias; // Lê o arquivo *.pcd das faixas de voo
    string linha;

    double E_, N_, h_, w_aprox, phi_aprox, k_aprox, TX_aprox,
        TY_aprox, TZ_aprox, conv;

    // Abre o arquivo que indica a quantidade de faixas do
    // recobrimento
    ParametrosInicias.open("READ.txt");
    if (!ParametrosInicias.is_open()) {
      cout << "Arquivo READ.txt Não Existe!";
      ParametrosInicias.clear();
      return 0;
    }
    while (getline(ParametrosInicias, linha)) {
      istringstream ss(linha);
      ss.fixed;
      ss >> E_ >> N_ >> h_ >> TX_aprox >> TY_aprox >> TZ_aprox >>
          w_aprox >> phi_aprox >> k_aprox >> conv;
    }
    ParametrosInicias.close();

    /*************** Abre o arquivo com pontos correspondentes
     * ********************************/

    struct Correspondencia PntosPlano[500];
    int num_corresp;
```

```
ifstream file;
string line, linedata;
int number_of_line;

file.open("MedidasObservadas.txt");
if (!file.is_open()) {
  cout << "Arquivo MedidasObservadas.txt não existe!" << endl;
  file.clear();
}

/****************** Leitura do arquivo de entrada
 * ******************************/
// num_faixa num_plano (x y z) (E N h) (pitch roll yaw) (nx ny
// nz d xc yc zc)
int nptos = 0;
while (getline(file, linedata)) {
  istringstream ss(linedata);
  ss.precision(15);
  ss.fixed;

  ss >> PntosPlano[nptos].num_faixa >>
      PntosPlano[nptos].num_plano >> PntosPlano[nptos].x1 >>
      PntosPlano[nptos].y1 >> PntosPlano[nptos].z1 >>
      PntosPlano[nptos].E >> PntosPlano[nptos].N >>
      PntosPlano[nptos].h >> PntosPlano[nptos].ROLL >>
      PntosPlano[nptos].PITCH >> PntosPlano[nptos].HEAD >>
      PntosPlano[nptos].nx >> PntosPlano[nptos].ny >>
      PntosPlano[nptos].nz >> PntosPlano[nptos].ro >>
      PntosPlano[nptos].xc >> PntosPlano[nptos].yc >>
      PntosPlano[nptos].zc;

  nptos++;
}
file.close(); // Fecha arquivo de entrada;
cout << "número de correspondencias: " << nptos << endl;

int n_corresp = nptos;

/**************************** "PONTO A PLANO"
 * ***********************************/

arma::mat MVC(6, 6);
arma::vec Xo_aux(6), Xzero(6), X(6), Xa(6), Lb(949), La(949),
    Lo(949), L(949), F(73), W(73), U(6), V(949);
arma::mat A(73, 6), B(73, 949), M(73, 73),
    P = arma::eye<arma::mat>(949, 949);
```

```
    Xo_aux(0) = TX_aprox;
    Xo_aux(1) = TY_aprox;
    Xo_aux(2) = TZ_aprox;
    Xo_aux(3) = w_aprox;
    Xo_aux(4) = phi_aprox;
    Xo_aux(5) = k_aprox;

    cout << "Estimando os parâmetros de montagem (aguarde...)"
         << endl;
    // Monta o vetor Lb para 1a. iteração
    for (int i = 0; i < n_corresp; ++i) {
      Lb(i * 13) = PntosPlano[i].x1;
      Lb((i * 13) + 1) = PntosPlano[i].z1;
      Lb((i * 13) + 2) = -PntosPlano[i].y1;
      Lb((i * 13) + 3) = PntosPlano[i].E - E_;
      Lb((i * 13) + 4) = PntosPlano[i].N - N_;
      Lb((i * 13) + 5) = PntosPlano[i].h - h_;
      Lb((i * 13) + 6) = PntosPlano[i].ROLL * (PI / 180.);
      Lb((i * 13) + 7) = PntosPlano[i].PITCH * (PI / 180.);
      Lb((i * 13) + 8) = PntosPlano[i].HEAD * (PI / 180.);
      Lb((i * 13) + 9) = PntosPlano[i].nx;
      Lb((i * 13) + 10) = PntosPlano[i].ny;
      Lb((i * 13) + 11) = PntosPlano[i].nz;
      Lb((i * 13) + 12) = PntosPlano[i].ro;

      P((i * 13), (i * 13)) = 1.0 / ((0.03) * (0.03));
      P((i * 13) + 1, (i * 13) + 1) = 1.0 / ((0.03) * (0.03));
      P((i * 13) + 2, (i * 13) + 2) = 1.0 / ((0.03) * (0.03));
      P((i * 13) + 3, (i * 13) + 3) = 1.0 / ((0.02) * (0.02));
      P((i * 13) + 4, (i * 13) + 4) = 1.0 / ((0.02) * (0.02));
      P((i * 13) + 5, (i * 13) + 5) = 1.0 / ((0.05) * (0.05));
      P((i * 13) + 6, (i * 13) + 6) = 1.0 / ((0.001) * (0.001));
      P((i * 13) + 7, (i * 13) + 7) = 1.0 / ((0.0004) * (0.004));
      P((i * 13) + 8, (i * 13) + 8) = 1.0 / ((0.0004) * (0.004));
      P((i * 13) + 9, (i * 13) + 9) = 1.0;
      P((i * 13) + 10, (i * 13) + 10) = 1.0;
      P((i * 13) + 11, (i * 13) + 11) = 1.0;
      P((i * 13) + 12, (i * 13) + 12) = 1.0;
    }

    Xa = Xo_aux;
    La = Lb;

    int flag1 = 0, NI = 0;
    do {
      // Monta as matrizes A e B e Monta o vetor F para 1a.
      // iteração
```

```
      for (int i = 0; i < n_corresp; i++)
        mdp_A_B(i, Xa, La, A, B, F);

      Lo = La;
      Xzero = Xa;
      // Monta o vetor L (Lo-Lb)
      L = Lo - Lb;

      // Monta o vetor W
      W = B * L + F;

      // Monta a matriz M
      M = inv(B * (inv(P)) * B.t());

      // Estima os parâmetros de transformação
      X = -(inv(A.t() * M * A)) * (A.t() * M * W);

      V = -inv(P) * B.t() * M * (A * X + W);

      Xa = X + Xzero;

      La = Lb + V;

      // Criterio de Convergencia
      flag1 = 0;
      if (arma::max(abs(X)) >
          conv)    //(fabs(Xzero(3)-Xa(3)) > conv) &&
                   //(fabs(Xzero(4)-Xa(4)) > conv) &&
                   //(fabs(Xzero(5)-Xa(5)) > conv) )
        flag1 = 1; // Não convergiu ainda!!

      NI++;

    } while ((flag1 == 1) && (NI < 5));

    cout << "MMQ convergiu na " << NI << " a. iteração!" << endl;
    cout << "Parâmetros de montagem:" << endl;
    cout << "lever-arm (dx dy dz)" << endl;
    cout << Xa(0) << " " << Xa(1) << " " << Xa(2) << endl;
    cout << "boresight (dw dfi dka)" << endl;
    cout << Xa(3) << " " << Xa(4) << " " << Xa(5) << endl;

    return 0;
  }
  int main() { return (CalibracaoBoresight()); }
```

Como exercício prático, nosso método de calibração rigorosa para estimativa dos parâmetros de desalinhamento entre o INS e o LiDAR foi avaliado a partir de uma área de teste para a calibração e a coleta de planos de apoio, como mostra a Figura 3.7.

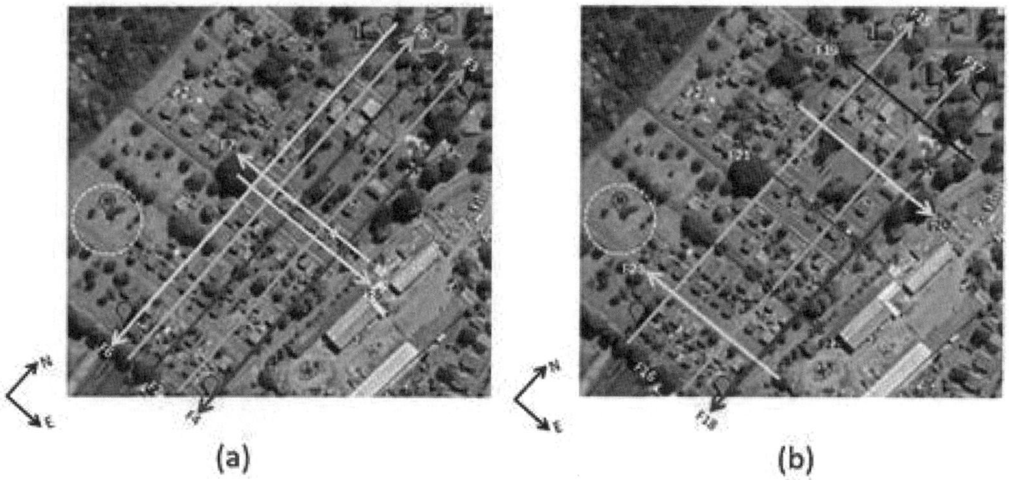

Figura 3.7 – Campo de calibração baseado em telhados planos para estimativa dos parâmetros de montagem do sistema LiDAR: (a) configuração das faixas LiDAR 1–8; (b) Configuração das faixas LiDAR 15–23.

Como mostra a Figura 3.7, o campo de calibração foi elaborado em uma região com telhados de diferentes configurações, uma vez que a abordagem empregada aqui é baseada em superfícies planas. A plataforma RPA S1000 da DJI está embarcada com um Velodyne VLP-16 Puck HI-RES (16 pulsos laser alinhados em inclinações de 10° até −10°), capaz de perfilar 300 mil pontos por segundo com acurácia em ρ (distância do sensor à superfície física da Terra) melhor que 0,03 m. A plataforma RPA é integrada com sensores GNSS/INS da Applanix APX-15, cuja acurácia posicional é de 0,02–0,05 m, e a acurácia angular é de 0,025° para os ângulos *pitch*/*roll* e de 0,08° para o ângulo *yaw* do INS, em pós-processamento.

Para se obterem nuvens de pontos LiDAR com acurácia posicional dentro do grau de confiabilidade estabelecido pelos sensores citados, a plataforma sobrevoou o campo de calibração apresentado na Figura 3.7 com 30 m e 50 m de altura de voo, com velocidade de cruzeiro de 4,5 m/s. O dispositivo laser perfilou a superfície com uma taxa de 400 Hz, gerando em torno de 4 ptos/m^2 para cada faixa LiDAR. Nesse experimento, foram obtidas 24 faixas LiDAR em direções opostas (N-Norte e E-Leste) e com as sobreposições mostradas na Tabela 3.3.

O valor máximo da densidade de pontos deve ser calculado em função da velocidade e da frequência de repetição do laser, usando-se a seguinte expressão:

$$D = \frac{FRP}{sw \cdot vc}, \tag{3.18}$$

em que *FRP* corresponde à frequência de repetição de pulso; *sw* é o comprimento da faixa; e *vc*, a velocidade de cruzeiro da plataforma.

Tabela 3.3 – Configurações de voo para a calibração do sistema LiDAR

Número da faixa	Altura de voo (m)	Direção	Pares sobre-postos	Taxa de sobrepo-sição	Direção	Pares sobre-postos	Taxa de sobrepo-sição	Altura de voo (m)
1	30	S-N	1 & 2	100 %	oposta	15 & 16	50 %	30
2	30	S-N	2 & 2	70 %	oposta	16 & 17	50 %	30
3	30	S-N	3 & 2	50 %	oposta	17 & 18	50 %	30
4	30	S-N	2 & 2	20 %	igual	19 & 20	50 %	30
5	30	S-N	1 & 2	70 %	igual	20 & 21	50 %	30
6	30	S-N	5 & 2	50 %	oposta	21 & 22	50 %	30
7	30	S-N	1 & 2	20 %	oposta	22 & 23	50 %	30
8	30	S-N	7 & 2	100 %	oposta	24 & 25	40 %	30
9	30	S-N	9 & 2	100 %	oposta	25 & 26	40 %	60
10	60	S-N	10 & 2	50 %	oposta	26 & 27	40 %	60
11	60	S-N	9 & 2	50 %	oposta	27 & 28	40 %	60
12	60	S-N	13 & 2	100 %	oposta	28 & 29	40 %	60
13	60	S-N				29 & 30	40 %	60
14	60	S-N				30 & 31	40 %	60
						31 & 32	40 %	60

Vale destacar que as abordagens de calibração reduzem as discrepâncias entre as primitivas por meio da estimativa confiável dos parâmetros de montagem do sistema LiDAR. Diversos trabalhos podem ser encontrados na literatura, como K. Bang et al., 2009; de Oliveira Jr. e dos Santos, 2019; dos Santos et al., 2021; A. Habib, Kersting, Bang et al., 2010; Kersting, 2011; Skaloud e Lichti, 2006.

3.2 AJUSTAMENTO DE FAIXAS LIDAR

Um procedimento não rigoroso, usado para minimizar o impacto dos erros sistemáticos nos parâmetros do sistema LiDAR, é conhecido como *ajustamento de faixas LiDAR*. Ele consiste em determinar os parâmetros de transformação (3 rotações e 3 translações) em pares de faixas LiDAR, sendo capaz de reduzir as discrepâncias existentes em regiões de sobreposição. Esse procedimento é feito para modelar os erros sistemáticos e distribuir os erros aleatórios nas faixas LiDAR, melhorando, dessa forma, a qualidade posicional do produto.

Nesta obra, serão apresentados dois métodos de ajustamento de faixas LiDAR, isto é, o método de ajustamento baseado em planos e o método de ajustamento baseado no algoritmo ICP (*iterative closest point*).

3.2.1 AJUSTAMENTO DE FAIXAS LIDAR USANDO PLANOS

Uma vez que há um conjunto de pares de planos correspondentes, o modelo matemático parte da equação vetorial do plano baseada em vetores normais, como segue:

$$n^T p = d, \tag{3.19}$$

sendo d a distância do plano à origem do sistema referencial.

Considerando-se que todo vetor $p = \begin{bmatrix} x & y & z \end{bmatrix}^T$, que satisfaz a Equação (3.20), pertence a um determinado plano na faixa LiDAR, como um telhado de edificação, um ponto p' pertencente a F_p (plano de pesquisa) e p (representando as coordenadas desse mesmo ponto em F_R-plano de referência) é relacionado pela seguinte equação:

$$p = Bp' + t, \tag{3.20}$$

sendo $B = \begin{bmatrix} b_{11} & b_{12} & b_{13} \\ b_{21} & b_{22} & b_{23} \\ b_{31} & b_{32} & b_{32} \end{bmatrix}$ a matriz de transformação linear (deve-se perceber que ela é compatível com a matriz empregada na transformação afim 3-D); e $t = \begin{bmatrix} t_x & t_y & t_z \end{bmatrix}^T$, os parâmetros de translação e $p' = \begin{bmatrix} x' & y' & z' \end{bmatrix}^T$.

Na Equação (3.20), pode-se empregar, na solução, a transformação afim 3-D em vez de uma matriz de rotação, com a finalidade de se manter a linearidade do modelo, uma vez que se pode desprezar a ortogonalidade da matriz B, dado que o sistema LiDAR dinâmico é embarcado com sensores GNSS/INS. Note-se que, dessa forma, não é possível se obterem diretamente os ângulos de rotação sem a influência dos demais parâmetros da transformação.

Como não há correspondência exata entre pontos de faixas adjacentes, deve ser realizada a correspondência "ponto a plano". Para isso, pode-se aplicar a Equação (3.19) na Equação (3.20), resultando na expressão que segue:

$$n^T\left(Bp' + t\right) = d \tag{3.21}$$

$$\begin{bmatrix} n_x & n_y & n_z \end{bmatrix}^T \left(\begin{bmatrix} b_{11} & b_{12} & b_{13} \\ b_{21} & b_{22} & b_{23} \\ b_{31} & b_{32} & b_{32} \end{bmatrix} \begin{bmatrix} x' \\ y' \\ z' \end{bmatrix} + \begin{bmatrix} t_x \\ t_y \\ t_z \end{bmatrix} \right) = d. \tag{3.22}$$

A Equação (3.22) relaciona um plano de uma faixa LiDAR com um ponto da faixa LiDAR adjacente. Essa relação é dada por 12 parâmetros (sendo 9 parâmetros da transformação linear B e 3 parâmetros da translação t). A matriz B pode ser representada do seguinte modo:

$$B = \begin{bmatrix} b_{11} & b_{12} & b_{13} \\ b_{21} & b_{22} & b_{23} \\ b_{31} & b_{32} & b_{32} \end{bmatrix} = \begin{bmatrix} {b_1}^T \\ {b_2}^T \\ {b_3}^T \end{bmatrix}, \tag{3.23}$$

sendo que ${b_i}^T$ corresponde à linha i da matriz B.

A Equação (3.22) pode ser reescrita empregando-se a Equação (3.23), como segue:

$$\begin{bmatrix} n_x & n_y & n_z \end{bmatrix}^T \left(\begin{bmatrix} {b_1}^T \\ {b_2}^T \\ {b_3}^T \end{bmatrix} p' + \begin{bmatrix} t_x \\ t_y \\ t_z \end{bmatrix} \right) = d, \tag{3.24}$$

sendo $n_x\left({b_1}^T p' + t_x\right) + n_y\left({b_2}^T p' + t_y\right) + n_z\left({b_3}^T p' + t_z\right) = d$

A Equação (3.24) relaciona um ponto p' de uma faixa LiDAR (referência) com o seu plano (n, d) correspondente na outra faixa LiDAR (pesquisa). Para cada um dos m pontos, há uma equação que faz a associação do mesmo com o seu plano correspondente (dentro do universo de k planos existentes). O conjunto de equações constitui um sistema que pode ser solucionado pelo modelo paramétrico linear do MMQ, a saber:

$$\begin{bmatrix} n_x^1 p'^1 & n_y^1 p'^1 & n_z^1 p'^1 & n_x^1 & n_y^1 & n_z^1 \\ \vdots & \vdots & \vdots & \vdots & \vdots & \vdots \\ n_x^k p'^m & n_y^k p'^m & n_z^k p'^m & n_x^k & n_y^k & n_z^k \end{bmatrix} \begin{bmatrix} b_1 \\ b_2 \\ b_3 \\ t_x \\ t_y \\ t_z \end{bmatrix} = \begin{bmatrix} d^1 \\ \vdots \\ d^k \end{bmatrix} \tag{3.25}$$

$$AX = L_b. \tag{3.26}$$

O sistema da Equação (3.25) é resolvido por um ajustamento paramétrico linear com 12 parâmetros (9 elementos da transformação linear). Para se obter uma solução única, recorre-se ao princípio do MMQ, como descrito anteriormente, a saber:

$$V^T V = \min V = AX - L_b. \tag{3.27}$$

V corresponde à distância de cada ponto em relação ao plano correspondente. Para que o sistema não apresente singularidade são necessários, pelo menos, 12 pontos correspondentes a 3 planos distintos. Os parâmetros são obtidos da forma que segue:

$$X = \left(A^T A\right)^{-1} A^T L_b. \tag{3.28}$$

Já a precisão estimada para cada parâmetro é obtida pela raiz quadrada do elemento correspondente da diagonal principal da matriz variância-covariância dos parâmetros Σ_X. Vale lembrar que, no emprego de tal formulação, não são atribuídos pesos, o que equivale a atribuir peso unitário (assim, arbitrado) a cada observação; assim, a análise estatística está subordinada a tais pesos arbitrários. Essa matriz é calculada pela seguinte equação:

$$\Sigma_X = \widehat{\sigma}_0^2 \left(A^T A\right)^{-1}. \tag{3.29}$$

Também é possível utilizar a matriz de rotação em vez da transformação linear, desprezando-se agora a linearidade do modelo. A substituição da transformação linear B pela matriz de rotação R resulta na seguinte equação:

$$n_x \left(r_1{}^T p' + t_x\right) + n_y \left(r_2{}^T p' + t_y\right) + n_z \left(r_3{}^T p' + t_z\right) = d, \tag{3.30}$$

sendo que $r_i{}^T$ corresponde à linha i da matriz de $R = \begin{bmatrix} r_{11} & r_{12} & r_{13} \\ r_{21} & r_{22} & r_{23} \\ r_{31} & r_{32} & r_{32} \end{bmatrix} = \begin{bmatrix} r_1{}^T \\ r_2{}^T \\ r_3{}^T \end{bmatrix}$.

Cada um dos m pontos resulta em uma equação que faz a associação do mesmo com o seu plano correspondente (dentro do universo de k planos existentes). Devido ao uso da matriz de rotação, que pode ser obtida em função de senos e cossenos dos ângulos de Euler, a Equação (3.30) é um modelo não linear:

$$L_a = F(X_a), \tag{3.31}$$

sendo $F(X_a) = n_x \left({r_1}^T p' + t_x \right) + n_y \left({r_2}^T p' + t_y \right) + n_z \left({r_3}^T p' + t_z \right) = d$; $L_a = L_b + V$, as observações ajustadas; e $L_b = d$, as pseudo-observações medidas.

Nos casos em que são usados modelos não lineares, é necessária uma estimativa inicial de $\overrightarrow{X}_O$ para os valores dos parâmetros, e a solução é refinada iterativamente. Tendo em vista que, nos dados provenientes do LiDAR, a discrepância entre as faixas é muito pequena, o valor inicial de cada parâmetro pode ser considerado igual a zero. O código fonte implementado em C/C++ para obtenção desses parâmetros é apresentado como segue:

```
#include "pcl/common/transformation_from_correspondences.h"
#include "pcl/common/transforms.h"
#include "pcl/features/normal_3-D .h"
#include "pcl/features/pfh.h"
#include "pcl/io/pcd_io.h"
#include "pcl/kdtree/kdtree_flann.h"
#include "pcl/keypoints/sift_keypoint.h"
#include "pcl/point_cloud.h"
#include "pcl/point_types.h"
#include <Eigen/Core>
#include <Eigen/Dense>
#include <Eigen/Eigen>
#include <armadillo>
#include <fstream>
#include <iostream>
#include <opencv/cv.h>
#include <pcl/common/common.h>
#include <pcl/common/io.h>
#include <pcl/features/integral_image_normal.h>
#include <pcl/filters/passthrough.h>
#include <pcl/filters/statistical_outlier_removal.h>
#include <pcl/registration/icp.h>
#include <pcl/registration/transforms.h>
#include <pcl/sample_consensus/ransac.h>
#include <pcl/sample_consensus/sac_model_plane.h>
#include <pcl/visualization/pcl_visualizer.h>
#include <string>
#include <vector>

#define PI 3.14159265358979323846
```

```
using namespace pcl;
using namespace std;
using namespace cv;

typedef pcl::PointXYZ PointType;

typedef struct Correspondencia {
  double x, y, z, nx, ny, nz, ro;
} Correspondencia;

FILE *WriteCorrespondenciaRef, *WriteCorrespondenciaPesq;

/*+------------------------------------------------------+
  + Serve para visualizar as nuvens de pontos de        +
  + referência e de pesquisa                            +
  +------------------------------------------------------+*/

void VisualizaParesNuvensAntes(
    pcl::PointCloud<pcl::PointXYZ>::Ptr &REFE,
    pcl::PointCloud<pcl::PointXYZ>::Ptr &PESQU) {
  pcl::visualization::PCLVisualizer viewer12(
      "Par de nuvem de pontos");
  viewer12.addPointCloud(REFE, "Nuvem 1");
  viewer12.setPointCloudRenderingProperties(
      pcl::visualization::PCL_VISUALIZER_COLOR, 0.0, 0.0, 1.0,
      "Nuvem 1");
  viewer12.addPointCloud(PESQU, "Nuvem 2");
  viewer12.setPointCloudRenderingProperties(
      pcl::visualization::PCL_VISUALIZER_COLOR, 1.0, 0.0, 0.0,
      "Nuvem 2");
  viewer12.setBackgroundColor(255, 255, 255);
  viewer12.addCoordinateSystem(1.0);
  viewer12.initCameraParameters();
  viewer12.spin();
}
void VisualizaParesNuvensDepois(
    pcl::PointCloud<pcl::PointXYZ>::Ptr &REFE,
    pcl::PointCloud<pcl::PointXYZ>::Ptr &PESQU) {
  pcl::visualization::PCLVisualizer viewer12(
      "Par de nuvem de pontos");
  viewer12.addPointCloud(REFE, "Nuvem 1");
  viewer12.setPointCloudRenderingProperties(
      pcl::visualization::PCL_VISUALIZER_COLOR, 0.0, 0.0, 1.0,
      "Nuvem 1");
  viewer12.addPointCloud(PESQU, "Nuvem 2");
  viewer12.setPointCloudRenderingProperties(
```

```
      pcl::visualization::PCL_VISUALIZER_COLOR, 1.0, 0.0, 0.0,
      "Nuvem 2");
  viewer12.setBackgroundColor(255, 255, 255);
  viewer12.addCoordinateSystem(1.0);
  viewer12.initCameraParameters();
  viewer12.spin();
}
/*+--------------------------------------------------------+
  + Serve para transladar a nuvem de referência para o seu  +
  + centroide. Isso facilita o registro dos pares de nuvens +
  + de pontos 3-D                                           +
  +-------------------------------------------------------+*/

void TransladaCentroide(
    pcl::PointCloud<pcl::PointXYZ>::Ptr &entrada,
    pcl::PointCloud<pcl::PointXYZ>::Ptr &saida, float xm,
    float ym, float zm) {

  saida->width = entrada->points.size();
  saida->height = 1;
  saida->is_dense = true;
  saida->points.resize(entrada->width * entrada->height);

  for (size_t l = 0; l < entrada->points.size(); ++l) {
    saida->points[l].x = entrada->points[l].x - xm;
    saida->points[l].y = entrada->points[l].y - ym;
    saida->points[l].z = entrada->points[l].z - zm;
  }
}

/*+--------------------------------------------------------+
  + Serve para reposicionar a nuvem global para a origem do +
  + sistema original +
  +-------------------------------------------------------+*/

void DevolveCentroide(
    pcl::PointCloud<pcl::PointXYZ>::Ptr &entrada,
    pcl::PointCloud<pcl::PointXYZ>::Ptr &saida, float xm,
    float ym, float zm) {

  saida->width = entrada->points.size();
  saida->height = 1;
  saida->is_dense = true;
  saida->points.resize(entrada->width * entrada->height);

  for (size_t l = 0; l < entrada->points.size(); ++l) {
    saida->points[l].x = entrada->points[l].x + xm;
```

```
      saida->points[l].y = entrada->points[l].y + ym;
      saida->points[l].z = entrada->points[l].z + zm;
    }
}
/*+--------------------------------------------------------+
    Coleta pontos na nuvem de referência para ajustamento
    manual
  +--------------------------------------------------------+*/
void pp_callback_ref(
      const pcl::visualization::PointPickingEvent &event,
      void *viewer_void) {
    if (event.getPointIndex() != -1) {
      float x, y, z;
      event.getPoint(x, y, z);
      cout << x << " " << y << " " << z << endl;
      fprintf(WriteCorrespondenciaRef, "%f %f %f\n", x, y, z);
    }
}

/*+--------------------------------------------------------+
    Coleta pontos na nuvem de pesquisa para ajustamento
    manual
  +--------------------------------------------------------+*/
void pp_callback_pesq(
      const pcl::visualization::PointPickingEvent &event,
      void *viewer_void) {
    if (event.getPointIndex() != -1) {
      float x, y, z;
      event.getPoint(x, y, z);
      cout << x << " " << y << " " << z << endl;
      fprintf(WriteCorrespondenciaPesq, "%f %f %f\n", x, y, z);
    }
}

/*+--------------------------------------------------------+
    Serve para visualizar as nuvens de pontos de referência
    e de pesquisa
  +--------------------------------------------------------+*/
void JanelaColetaCorrespondencia(
      pcl::PointCloud<pcl::PointXYZ>::Ptr &REFE,
      pcl::PointCloud<pcl::PointXYZ>::Ptr &PESQU) {

    WriteCorrespondenciaRef =
        fopen("Correspondencia_Ref.txt", "w");

    boost::shared_ptr<pcl::visualization::PCLVisualizer>
        viewer_ref(new pcl::visualization::PCLVisualizer(
```

```
        "Nuvem de Referência"));
    viewer_ref->addCoordinateSystem(3.0, "coordenadas");
    viewer_ref->setBackgroundColor(255.0, 255.0, 255.0, 0);

    pcl::visualization::PointCloudColorHandler<PointType>::Ptr
        handler_ref;
    const std::type_info &type = typeid(PointType);
    boost::shared_ptr<
        pcl::visualization::PointCloudColorHandlerGenericField<
            PointType>>
        color_handler_ref(
            new pcl::visualization::
                PointCloudColorHandlerGenericField<PointType>(
                    "intensity"));
    handler_ref = color_handler_ref;

    handler_ref->setInputCloud(REFE);
    viewer_ref->addPointCloud(REFE, *handler_ref,
                              "Nuvem de Pontos 3-D ");

    viewer_ref->setPointCloudRenderingProperties(
        pcl::visualization::PCL_VISUALIZER_POINT_SIZE, 1,
        "Nuvem de Pontos 3-D ");
    viewer_ref->addCoordinateSystem(1.0);
    viewer_ref->registerPointPickingCallback(pp_callback_ref,
                                             (void *)&viewer_ref);

    // Coleta pontos correspondentes manualmente na nuvem de
    // PESQUISA
    WriteCorrespondenciaPesq =
        fopen("Correspondencia_Pesq.txt", "w");

    boost::shared_ptr<pcl::visualization::PCLVisualizer>
        viewer_pesq(new pcl::visualization::PCLVisualizer(
            "Nuvem de Pesquisa"));
    viewer_pesq->addCoordinateSystem(3.0, "coordenadas");
    viewer_pesq->setBackgroundColor(255.0, 255.0, 255.0, 0);

    pcl::visualization::PointCloudColorHandler<PointType>::Ptr
        handler_pesq;
    //          const std::type_info& type = typeid( PointType );
    boost::shared_ptr<
        pcl::visualization::PointCloudColorHandlerGenericField<
            PointType>>
        color_handler_pesq(
            new pcl::visualization::
                PointCloudColorHandlerGenericField<PointType>(
```

```
                    "intensity"));
  handler_pesq = color_handler_pesq;

  handler_pesq->setInputCloud(PESQU);
  viewer_pesq->addPointCloud(PESQU, *handler_pesq,
                             "Nuvem de Pontos 3-D ");

  viewer_pesq->setPointCloudRenderingProperties(
      pcl::visualization::PCL_VISUALIZER_POINT_SIZE, 1,
      "Nuvem de Pontos 3-D ");
  viewer_pesq->addCoordinateSystem(1.0);
  viewer_pesq->registerPointPickingCallback(
      pp_callback_pesq, (void *)&viewer_pesq);

  while (!viewer_ref->wasStopped()) {
    viewer_ref->spinOnce(100);
    boost::this_thread::sleep(
        boost::posix_time::microseconds(100000));
  }
  while (!viewer_pesq->wasStopped()) {
    viewer_pesq->spinOnce(100);
    boost::this_thread::sleep(
        boost::posix_time::microseconds(100000));
  }

  fclose(WriteCorrespondenciaRef);
  fclose(WriteCorrespondenciaPesq);
}

/*+-----------------------------------------------------+
   Leitura dos pontos correspondentes gravados após a
   coleta de pontos na nuvem de referência e pesquisa
  +-----------------------------------------------------+*/
void LeituraCorrespondentes(const char *buf, int &nptos,
                            struct Correspondencia *PntosPlano) {
  ifstream file;
  string line, linedata;
  int number_of_line;

  file.open(buf);
  if (!file.is_open()) {
    cout << "Arquivo Correspondencia_par1.txt não existe!"
         << endl;
    file.clear();
  }

  // Leitura do arquivo de entrada
```

```
    nptos = 0;
    while (getline(file, linedata)) {
      istringstream ss(linedata);
      ss.precision(15);
      ss.fixed;
      PntosPlano[nptos].x = 0.0;
      PntosPlano[nptos].y = 0.0;
      PntosPlano[nptos].z = 0.0;
      PntosPlano[nptos].nx = 0.0;
      PntosPlano[nptos].ny = 0.0;
      PntosPlano[nptos].nz = 0.0;
      PntosPlano[nptos].ro = 0.0;

      ss >> number_of_line >> PntosPlano[nptos].nx >>
          PntosPlano[nptos].ny >> PntosPlano[nptos].nz >>
          PntosPlano[nptos].ro >> PntosPlano[nptos].x >>
          PntosPlano[nptos].y >> PntosPlano[nptos].z;

      nptos++;
    }
    file.close(); // Fecha arquivo de entrada;
}

/*+---------------------------------------------------------+
   Serve para visualizar as nuvens de pontos de referência
   e de pesquisa
  +---------------------------------------------------------+*/
void VisualizaNuvemGlobal(
    const pcl::PointCloud<pcl::PointXYZ>::Ptr &NUVEM) {
  boost::shared_ptr<pcl::visualization::PCLVisualizer> viewer2(
      new pcl::visualization::PCLVisualizer(
          "Nuvem de Pontos 3-D "));

  viewer2->addCoordinateSystem(3.0, "coordenadas");
  viewer2->setBackgroundColor(255.0, 255.0, 255.0, 0);

  pcl::visualization::PointCloudColorHandler<PointType>::Ptr
      handler;
  const std::type_info &type = typeid(PointType);
  boost::shared_ptr<
      pcl::visualization::PointCloudColorHandlerGenericField<
          PointType>>
      color_handler(
          new pcl::visualization::
              PointCloudColorHandlerGenericField<PointType>(
                  "intensity"));
  handler = color_handler;
```

```
    handler->setInputCloud(NUVEM);
    viewer2->addPointCloud(NUVEM, *handler,
                           "Nuvem de Pontos 3-D _");
    viewer2->spin();
    viewer2->close();
}
/*+-------------------------------------------------------+
  +             Calcula a Matriz de Rotação               +
  +        Syntax:                                        +
  +        rtc(w, phi, k, trig, r)                        +
  +        sendo:                                         +
  +        k, phi, w os parâmetros de rotacao             +
  +        r uma matriz 3x3                               +
  +        trig as funcoes trignometricas                 +
  +-------------------------------------------------------+*/

void rtc(double k, double fi, double w, double trig[6],
         double r[3][3]) {

  // Rotation matrix
  r[0][0] = cos(fi) * cos(k);
  r[0][1] = cos(w) * sin(k) + sin(w) * sin(fi) * cos(k);
  r[0][2] = sin(w) * sin(k) - cos(w) * sin(fi) * cos(k);
  r[1][0] = -cos(fi) * sin(k);
  r[1][1] = cos(w) * cos(k) - sin(w) * sin(fi) * sin(k);
  r[1][2] = sin(w) * cos(k) + cos(w) * sin(fi) * sin(k);
  r[2][0] = sin(fi);
  r[2][1] = -sin(w) * cos(fi);
  r[2][2] = cos(w) * cos(fi);
}
/*+-------------------------------------------------------+
  +                  m  d  p  _  A                        +
  + Calcula matriz das derivadas parciais em relaçao aos  +
  + parâmetros                                            +
  +-------------------------------------------------------+*/
void mdp_A(int i, double ka, double fi, double om, double nx,
           double ny, double nz, double x, double y, double z,
           arma::mat &AA) {

  double r11 = cos(fi) * cos(ka);
  double r12 = cos(om) * sin(ka) + sin(om) * sin(fi) * cos(ka);
  double r13 = sin(om) * sin(ka) - cos(om) * sin(fi) * cos(ka);
  double r21 = -cos(fi) * sin(ka);
  double r22 = cos(om) * cos(ka) - sin(om) * sin(fi) * sin(ka);
  double r23 = sin(om) * cos(ka) + cos(om) * sin(fi) * sin(ka);
  double r31 = sin(fi);
```

```
    double r32 = -sin(om) * cos(fi);
    double r33 = cos(om) * cos(fi);

    double dr11dfi = -sin(fi) * cos(ka);
    double dr12dfi = sin(om) * cos(fi) * cos(ka);
    double dr13 - D fi = -cos(om) * cos(fi) * cos(ka);
    double dr21dfi = sin(fi) * sin(ka);
    double dr22dfi = -sin(om) * cos(fi) * sin(ka);
    double dr23 - D fi = cos(om) * cos(fi) * sin(ka);
    double dr31dfi = cos(fi);
    double dr32dfi = sin(om) * sin(fi);
    double dr33 - D fi = -cos(om) * sin(fi);

    AA(i, 0) = nx * (r21 * x + r22 * y + r23 * z) -
               ny * (r11 * x + r12 * y + r13 * z);
    AA(i, 1) = nx * (dr11dfi * x + dr12dfi * y + dr13 - D fi * z) +
               ny * (dr21dfi * x + dr22dfi * y + dr23 - D fi * z) +
               nz * (dr31dfi * x + dr32dfi * y + dr33 - D fi * z);
    AA(i, 2) = nx * (-r13 * y + r12 * z) +
               ny * (-r23 * y + r22 * z) +
               nz * (-r33 * y + r32 * z);
    AA(i, 3) = nx;
    AA(i, 4) = ny;
    AA(i, 5) = nz;
}

/*+---------------------------------------------------------+
  +                  m   d   p   _   B                       +
  + Calcula matriz das derivadas parciais em relaçao as      +
  + observações                                              +
  +----------------------------------------------------------+*/
void mdp_B(int i, double k, double fi, double w, double Tx,
           double Ty, double Tz, double nx, double ny, double nz,
           double ro, double x, double y, double z,
           arma::mat &BB) {

  // Derivations under x, y and z
  BB(i, (i * 7)) = nx * (cos(k) * cos(fi)) +
                   ny * (-cos(k) * sin(k)) + nz * (sin(fi));

  BB(i, (i * 7) + 1) =
      nx * (sin(k) * cos(w) + cos(k) * sin(fi) * sin(w)) +
      ny * (cos(k) * cos(w) - sin(k) * sin(fi) * sin(w)) +
      nz * (-sin(w) * cos(fi));

  BB(i, (i * 7) + 2) =
      nx * (sin(w) * sin(k) - cos(k) * sin(fi) * cos(w)) +
```

```
        ny * (cos(k) * sin(w) + sin(k) * sin(fi) * cos(w)) +
        nz * (cos(w) * cos(fi));

    // Derivations under nx, ny, nz and ro
    BB(i, (i * 7) + 3) =
        x * (cos(k) * cos(fi)) +
        y * (sin(k) * cos(w) + cos(k) * sin(fi) * sin(w)) +
        z * (sin(w) * sin(k) - cos(k) * sin(fi) * cos(w)) + Tx;

    BB(i, (i * 7) + 4) =
        x * (-cos(fi) * sin(k)) +
        y * (cos(k) * cos(w) - sin(k) * sin(fi) * sin(w)) +
        z * (cos(k) * sin(w) + sin(k) * sin(fi) * cos(w)) + Ty;

    BB(i, (i * 7) + 5) = x * (sin(fi)) + y * (-sin(w) * cos(fi)) +
                         z * (cos(w) * cos(fi)) + Tz;

    BB(i, (i * 7) + 6) = 1.0;
}
/*+-----------------------------------------------------------+
  + Estima os parâmetros de transformação entre um par de      +
  + nuvens de pontos 3-D minimizando a distância entre dois    +
  + pontos usando o DualQuatérnios                             +
  +-----------------------------------------------------------+*/
void EstimaParametrosTransformacao(
    double k_aprox, double phi_aprox, double w_aprox,
    double Tx_aprox, double Ty_aprox, double Tz_aprox, int conv,
    struct Correspondencia *PtosPlano, int num_corresp,
    arma::vec &Xa, arma::mat &MVC) {

  double k, fi, w, Tx, Ty, Tz, trig[6], r[3][3];

  arma::vec Xo_aux(6), Xzero(6), Lb(50), F(7), La(50), Lo(50),
      L(50), W(50), X(6), U(50), V(50);
  arma::mat P(50, 50), Pinv(50, 50), A(7, 6), B(7, 50), M(7, 7),
      BBt(50, 50), N(6, 6);

  Xo_aux(0) = k_aprox;
  Xo_aux(1) = phi_aprox;
  Xo_aux(2) = w_aprox;
  Xo_aux(3) = Tx_aprox;
  Xo_aux(4) = Ty_aprox;
  Xo_aux(5) = Tz_aprox;

  // Monta o vetor Lb para 1a. iteração
  for (int i = 0; i < num_corresp; ++i) {
    Lb(i * 7) = PtosPlano[i].nx;
```

```
    Lb(i * 7 + 1) = PtosPlano[i].ny;
    Lb(i * 7 + 2) = PtosPlano[i].nz;
    Lb(i * 7 + 3) = PtosPlano[i].ro;
    Lb(i * 7 + 4) = PtosPlano[i].x;
    Lb(i * 7 + 5) = PtosPlano[i].y;
    Lb(i * 7 + 6) = PtosPlano[i].z;
  }

  Xa = Xo_aux;

  // Monta o vetor La para 1a. iteração
  La = Lb;

  int flag1 = 0, NI = 0;
  do {

    // Monta o vetor W
    k = Xa(0);
    fi = Xa(1);
    w = Xa(2);
    rtc(k, fi, w, trig, r);

    for (int i = 0; i < num_corresp; ++i) {
      double x = (r[0][0] * La(i * 7 + 4)) +
                 (r[0][1] * La(i * 7 + 5)) +
                 (r[0][2] * La(i * 7 + 6)) + Xa(3, 0);
      double y = (r[1][0] * La(i * 7 + 4)) +
                 (r[1][1] * La(i * 7 + 5)) +
                 (r[1][2] * La(i * 7 + 6)) + Xa(4, 0);
      double z = (r[2][0] * La(i * 7 + 4)) +
                 (r[2][1] * La(i * 7 + 5)) +
                 (r[2][2] * La(i * 7 + 6)) + Xa(5, 0);

      F(i) = La(i * 7) * x + La(i * 7 + 1) * y +
             La(i * 7 + 2) * z + La(i * 7 + 3);
    }

    // Monta as matrizes A e B
    for (int i = 0; i < num_corresp; i++) {
      double nx = La(i * 7);
      double ny = La(i * 7 + 1);
      double nz = La(i * 7 + 2);
      double ro = La(i * 7 + 3);
      double x = La(i * 7 + 4);
      double y = La(i * 7 + 5);
      double z = La(i * 7 + 6);

```

```
        mdp_A(i, k, fi, w, nx, ny, nz, x, y, z, A);

        mdp_B(i, k, fi, w, Xa(3), Xa(4), Xa(5), nx, ny, nz, ro, x,
              y, z, B);
    }

    // Monta o vetor Lo para 1a. iteração
    Lo = La;

    Xzero = Xa;

    // Monta o vetor L (Lo-Lb)
    L = Lb - Lo;

    // Monta o vetor W
    W = B * L + F;

    // Monta a matriz M
    M = inv(B * B.t());

    // Monta a matriz N
    N = inv(A.t() * M * A);

    // Monta o vetor U
    U = A.t() * M * W;

    // Estima os parâmetros de transformação
    X = -(N * U);

    // Calcula Xa = Xo + X
    Xa = X + Xzero;

    // Monta vetor V
    V = -B.t() * M * (A * X + W);

    La = Lb + V;

    // Criterio de Convergência
    flag1 = 0;
    if ((fabs(Xzero(3) - Xa(3)) > conv) &&
        (fabs(Xzero(4) - Xa(4)) > conv) &&
        (fabs(Xzero(5) - Xa(5)) > conv))
      flag1 = 1; // Não convergiu ainda!!

    NI++;
  } while ((flag1 == 1) && (NI < 100));
```

```
  cout << "Número de iteracoes: " << NI << endl;
}
/*+-----------------------------------------------------+
  + Ajustamento de pares de nuvens TLS usando abordagem  +
  + ponto-a-plano                                          +
  +-----------------------------------------------------+*/
int AjustamentoNuvens() {

  // Create some new point clouds to hold our data
  pcl::PointCloud<pcl::PointXYZ>::Ptr REF(
      new pcl::PointCloud<pcl::PointXYZ>);
  pcl::PointCloud<pcl::PointXYZ>::Ptr REFERENCIA(
      new pcl::PointCloud<pcl::PointXYZ>);

  pcl::PointCloud<pcl::PointXYZ>::Ptr PESQ(
      new pcl::PointCloud<pcl::PointXYZ>);
  pcl::PointCloud<pcl::PointXYZ>::Ptr PESQUISA(
      new pcl::PointCloud<pcl::PointXYZ>);

  pcl::PointCloud<pcl::PointXYZ>::Ptr RESULTADO(
      new pcl::PointCloud<pcl::PointXYZ>);
  pcl::PointCloud<pcl::PointXYZ>::Ptr NUVEMGLOBAL(
      new pcl::PointCloud<pcl::PointXYZ>);

  Eigen::Matrix4f transform_ransac;

  ifstream NumFaixas; // Lê o arquivo *.pcd das faixas de voo
  string linha, VISUALIZAPARES, VISUALIZANUVEM;

  int NUM_FAIXAS, //  Define o número de faixas a ser processado
      conv;

  double qw, qx, qy, qz, Ko_, FIo_, Wo_, Ko, FIo, Wo, TXo, TYo,
      TZo;

  // Abre o arquivo que indica a quantidade de faixas do
  // recobrimento
  NumFaixas.open("READ.txt");
  if (!NumFaixas.is_open()) {
    cout << "Arquivo READ.txt Não Existe!";
    NumFaixas.clear();
    return 0;
  }
  while (getline(NumFaixas, linha)) {
    istringstream ss(linha);
    ss.fixed;
    ss >> Ko >> FIo >> Wo >> TXo >> TYo >> TZo >> NUM_FAIXAS >>
```

```
        conv >> VISUALIZANUVEM;
    }
    NumFaixas.close();

    cout << "Parâmetros de entrada:" << Ko << FIo << Wo << TXo
         << TYo << TZo << NUM_FAIXAS << conv << VISUALIZANUVEM
         << endl;

    int LOOP = 0;
    while (LOOP < NUM_FAIXAS) {

      cout << "Lendo arquivo das nuvens: " << LOOP << " e "
           << LOOP + 1 << endl;
      if (LOOP == 0) {
        stringstream ss;
        ss << "n" << LOOP << ".pcd";
        if (pcl::io::loadPCDFile<pcl::PointXYZ>(
                ss.str(), *REFERENCIA) == -1) {
          cout << "O arquivo n" << LOOP << ".pcd não existe!"
               << endl;
          return (-1);
        }

      } else
        *REFERENCIA = *RESULTADO;

      stringstream ss_;
      ss_ << "n" << LOOP + 1 << ".pcd";
      if (pcl::io::loadPCDFile<pcl::PointXYZ>(ss_.str(),
                                              *PESQUISA) == -1) {
        cout << "O arquivo n" << LOOP + 1 << ".pcd não existe!"
             << endl;
        return (-1);
      }

      // Coleta pontos correspondentes manualmente na nuvem de
      // REFERENCIA
      // if (VISUALIZANUVEM == "S")
      // VisualizaParesNuvensAntes(REFERENCIA,PESQUISA);
      // VisualizaParesNuvensAntes(REFERENCIA,PESQUISA);

      cout << "Ajustando o par de nuvens " << LOOP << " e "
           << LOOP + 1 << endl;

      /****************************** "PONTO A PLANO"
       * ************************************/
      // Abre o arquivo com pontos correspondentes
```

```
    struct Correspondencia PtosPlano[100];
    const char *buf1;
    int num_corresp;

    // Leitura dos pontos coletados na nuvem de referência
    buf1 = "Correspondencia_par1.txt";
    LeituraCorrespondentes(buf1, num_corresp, PtosPlano);

    arma::vec X(6);
    arma::mat MVC(6, 6);

    EstimaParametrosTransformacao(Ko, FIo, Wo, TXo, TYo, TZo,
                                  conv, PtosPlano, num_corresp,
                                  X, MVC);

    cout << "Parâmetros de Transformação (k,fi,w,Tx,Ty,Tz)"
         << endl;
    cout << X(0, 0) << " " << X(1) << " " << X(2) << " " << X(3)
         << " " << X(4) << " " << X(5) << endl;
    cout << "MVC dos Parametros" << endl;
    cout << MVC << endl;

    Eigen::Matrix4f R = Eigen::Matrix4f::Identity(), Ti;
    double K, FI, W, trig[6], rb[3][3];

    qx =  0.0175581512239842;
    qy = -0.000488301587074968;
    qz = -0.00189663096145770;
    qw =  0.999843925659476;
    double sinr = +2.0 * (qw * qx + qy * qz);
    double cosr = +1.0 - 2.0 * (qx * qx + qy * qy);
    Wo_ = atan2(sinr, cosr);

    double sinp = +2.0 * (qw * qy - qz * qx);
    if (fabs(sinp) >= 1)
      FIo_ = copysign(M_PI / 2,
                      sinp); // use 90 degrees if out of range
    else
      FIo_ = asin(sinp);

    double siny = +2.0 * (qw * qz + qx * qy);
    double cosy = +1.0 - 2.0 * (qy * qy + qz * qz);
    Ko_ = atan2(siny, cosy);

    cout << "Rotacao do Nadisson:" << endl;
    cout << Ko_ << " " << FIo_ << " " << Wo_ << endl;

```

```
      Ko_ = Ko_ * (PI / 180.);
      FIo_ = FIo_ * (PI / 180.);
      Wo_ = Wo_ * (PI / 180.);
      rtc(Ko_, FIo_, Wo_, trig, rb);

      K = X(0, 0) * (PI / 180.);
      FI = X(1, 0) * (PI / 180.);
      W = X(2, 0) * (PI / 180.);
      // K = X(0,0); FI = X(1,0); W = X(2,0);
      rtc(K, FI, W, trig, rb);

      R(0, 0) = rb[0][0];
      R(0, 1) = rb[0][1];
      R(0, 2) = rb[0][2];
      R(0, 3) = X(3, 0);
      R(1, 0) = rb[1][0];
      R(1, 1) = rb[1][1];
      R(1, 2) = rb[1][2];
      R(1, 3) = X(4, 0);
      R(2, 0) = rb[2][0];
      R(2, 1) = rb[2][1];
      R(2, 2) = rb[2][2];
      R(2, 3) = X(5, 0);
      R(3, 0) = 0.0;
      R(3, 1) = 0.0;
      R(3, 2) = 0.0;
      R(3, 3) = 1.0;

      Ti = R;

      pcl::transformPointCloud(*PESQUISA, *RESULTADO, Ti);

      // if (VISUALIZANUVEM == "S")
      // VisualizaParesNuvensDepois(REFERENCIA,RESULTADO);
      VisualizaParesNuvensDepois(REFERENCIA, RESULTADO);

      if (LOOP == 0) {
        *NUVEMGLOBAL = *REFERENCIA;
        *NUVEMGLOBAL += *RESULTADO;
      } else
        *NUVEMGLOBAL += *RESULTADO;

      LOOP++;
    }
    // Visualiza nuvem completa
    pcl::PointCloud<pcl::PointXYZ>::Ptr NP(
        new pcl::PointCloud<pcl::PointXYZ>);
```

```
  pcl::VoxelGrid<pcl::PointXYZ> grid_global1;
  grid_global1.setLeafSize(0.2, 0.2, 0.2);
  grid_global1.setInputCloud(NUVEMGLOBAL);
  grid_global1.filter(*NP);

  if (VISUALIZANUVEM == "S")
    VisualizaNuvemGlobal(NP);

  cout << "Salvando nuvem de pontos 3-D  globalmente consistente"
       << endl;
  stringstream salve;
  salve << "NuvemGlobalAjustada.pcd";
  pcl::io::savePCDFileASCII(salve.str(), *NUVEMGLOBAL);

  return 0;
}

int main() { return (AjustamentoNuvens()); }
```

Para ilustrar o potencial da ideia apresentada, considere a seguinte situação: dado um conjunto de nuvens de pontos LiDAR obtido em um aerolevantamento LiDAR, cuja área está localizada no município de Recife-PE; os dados abrangem uma região de 1 km × 1 km, contendo 11 faixas, sendo 6 no sentido Noroeste-Sudeste (NO-SE) e 5, no sentido Sudoeste-Nordeste (SO-NE). Os dados foram obtidos por meio do sistema LIDAR OPTECH ALTM Gemini. A Tabela 3.4 descreve as principais características do sensor.

Tabela 3.4 – Características do sistema LIDAR OPTECH ALTM Gemini

Característica	Valor
Frequência de Repetição de Pulsos (PRF)	65 Hz
Altitude de operação	150–4000 m
Ângulo de abertura	0° a $\pm 10^\circ$
Precisão altimétrica	5–30 cm
Precisão planimétrica	$1/5000 \times h$
Mecanismo	Espelho oscilante

A área-teste corresponde a uma região de alto grau de urbanização, contendo, aproximadamente, 12 milhões de pontos nas 11 faixas. A densidade média de pontos por faixa é igual a 5,5 ponto/m^2.

As faixas LiDAR apresentam aproximadamente 220 m de largura, com recobrimento lateral de 30 %. A altura de voo utilizada no referido aerolevantamento foi de 600 m. Admitindo-se que as nuvens de pontos foram devidamente filtradas e os *outliers* foram detectados e removidos dos dados, a Tabela 3.5 apresenta a precisão dos planos extraídos em cada uma das áreas, enquanto a Tabela 3.6 apresenta o número de pontos por plano.

Tabela 3.5 – Precisão dos planos extraídos

	A	B	C	D	E	F	G	H	I
Média (cm)	2,527	2,355	2,673	2,496	2,583	2,623	2,572	2,556	2,574
Mínimo (cm)	1,501	1,719	1,765	1,695	1,791	1,946	1,940	1,656	1,618
Máximo (cm)	4,906	3,664	4,941	5,550	3,529	3,794	3,494	4,392	4,918

Nas Tabelas Tabelas 3.5 e 3.6, fica evidente o impacto da seleção dos parâmetros. Na Tabela 3.5, verifica-se que os planos extraídos apresentam precisão na ordem de 2,5 cm, sendo que, no pior caso, apresentou precisão igual a 5,55 cm. A elevada precisão dos planos extraídos é consequência de a tolerância de distância "ponto a plano" ser igual a 10 cm na filtragem com RANSAC e no refinamento realizado durante a extração dos planos. Já na Tabela 3.5, pode ser visto que, na média, foram extraídos planos com um número elevado de pontos. A Tabela 3.7 mostra os parâmetros de transformação calculados para cada uma das áreas.

Tabela 3.6 – Número de pontos de cada plano de telhado extraído

Área	A	B	C	D	E	F	G	H	I
Média	97,25	156,15	148,45	120,86	162	136,27	140,27	112,34	134,83
Mínimo	40	41	40	41	41	42	42	40	40
Máximo	308	495	469	492	496	421	464	312	453

Nas áreas correspondentes às faixas com sentido SO-NE, há uma translação significativa na componente x, na ordem de 75 cm. Já nas faixas com sentido perpendicular (sentido SE-NO), a componente maior da translação é em y. Essa variação ocorre devido ao fato de que a componente planimétrica do erro sistemático de translação depende da direção voo. Os valores significativos de translação indicam que a faixa não foi ajustada previamente, ou que o dispositivo LiDAR se encontrava levemente inclinado durante a aquisição dos dados. Já os valores dos ângulos de rotação calculados não foram significativos, apresentando valores inferiores a 0,1°.

Tabela 3.7 – Parâmetros de transformação calculados para cada faixa

Parâmetros	A	B	C	D	E	F	G	H	I
tx (cm)	75,23	−80,42	69,71	−78,84	14,17	13,55	11,40	10,49	12,14
ty (cm)	7,36	5,87	7,43	7,48	56,17	−36,76	58,20	−33,25	54,41
tz (cm)	2,15	1,5	1,38	3,31	−1,14	−0,60	2,81	0,01	−3,02
ω (graus)	−0,018	0,050	−0,017	0,045	0,077	0,005	0,097	0,004	0,070
φ (graus)	−0,036	0,105	−0,035	0,106	−0,049	−0,002	−0,059	−0,002	−0,046
κ (graus)	0,005	0,002	0,000	−0,001	0,001	−0,002	−0,003	0,004	−0,001

Após o cálculo dos parâmetros de transformação, é possível avaliar os resíduos da distância "ponto a plano" antes e após o ajustamento das faixas laser. Dessa forma, pode ser feita uma avaliação da qualidade posicional relativa dos dados LiDAR (ver Capítulo 4).

3.2.2 MÉTODO DE AJUSTAMENTO DE FAIXAS LIDAR POR APROXIMAÇÕES ITERATIVAS

Visto que faixas LiDAR são geralmente disponíveis, e a natureza dos objetos presentes no ambiente é imprevisível (presença de regiões homogêneas e heterogêneas, com riqueza ou deficiência de primitivas), o algoritmo ICP também pode ser empregado para ajustamento de faixas LiDAR, baseado em aproximações iterativas. O algoritmo ICP é baseado em uma abordagem "ponto a forma", e a solução é feita de forma iterativa. A ideia é usar uma função que minimize o somatório dos resíduos ao quadrado de pontos pseudocorrespondentes para estimar os parâmetros de transformação (3 parâmetros de rotação ω, φ, κ e 3 parâmetros de translação t_x, t_y, t_z) entre cada par de faixas LiDAR.

Primeiramente, será apresentado a seguir o método proposto por Horn, 1987, cujo modelo matemático é a base para o ICP.

3.2.2.1 MÉTODO PROPOSTO POR HORN

Horn desenvolveu um método que utiliza quatérnios para encontrar as relações entre dois sistemas de coordenadas a partir de pares de pontos correspondentes. Nesse método, a origem do sistema de coordenadas de cada nuvem de pontos é transladada para o centroide dela. A realização desse deslocamento permite que o método seja realizado em duas etapas, sendo que a primeira consiste no cálculo das rotações, empregando-se quatérnios, seguida do cálculo da translação.

Para realizar o registro entre dois conjuntos de pontos correspondentes (a e b), o método minimiza a seguinte função de erro:

$$e = \sum_i \|Ra_i + t - b_i\|^2 , \tag{3.32}$$

sendo R a matriz de rotação 3-D; t o vetor de translação 3-D; a_i um ponto i do conjunto a; e b_i, um ponto i do conjunto b homólogo ao ponto a_i.

Nesse método, os centroides de cada conjunto de pontos são calculados usando-se a seguinte expressão, como segue:

$$\begin{aligned} \bar{a} &= \frac{1}{n}\sum_i a_i \\ \bar{b} &= \frac{1}{n}\sum_i b_i \end{aligned} , \tag{3.33}$$

sendo $\bar{a}$ o centroide do conjunto a; $\bar{b}$, o centroide do conjunto b; e n, o número de pontos.

Em seguida, é realizada a translação da nuvem de pontos para o centroide.

$$\begin{aligned} a_i' &= a_i - \bar{a} \\ b_i' &= b_i - \bar{b} \end{aligned} , \tag{3.34}$$

com a_i' descrevendo o ponto i do conjunto a com coordenadas em relação ao centroide, e b_i' denotando o ponto i do conjunto b com coordenadas em relação ao centroide.

Após a translação, o somatório das coordenadas de cada nuvem de pontos passa a ser nulo, como segue:

$$\sum_i a_i' = \sum_i (a_i - \bar{a}) = \sum_i a_i - \sum_i \bar{a} = \sum_i a_i - n\bar{a} = \sum_i a_i - n\frac{1}{n}\sum_i a_i = 0$$
$$\sum_i b_i' = \sum_i (b_i - \bar{b}) = \sum_i b_i - \sum_i b = \sum_i b_i - n\bar{b} = \sum_i b_i - n\frac{1}{n}\sum_i b_i = 0. \tag{3.35}$$

Desenvolvendo-se a Equação (3.32) e empregando-se os resultados encontrados na Equação (3.35), tem-se:

$$\begin{aligned}
\sum_i \|Ra_i + t - b_i\|^2 &= \sum_i \left\|R\left(a_i' + \bar{a}\right) + t - \left(b_i' + \bar{b}\right)\right\|^2 \\
&= \sum_i \left\|\left(Ra_i' - b'_i\right) + \left(R\bar{a} - \bar{b} + t\right)\right\|^2 \\
&= \sum_i \left\|Ra_i' - b'_i\right\|^2 + \sum_i \|(R\bar{a} - \bar{b} + t)\|^2 \\
&\quad + 2\sum_i \left(Ra_i' - b'_i\right) \cdot \left(R\bar{a} - \bar{b} + t\right) \\
&= \sum_i \left\|Ra_i' - b'_i\right\|^2 + n\,\|(R\bar{a} - \bar{b} + t)\|^2 \\
&\quad + 2\left[\left(R\sum_i a_i' - \sum_i b'_i\right) \cdot \left(R\bar{a} - \bar{b} + t\right)\right] \\
&= \sum_i \left\|Ra_i' - b'_i\right\|^2 + n\,\|(R\bar{a} - \bar{b} + t)\|^2 \\
&\quad + 2\left[\left(R \cdot 0 - 0\right) \cdot \left(R\bar{a} - \bar{b} + t\right)\right] \\
&= \sum_i \left\|Ra_i' - b'_i\right\|^2 + n\,\|(R\bar{a} - \bar{b} + t)\|^2 \\
&\quad + 2\left[(0) \cdot \left(R\bar{a} - \bar{b} + t\right)\right] \\
&= \sum_i \left\|Ra_i' - b'_i\right\|^2 + n\,\|(R\bar{a} - \bar{b} + t)\|^2 + 2[0] \\
&= \sum_i \left\|Ra_i' - b'_i\right\|^2 + n\,\|(R\bar{a} - \bar{b} + t)\|^2.
\end{aligned}$$

Em face do exposto, a translação do sistema de coordenadas para o centroide faz com que a função de erro seja reduzida para:

$$\sum_i \|Ra_i + t - b_i\|^2 = \sum_i \left\|Ra_i' - b_i'\right\|^2 + n \left\|R\bar{a} + t - \bar{b}\right\|^2 \tag{3.36}$$

A Equação (3.36) deixa explícita a divisão da solução em duas etapas. Minimizando-se o primeiro termo, é possível encontrar a rotação independentemente da translação; e, posteriormente, os valores da rotação são empregados para se calcular a translação. O primeiro termo pode ser reescrito do seguinte modo:

$$\sum_i \left\|Ra_i' - b_i'\right\|^2 = \sum_i \left\|Ra_i'\right\|^2 + \sum_i \left\|b_i'\right\|^2 - 2\sum_i Ra_i' \cdot b_i' \tag{3.37}$$

Ou seja, minimizar a Equação (3.37) consiste em maximizar $\sum_i Ra_i' \cdot b_i'$. Para isso, pode ser utilizada a representação de quatérnios nesse termo:

$$\sum_i Ra_i' \cdot b_i' = \sum_i (\dot{q}\dot{a}_i\bar{\dot{q}}) \cdot \dot{b}_i \tag{3.38}$$

sendo $\dot{q} = \cos(\theta) + \vec{v}\,\mathrm{sen}(\theta)$ o quatérnio de rotação; $\bar{\dot{q}} = \cos(\theta) - \vec{v}\,\mathrm{sen}(\theta)$, o conjugado de $\dot{q}$; $\dot{a}_i$, os pontos do conjunto a representados como quatérnio puro; e $\dot{b}_i$, os pontos do conjunto b representados como quatérnio puro.

A Equação (3.38) pode ser reescrita na forma matricial, cabendo ressaltar que o produto interno $a \cdot b$ nessa forma corresponde a $a^T \cdot b$, como segue:

$$(\dot{q}\dot{a}_i\bar{\dot{q}}) \cdot \dot{b}_i = \left(D_{\bar{\dot{q}}}E_{\dot{q}}\dot{a}_i\right)^T \left(\dot{b}_i\right) = \left(\dot{a}_i^T E_{\dot{q}}{}^T D_{\bar{\dot{q}}}{}^T\right)\left(\dot{b}_i\right) \tag{3.39}$$

Cabe ressaltar também que a matriz $D_{\bar{\dot{q}}}{}^T = D_{\dot{q}}$; ou seja, transpor um quatérnio na forma matricial corresponde a transformá-lo no seu conjugado. Com isso, a Equação (3.39) toma a seguinte forma:

$$\left(\dot{a}_i^T E_{\dot{q}}{}^T D_{\bar{\dot{q}}}{}^T\right)\left(\dot{b}_i\right) = \dot{a}_i^T E_{\dot{q}}{}^T D_{\dot{q}}\dot{b}_i = \left(\dot{a}_i^T E_{\dot{q}}{}^T\right)\left(D_{\dot{q}}\dot{b}_i\right) = \left(E_{\dot{q}}\dot{a}_i\right)^T \left(D_{\dot{q}}\dot{b}_i\right) \tag{3.40}$$

Retomando a representação no formato de quatérnios, tem-se:

$$\left(E_{\dot{q}}\dot{a}_i\right)^T \left(D_{\dot{q}}\dot{b}_i\right) = (\dot{q}\dot{a}_i)\left(\dot{b}_i\dot{q}\right). \tag{3.41}$$

Dessa forma, é possível estabelecer a seguinte relação:

$$(\dot{q}\dot{a}_i\bar{\dot{q}}) \cdot \dot{b}_i = (\dot{q}\dot{a}_i)\left(\dot{b}_i\dot{q}\right) \tag{3.42}$$

Os quatérnios $\dot{a}_i$ e $\dot{b}_i$ podem ser substituídos por suas formas matriciais de produtos. Essas matrizes são aplicadas na Equação (3.42), como segue:

$$\sum_i (\dot{q}\dot{a}_i\bar{\dot{q}}) \cdot \dot{b}_i = \sum_i (\dot{q}\dot{a}_i)\left(\dot{b}_i\dot{q}\right) = \sum_i \left(D_{\dot{a}_i}\dot{q}\right)\left(E_{\dot{b}_i}\dot{q}\right) = \sum_i (A_i\dot{q})(B_i\dot{q}) \quad (3.43)$$

$$\sum_i (A_i\dot{q})^T (B_i\dot{q}) = \sum_i \dot{q}^T A_i^T B_i\dot{q} = \dot{q}^T \left(\sum_i A_i^T B_i\right)\dot{q} \quad (3.44)$$

A matriz $M = \sum_i A_i^T B_i$ é simétrica e apresenta autovalores reais. Segundo o teorema dos extremos condicionados, o valor máximo da forma quadrática

$$\dot{q}^T \left(\sum_i A_i^T B_i\right)\dot{q}$$

é atingido quando $\dot{q}$ corresponde ao autovalor associado ao maior autovalor de

$$\sum_i A_i^T B_i.$$

Com isso, a rotação que maximiza a Equação (3.36) e que, consequentemente, minimiza a função de erro representada pela Equação (3.32), é definida pelo autovetor unitário associado ao maior autovalor de M.

Dado que não há correspondência exata entre pontos de faixas LiDAR distintas, não é possível aplicar o método proposto por Horn diretamente. Para se solucionar esse problema, o ICP deve ser aplicado. Esse algoritmo emprega o método proposto por Horn iterativamente, em pares de pontos pseudoconjugados. Para que haja convergência da solução, é imprescindível que valores de alinhamento inicial e nuvens com alta porcentagem de sobreposição sejam usados no problema. Como o GNSS/INS sempre está embarcado em plataformas dinâmicas baseadas em sistemas LiDAR, as condições citadas são facilmente atendidas.

O algoritmo ICP usa uma transformação de corpo rígido 3-D para minimizar o somatório dos erros (E), como segue:

$$E = \min_T \sum_i \left\|(Rp_i + t) - p'_i\right\|^2, \quad (3.45)$$

sendo p_i e p'_i as coordenadas 3-Dcorrespondentes na nuvem de pontos de referência (M) e de pesquisa ($Pesq$), respectivamente.

A solução da Equação (3.31) pode ser obtida em uma única etapa. Dado um par de faixas LiDAR *M* e *Pesq*, primeiramente, o parâmetro de translação (t) é estimado por meio da diferença entre os centroides de *M* e *Pesq*, como segue:

$$t = \frac{1}{np}\sum_{i=1}^{np} p_i - \frac{1}{np}\sum_{i=1}^{np} p'_i \tag{3.46}$$

sendo np o número de pontos em *M* e *Pesq*.

Em seguida, todos os pontos em *Pesq* e *M* são transladados de forma que seus centroides coincidam com a origem do sistema referencial terrestre de mapeamento, a saber:

$$q_i = p_i - \frac{1}{np}\sum_{j=1}^{np} p_j \tag{3.47}$$

$$q'_i = p'_i - \frac{1}{np}\sum_{j=1}^{np} p'_j \tag{3.48}$$

Então, o ICP estabelece pseudocorrespondências no par de faixas LiDAR usando uma técnica de decomposição espacial baseada em estrutura em árvore, conhecida como *kd-tree*, da seguinte forma:

a) Divida *Pesq* em duas metades iguais (esquerda e direita).

b) Identifique em qual lado (L) da nuvem particionada se encontra o ponto de pesquisa (p_i) analisando suas coordenadas.

c) Construa a *kd-tree* como apresentado anteriormente.

d) Calcule a distância euclidiana (d_l) entre o nó raiz (p_j^L) e p_i.

e) Recursivamente, calcule a distância entre os pontos contidos no lado (p_j^L) em que se encontra p_i e verifique se $d_l < d\left(p_i, p_j^L\right)$. Se $d_l > d\left(p_i, p_j^L\right)$ então $d\left(p_i, p_j^L\right)$ é a menor distância e será rotulada como d_l.

f) Execute a etapa (e) recursivamente até não haver mais pontos a serem confrontados.

Uma vez que um conjunto de pseudocorrespondências é obtido na primeira iteração, o parâmetro de rotação (R) pode ser obtido via SVD usando-se a seguinte expressão:

$$H = \sum_{i=1}^{np} q_i {q'_i}^T \tag{3.49}$$

Desenvolvendo a Equação (3.49) tem-se:

$$
\begin{aligned}
H &= \sum_{=1}^{np} q_i q_i'^{T} = \sum_{i=1}^{np} (p_i - \frac{1}{np}\sum_{j=1}^{np} p_j)\left(p'_i - \frac{1}{np}\sum_{k=1}^{np} p'_k\right)^T \\
&= \sum_{i=1}^{np} p_i p_i'^{T} - \left(\sum_{i=1}^{np} p_i\right)\left(\frac{1}{np}\sum_{k=1}^{np} p'_k\right)^T - \left(\frac{1}{np}\sum_{j=1}^{np} p_j\right)\left(\sum_{i=1}^{np} p'_i\right)^T \\
&\quad + np\left(\frac{1}{np}\sum_{j=1}^{np} p_j\right)\left(\frac{1}{np}\sum_{k=1}^{np} p'_k\right)^T \\
&= \sum_{i=1}^{np} p_i p_i'^{T} - \frac{1}{np}\left(\sum_{i=1}^{np} p_i\right)\left(\sum_{k=1}^{np} p'_k\right)^T .
\end{aligned}
\tag{3.50}
$$

Considerando o SVD da matriz $H = U\Sigma V^T$, então:

$$R = UV^T \tag{3.51}$$

Na prática, R e t podem ser estimados em apenas uma única etapa. Em outras palavras, basta atualizar n, $\sum_{i=1}^{np} p_i p_i'^{T}$, $\sum_{i=1}^{np} p_i$, $\sum_{k=1}^{np} p'_k$.

A função erro adotada na Equação (3.45) minimiza, iterativamente, a distância euclidiana entre as pseudocorrespondências e estima R e t. Isso é feito repetidamente até o algoritmo atingir um critério de convergência. O critério de convergência é baseado no cálculo da REMQ entre o par de nuvens de pontos. Se o teste falhar, o processo é novamente repetido. Caso contrário, o algoritmo encerra sua execução. A Figura 3.8 ilustra o processo de registro de pares de nuvens de pontos usando o ICP, para n iterações.

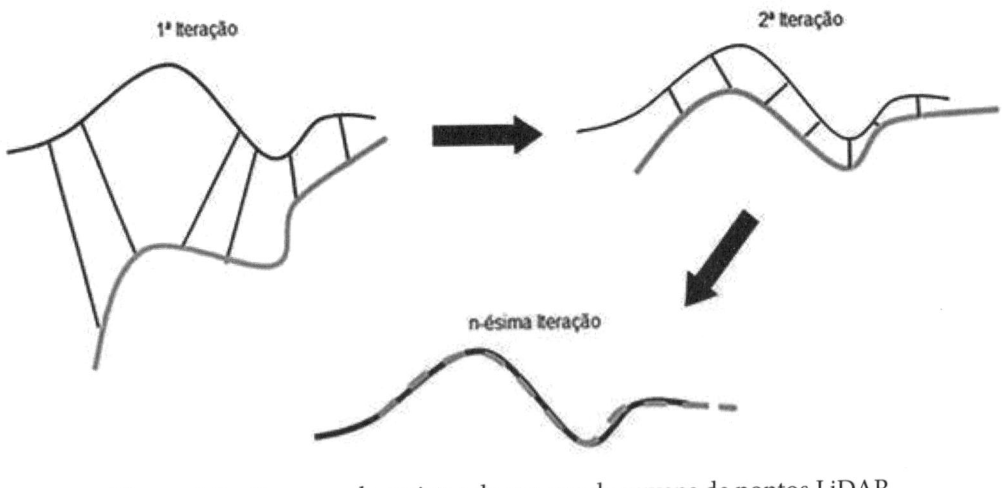

Figura 3.8 – Processo de registro de um par de nuvens de pontos LiDAR.

A seguir, é apresentado o código implementado em C/C++, usando-se a biblioteca PCL para calcular os parâmetros de transformação entre um par de nuvens de pontos LiDAR:

```
#include <Eigen/Core>
#include <boost/thread/thread.hpp>
#include <fstream>
#include <iostream>
#include <pcl/common/io.h>
#include <pcl/common/transforms.h>
#include <pcl/console/parse.h>
#include <pcl/filters/approximate_voxel_grid.h>
#include <pcl/io/pcd_io.h>
#include <pcl/kdtree/kdtree_flann.h>
#include <pcl/point_cloud.h>
#include <pcl/point_types.h>
#include <pcl/registration/correspondence_estimation.h>
#include <pcl/registration/icp.h>
#include <pcl/registration/transforms.h>
#include <pcl/visualization/pcl_visualizer.h>
#include <string>
#include <vector>

using namespace pcl;
using namespace std;
using namespace cv;

int ICPTransf() {
  pcl::PointCloud<pcl::PointXYZ>::Ptr points1(
      new pcl::PointCloud<pcl::PointXYZ>);
  pcl::PointCloud<pcl::PointXYZ>::Ptr points2(
      new pcl::PointCloud<pcl::PointXYZ>);
  pcl::PointCloud<pcl::PointXYZ>::Ptr resICP(
      new pcl::PointCloud<pcl::PointXYZ>);

  Eigen::Matrix4f transform_ransac;

  std::stringstream ss, ss1;
  ss << "n0.pcd";
  pcl::io::loadPCDFile(ss.str(), *points1);
  ss1 << "n1.pcd";
  pcl::io::loadPCDFile(ss1.str(), *points2);

  std::cout <<"* *********ICP * ********"<< endl;

  pcl::visualization::PCLVisualizer viewer12("Par de nuvem de
          pontos");
```

```
    viewer12.addPointCloud(points1, "Nuvem 1");
    viewer12.setPointCloudRenderingProperties(
        pcl::visualization::PCL_VISUALIZER_COLOR, 0.0, 0.0,
        1.0, "Nuvem 1");
    viewer12.addPointCloud(points2, "Nuvem 2");
    viewer12.setPointCloudRenderingProperties(
        pcl::visualization::PCL_VISUALIZER_COLOR, 1.0, 0.0,
        0.0, "Nuvem 2");
    viewer12.setBackgroundColor(255, 255, 255);
    viewer12.addCoordinateSystem(1.0);
    viewer12.initCameraParameters();
    viewer12.spin();

    pcl::IterativeClosestPoint<pcl::PointXYZ, pcl::PointXYZ> icp;
    icp.setInputCloud(points1);
    icp.setInputTarget(points2);
    icp.setMaximumIterations(100);
    icp.align(*resICP);
    std::cout << "ICP convergiu = " << icp.hasConverged() << endl;

    pcl::visualization::PCLVisualizer viewer_res("Par de nuvem de
            pontos registrada com ICP");
    viewer_res.addPointCloud(resICP, "Nuvem Final");
    viewer_res.setPointCloudRenderingProperties(
        pcl::visualization::PCL_VISUALIZER_COLOR, 0.0, 0.0,
        1.0, "Nuvem Final");
    viewer_res.addPointCloud(points2, "Nuvem de Pesquisa");
    viewer_res.setPointCloudRenderingProperties(
        pcl::visualization::PCL_VISUALIZER_COLOR, 1.0, 0.0,
        0.0, "Nuvem de Pesquisa");
    viewer_res.setBackgroundColor(255, 255, 255);
    viewer_res.addCoordinateSystem(1.0);
    viewer_res.initCameraParameters();
    viewer_res.spin();

    return 0;
}

int main() { return (ICPTransf()); }
```

Como descrito anteriormente, a *kd-tree* é a técnica usada para se acelerar o processo de estabelecimento de pseudocorrespondências. Ela é composta por nós, arestas e folhas com estrutura em forma de árvore (*tree*), que organiza os dados de forma hierárquica, na qual K significa o espaço dimensional em que os dados são tratados (para o caso 3-D, K é igual a 3). A Figura 3.9 mostra uma estrutura em árvore construída pela técnica *kd-tree* (3-D).

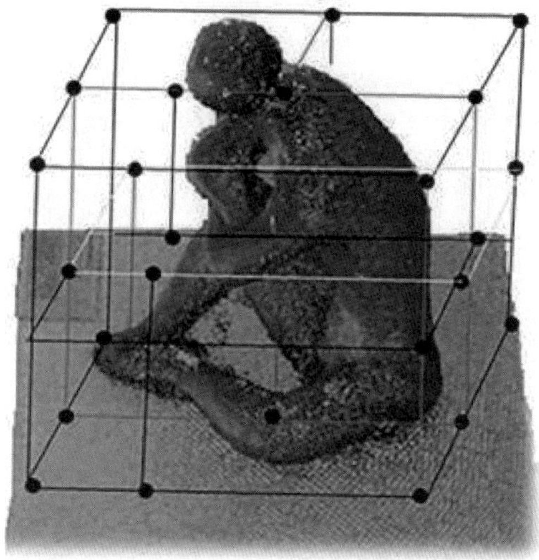

Figura 3.9 – Ilustração de uma árvore kd-tree.

O elemento principal de uma *kd-tree* é conhecido como nó ou vértice, que possui ligação com outros elementos chamados de arestas. A ordem de uma *tree* é determinada pela quantidade máxima de arestas que há em um elemento. Por exemplo, na Figura 3.9, cada nó tem até três arestas, que estão conectadas com outros elementos que também possuem outras duas arestas. Isso denota que a *tree* é de ordem 3. A estrutura *kd-tree* utiliza planos perpendiculares a um dos eixos do sistema de coordenadas, enquanto todos os nós armazenam um ponto, fazendo com que cada plano passe através de um dos pontos da *kd-tree*. O processo utilizado para organizar todos os pontos de uma nuvem de pontos 3-D em uma *kd-tree* é chamado de *binary search tree* (BST).

No BST, primeiramente, é calculada a média das coordenadas dos pontos da nuvem de pontos 3-D. Em seguida, é escolhido o ponto que mais se aproxima dessa medida. Ele é considerado o nó raiz da *kd-tree* e passa a ser tido como o ponto de partida para que sejam organizados todos os demais pontos dentro da estrutura, mantendo a relação de vizinhança entre eles. Então, é traçado um plano perpendicular ao eixo x do nó raiz, e o próximo ponto deverá ser colocado na aresta esquerda, caso a coordenada do eixo x seja maior do que a coordenada do nó raiz, ou na aresta direita, quando a coordenada do ponto de pesquisa for menor no eixo x do nó raiz. Na sequência, é traçado um plano perpendicular ao eixo y do ponto, e o próximo ponto de pesquisa é colocado na aresta esquerda, caso a coordenada do eixo y seja maior do que a coordenada do nó, ou na aresta direita, quando a coordenada do ponto de pesquisa for menor no eixo y do nó. As etapas citadas são repetidas até que não se tenha mais ponto algum a ser organizado.

O custo computacional é proporcional ao número de níveis da *tree*, enquanto a complexidade computacional não é maior que $O(KN \log_2 N)$. A seguir, é apresentado o algoritmo para se encontrar o pseudocorrespondente mais próximo, com base na técnica *kd-tree*:

```
#include <boost/make_shared.hpp>
#include <iostream>
```

```
#include <math.h>
#include <pcl/ModelCoefficients.h>
#include <pcl/filters/approximate_voxel_grid.h>
#include <pcl/filters/extract_indices.h>
#include <pcl/filters/filter.h>
#include <pcl/filters/statistical_outlier_removal.h>
#include <pcl/filters/voxel_grid.h>
#include <pcl/io/pcd_io.h>
#include <pcl/io/ply_io.h>
#include <pcl/point_cloud.h>
#include <pcl/point_representation.h>
#include <pcl/point_types.h>
#include <pcl/sample_consensus/method_types.h>
#include <pcl/sample_consensus/model_types.h>
#include <pcl/visualization/cloud_viewer.h>
#include <pcl/visualization/pcl_visualizer.h>

int main(int argc, char **argv) {
  pcl::PointCloud<pcl::PointXYZ>::Ptr cloud_1(
      new pcl::PointCloud<pcl::PointXYZ>);
  pcl::PointCloud<pcl::PointXYZ>::Ptr cloud_2(
      new pcl::PointCloud<pcl::PointXYZ>);
  pcl::PointCloud<pcl::PointXYZ>::Ptr cloud_filt_1(
      new pcl::PointCloud<pcl::PointXYZ>);
  pcl::PointCloud<pcl::PointXYZ>::Ptr cloud_filt_2(
      new pcl::PointCloud<pcl::PointXYZ>);
  pcl::PointCloud<pcl::PointXYZ> Final;

  Eigen::Matrix4f GlobalTransform = Eigen::Matrix4f::Identity(),
                  pairTransform;
  Eigen::Matrix4f Ti = Eigen::Matrix4f::Identity(), prev,
                  targetToSource;
  Eigen::Matrix4f rotation;
  Eigen::Matrix4f RT;


  std::cout << "Lendo nuvem de pontos...\n";
  std::stringstream ss, ss1;
  ss << "/home/danielsantos/Data_Set/casinha03.pcd";
  pcl::io::loadPCDFile(ss.str(), *cloud_1);
  ss1 << "/home/danielsantos/Data_Set/casinha04.pcd";
  pcl::io::loadPCDFile(ss1.str(), *cloud_2);

  std::cerr << "Número de pontos antes da filtragem: "
            << std::endl;
  std::cerr << "Nuvem 1: " << *cloud_1 << std::endl;
  std::cerr << "Nuvem 2: " << *cloud_2 << std::endl;
```

```
  // Remoção de outliers para grid1 e Target
  cout << "removendo outliers do grid 1..." << endl;
  pcl::StatisticalOutlierRemoval<pcl::PointXYZ> sor;
  sor.setInputCloud(cloud_1);
  sor.setMeanK(5.);
  sor.setStddevMulThresh(.1);
  sor.filter(*cloud_1);

  cout << "removendo outliers do grid 2..." << endl;
  sor.setInputCloud(cloud_2);
  sor.setMeanK(5.);
  sor.setStddevMulThresh(.1);
  sor.filter(*cloud_2);

  std::cerr << "Número de pontos apos a filtragem: "
            << std::endl;
  std::cerr << "Nuvem 1: " << *cloud_1 << std::endl;
  std::cerr << "Nuvem 2: " << *cloud_2 << std::endl;

  // determina as correspondências usando kd-tree
  pcl::KdTreeFLANN<pcl::PointXYZ> tree;
  tree.setInputCloud(cloud_2);

  std::vector<int> nn_idx(1);
  std::vector<float> nn_dists(1);
  float dist, inclinacao;

  pcl::PointXYZ grid3;

  int num_corresp;
  num_corresp = 0;
  for (int i = 0; i < cloud_1->size(); i++) {
    grid3.x = cloud_1->points[i].x;
    grid3.y = cloud_1->points[i].y;
    grid3.z = cloud_1->points[i].z;

    tree.nearestKSearch(grid3, 1, nn_idx, nn_dists);

    dist = sqrt(
        (cloud_1->points[i].x - cloud_2->points[nn_idx[0]].x) *
            (cloud_1->points[i].x -
             cloud_2->points[nn_idx[0]].x) +
        (cloud_1->points[i].y - cloud_2->points[nn_idx[0]].y) *
            (cloud_1->points[i].y -
             cloud_2->points[nn_idx[0]].y) +
        (cloud_1->points[i].z - cloud_2->points[nn_idx[0]].z) *
```

```
                (cloud_1->points[i].z -
                 cloud_2->points[nn_idx[0]].z));
        inclinacao =
            (cloud_1->points[i].y - cloud_2->points[nn_idx[0]].y) /
            (cloud_1->points[i].x - cloud_2->points[nn_idx[0]].x);
        if ((inclinacao > 0. && inclinacao < 3.) &&
            (dist > 1. && dist < 3.)) {
          cout << "Corrrepondência detectada!!" << endl;
          num_corresp++;
        }
      } // end for
      return 0;
    }
```

O leitor pode notar que um conjunto de pseudocorrespondências (linhas retas em vermelho ligando dois pontos pseudocorrespondentes) é automaticamente estabelecido. As restrições empregadas para o funcionamento do algoritmo são distância mínima igual a 1 m e inclinações superior e inferior da linha reta iguais a $0^\circ 3'$, respectivamente.

O leitor pode encontrar diversos trabalhos relacionados com o problema de ajustamento de faixas LiDAR em Crombaghs et al., 2000; May e Toth, 2007; Pfeifer et al., 2005; Rentsch e Krzystek, 2009; Sande et al., 2010.

3.3 EXERCÍCIOS

1. Considere que um LiDAR está embarcado em uma plataforma RPA integrada com sensores GNSS/INS. Explique com deve ser feito o procedimento de calibração dos parâmetros de montagem do sistema usando-se uma abordagem "ponto a ponto", incluindo a instalação dos equipamentos, a configuração de voo, a quantidade de pontos necessária por faixa LiDAR e o modelo do MMQ a ser empregado.

2. Faça um estudo dos efeitos provocados por cada sensor embarcado em um sistema de mapeamento móvel baseado em RPA/LiDAR.

3. Descreva o funcionamento do algoritmo ICP.

4. Implemente computacionalmente a técnica de ajustamento de faixas LiDAR, com base em uma abordagem "ponto a plano".

5. Explique graficamente o funcionamento da técnica *kd-tree*.

6. Dado um par de nuvens de pontos LiDAR, pretende-se aplicar o algoritmo ICP em duas etapas. Mostre uma forma para inclusão da ponderação das observações (XYZ) baseada na precisão teórica de um modelo matemático que atenda à solução.

7. Mostre matematicamente como é feita a avaliação da acurácia relativa de faixas LiDAR aerotransportadas.

CAPÍTULO 4

REGISTRO E CLASSIFICAÇÃO DE NUVENS DE PONTOS LiDAR

Figura 4.1 – Etapas básicas para a geração de nuvens de pontos LiDAR a partir de sistema LiDAR no modo estático.

No modo estático (ver Figura 4.1), o sensor LiDAR deve ser posicionado em diferentes pontos de vista para recobrir completamente a cena de interesse, uma vez que o mapeamento da superfície física de interesse é limitado pela característica *line-of-sight* do sensor. O resultado é um conjunto de nuvens de pontos, cada uma delas referenciada ao seu sistema local de coordenadas.

Como consequência da mudança de ponto de vista, da inclinação da superfície e dos erros sistemáticos e aleatórios incutidos pelo espelho de varredura e pelos *encoders* de rotação do sensor (ver Capítulo 1), as nuvens de pontos são relativamente deslocadas e desalinhadas entre si, como mostra a Figura 4.2. Nesses casos, a nuvem tomada como de pesquisa deve ser alinhada com a nuvem de referência, realizando-se um alinhamento relativo, também chamado de *registro local de nuvens de pontos*.

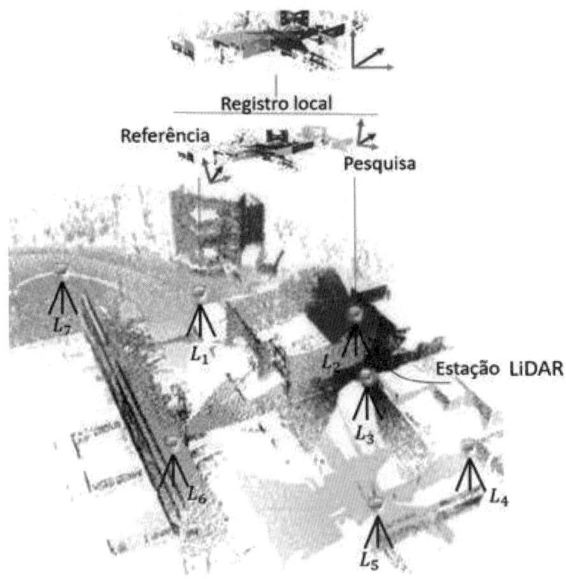

Figura 4.2 – Exemplo de planejamento para a aquisição de dados espaciais com um sistema LiDAR embarcado em uma plataforma estática.

Na Figura 4.2, o conjunto de nuvens de pontos deve passar por tarefas de análises de consistência local e global, com o objetivo de estimar e ajustar os parâmetros de transformação (3 rotações e 3 translações) entre pares de nuvens de pontos e materializar, dessa forma, um sistema referencial único globalmente consistente.

4.1 REGISTRO DE NUVENS DE PONTOS LIDAR

Para se obter um modelo 3-D completo e acurado com uma representação consistente do ambiente mapeado, é imprescindível estudar as técnicas de análise de consistência local e global, também conhecidas como registro de nuvens de pontos LiDAR, uma vez que cada nuvem de pontos é obtida em um sistema referencial local independente, com desalinhamento angular (rotações) e deslocamento linear (translações).

A etapa de análise de consistência local é dividida em duas partes. Primeiramente, primitivas pontuais, lineares, curvas ou superfícies planas são detectadas e extraídas nos pares de nuvens de pontos LiDAR, e suas correspondências são automaticamente estabelecidas. Em seguida, é aplicado um procedimento de registro dos pares de nuvens de pontos LiDAR por meio de uma função que minimiza o somatório do quadrado das distâncias entre as primitivas escolhidas para o processo de registro dos pares de nuvens de pontos LiDAR. Nessa parte, os parâmetros de transformação relativos (3 rotações e 3 translações) são determinados para cada par de nuvens de pontos LiDAR, ainda referenciados a um sistema local. Para que as etapas de segmentação e de reconstrução 3-D de superfícies possam ser realizadas em processamentos futuros, é essencial criar um modelo 3-D globalmente consistente do ambiente e materializar um sistema referencial global para o conjunto de dados. Isso é feito na etapa de análise de consistência global, que consiste em detectar erros de fechamento e refinar os parâmetros de transformação obtidos na etapa de análise de consistência local. Dado que o conjunto de dados é localmente consistente, a tarefa da análise de consistência global é consideravelmente simplificada, por ser solucionada por meio de abordagens probabilísticas, como por otimização, na árvore de busca (TORO) e em grafos (G2O) e ajustamento simultâneo por feixes perspectivos (SBA).

4.1.1 ANÁLISE DE CONSISTÊNCIA DE NUVENS DE PONTOS LIDAR

Considere-se um sensor de imageamento ativo (S) que se desloca em um ambiente interno, como o corredor de um edifício. Em cada estação de posição ($S_1, \ldots, S_n$), o sensor coleta milhares de pontos 3-D de uma porção da superfície física. Na prática, a mudança de ponto de vista do sensor é necessária para proporcionar a reconstrução 3-D do ambiente mapeado. Por outro lado, durante o processo de aquisição dos dados, é introduzido um acúmulo de erros gerados pela incerteza do sensor, e cada nuvem de pontos 3-D é obtida em um sistema referencial local independente, como pode ser visto na Figura 4.3.

Figura 4.3 – Deslocamento de um sensor ativo em um ambiente 3-D.

O resultado é um conjunto de pares de nuvens de pontos LiDAR com desalinhamento angular e deslocamento linear que devem ser devidamente alinhados para que as etapas de segmentação e de reconstrução 3-D de superfícies possam ser eficientemente aplicadas em processamentos futuros.

O problema de alinhar consistentemente um conjunto de nuvens de pontos LiDAR em um modelo completo e acurado é conhecido como análise de consistência. Essa análise é dividida em duas partes: a análise de consistência local e a análise de consistência global.

4.1.1.1 ANÁLISE DE CONSISTÊNCIA LOCAL

A ideia de primeiro analisar localmente a consistência de um conjunto de dados simplifica a tarefa de se construir um modelo 3-D globalmente consistente do ambiente mapeado. Para isso, é necessário minimizar localmente as incertezas envolvidas na aquisição dos dados e materializar um sistema referencial global.

Admitindo-se que um sensor seja instalado em diferentes posições com a finalidade de coletar nuvens de pontos LiDAR com sobreposição longitudinal suficiente (em torno de 60 % a 80 %) que possa evitar oclusões e garantir a reconstrução 3-D completa do objeto de interesse, o problema de análise de consistência local é dividido em duas etapas: remoção de pontos espúrios e o registro de pares de nuvens de pontos LiDAR.

O problema de registro de pares de nuvens de pontos LiDAR consiste em estimar os parâmetros de transformação (3 parâmetros de rotação ω, φ, κ e 3 parâmetros de translação t_x, t_y, t_z) e materializar um sistema referencial global para o par de nuvens de pontos LiDAR. O ICP é um dos algoritmos mais empregados para o registro dessas nuvens. A Figura 4.4 mostra o resultado obtido com o ICP em única etapa, aplicando-se em um par de nuvens de pontos obtidas com o sistema de varredura laser terrestre.

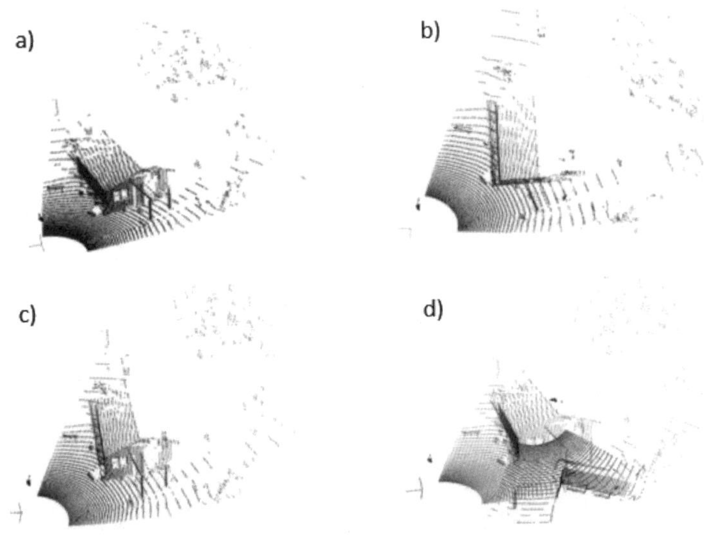

Figura 4.4 – Resultados da análise de consistência local. A nuvem de referência está em azul, e a nuvem de pesquisa está em vermelho.

Como pode ser observado na Figura 4.4, o resultado visual da análise de consistência local mostra a qualidade do registro de um par de nuvens de pontos LiDAR. Visualmente, percebe-se que o ICP apresentou resultados satisfatórios, uma vez que pode ser verificada a sobreposição dos pontos contidos em alguns objetos, por exemplo, as fachadas da edificação (pontos em azul, adequadamente sobrepostos aos pontos em vermelho, na área de sobreposição).

O algoritmo ICP é eficiente em casos em que se tem uma nuvem de pontos 3-D densa, alta sobreposição entre os pares de nuvens de pontos e valores iniciais aproximados. Entretanto, o ICP é lento computacionalmente, e quando as nuvens de pontos LiDAR são esparsas e os pontos são afetados por ruídos, dependendo do alinhamento inicial, o algoritmo pode convergir para um número infinito de soluções.

Ainda existem os modelos de correspondência "ponto a ponto" para estimativa dos parâmetros de transformação. Nesse caso, um conjunto de pontos 3-D é detectado e extraído no par de nuvens de pontos LiDAR, e suas correspondências são automaticamente estabelecidas. Nesta obra, é apresentada uma combinação do algoritmo SIFT 3-D com um descritor que é construído com base na relação espacial entre vetores normais de superfícies.

O espaço-escala de uma nuvem de pontos 3-D é definido como uma função 4D $L(x, y, z, \sigma)$ obtida pela convolução do Kernel Gaussiano $G(x, y, z, \sigma)$ com uma nuvem de pontos $N(x, y, z)$, como segue:

$$N(x, y, z, \sigma) = N(x, y, z) \otimes G(x, y, z, k \cdot \sigma), \tag{4.1}$$

sendo $\otimes$ o operador de convolução; σ; a variação de escala em G(parâmetro que define o fator de suavização); e $G(x, y, z, k \cdot \sigma) = \frac{1}{(\sqrt{2\pi} k \cdot \sigma)^3} e^{\frac{-(x^2+y^2+z^2)^3}{2(k\cdot\sigma)}}$. A Figura 4.5 mostra um exemplo de espaço-escala em 3-D.

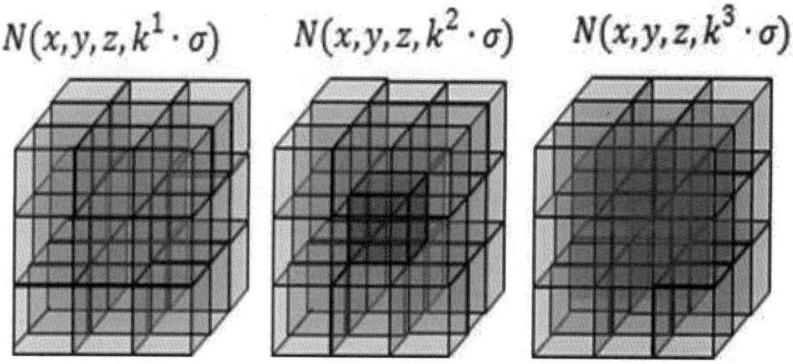

Figura 4.5 – Exemplo de espaço-escala em 3-D. O cubo vermelho representa um *voxel* (volume × element) na nuvem de pontos.

Em seguida, são realizados cálculos de *DoG* para cada oitava no espaço-escala. Essa função é separada por um fator de escala constante (k), e os pontos extremos no espaço--escala 4D são detectados como extremos locais (máximo ou mínimo) das diferenças de L em escalas próximas definidas por $i \in [0, s + 2]$, como segue:

$$DoG\left(x, y, z, k^i \cdot \sigma\right) = N\left(x, y, z, k^{i+1} \cdot \sigma\right) - N(x, y, z, k^i \cdot \sigma) \tag{4.2}$$

Os valores de máximo ou mínimo locais (pontos extremos) devem ser detectados para cada $DoG\left(x, y, z, k^i \cdot \sigma\right)$ obtido. Esse procedimento é baseado na comparação de todos os *voxels* do $DoG\left(x, y, z, k^i \cdot \sigma\right)$ corrente, com seus *voxels* vizinhos correspondentes nos $DoG\left(x, y, z, k^{i+1} \cdot \sigma\right)$ e $DoG\left(x, y, z, k^{i-1} \cdot \sigma\right)$. Cada *DoG* é dividido em n cubos $3 \times 3 \times 3$ (altura $\times$ largura $\times$ profundidade), sendo, para cada operação, realizadas oitenta comparações entre os *voxels* vizinhos ($27 + 26 + 27 = 80$), 27 *voxels* do $\left(x, y, z, k^{i+1} \cdot \sigma\right)$, 26 *voxels* no $\left(x, y, z, k^i \cdot \sigma\right)$ e 27 *voxels* na vizinhança de $\left(x, y, z, k^{i-1} \cdot \sigma\right)$.

Na prática, a função *DoG* apresenta resposta forte ao longo das bordas, fazendo com que os pontos extremos sejam instáveis. Isso resulta em extremos mal definidos, que apresentam alta curvatura principal ao longo das bordas, porém, com pequena curvatura em sua direção perpendicular. Então, a localização exata dos pontos extremos é determinada pela matriz hessiana de ordem 3 ($H(\widehat{x}, \sigma)$), como segue:

$$H(\widehat{x}, \sigma) = \begin{bmatrix} S_{xx}(\widehat{x}, \sigma) & S_{xy}(\widehat{x}, \sigma) & S_{xz}(\widehat{x}, \sigma) \\ S_{yx}(\widehat{x}, \sigma) & S_{yy}(\widehat{x}, \sigma) & S_{yz}(\widehat{x}, \sigma) \\ S_{zx}(\widehat{x}, \sigma) & S_{zy}(\widehat{x}, \sigma) & S_{zz}(\widehat{x}, \sigma) \end{bmatrix}, \tag{4.3}$$

sendo

$$S_{xx}(\widehat{x}, \sigma) = DoG\left(x, y, z, k^i \cdot \sigma\right) \otimes \frac{\partial^2}{\partial x^2} G(x, y, z, \sigma),$$

$$S_{yy}(\widehat{x}, \sigma) = DoG\left(x, y, z, k^i \cdot \sigma\right) \otimes \frac{\partial^2}{\partial y^2} G(x, y, z, \sigma),$$

$$S_{zz}(\widehat{x}, \sigma) = DoG\left(x, y, z, k^i \cdot \sigma\right) \otimes \frac{\partial^2}{\partial z^2} G(x, y, z, \sigma).$$

Calculando-se $H(\widehat{x}, \sigma)$ em vários espaços-escalas e procurando-se por máximos e mínimos locais, um conjunto de pontos extremos X pode ser obtido usando-se a seguinte expressão:

$$X = \arg_{\widehat{x}, \sigma} \left| \det\left(H\left(\widehat{x}, \sigma\right)\right) \right| \tag{4.4}$$

Posto que pontos extremos são detectados na nuvem de pontos 3-D, a etapa seguinte consiste em tornar os descritores locais invariantes à rotação. Isso pode ser feito por meio de uma solução baseada na relação espacial entre vetores normais de superfícies, cujo descritor é invariante à escala, à rotação, à mudança de ponto de vista e robusto a *outliers*.

Por exemplo, considere-se que um conjunto de pontos extremos X foi detectado pelo algoritmo SIFT 3-D em uma nuvem de pontos 3-D ($\mathbb{N}^*$) sem a presença de pontos espúrios. Sabendo-se que uma superfície plana é representada por um ponto $X \in \mathbb{R}^3$, um vetor normal n, e que a distância de um ponto vizinho $p_i \in \mathbb{N}^*$ ao plano é definida por $d_i = (p_i - X)\, n$, então, os vetores normais n_i de todos os pontos extremos X_i podem ser estimados desde que exista um conjunto de pontos vizinhos (p_i) circunscritos em um círculo (sv_i) de raio r_1. Nesse caso, a solução para n é obtida analisando-se os autovalores e autovetores da matriz covariância $C \in \mathbb{R}^{3\times3}$ de sv_i, como segue:

$$C = \frac{1}{m}\sum_{i=1}^{m} W_i (p_i - X)(p_i - X)^T, C\vec{V}_j = \lambda_j \vec{V}_j, j \in \{1, 2, 3\}, \tag{4.5}$$

sendo C uma matriz simétrica positiva semidefinida, e seus autovalores são números reais $\lambda_j \in \mathbb{R}$. Os autovetores $\vec{V}_j$ correspondem às componentes principais. Se $0 \leq \lambda_0 \leq \lambda_1 \leq \lambda_2$, o autovetor $\vec{V}_0$ correspondente ao autovalor λ_0 é, porém, uma aproximação de $+n = \left\{n_x, n_y, n_z\right\}$ ou $-n$. O termo W_i corresponde à ponderação de p_i e pode ser encontrada em função da precisão teórica de suas coordenadas tridimensionais.

A seguir, é apresentado um algoritmo para calcular C e seus respectivos autovalores e autovetores.

```
#include "pcl/common/transformation_from_correspondences.h"
#include "pcl/common/transforms.h"
#include <Eigen/Core>
#include <boost/thread/thread.hpp>
#include <fstream>
#include <iostream>
#include <pcl/common/io.h>
#include <pcl/console/parse.h>
#include <pcl/features/integral_image_normal.h>
#include <pcl/features/normal_3-D .h>
#include <pcl/features/principal_curvatures.h>
#include <pcl/filters/approximate_voxel_grid.h>
#include <pcl/filters/passthrough.h>
#include <pcl/filters/statistical_outlier_removal.h>
#include <pcl/io/pcd_io.h>
#include <pcl/kdtree/kdtree_flann.h>
#include <pcl/point_cloud.h>
#include <pcl/point_types.h>
#include <pcl/visualization/pcl_visualizer.h>
#include <string>
#include <vector>

using namespace pcl;
using namespace std;

void compute_surface_normals(
    pcl::PointCloud<pcl::PointXYZ>::Ptr &points,
    float normal_radius,
    pcl::PointCloud<pcl::Normal>::Ptr &normals_out) {
  pcl::NormalEstimation<pcl::PointXYZ, pcl::Normal> norm_est;

  // Use a FLANN-based KdTree to executar a pesquisa na
  // vizinhança
  pcl::search::KdTree<pcl::PointXYZ>::Ptr tree(
      new pcl::search::KdTree<pcl::PointXYZ>());
  norm_est.setSearchMethod(tree);

  // Especificar o tamanho da vizinhança local para calcular as
  // normais a superficie
  norm_est.setRadiusSearch(normal_radius);

  // Entrar com a nuvem de entrada (input points)
  norm_est.setInputCloud(points);

```

```
  // Estima as normais e armazena o resultado em "normals_out"
  norm_est.compute(*normals_out);
}
int VetoreNormais() {
  // Declarar as nuvens de pontos 3-D
  pcl::PointCloud<pcl::PointXYZ>::Ptr points1(
      new pcl::PointCloud<pcl::PointXYZ>);
  pcl::PointCloud<pcl::PointXYZ>::Ptr downsampled1(
      new pcl::PointCloud<pcl::PointXYZ>);
  pcl::PointCloud<pcl::Normal>::Ptr normals1(
      new pcl::PointCloud<pcl::Normal>);

  std::stringstream ss, ss1;
  ss << "/home/danielsantos/Data_Set/n0.pcd";
  pcl::io::loadPCDFile(ss.str(), *points1);

  pcl::visualization::PCLVisualizer viewer0("Nuvem de pontos");
  viewer0.addPointCloud(points1, "Nuvem 1");
  viewer0.setPointCloudRenderingProperties(
      pcl::visualization::PCL_VISUALIZER_COLOR, 0.0, 0.0, 1.0,
      "Nuvem 1");
  viewer0.setBackgroundColor(255, 255, 255);
  viewer0.addCoordinateSystem(1.0);
  viewer0.initCameraParameters();
  viewer0.spin();

  // Calcular o vetor normal de superficies planas
  const float normal_radius = 3.;
  cout << "calculando os vetores normais da nuvem 1..." << endl;
  compute_surface_normals(points1, normal_radius, normals1);

  pcl::visualization::PCLVisualizer viewer("Exercicio 01");
  viewer.addPointCloud(points1,
                       "Nuvem de referência - reamostragem");
  viewer.setPointCloudRenderingProperties(
      pcl::visualization::PCL_VISUALIZER_COLOR, 0.0, 0.0, 1.0,
      "Nuvem de refêrencia - reamostragem");
  viewer.addPointCloudNormals<pcl::PointXYZ, pcl::Normal>(
      points1, normals1, 10, 0.05, "normais 1");
  viewer.setPointCloudRenderingProperties(
      pcl::visualization::PCL_VISUALIZER_COLOR, 1.0, 1.0, 0.0,
      "normais 1");
  viewer.setPointCloudRenderingProperties(
      pcl::visualization::PCL_VISUALIZER_LINE_WIDTH, 3,
      "normais 1");
  viewer.setBackgroundColor(255, 255, 255);
  viewer.addCoordinateSystem(1.0);
```

```
  viewer.initCameraParameters();
  viewer.spin();
  return 0;
}
int main() { return (VetoresNormais()); }
```

Fica a cargo do leitor calcular a curvatura principal dos objetos usando como referência o algoritmo citado.

Para cada par de pontos (X, p_k) com seus respectivos n, são calculados três ângulos (α, ϕ, θ). Os ângulos α, ϕ, θ representam a relação entre cada par de pontos (X, p_k), determinados em função de n_X e n_k. Para calcular α, ϕ, θ, é necessário definir um sistema referencial local (u, v, w) com origem em X, como segue:

$$\begin{cases} u = n_X \\ v = u \times \dfrac{(p_k - X)}{\|p_k - X\|^2}, \\ w = u \times v \end{cases} \tag{4.6}$$

em que $\times$ denota o produto vetorial.

Os ângulos α, ϕ, θ representam a relação entre cada par de pontos (X, p_k), podendo ser determinados como segue:

$$\begin{cases} \alpha = v \cdot n_k \\ \varphi = u \cdot \dfrac{(p_k - X)}{\|p_k - X\|^2} \\ \theta = \arctan(w \cdot n_k, u \cdot n_k) \end{cases}, \tag{4.7}$$

em que "·" denota o produto escalar.

A Figura 4.6 mostra o sistema referencial local e todos os atributos do descritor local.

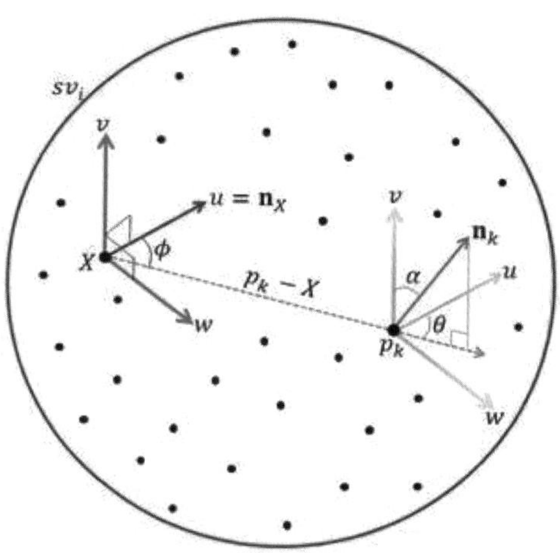

Figura 4.6 – Atributos do descritor local e o sistema referencial local com origem em X.

A quádrupla $\alpha, \varphi, \theta, \frac{(p_k - X)}{\|p_k - X\|^2}$ é calculada para cada par de pontos X e p_k no sv_i, reduzindo-se de 12 atributos $(x^X, y^X, z^X, n_x{}^X, n_y{}^X, n_z{}^X, x^{pk}, y^{pk}, z^{pk}, n_x{}^{pk}, n_y{}^{pk}, n_z{}^{pk})$ para 4 atributos $\left(\alpha, \varphi, \theta, \frac{(p_k - X)}{\|p_k - X\|^2}\right)$. Para criar o descritor local do sv_i, o conjunto de todas as tuplas $< \alpha_i, \varphi_i, \theta_i >$ é binado em um histograma. Nesse processo, as medidas de distância $\|p_k - X\|^2$ são divididas em q barras de igual tamanho, criando um histograma tridimensional com o total de q^3 pontos (Hist). Desde que os três atributos definidos na quádrupla sejam medidas de ângulos entre vetores normais, seus valores devem ser normalizados para o mesmo intervalo em um círculo trigonométrico.

Dado um conjunto de histogramas (descritores locais) na nuvem de referência filtrada Hist^{M*} e um conjunto de histogramas na nuvem de pesquisa filtrada $\text{Hist}^{\text{Pesq}^*}$, a métrica empregada $(d(\text{Hist}^{M*}, \text{Hist}^{\text{Pesq}^*}))$ para estabelecer a correspondência entre os pontos extremos é dada por:

$$d(\text{Hist}^{M*}, \text{Hist}^{\text{Pesq}^*}) = \frac{\sum_i \left(\text{Hist}^{M*}(i) - \bar{\text{Hist}}^{M*}(i)\right)\left(\text{Hist}^{\text{Pesq}^*}(i) - \bar{\text{Hist}}^{\text{Pesq}^*}(i)\right)}{\sqrt{\left(\text{Hist}^{M*}(i) - \bar{\text{Hist}}^{M*}(i)\right)^2 \left(\text{Hist}^{\text{Pesq}^*}(i) - \bar{\text{Hist}}^{\text{Pesq}^*}(i)\right)^2}}. \tag{4.8}$$

sendo $\bar{\text{Hist}} = \frac{1}{qq} \sum_j \text{Hist}(j)$ qq o número total de histogramas $\text{Hist}(j)$ na nuvem de referência ou de pesquisa, respectivamente.

A Equação (4.8) deve ser aplicada para todo descritor, de modo a serem encontrados todos os pares de descritores correspondentes. A Figura 4.7 mostra os pontos extremos obtidos com o algoritmo SIFT 3-D em uma nuvem de pontos 3-D.

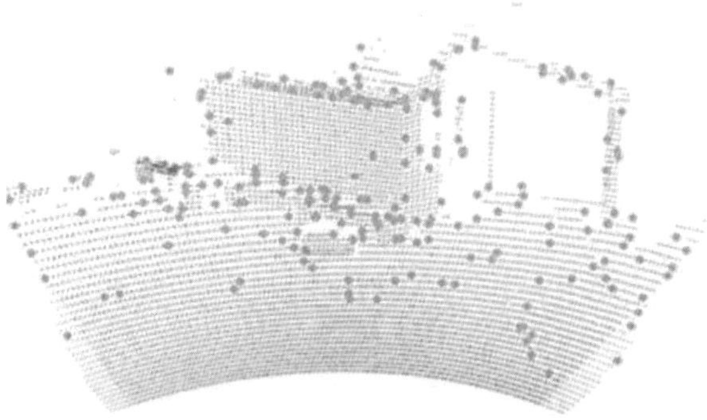

Figura 4.7 – Pontos extremos detectados pelo algoritmo SIFT 3-D.

Na Figura 4.7, os pontos extremos (pontos verdes) são devidamente detectados na nuvem de pontos 3-D. Como pode ser observado, os pontos extremos representam pontos de borda e variações suaves e abruptas da superfície. Para esse experimento, foram detectados 224 pontos extremos na nuvem de pontos de referência e 396 pontos extremos na nuvem de pontos de pesquisa. A Tabela 4.1 mostra os valores usados para o parâmetro r_1, o número de pontos extremos detectados e o desempenho em tempo de processamento do algoritmo descrito.

Tabela 4.1 - Parâmetro r_1, número de correspondências estabelecidas, desempenho em tempo de processamento do algoritmo.

Parâmetro r_1 (m)	Número de correspondências	Tempo de processamento (s)
3,0	224	336,50
1,0	224	73,32
0,5	224	50,20
0,1	224	25,84

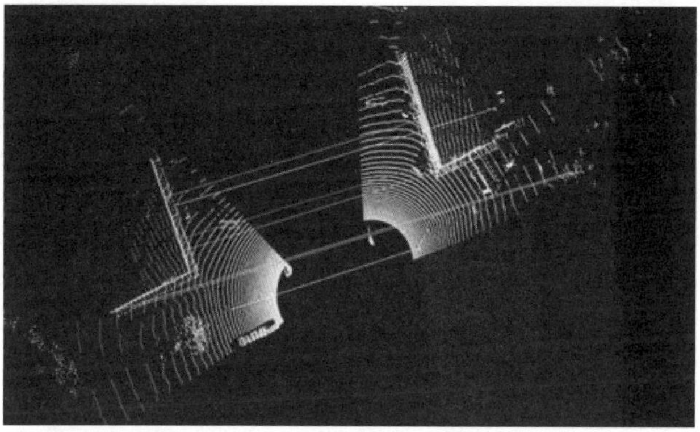

Figura 4.8 - Pontos correspondentes estabelecidos usando-se o descritor local proposto.

A Figura 4.8 mostra um conjunto de correspondências (linhas que ligam os pontos correspondentes) obtidas usando o descritor local citado. A primeira observação a ser feita quando se comparam os resultados obtidos com o ICP e o algoritmo de correspondência "ponto a ponto" é que no primeiro as pseudocorrespondências são estabelecidas baseadas em um critério de distância mínima (estrutura *kd-tree*), com complexidade computacional teórica de $O(numero\_pontos\_nuvem^2)$, sendo necessário um número muito grande de iterações para minimizar o somatório das distâncias entre os pontos. Por outro lado, usando-se o modelo "ponto a ponto", é apresentada uma solução mais rápida, uma vez que pontos extremos são detectados nas nuvens de pontos de referência e de pesquisa, e suas correspondências são automaticamente estabelecidas com base em descritores locais invariantes a escala, rotação e mudança de ponto de vista. Então, desde que *outliers* sejam detectados e removidos do processamento, a complexidade computacional é reduzida para $O(numero\_correspondencias\_inliers^2)$. Para problemas em tempo real, o consumo de tempo do algoritmo (de ordem O — notação assintótica dada para funções assintoticamente não negativas) deve ser extremamente rápido.

Como pode ser observado na Tabela 4.1, o tempo de processamento é drasticamente reduzido quanto menor for o valor do parâmetro r_1. A definição desse parâmetro é essencial para o desempenho do modelo "ponto a ponto", porque o cálculo dos atributos do descritor local depende do vetor normal do ponto extremo detectado pelo algoritmo SIFT 3-D. Esse vetor é determinado em função do ponto extremo e seus pontos vizinhos contidos em uma circunferência de raio r_1. Quanto menor o valor de r_1, mais bem definido será o vetor normal, uma vez que evita usar pontos vizinhos que não representam a curvatura da superfície que se encontra o ponto extremo. Consequentemente, os atributos do descritor local serão mais bem definidos e também mais bem representados pelo histograma resultante. O resultado será correspondências estabelecidas com melhor qualidade. Outra consequência é a redução do tempo de processamento para se calcularem os atributos dos descritores, uma vez que a complexidade será $O(numero\_pontos\_vizinhos \cdot pontos\_extremos^2)$.

Dado que as correspondências são automaticamente estabelecidas, falsos positivos devem ser detectados e removidos do processamento. A etapa de detecção e remoção de falsos positivos pode ser realizada estatisticamente por meio de uma técnica conhecida como *interquartile range* (*IQR*).

O IQR tem como objetivo encontrar uma medida de variação de um dado conjunto de m_i pontos 3-D baseado em $\frac{1}{4}$ da amostra. Basicamente, o IQR divide a amostra de dados em quatro partes iguais, sendo $Q1$ e $Q3$ os valores de mediana das metades inferior (25 %) e superior (75 %) da amostra, respectivamente, e $Q2$, o valor de mediana calculada (50 %). Os coeficientes citados podem ser calculados como segue:

$$Q1 = \frac{1}{4} \cdot (na + 1); \tag{4.9}$$

$$Q2 = \frac{1}{2} \cdot (na + 1); \tag{4.10}$$

$$Q3 = \frac{3}{4} \cdot (na + 1); \tag{4.11}$$

$$IQR = Q3 - Q1, \tag{4.12}$$

sendo na a quantidade de dados da amostra.

Usando-se as equações de Equações (4.9) a (4.12), podem ser calculados os valores máximo ($\text{Outlier}_{\text{max}}$) e mínimo ($\text{Outlier}_{\text{min}}$) na amostra, como segue:

$$\text{Outlier}_{\text{max}} = Q3 + \text{Coef}_{IQR} \cdot IQR; \tag{4.13}$$

$$\text{Outlier}_{\text{min}} = Q1 - \text{Coef}_{IQR} \cdot IQR, \tag{4.14}$$

sendo Coef_{IQR} o valor da metade superior da amostra admitida.

Os pontos 3-D correspondentes com valores calculados entre $\text{Outlier}_{\text{max}}$ e $\text{Outlier}_{\text{min}}$ são considerados *inliers* (correspondências verdadeiras), enquanto os demais valores são considerados *outliers* (falsos positivos) e devem ser removidos do conjunto de dados. Finalmente, os parâmetros de transformação entre o par de nuvens de pontos LiDAR podem ser estimados.

No contexto de estimativa estocástica, as incertezas associadas a uma etapa são propagadas para a outra etapa, e o processo incremental de registro de pares de nuvens de pontos LiDAR também está sujeito a acúmulo de erros, uma vez que as transformações calculadas possuem somente consistência local.

Uma solução para esse problema é minimizar o erro acumulado cada vez que for detectado um erro de fechamento (*loop closure*) e, consequentemente, aplicar um ajustamento simultâneo de observações. Essa tarefa permite que as incertezas envolvidas na aquisição dos dados sejam globalmente minimizadas, e realizada a concatenação do conjunto de informações em um sistema referencial global.

4.1.2 ANÁLISE DE CONSISTÊNCIA GLOBAL

A análise de consistência global trata de detectar erros de fechamento e refinar os parâmetros de transformação obtidos na etapa de registro de pares de nuvens de pontos LiDAR, criando um modelo 3-D globalmente consistente do ambiente mapeado e materializando um sistema referencial global para o conjunto de dados. Desde que já se tenha um conjunto de dados localmente consistente, a tarefa da análise de consistência global é consideravelmente simplificada.

Ao contrário das soluções convencionais de ajustamento simultâneo de observações fotogramétricas, o caminho mais intuitivo para se resolver o problema de análise de consistência global é empregando-se grafos. Casualmente, um mapa pode representar o ambiente de um sensor por meio de grafos, podendo os vértices do grafo corresponder à sua posição e orientação (localização), enquanto suas arestas representarem a ligação entre os vértices com base em alguma medida de injunção (porcentagem de sobreposição longitudinal, número mínimo de *inliers*, entre outras).

Nesse caso, os vértices (D) de um grafo $G(D, U)$ correspondem aos parâmetros de transformação, calculados na etapa de registro de pares de nuvens de pontos, enquanto as arestas (U) representam injunções de corpo rígido 3-Destabelecidas entre os vértices que possuem certa porcentagem de sobreposição longitudinal (ou quantidade suficiente de primitivas correspondentes), preestabelecida no processamento.

Por exemplo, dado um conjunto de pares de nuvens de pontos LiDAR $n_i \in \mathcal{N}$ representado por vértices D_i para $i = 0, \ldots, n$, note-se que os vértices correspondem aos parâmetros de transformações $T_m\ (R_m, t_m)$, sendo m o número de registros executados $D_i = T_m\ (R_m, t_m)$. Para cada T com suficiente sobreposição longitudinal, é determinada uma aresta $u_{ij} \in U$ no grafo $G(D, U)$, como mostra a Figura 4.9.

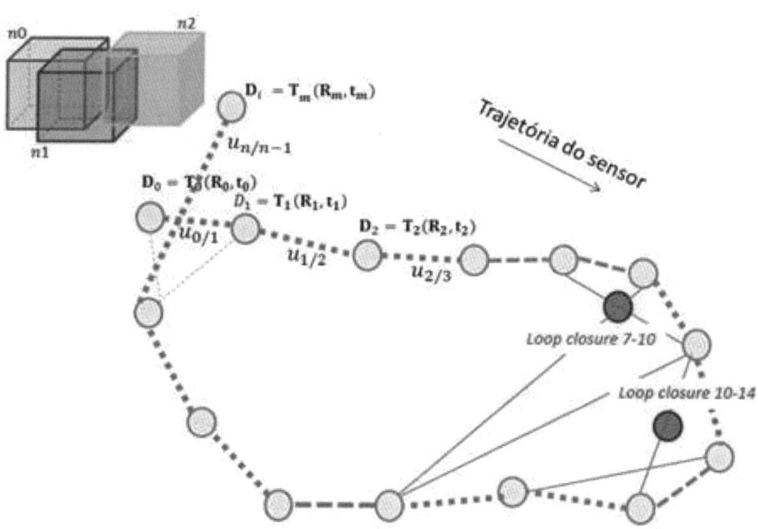

Figura 4.9 – Construção de uma estrutura baseada em grafo. Os cubos em azul, vermelho e verde representam as nuvens de pontos LiDAR; os círculos em verde são os vértices, e as linhas retas pontilhadas denotam as arestas entre vértices; as linhas retas contínuas representam as arestas criadas na detecção de loop closure.

Em suma, na Figura 4.9, os vértices do grafo são representados pelos parâmetros de transformação entre cada par de nuvens de pontos

$$D_i = \begin{bmatrix} r_{11} & r_{12} & r_{13} & t_x \\ r_{21} & r_{22} & r_{23} & t_y \\ r_{31} & r_{32} & r_{33} & t_z \\ 0 & 0 & 0 & 1 \end{bmatrix}$$

referenciados a sistemas locais independentes, enquanto as arestas que atuam como injunções são formadas pelas transformações relativas entre os vértices

$$u_{ij} = D_i D_{i-1} = \begin{bmatrix} r_{11} & r_{12} & r_{13} & t_x \\ r_{21} & r_{22} & r_{23} & t_y \\ r_{31} & r_{32} & r_{33} & t_z \\ 0 & 0 & 0 & 1 \end{bmatrix}.$$

Note-se na Figura 4.9 que a transformação u_{ij} liga as posições D_i e D_{i-1}. Considerando-se que a posição e a orientação iniciais do sensor são determinadas por D_0, pode-se calcular a matriz transformação D_m por meio do produto de todas as transformações, como segue:

$$D_m = \prod_{i=n}^{1} u_{ij} D_0 = u_{i/i-1}, \ldots, u_{0/1} \begin{bmatrix} 1 & 0 & 0 & 0 \\ 0 & 1 & 0 & 0 \\ 0 & 0 & 1 & 0 \\ 0 & 0 & 0 & 1 \end{bmatrix}. \tag{4.15}$$

Na Equação (4.15), o produto de matrizes ($\prod$) não é comutativo e, por isso, é imprescindível se seguir a ordem correta das multiplicações.

O primeiro trabalho que investigou o problema de análise de consistência global foi apresentado por Lu e Milios, 1997. Os autores modelaram o problema, utilizando um grafo como abstração do ambiente a ser mapeado, com vértices representando a orientação e a posição do sensor durante sua trajetória, e as arestas denotando as injunções relativas baseadas em medidas de odometria. Nesse trabalho, os grafos são construídos a cada três poses correspondentes e, ao se detectar um erro de fechamento (*loop closure*, ver Figura 4.9), informações a respeito da configuração mais provável dos vértices no grafo são adicionadas à solução, forçando a consistência global. Dessa forma, o erro total do sistema é minimizado empregando-se uma abordagem iterativa. A estratégia adotada pelos autores evita problemas de divergência à custa de uma solução subótima.

Basicamente, o vetor dos resíduos (v_{ij}) é obtido pela diferença entre os parâmetros de transformação de nuvens de pontos LiDAR sequenciais ou que possuem certo grau de sobreposição. No caso linear, essa diferença é dada por:

$$v_{ij} = D_i - D_{i-1}. \tag{4.16}$$

Entretanto, a observação $\bar{v}_{ij}$ da diferença verdadeira é modelada por:

$$\bar{v}_{ij} = v_{ij} + \Delta v_{ij}, \tag{4.17}$$

sendo Δv_{ij} um erro de distribuição gaussiana com média igual a zero e uma matriz variância-covariância P_{ij}, de conhecimento, a priori.

Assim, a estimativa por máxima verossimilhança é usada para aproximar a posição e orientação ideal do sensor D_i. Partindo-se do pressuposto de que todos os erros nas observações são distribuídos de forma independente e gaussiana, a maximização da probabilidade de todos $\bar{v}_{ij}$ é equivalente a minimizar a seguinte distância de Mahalanobis:

$$\sum_{i,j} v^T P_{ij}^{-1} v = \sum_{i,j} \left(D_{ij} - \bar{D}_{ij}\right)^T P_{ij}^{-1} \left(D_{ij} - \bar{D}_{ij}\right) \rightarrow \min \tag{4.18}$$

Lu e Milios solucionaram esse problema da seguinte forma: no caso linear, é assumido que cada par de vértices (D_i, D_j) é ligado por uma aresta $u_{i/j}$. Caso a aresta não exista, D_{ij} é definido pelo vetor nulo. Portanto, a Equação (4.18) é desdobrada na seguinte expressão:

$$\sum_{0 \leq i < j \leq n} \left(D_i - D_j - \bar{v}\right)^T P_{ij}^{-1} \left(D_i - X_j - \bar{v}\right) \tag{4.19}$$

Para se minimizar a Equação (4.19), deve ser definido um sistema referencial de coordenadas. Uma forma para defini-lo é considerar D_0 como o vetor nulo, por exemplo, $D_0 = (0, 0, 0)$ ou $D_0 = (0, 0, 0, 0, 0, 0)$. Logo, os n vértices livres $D_1, D_2, \ldots, D_n$ representam a posição e a orientação do sensor em relação ao vértice D_0.

A solução numérica da Equação (4.19) é feita linearizando-se a função erro por meio da expansão de primeira ordem de Taylor em torno da estimativa inicial D_0, como segue:

$$v\left(D_0 + \Delta D_i, \Delta D_j\right) = v\left(D_0 + \Delta_D\right) \cong v + J_{ij}\Delta_D \tag{4.20}$$

A matriz J_{ij} é a jacobiana de $v(D)$, e é definida como segue:

$$J_{ij} = \begin{bmatrix} 0, \ldots, 0 & A_{ij} & 0, \ldots, 0B_{ij} & 0, \ldots, 0 \end{bmatrix} \tag{4.21}$$

sendo $A_{ij} = \frac{\partial v(D)}{\partial D_i}$, $B_{ij} = \frac{\partial v(D)}{\partial D_j}$ as matrizes das derivadas parciais de v_{ij} em relação aos vértices i e j, respectivamente.

Substituindo-se a Equação (4.20) na Equação (4.21), tem-se a expressão que segue:

$$\begin{aligned} v^T P_{ij}^{-1} v &= \left(D_0 + \Delta_D\right)^T P_{ij}{}^{-1} \left(D_0 + \Delta_D\right) \\ &\cong \left(v + J_{ij}\Delta_D\right)^T P_{ij}^{-1} \left(v + J_{ij}\Delta_D\right) \\ &= v^T P_{ij}{}^{-1} v + 2v^T P_{ij}{}^{-1} J_{ij} + \Delta_D + \Delta_D{}^T J_{ij}{}^T P_{ij}{}^{-1} J_{ij} \Delta_D \end{aligned} \tag{4.22}$$

sendo $2v^T P_{ij}^{-1} J_{ij} = \left[\ldots, A_{ij} P_{ij}^{-1} v, \ldots, B_{ij} P_{ij}^{-1} v, \ldots\right]^T$ e

$$\Delta_D{}^T J_{ij}{}^T P_{ij}^{-1} J_{ij} \Delta_D = \begin{bmatrix} A_{ij}^T P_{ij}^{-1} A_{ij} & \cdots & A_{ij}^T P_{ij}^{-1} B_{ij} \\ \vdots & \ddots & \vdots \\ B_{ij}^T P_{ij}^{-1} A_{ij} & \cdots & B_{ij}^T P_{ij}^{-1} B_{ij} \end{bmatrix}$$

Agora, fazendo $H = \Delta_D{}^T J_{ij}{}^T P_{ij}^{-1} J_{ij} \Delta_D$, $b_{ij} = 2v^T P_{ij}^{-1} J_{ij}$ e $c_{ij} = v^T P_{ij}^{-1} v$ e em função da aproximação local, a Equação (4.22) pode ser reescrita da seguinte forma:

$$\begin{aligned} F(D_0 + \Delta_D) &= \sum_{ij \in C} F_{ij}(D_0 + \Delta_D) \\ &\cong \sum_{ij \in C} c_{ij} + b_{ij} \Delta_D + \Delta_D{}^T + H \Delta_D \\ &= c + 2b^T \Delta_D \Delta_D + \Delta_D{}^T + H \Delta_D \end{aligned} \tag{4.23}$$

Derivando-se $F(D_0 + \Delta_D)$ em relação a Δ_D e igualando-se a zero, é obtido o seguinte sistema linear:

$$H \Delta_D = -b, \tag{4.24}$$

sendo Δ_D a concatenação de D_1 a D_n.

Então, a Equação (4.24) pode ser escrita da seguinte maneira:

$$\widehat{x} = (H\Delta_D - \bar{D})^T P^{-1} (H\Delta_D - \bar{D}), \tag{4.25}$$

sendo o vetor $\bar{D}$ a concatenação de todas as observações $\bar{D}_{ij}$.

A solução $\widehat{x}$ que minimiza a Equação (4.25) e sua covariância $\sum \widehat{x}$ são dadas por:

$$\begin{aligned} \widehat{x} &= \left(H^T P^{-1} H\right)^{-1} H^T P^{-1} \bar{D} \\ \sum \widehat{x} &= \left(H^T P^{-1} H\right)^{-1} \end{aligned} \tag{4.26}$$

A implementação em C/C++ do método descrito é apresentada usando-se a biblioteca PCL, como segue:

```
#include <armadillo>
#include <ctime>
#include <fstream>
#include <iostream>
#include <math.h>
#include <sstream>
```

```
#include <stdexcept>
#include <stdio.h>
#include <stdlib.h>
#include <string>
#include <time.h>
#include <unistd.h>
#include <vector>
#include "pcl/common/transformation_from_correspondences.h"
#include "pcl/common/transforms.h"
#include "pcl/features/normal_3-D .h"
#include "pcl/features/pfh.h"
#include "pcl/io/pcd_io.h"
#include "pcl/kdtree/kdtree_flann.h"
#include "pcl/keypoints/sift_keypoint.h"
#include "pcl/point_cloud.h"
#include "pcl/point_types.h"
#include <pcl/ModelCoefficients.h>
#include <pcl/common/io.h>
#include <pcl/console/parse.h>
#include <pcl/features/integral_image_normal.h>
#include <pcl/filters/extract_indices.h>
#include <pcl/filters/morphological_filter.h>
#include <pcl/filters/passthrough.h>
#include <pcl/filters/project_inliers.h>
#include <pcl/filters/radius_outlier_removal.h>
#include <pcl/filters/statistical_outlier_removal.h>
#include <pcl/kdtree/impl/kdtree_flann.hpp>
#include <pcl/registration/correspondence_estimation.h>
#include <pcl/registration/elch.h>
#include <pcl/registration/icp.h>
#include <pcl/registration/lum.h>
#include <pcl/registration/transforms.h>
#include <pcl/sample_consensus/method_types.h>
#include <pcl/sample_consensus/ransac.h>
#include <pcl/sample_consensus/sac_model_plane.h>
#include <pcl/search/impl/kdtree.hpp>
#include <pcl/search/kdtree.h>
#include <pcl/search/search.h>
#include <pcl/segmentation/
  approximate_progressive_morphological_filter.h>
#include <pcl/segmentation/impl/
  approximate_progressive_morphological_filter.hpp>
#include <pcl/segmentation/region_growing.h>
#include <pcl/segmentation/sac_segmentation.h>
#include <pcl/surface/convex_hull.h>
#include <pcl/visualization/cloud_viewer.h>
#include <pcl/visualization/pcl_visualizer.h>
```

```

typedef pcl::PointXYZ PointType;
typedef pcl::PointCloud<PointType> Cloud;
typedef Cloud::ConstPtr CloudConstPtr;
typedef Cloud::Ptr CloudPtr;
typedef std::pair<std::string, CloudPtr> CloudPair;
typedef std::vector<CloudPair> CloudVector;
typedef pcl::PointXYZ PointT;
typedef pcl::PointCloud<PointT> PointCloudT;

using pcl::visualization::PointCloudColorHandlerCustom;
using pcl::visualization::PointCloudColorHandlerGenericField;

using namespace pcl;
using namespace std;
using namespace arma;

void REAMOSTRAGEM(
    pcl::PointCloud<pcl::PointXYZ>::Ptr &points, float resolucao,
    pcl::PointCloud<pcl::PointXYZ>::Ptr &pts_spurios) {

  // Reamostra a nuvem de pontos para visualizacao
  cout << "reamostrando a nuvem de pontos original 1..." << endl;
  pcl::VoxelGrid<PointXYZ> grid_global1;
  grid_global1.setLeafSize(resolucao, resolucao, resolucao);
  grid_global1.setInputCloud(points);
  grid_global1.filter(*pts_spurios);
  cout << "Número de pontos antes da reamostragem: "
       << points->points.size() << endl;
  cout << "Número de pontos depois da reamostragem: "
       << pts_spurios->points.size() << endl;
}
/*+----------------------------------------------------+
   Remove pontos espúrios presentes da nuvem de pontos 3-D
   usando o método OutlierRemoval
  +----------------------------------------------------+*/
void REMOVE_ESPURIOS(
    pcl::PointCloud<pcl::PointXYZ>::Ptr &points, double espurios,
    pcl::PointCloud<pcl::PointXYZ>::Ptr &pts_spurios) {
  PointCloud<PointXYZ>::Ptr xyz_cloud_pre(
      new pcl::PointCloud<PointXYZ>()),
      xyz_cloud(new pcl::PointCloud<PointXYZ>());
  pcl::PointIndices::Ptr removed_indices(new PointIndices),
      indices(new PointIndices), indices2(new PointIndices);
  std::vector<int> valid_indices;
  std::vector<float> intensidade;

```

```
  bool keep_organized = true;
  if (keep_organized) {
    xyz_cloud = points;
    for (int i = 0; i < int(xyz_cloud->size()); ++i)
      valid_indices.push_back(i);
  } else
    removeNaNFromPointCloud<PointXYZ>(*xyz_cloud_pre, *xyz_cloud,
                                      valid_indices);
  PointCloud<PointXYZ>::Ptr xyz_cloud_filtered(
      new PointCloud<PointXYZ>());
  cout << "removendo outliers da nuvem de pontos (aguarde...)"
       << endl;
  pcl::StatisticalOutlierRemoval<pcl::PointXYZ> sor;
  sor.setInputCloud(xyz_cloud);
  sor.setMeanK(espurios);
  sor.setStddevMulThresh(0.1);
  sor.setNegative(false);
  sor.setKeepOrganized(keep_organized);
  sor.filter(*xyz_cloud_filtered);
  sor.getRemovedIndices(*removed_indices);

  pts_spurios->width = points->points.size();
  pts_spurios->height = 1;
  pts_spurios->is_dense = true;
  pts_spurios->points.resize(points->width * points->height);

  for (size_t i = 0; i < removed_indices->indices.size(); ++i)
    indices->indices.push_back(
        valid_indices[removed_indices->indices[i]]);
  pcl::ExtractIndices<pcl::PointXYZ> ei(true);
  ei.setInputCloud(points);
  ei.setIndices(indices);
  ei.setNegative(true);
  ei.filter(*pts_spurios);
  ei.setNegative(true);
  // ei.setKeepOrganized(true);
  ei.setUserFilterValue(10.);
  ei.filterDirectly(points);
  cout << "Número de pontos apos remocao de outliers: "
       << pts_spurios->points.size() << endl;
}

//------------------------------------------------------------

bool loopDetection(int end, const CloudVector &clouds,
                   double dist, int &first, int &last) {
  static double min_dist = -1;
```

```
    int state = 0;

    for (int i = end - 1; i > 0; i--) {
      Eigen::Vector4f cstart, cend;
      // TODO use pose of scan
      pcl::compute3 - D Centroid(*(clouds[i].second), cstart);
      pcl::compute3 - D Centroid(*(clouds[end].second), cend);
      Eigen::Vector4f diff = cend - cstart;

      double norm = diff.norm();

      std::cout << "distância entre " << i << " e " << end
                << " é " << norm << " estado é " << state
                << std::endl;
      if (state == 0 && norm > dist) {
        state = 1;
        std::cout << "estado 1" << std::endl;
      }
      if (state > 0 && norm < dist) {
        state = 2;
        std::cout << "loop detectado entre scan " << i << " ("
                  << clouds[i].first << ") e scan " << end << " ("
                  << clouds[end].first << ")" << std::endl;
        if (min_dist < 0 || norm < min_dist) {
          min_dist = norm;
          first = i;
          last = end;
        }
      }
    }
    std::cout << "min_dist: " << min_dist << " state: " << state
              << " first: " << first << " end: " << end
              << std::endl;
    if (min_dist > 0 &&
        (state < 2 || end == int(clouds.size()) - 1)) // TODO
    {
      min_dist = -1;
      return true;
    }
    return false;
  }
  //-------------------------------------------------------------

  int LUM() {
    pcl::PointCloud<pcl::PointXYZ>::Ptr points1(
        new pcl::PointCloud<pcl::PointXYZ>);
    pcl::PointCloud<pcl::PointXYZ>::Ptr global(
```

```
        new pcl::PointCloud<pcl::PointXYZ>);

    ifstream NumFaixas;
    string linha;

    double pts_espurios, RES_REF, dist, loopDist;
    int iter, lumIter, NUM_FAIXAS;
    unsigned int loopCount;
    char NOME_ARQ[100];
    double rans = 0.1;

    NumFaixas.open("PARAMETROS.txt");
    if (!NumFaixas.is_open()) {
      cout << "Arquivo PARAMETROS.txt Não Existe!";
      NumFaixas.clear();
      return 0;
    }
    while (getline(NumFaixas, linha)) {
      istringstream ss(linha);
      ss >> NOME_ARQ >> NUM_FAIXAS >> pts_espurios >> dist >>
          loopDist >> iter >> lumIter >> loopCount;
    }
    NumFaixas.close();

    pcl::registration::ELCH<PointType> elch;
    pcl::IterativeClosestPoint<PointType, PointType>::Ptr icp(
        new pcl::IterativeClosestPoint<PointType, PointType>);
    icp->setMaximumIterations(iter);
    icp->setMaxCorrespondenceDistance(dist);
    icp->setRANSACOutlierRejectionThreshold(rans);
    elch.setReg(icp);

    // Cria duas janelas de visualizacao separadas
    boost::shared_ptr<pcl::visualization::PCLVisualizer> viewer(
        new pcl::visualization::PCLVisualizer(
            "NUVEM DE PONTOS 3-D "));
    int v1(0);
    int v2(1);
    viewer->createViewPort(0.0, 0.0, 0.5, 1.0, v1);
    viewer->createViewPort(0.5, 0.0, 1.0, 1.0, v2);

    float bckgr_gray_level = 0.0;
    float txt_gray_lvl = 1.0 - bckgr_gray_level;

    viewer->addText("ANTES", 10, 15, 13, txt_gray_lvl,
                    txt_gray_lvl, txt_gray_lvl, "info_v1", v1);
    viewer->addText("DEPOIS", 10, 15, 13, txt_gray_lvl,
```

```
                    txt_gray_lvl, txt_gray_lvl, "info_v2", v2);
std::cout << "Inicia Alinhamento Global" << std::endl;

CloudVector clouds;
for (size_t i = 0; i < NUM_FAIXAS; i++) {
  CloudPtr pc(new Cloud);

  stringstream ss;
  ss << NOME_ARQ << i << ".pcd";
  std::cout << "Carregando arquivo: " << ss.str() << std::endl;
  pcl::io::loadPCDFile(ss.str(), *points1);

  // Remoção de outliers
  cout << "Número de pontos antes do pré-processamento: "
       << points1->points.size() << endl;
  REAMOSTRAGEM(points1, pts_espurios, pc);
  // REMOVE_ESPURIOS (points1, pts_espurios, pc);

  clouds.push_back(CloudPair(ss.str(), pc));
  std::cout << "Tamanho do arquivo: " << ss.str()
            << "depois pré-processamento: " << pc->size()
            << std::endl;
  elch.addPointCloud(clouds[i].second);
  //   lum.addPointCloud (clouds[i].second);

  pcl::visualization::PointCloudColorHandlerCustom<PointT>
      cloud_in_color_h(pc, 255, 0, 0);
  viewer->addPointCloud(pc, cloud_in_color_h, ss.str(), v1);
}

viewer->spin();

pcl::registration::LUM<PointType> lum;
lum.setMaxIterations(lumIter);
lum.setConvergenceThreshold(0.001f);

std::cout << "DETECTANDO LOOP CLOSING COM LUM..." << std::endl;

for (int i = 0; i < iter; i++) {
  for (size_t i = 1; i < clouds.size(); i++)
    for (size_t j = 0; j < i; j++) {
      Eigen::Vector4f ci, cj;
      pcl::compute3 - D Centroid(*(clouds[i].second), ci);
      pcl::compute3 - D Centroid(*(clouds[j].second), cj);
      Eigen::Vector4f diff = ci - cj;

      std::cout << i << " " << j << " " << diff.norm()
```

```
                  << std::endl;

        if (diff.norm() < loopDist &&
            (i - j == 1 || i - j > loopCount)) {
          if (i - j > loopCount)
            std::cout << "Adicionou Injunção entre vértices "
                      << i << " (" << clouds[i].first << ") & "
                      << j << " (" << clouds[j].first << ")"
                      << std::endl;

          std::cout << "Detectou loop closing..." << std::endl;

          pcl::registration::CorrespondenceEstimation<PointType,
                                                    PointType>ce;
          ce.setInputTarget(clouds[i].second);
          ce.setInputSource(clouds[j].second);
          pcl::CorrespondencesPtr corr(new pcl::Correspondences);
          ce.determineCorrespondences(*corr, dist);

          if (corr->size() > 2)
            lum.setCorrespondences(j, i, corr);
        } else
          std::cout << "Não detectou loop closing..."
                    << std::endl;
      }

    std::cout << "Refina Parâmetros de Transformação..."
              << std::endl;
    lum.compute();

    for (size_t i = 0; i < lum.getNumVertices(); i++) {
      std::cout << i << ": " << lum.getTransformation(i)(0, 3)
                << " " << lum.getTransformation(i)(1, 3) << " "
                << lum.getTransformation(i)(2, 3) << std::endl;
      clouds[i].second = lum.getTransformedCloud(i);
    }
  }
  global = lum.getConcatenatedCloud();

  pcl::visualization::PointCloudColorHandlerCustom<PointT>
      cloud_in_color_h1(global, 255, 0, 0);

  viewer->addPointCloud(global, cloud_in_color_h1, "v2", v2);
  std::cout << "Terminou alinhamento!!!" << std::endl;
  viewer->spin();

  return (0);
```

```
}

int main() { return (LUM()); }
```

A Figura 4.10 mostra os resultados obtidos com emprego do método apresentado para a análise de consistência de ambientes internos, usando-se dados RGB-D(Figura 4.10 (a)), e para ambientes externos, usando-se dados LiDAR no modo estático (Figura 4.10 (b)), respectivamente.

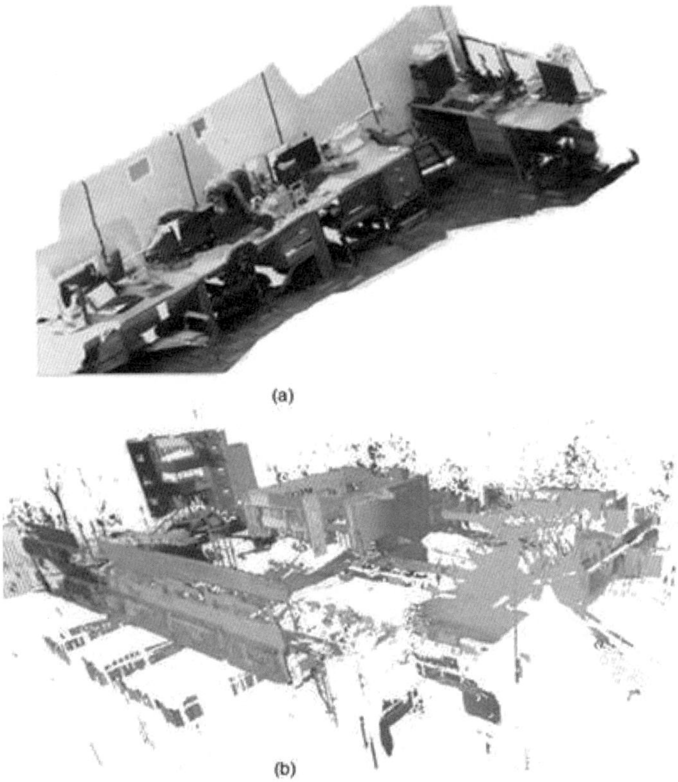

Figura 4.10 – Ambientes 3-D globalmente consistentes: (a) resultado obtido com dados RGB-D; (b) resultado obtido com dados LiDAR no modo estático.

Para se reduzir o volume de dados do modelo 3-D e para melhorar o desempenho computacional de processamentos de classificação e segmentação de nuvens de pontos, técnicas de filtragem de nuvem de pontos 3-D são comumente empregadas.

Nossa experiência com geração de nuvens de pontos 3-D a partir de dados espaciais obtidos com sensores de imageamento passivo e ativo permite revelar quais os aspectos que tornam essas tecnologias equivalentes e em quais situações uma se torna mais atraente que a outra. Vários fatores estão associados aos pontos positivos e negativos que norteiam a decisão da escolha de um ou outro equipamento. O primeiro fator se refere ao ruído dos dados; isto é, se considerarmos que várias imagens foram tomadas e garantirmos alta taxa de sobreposição entre as imagens (longitudinal em torno de 95 % e lateral, de 85 %), deve ser obtida uma nuvem de pontos fotogramétrica com nível de ruídos mais baixo, quando comparado com a nuvem de pontos LiDAR. No caso de equipamentos LiDAR terrestre, quanto maior o ângulo de incidência do pulso laser, pior será a qualidade da coordenada do ponto 3-D. Por exemplo, se a fachada de uma edificação h de 50 m de altura for observada a uma distância horizontal d com 20 m ($d = h\frac{1}{4}0:\ 4$), o limite superior da distorção que poderia afetar a parte superior da fachada é de 8 mm. O limiar de distorção é de 5 mm e, portanto, é insignificante se a mesma fachada for observada a partir de uma distância de 100 m ($d = h\frac{1}{42}$), sob a condição de que a reamostragem angular seja aumentada para se manter a mesma reamostragem espacial.

Por outro lado, o LiDAR é mais adequado para aplicações florestais, uma vez que é capaz de penetrar a vegetação, o que não ocorre por meio de dados ópticos. No entanto, em alguns casos, as medições com sensores passivos são mais práticas, porque uma câmera digital é leve e pode ser facilmente embarcada em diferentes tipos de plataformas, por exemplo, em RPAs com capacidade de *payload* inferior a 5kg. Contudo, medidas diretas são feitas com o LiDAR, enquanto medidas indiretas são realizadas com sensores passivos, exigindo etapas de processamento dos dados que tornam a tarefa de geração de nuvens de pontos, por muitas vezes, extremamente onerosa. Todavia, embora os procedimentos fotogramétricos sejam encarados como *time-consuming*, eles apresentam maior grau de automação.

Um sensor LiDAR fornece informações sobre as propriedades e as alterações dos materiais imageados (por exemplo, características relacionadas à umidade), que podem ser usadas para fins de classificação/reconhecimento de objetos, em particular se os dados RGB e de intensidade do pulso forem processados juntos. Como o LiDAR é um sensor de imageamento ativo, ele não depende de condições de iluminação externa. Por outro lado, um instrumento que opera na faixa do visível pode ser parcialmente afetado pelos feixes de luz do sol. No entanto, as condições de iluminação são insignificantes no caso de um instrumento que opera na faixa do infravermelho médio, ao contrário dos sensores passivos, cujo desempenho está fortemente relacionado com as condições de iluminação e, em particular, de suas variações durante a fase de aquisição dos dados. Por exemplo, se uma área estiver parcialmente sombreada, a correspondência automática de imagens pode falhar. Esse problema pode ser facilmente resolvido no caso de medições LiDAR, pois podem ser realizadas durante o período diurno ou noturno. Por outro lado, um levantamento com sensor passivo requer boas condições de iluminação.

Para concluir, medições LiDAR são relativamente caras. A taxa de perfilamento de um sensor LiDAR em ambientes complexos pode levar até um dia de operação, enquanto, com levantamentos fotogramétricos, a tomada das imagens pode ser feita em poucas horas. Independentemente da técnica de medição empregada, o georreferenciamento de nuvens de pontos é, geralmente, feito por meio de sensores adicionais. Por exemplo, esses sensores podem ser integrados com GNSS/INS. Alvos artificiais bem distribuídos também podem ser usados no processo de georreferenciamento. Para mais detalhes, sugere-se a leitura dos seguintes trabalhos: Bornnmann et al., 2008; Chow et al., 2014; dos Santos et al., 2016; dos Santos et al., 2013; Henry et al., 2012; Horn, 1987; Khoshelham, 2016; Khoshelham et al., 2013; Kuemmerle et al., 2011; Lourakis e Argyros, 2009; Lu e Milios, 1997; Miola e dos Santos, 2020; Park et al., 2012; Pavan e dos Santos, 2017; Pavan et al., 2020; Taguchi et al., 2013; Theiler et al., 2014, 2015; Thrun, 2001; Weinmann et al., 2011; Xu et al., 2019.

4.2 CLASSIFICAÇÃO DE OBJETOS EM NUVENS DE PONTOS LIDAR

O problema de reconhecimento está associado ao problema de classificação de objetos. Inúmeras técnicas para classificação de objetos presentes na superfície física podem ser encontradas na literatura. Nesta obra, serão apresentadas duas técnicas de classificação de objetos em nuvens de pontos LiDAR: baseada na orientação de vetores normais; baseada em regiões de *voxels* (*volume$\times$ elements*); e SVM (*Support Vector Machine*).

4.2.1 CLASSIFICAÇÃO BASEADA EM ORIENTAÇÃO DE VETORES NORMAIS

Na técnica baseada na orientação de vetores normais, a classificação de objetos presentes na nuvem de pontos 3-D depende dos atributos de superfícies planas, como seus vetores normais.

Em um cenário ideal, em que n_i é consistente com o sistema referencial local, as condições de classificação de objetos são as que seguem:

- o vetor normal da parede frontal corresponde ao eixo y: $n = (0,1,0)^T$;
- o vetor normal da parede à direita na cena corresponde ao eixo x: $n = (1,0,0)^T$;
- o vetor normal do teto corresponde ao eixo z: $n = (0,0,1)^T$;
- a parede posterior é oposta à parede frontal;
- a parede da esquerda é oposta à parede da direita; e
- o solo é o plano, oposto ao teto.

A Tabela 4.2 mostra os critérios empregados para classificação de superfícies planas.

Tabela 4.2 – Critérios para classificação de superfícies planas

	Vetor normal	Condições		
Plano	n	n_x	n_y	n_z
Teto	$[0\ \ 0\ \ 1]^T$	$-0{,}2 \leq 0{,}2$	$-0{,}2 \leq 0{,}2$	$0{,}8 \leq 1{,}0$
Chão	$[0\ \ 0\ \ -1]^T$	$-0{,}2 \leq 0{,}2$	$-0{,}2 \leq 0{,}2$	$-1{,}0 \leq -0{,}8$
Parede frontal	$[0\ \ 1\ \ 0]^T$	$-0{,}2 \leq 0{,}2$	$0{,}8 \leq 1{,}0$	$-0{,}2 \leq 0{,}2$
Parede posterior	$[0\ \ -1\ \ 0]^T$	$-0{,}2 \leq 0{,}2$	$-1{,}0 \leq -0{,}8$	$-0{,}2 \leq 0{,}2$
Parede à direita	$[1\ \ 0\ \ 0]^T$	$0{,}8 \leq 1{,}0$	$-0{,}2 \leq 0{,}2$	$-0{,}2 \leq 0{,}2$
Parede à esquerda	$[-1\ \ 0\ \ 0]^T$	$-1{,}0 \leq -0{,}8$	$-0{,}2 \leq 0{,}2$	$-0{,}2 \leq 0{,}2$

Os valores apresentados na Tabela 4.2 são produto de experimentos empíricos, e devem ser consideradas aproximações dos valores reais que só serão determinados pelas características específicas de cada ambiente. A Figura 4.11 mostra o resultado de uma classificação usando-se as orientações de vetores normais para planos extraídos em um ambiente interno 3-D a partir de dados RGB-D.

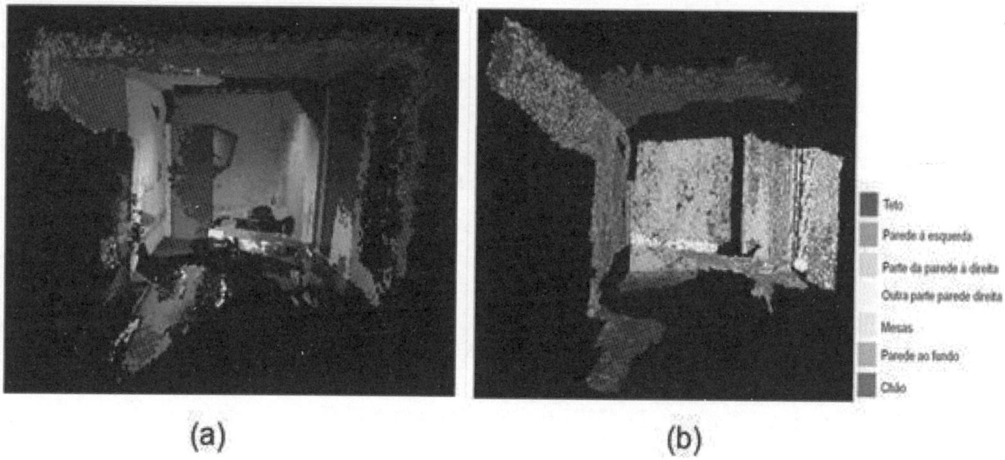

Figura 4.11 – Classificação usando-se as orientações dos vetores normais para planos extraídos em um ambiente interno 3-D a partir de dados RGB-D: (a) ambiente interno original; (b) planos extraídos e classificados. Fonte: Santos et al., 2017.

Vale ressaltar que o sinal de n é ambíguo (positivo ou negativo) quando calculado por análise de componentes principais, além de não ser consistentemente orientado em relação ao sistema referencial local. Uma solução baseada no conhecimento a priori do ponto de vista do sensor de imageamento (v_p), para orientar todos os vetores normais n consistentemente em direção a v_p, pode ser aplicada, satisfazendo a seguinte expressão:

$$n_i \cdot \left(v_p - p_i\right) > 0. \tag{4.27}$$

Em situações na qual v_p não é conhecido, basta multiplicar os vetores normais com sinal negativo por -1, o que, porém, não deverá garantir consistência em superfícies pouco suavizadas. A seguir, é apresentado o algoritmo para classificação de planos, usando-se a orientação dos vetores normais ao plano:

```
#include <iostream>
#include <math.h>
#include <pcl/ModelCoefficients.h>
#include <pcl/features/integral_image_normal.h>
#include <pcl/features/normal_3-D .h>
#include <pcl/filters/approximate_voxel_grid.h>
#include <pcl/filters/extract_indices.h>
#include <pcl/filters/voxel_grid.h>
#include <pcl/io/pcd_io.h>
```

```
#include <pcl/io/ply_io.h>
#include <pcl/point_types.h>
#include <pcl/sample_consensus/method_types.h>
#include <pcl/sample_consensus/model_types.h>
#include <pcl/segmentation/sac_segmentation.h>
#include <pcl/visualization/cloud_viewer.h>
#include <pcl/visualization/pcl_visualizer.h>

#define PI 3.14159265358979323846264338832795

typedef pcl::PointXYZ PointT;
typedef pcl::PointCloud<PointT> PointCloud;

pcl::visualization::PCLVisualizer *p;
int vp_1;

void view(pcl::PointCloud<pcl::PointXYZ> &cloud) {

  pcl::visualization::CloudViewer viewer1("Cloud Viewer");
  viewer1.showCloud(cloud.makeShared());
  while (!viewer1.wasStopped())
    ;

  return;
}

void LerFullRoom() {

  FILE *WriteTransformedPC1, *fileZ_LEFT;
  float X1, Y1, Z1, nX, nY, nZ;
  int i, j, id_LEFT, R, G, B;
  pcl::PointCloud<pcl::PointXYZ>::Ptr cloud_source(
      new pcl::PointCloud<pcl::PointXYZ>);
  //--------------------------------------------------------

  std::cout << "Lendo nuvem de pontos 3-D ...\n";
  fileZ_LEFT = fopen("Coordenadas 3-D  - Ponto.txt", "r");
  int n = 0;
  while (!feof(fileZ_LEFT)) {
    fscanf(fileZ_LEFT, "%f %f %f\n", &X1, &Y1, &Z1);
    n++;
  }
  fclose(fileZ_LEFT);
  //--------------------------------------------------------
  cloud_source->width = n;
  cloud_source->height = 1;
  cloud_source->is_dense = true;
  cloud_source->points.resize(cloud_source->width *
```

```
                                   cloud_source->height);

  fileZ_LEFT = fopen("Coordenadas 3-D  - Ponto.txt", "r");

  int k = 0;
  while (!feof(fileZ_LEFT)) {
    fscanf(fileZ_LEFT, "%f %f %f\n", &X1, &Y1, &Z1);
    cloud_source->points[k].x = X1;
    cloud_source->points[k].y = Y1;
    cloud_source->points[k].z = Z1;
    k++;
  }
  fclose(fileZ_LEFT);

  std::cout << "Salvando nuvem de pontos 3-D ...\n";
  std::stringstream ss;
  ss << "PointCloud_FullRoom.pcd";
  pcl::io::savePCDFile(ss.str(), *cloud_source, true);
}
/* + ---------------------------------------------------------- +
   + Classificação de objetos 3-D  analisando os vetores         +
   + normais                                                     +
   + Syntax:                                                     +
   + Classicacao()                                               +
   + ---------------------------------------------------------- +
*/

int Classificacao(int nframe, int quantidadeframes,
                  const PointCloud::Ptr target_cloud,
                  const PointCloud::Ptr input_cloud,
                  PointCloud::Ptr output,
                  Eigen::Matrix4f &final_transform,
                  bool downsample = false) {

  int NormalEstimation(int k, int j, float *centroid_X,
                       float *centroid_Y, float *centroid_Z);

  pcl::PointCloud<pcl::PointXYZRGB>::Ptr filtered_target(
      new pcl::PointCloud<pcl::PointXYZRGB>),
      output_target(new pcl::PointCloud<pcl::PointXYZRGB>);
  pcl::PointCloud<pcl::PointXYZRGB>::Ptr filtered_input(
      new pcl::PointCloud<pcl::PointXYZRGB>),
      output_input(new pcl::PointCloud<pcl::PointXYZRGB>);
  pcl::PointCloud<pcl::PointXYZRGB>::Ptr filtered(
      new pcl::PointCloud<pcl::PointXYZRGB>);
  pcl::PointCloud<pcl::PointXYZRGB>::Ptr output_filtered(
      new pcl::PointCloud<pcl::PointXYZRGB>);
  pcl::PointCloud<pcl::PointXYZRGB> Final;
```

```

pcl::ApproximateVoxelGrid<pcl::PointXYZRGB>
    approximate_voxel_filter;

FILE *WriteCoefficientsPlane;
float den, ZMax = 0.0, ZMin = 10000.0;
int j, NumberPointsMax = 0, NumberPointsMin = 307200;
const char *path1;
char buf[100] = {0};
struct PLANE {
  float Xc;
  float Yc;
  float Zc;
  float nx;
  float ny;
  float nz;
  float ro;
  int Max;
  int Min;
  int NumberPointMax;
  int NumberPointMin;
};
struct PLANE plane[100];
FILE *WriteNumberPlane, *ReadCoefficientsPlane, *ReadCentroid;

nframe = FIRST_FRAME;

// Reamostra a nuvem de pontos 3-D  - 1 cm
approximate_voxel_filter.setLeafSize(0.01f, 0.01f, 0.01f);
approximate_voxel_filter.setInputCloud(input_cloud);
approximate_voxel_filter.filter(*filtered_input);

pcl::ModelCoefficients::Ptr coefficients(
    new pcl::ModelCoefficients());
pcl::PointIndices::Ptr inliers(new pcl::PointIndices());
// Segmenta os objetos
std::cerr << "Segmentando objetos... " << std::endl;
pcl::SACSegmentation<pcl::PointXYZRGB> seg;
seg.setOptimizeCoefficients(true);
seg.setModelType(pcl::SACMODEL_PLANE);
seg.setMethodType(pcl::SAC_RANSAC);
seg.setMaxIterations(1000);
seg.setDistanceThreshold(OBJECT_DISTANCE_);

std::cerr << "Creating the filtering object... " << std::endl;
pcl::ExtractIndices<pcl::PointXYZRGB> extract;

// Detecção de planos
```

```
  for (int k = 0; k < quantidadeframes; k++) {
    int i = 0, nr_points;

    if (k == 0)
      *filtered = *filtered_target;
    else
      *filtered = *filtered_input;

    nr_points = (int)filtered->points.size();
    std::cerr << "Número de pontos a serem filtrados: "
              << nr_points << std::endl;

    std::cout << "Valor percentual usado: " << PERCENT_
              << std::endl;
    std::cout << "Distância maxima entre os objetos: "
              << OBJECT_DISTANCE_ << std::endl;

    while (filtered->points.size() > PERCENT_ * nr_points) {
      std::cerr << "Detectando planos na nuvem de pontos " << k
                << ": " << i << std::endl;
      seg.setInputCloud(filtered);
      seg.segment(*inliers, *coefficients);
      if (inliers->indices.size() == 0) {
        std::cerr << "Não pode estimar o plano." << std::endl;
        break;
      }

      // Extrai as inliers
      extract.setInputCloud(filtered);
      extract.setIndices(inliers);
      extract.setNegative(false);
      extract.filter(*output_filtered);
      std::cerr
          << "Número de pontos representado a superficie plana: "
          << output_filtered->width * output_filtered->height
          << std::endl;

      if ((output_filtered->width * output_filtered->height) >
          NumberPointsMax)
        NumberPointsMax =
            (output_filtered->width * output_filtered->height);
      if ((output_filtered->width * output_filtered->height) <
          NumberPointsMin)
        NumberPointsMin =
            (output_filtered->width * output_filtered->height);

      plane[i].NumberPointMax =
          (output_filtered->width * output_filtered->height);
```

```
        plane[i].NumberPointMin =
            (output_filtered->width * output_filtered->height);

        std::stringstream ss;
        ss << "Detected_plane_" << k << "_" << i << ".ply";
        pcl::io::savePLYFile<pcl::PointXYZRGB>(
            ss.str(), *output_filtered, false);

        Final = *output_filtered;
        view(Final);

        extract.setNegative(true);
        extract.filter(*output_target);
        filtered.swap(output_target);

        std::cerr << "Coeficientes" << k << "_" << i << ": "
                  << coefficients->values[0] << " "
                  << coefficients->values[1] << " "
                  << coefficients->values[2] << " "
                  << coefficients->values[3] << std::endl;

        den = (coefficients->values[0] * coefficients->values[0]) +
              (coefficients->values[1] * coefficients->values[1]) +
              (coefficients->values[2] * coefficients->values[2]);

        plane[i].nx = coefficients->values[0] / sqrt(den);
        plane[i].ny = coefficients->values[1] / sqrt(den);
        plane[i].nz = coefficients->values[2] / sqrt(den);
        plane[i].ro = coefficients->values[3] / sqrt(den);

        // Calcula o centroide
        NormalEstimation(k, i, &plane[i].Xc, &plane[i].Yc,
                         &plane[i].Zc);

        if (plane[i].Zc > ZMax)
          ZMax = plane[i].Zc;
        if (plane[i].Zc < ZMin)
          ZMin = plane[i].Zc;

        i++;
      } // end while
    }   // end for

    FILE *WriteParametersPlano;

    WriteParametersPlano = fopen("ParamPlanosDetectados.txt", "w");
    fprintf(WriteParametersPlano,
            "-Numero do plano- "
```

```
          "-Centroide (XYZ)- "
          "-Vetor Normal (Nx Ny Nz ro)- "
          "-Classe do objeto- "
          "-Distância  (Max and Min)- "
          "-Número dos pontos (Max and Min)- "
          "-Quantidade de pontos-\n");
  int i, classe;
  float nx, ny, nz;
  for (int j = 0; j < i; j++) {
    if (plane[j].Zc == ZMax)
      plane[j].Max = 1; // O mais distante!
    else
      plane[j].Max = 0;

    if (plane[j].Zc == ZMin)
      plane[j].Min = 1; // O menos distante!
    else
      plane[j].Min = 0;

    if (plane[j].NumberPointMax == NumberPointsMax)
      plane[j].NumberPointMax = 1; // O maior!
    else
      plane[j].NumberPointMax = 0;

    if (plane[j].NumberPointMin == NumberPointsMin)
      plane[j].NumberPointMin = 1; // O menor!
    else
      plane[j].NumberPointMin = 0;

    // Classifica o objeto detectado como teto, solo ou parede.
    // OBSERVAÇÃO: NO CASO DO KINECT TROCAREMOS O Y PELO Z
    nx = plane[j].nx;
    ny = plane[j].nz;
    nz = plane[j].ny;
    if ((nx >= -0.3 && nx <= 0.3) && (ny >= -0.3 && ny <= 0.3) &&
        (nz >= 0.7 && nz <= 1.0))
      classe = 0; // TETO
    if ((nx >= -0.3 && nx <= 0.3) && (ny >= -0.3 && ny <= 0.3) &&
        (nz >= -1.0 && nz <= -0.7))
      classe = 1; // SOLO
    if ((nx >= -0.3 && nx <= 0.3) && (ny >= 0.7 && ny <= 1.0) &&
        (nz >= -0.3 && nz <= 0.3))
      classe = 2; // PAREDE DE FRENTE
    if ((nx >= -0.3 && nx <= 0.3) &&
        (ny >= -1.0 && ny <= -0.7) && (nz >= -0.3 && nz <= 0.3))
      classe = 3; // PAREDE DE TRAS
    if ((nx >= 0.7 && nx <= 1.0) && (ny >= -0.3 && ny <= 0.3) &&
        (nz >= -0.3 && nz <= 0.3))
```

```
        classe = 4; // PAREDE DA DIREITA
      if ((nx >= -1.0 && nx <= -0.7) &&
          (ny >= -0.3 && ny <= 0.3) && (nz >= -0.3 && nz <= 0.3))
        classe = 5; // PAREDE DA DIREITA

      fprintf(WriteParametersPlano,
              "%d %f %f %f %f %f %f %f %d %d %d %d %d %d\n", j,
              plane[j].Xc, plane[j].Yc, plane[j].Zc, plane[j].nx,
              plane[j].ny, plane[j].nz, plane[j].ro, classe,
              plane[j].Max, plane[j].Min, plane[j].NumberPointMax,
              plane[j].NumberPointMin,
              (output_target->width * output_target->height));
    } // end for
    fclose(WriteParametersPlano);

    return (0);
}
//-------------------------------------------------------------

int NormalEstimation(int k, int j, float *centroid_X,
                     float *centroid_Y, float *centroid_Z) {
  FILE *ReadNumberPlane, *WriteCentroid;
  pcl::PCDReader reader;
  pcl::PointCloud<pcl::PointXYZRGB>::Ptr cloud(
      new pcl::PointCloud<pcl::PointXYZRGB>);

  std::stringstream nome;
  nome << "Detected_plane_" << k << "_" << j << ".ply";
  pcl::io::loadPLYFile<pcl::PointXYZRGB>(nome.str(), *cloud);
  // Estima as normals
  pcl::PointCloud<pcl::Normal>::Ptr normals(
      new pcl::PointCloud<pcl::Normal>);
  pcl::IntegralImageNormalEstimation<pcl::PointXYZRGB,
                                     pcl::Normal>
      ne;

  ne.setNormalEstimationMethod(ne.AVERAGE_3 - D _GRADIENT);
  ne.setMaxDepthChangeFactor(0.02f);
  ne.setNormalSmoothingSize(10.0f);
  ne.setInputCloud(cloud);
  ne.compute(*normals);
  // Estima o centroide
  Eigen::Vector4f centroid;
  pcl::compute3 - D Centroid(*cloud, centroid);
  std::cerr << "Centroid: " << centroid[0] << " " << centroid[1]
            << " " << centroid[2] << std::endl;

  // Calcula a matriz covariancia 3x3
```

```
  Eigen::Matrix3f covariance_matrix;
  computeCovarianceMatrix(*cloud, centroid, covariance_matrix);

  *centroid_X = centroid[0];
  *centroid_Y = centroid[1];
  *centroid_Z = centroid[2];

  return 0;
}

//----------------------------------------------------------
int main(int argc, char **argv) {
  pcl::PointCloud<pcl::PointXYZRGB>::Ptr CLOUD1(
      new pcl::PointCloud<pcl::PointXYZRGB>);
  pcl::PointCloud<pcl::PointXYZRGB>::Ptr CLOUD2(
      new pcl::PointCloud<pcl::PointXYZRGB>);
  pcl::PointCloud<pcl::PointXYZRGB>::Ptr CLOUD1NDT(
      new pcl::PointCloud<pcl::PointXYZRGB>);
  pcl::PointCloud<pcl::PointXYZRGB>::Ptr CLOUD2NDT(
      new pcl::PointCloud<pcl::PointXYZRGB>);
  pcl::PointCloud<pcl::PointXYZRGB>::Ptr cloud_1(
      new pcl::PointCloud<pcl::PointXYZRGB>);
  pcl::PointCloud<pcl::PointXYZRGB>::Ptr cloud_2(
      new pcl::PointCloud<pcl::PointXYZRGB>);
  pcl::PointCloud<pcl::PointXYZRGB> Final, Final1;
  pcl::PointCloud<pcl::PointXYZRGB>::Ptr result(
      new pcl::PointCloud<pcl::PointXYZRGB>),
      source, target;

  Eigen::Matrix4f GlobalTransform = Eigen::Matrix4f::Identity(),
                  pairTransform;
  Eigen::Matrix4f Ti = Eigen::Matrix4f::Identity(), prev,
                  targetToSource;
  Eigen::Matrix4f rotation;
  Eigen::Matrix4f RT;

  float rx, ry, rz, omega, phy, kappa, tx, ty, tz, r[3][3],
      trig[6], MVCXa[6][6];
  int attemption, num, num1, num2, id_LEFT, id_RIGHT, R, G, B,
      nframe, LC, kk, a, b, random, inliers, i, j,
      quantidadeframes;
  FILE *ReadImage, *ReadRT, *ReadPC1, *ReadPC2, *ReadSURFouICP,
      *TESTFrame, *WriteRT, *WriteMatchImage,
      *WriteRotacoesTranslacoes, *WriteFrame, *WriteDados;
  bool frame = true, LOOP = false;

  LC = 0;
  int n = 0, FULL_or_FRAMES;
```

```
    LerFullRoom();

    quantidadeframes = 1;

    std::cout << "Lendo nuvem de pontos...\n";
    std::stringstream ss, ss1;
    ss << "PointCloud_FullRoom.pcd";
    pcl::io::loadPCDFile(ss.str(), *cloud_1);

    // Aplica Reamostragem
    pcl::VoxelGrid<PointT> grid;
    grid.setLeafSize(RESOLUCAO, RESOLUCAO, RESOLUCAO);
    grid.setInputCloud(cloud_1);
    grid.filter(*CLOUD1);
    std::cerr << "Nuvem de pontos antes da filtragem: "
              << cloud_1->width * cloud_1->height << endl;
    std::cerr << "Nuvem de pontos depois da filtragem: "
              << CLOUD1->width * CLOUD1->height << endl;

    Final = *cloud_1;
    view(Final);

    pcl::PointCloud<pcl::PointXYZRGB>::Ptr temp(
        new pcl::PointCloud<pcl::PointXYZRGB>);

    Classificacao(nframe, quantidadeframes, cloud_1, cloud_1, temp,
                  pairTransform, true);

    return 0;
}
```

Outra técnica muito empregada para se classificarem objetos presentes em nuvens de pontos LiDAR é o crescimento de regiões. O algoritmo de crescimento de regiões 3-D realiza um esforço conjunto de um suavizador de superfícies e uma conectividade local. Para um determinado segmento, pontos 3-D são conectados usando a técnica *kd-tree*. Então, é feita uma análise espacial entre o vetor normal do ponto 3-D corrente (n_c) e o vetor normal de seus vizinhos (n_b), como segue:

$$\|n_c \cdot n_b\| < \cos(\theta_T), \tag{4.28}$$

sendo θ_T um limiar angular predefinido.

A Figura 4.12 mostra um conjunto de telhados de edificações e vegetação segmentado.

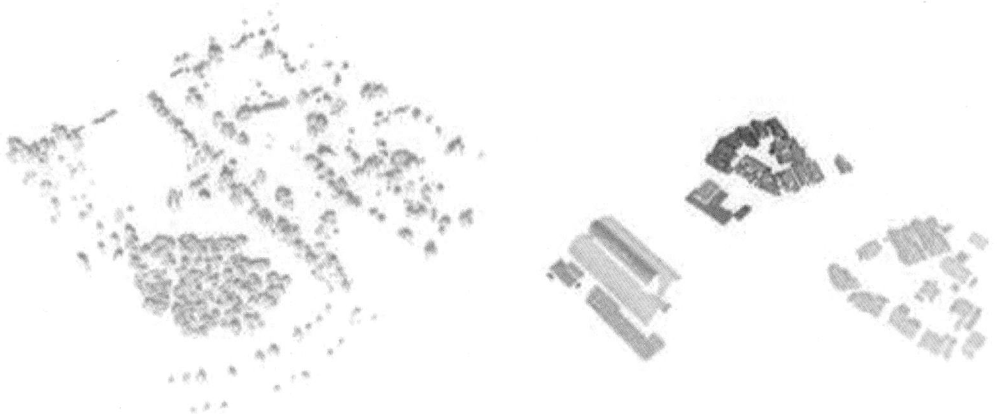

Figura 4.12 - Conjunto de telhados de edificações e vegetação extraídos em uma nuvem de pontos 3-D.

O algoritmo de crescimento de regiões 3-D empregado para segmentação dos objetos citados é apresentado a seguir:

```
#include <ctime>
#include <fstream>
#include <iostream>
#include <math.h>
#include <sstream>
#include <stdio.h>
#include <stdlib.h>
#include <string>
#include <vector>

#include "pcl/common/transformation_from_correspondences.h"
#include "pcl/common/transforms.h"
#include "pcl/features/normal_3-D .h"
#include "pcl/features/pfh.h"
#include "pcl/io/pcd_io.h"
#include "pcl/kdtree/kdtree_flann.h"
#include "pcl/keypoints/sift_keypoint.h"
#include "pcl/point_cloud.h"
#include "pcl/point_types.h"
#include <Eigen/Core>
#include <pcl/ModelCoefficients.h>
#include <pcl/common/io.h>
#include <pcl/console/parse.h>
#include <pcl/features/integral_image_normal.h>
#include <pcl/filters/extract_indices.h>
#include <pcl/filters/passthrough.h>
#include <pcl/filters/statistical_outlier_removal.h>
#include <pcl/registration/icp.h>
```

```
#include <pcl/registration/transforms.h>
#include <pcl/sample_consensus/method_types.h>
#include <pcl/sample_consensus/model_types.h>
#include <pcl/sample_consensus/ransac.h>
#include <pcl/sample_consensus/sac_model_plane.h>
#include <pcl/search/kdtree.h>
#include <pcl/search/search.h>
#include <pcl/segmentation/
  approximate_progressive_morphological_filter.h>
#include <pcl/segmentation/region_growing.h>
#include <pcl/segmentation/sac_segmentation.h>
#include <pcl/visualization/cloud_viewer.h>
#include <pcl/visualization/pcl_visualizer.h>

using namespace pcl;
using namespace std;

using pcl::visualization::PointCloudColorHandlerCustom;
using pcl::visualization::PointCloudColorHandlerGenericField;

// Estrutura para armazenar os pontos na precisão double
typedef struct Lidarpulse {
  double x1, y1, z1;
  int i1, R, G, B, IR;
} Lidarpulse;

/*+-----------------------------------------------+
   Realiza uma etapa de crescimento de regiões em 3-D
   usando o método de Rabbini et al. (2006)
  +-----------------------------------------------+*/
int Crescimento_Regiao() {

  pcl::PointCloud<pcl::PointXYZ>::Ptr cloud(
      new pcl::PointCloud<pcl::PointXYZ>);

  std::stringstream ler;
  ler << "/home/danielsantos/Data_Set/Floresta_filtrada.pcd";
  pcl::io::loadPCDFile(ler.str(), *cloud);

  cout << "\nIniciando o crescimento de regioes..." << endl;

  pcl::search::Search<pcl::PointXYZ>::Ptr tree =
      boost::shared_ptr<pcl::search::Search<pcl::PointXYZ>>(
          new pcl::search::KdTree<pcl::PointXYZ>);
  pcl::PointCloud<pcl::Normal>::Ptr normals(
      new pcl::PointCloud<pcl::Normal>);
  pcl::NormalEstimation<pcl::PointXYZ, pcl::Normal>
```

```
        normal_estimator;
    normal_estimator.setSearchMethod(tree);
    normal_estimator.setInputCloud(cloud);
    normal_estimator.setKSearch(500); // 50
    normal_estimator.compute(*normals);

    pcl::IndicesPtr indices(new std::vector<int>);
    pcl::PassThrough<pcl::PointXYZ> pass;
    pass.setInputCloud(cloud);
    pass.setFilterFieldName("z");
    pass.setFilterLimits(0.0, 1.0);
    pass.filter(*indices);

    pcl::RegionGrowing<pcl::PointXYZ, pcl::Normal> reg;
    reg.setMinClusterSize(10);      // 50
    reg.setMaxClusterSize(1000000); // 1000000
    reg.setSearchMethod(tree);
    reg.setNumberOfNeighbours(30); // 30
    reg.setInputCloud(cloud);
    // reg.setIndices (indices);
    reg.setInputNormals(normals);
    reg.setSmoothnessThreshold(3.0 / 180.0 *
                               M_PI); // 3.0 / 180.0 * M_PI
    reg.setCurvatureThreshold(1.0);   // 1.0

    std::vector<pcl::PointIndices> clusters;
    reg.extract(clusters);

    std::cout << "Número de agrupamentos igual a "
              << clusters.size() << std::endl;
    std::cout << "Primeiro agrupamento tem "
              << clusters[0].indices.size() << " pontos." << endl;
    std::cout << "Esses são os indices dos pontos da nuvem inicial"
              << std::endl
              << "que pertencem ao primeiro agrupamento:"
              << std::endl;
    int counter = 0;
    while (counter < clusters[0].indices.size()) {
      std::cout << clusters[0].indices[counter] << ", ";
      counter++;
      if (counter % 10 == 0)
        std::cout << std::endl;
    }
    std::cout << std::endl;

    // visualiza a nuvem segmentadareamostrada
    pcl::PointCloud<pcl::PointXYZRGB>::Ptr colored_cloud =
```

```
        reg.getColoredCloud();
    pcl::visualization::CloudViewer viewer(
        "Nuvem de pontos Segmentada");
    viewer.showCloud(colored_cloud);
    while (!viewer.wasStopped()) {
    }

    return (0);
}

int main() { Crescimento_Regiao(); }
```

4.2.2 CLASSIFICAÇÃO BASEADA EM VOXELS

Sabendo-se que cada ponto é representado com coordenadas $\{x_k, y_k, z_k\}$ na nuvem de pontos 3-D. Neste livro, é apresentado uma técnica de classificação baseada em regiões por meio de uma adaptação do algoritmo SLIC 2D para o caso 3-D. Basicamente, a técnica proposta gera *supervoxels* em vez de *superpixels* (*picture* $\times$ *elements*), mediante a proximidade dos pontos 3-D. Um *voxel* representa um valor em uma grade regular no espaço 3-D. Um *supervoxel* representa uma região ou um conjunto de *voxels*. A Figura 4.13 ilustra o conceito de *voxel*.

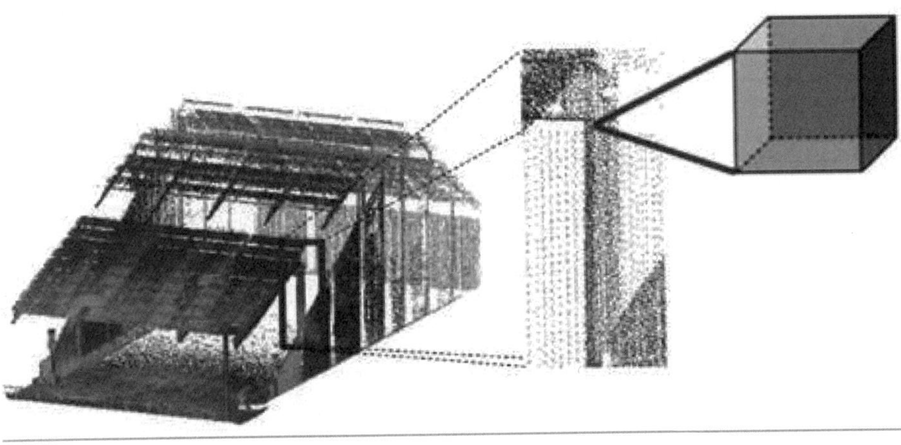

Figura 4.13 – Conceito de voxel.

Antes de se descrever o método proposto, será apresentado um novo paradigma de vizinhança de pontos em nuvem de pontos 3-D que será essencial para o entendimento do método de classificação baseado em regiões de *voxels*. Basicamente, o problema de se determinar a vizinhança de um ponto p^k está relacionado ao espaço da métrica específica que necessita ser usada. Em geral, a definição padrão da norma euclidiana é dada por:

$$\left\| p_i^k - p_q \right\|_x \leq d_m, \tag{4.29}$$

sendo p_q o ponto de consulta; $P^K = \left\{p_1^k, \ldots, p_2^k\right\}$, um conjunto de pontos localizados nas imediações vizinhas de p_q, e d_m, a distância máxima permitida a partir do vizinho para um ponto de pesquisa.

Com o interesse em determinar os k pontos mais próximos de um ponto de pesquisa $p_q \in N$, todas as distâncias, a partir de p_q para todos os outros pontos em N, podem ser estimados e ordenados, com o primeiro menor k, aquele correspondente ao conjunto mais próximo dos pontos P^K. No entanto, esse processo de força bruta é de alto custo computacional, e não faz muito sentido usá-lo para aplicações em que a vizinhança dos pontos é, frequentemente, consultada.

Dessa forma, por causa de *outliers* presentes em N, o vizinho mais próximo de um ponto pode ser diferente daquele que tem a menor distância, especialmente se N é suficientemente denso. Essas abordagens empregam um parâmetro $\varepsilon \geq 0$, que descreve o erro aceitável definido pela solução a ser encontrada. Para qualquer retorno de ponto p_i^k vizinho, a razão entre a distância do ponto e o vizinho mais próximo verdadeiro qk é, no máximo, $1 + \varepsilon$, dado por:

$$\left\|p_i^k - p_q\right\|_x \leq (1 + \varepsilon) \left\|q^k - p_q\right\|_x . \tag{4.30}$$

Há duas maneiras de se determinar P^K para um ponto de pesquisa pq, como segue:

- determinar os k vizinhos mais próximos do ponto de pesquisa (k pesquisas);
- determinar todos os k vizinhos do ponto de pesquisa em um raio r (o raio de busca).

De forma geral, determinar todos os k vizinhos do ponto de pesquisa p^q, em um raio r a partir de um raio de pesquisa, é importante para a estimativa de primitivas 3-D, pois tenta capturar os dados sobre a mesma região da superfície, independentemente do número de pontos de amostragem, da distância ou do ângulo em relação ao sensor. Um conjunto de P^k vizinhos em um determinado raio r é selecionado a partir de um ponto p^q (marcado em vermelho), com o objetivo de se estimar a normal à superfície (n) amostrada ao redor de p^q.

Note-se que é essencial analisar se os vizinhos circundantes são boas representações da superfície subjacente amostrada antes de se estimarem as características de um ponto em relação aos seus vizinhos do conjunto de dados da nuvem de pontos P.

Então, a técnica de classificação baseada em regiões de *voxels* primeiramente calcula a superfície normal de i *voxels* em N, $n_i = \left\{n_x, n_y, n_z\right\}$ e seus respectivos centroides $c_i = \{x_k, y_k, z_k\}$ na região da nuvem de pontos 3-D. Em seguida, devem ser informados dois parâmetros: o número de *supervoxels* desejados (K) e o valor utilizado para se definir a compacidade de cada região (R). O tamanho aproximado de cada *supervoxel* é de $\frac{R}{K}$. Dessa forma, haverá um centroide para cada supervoxel com célula de dimensão $S = \sqrt{\frac{R}{K}}$.

Os K centroides dos *supervoxels* $C_k = \left[n_x^k, n_y^k, n_z^k, x_k, y_k, z_k\right]$ com $k = [1, K]$ dos intervalos regulares da célula S são selecionados, e, sabendo-se que a extensão espacial de qualquer *supervoxel* é de aproximadamente S^3(volume aproximado de um *supervoxel*), pode-se assumir que os pontos que estão associados a um centroide têm uma área de $2S \cdot 2S \cdot 2S$ em torno do centroide $\bar{p} = \frac{1}{m}\sum_{i=1}^{m} p_k$ do *supervoxel*, tornando mais próxima a área de pesquisa dos pontos a cada centro de agrupamento. Consequentemente, a função custo proposta (δ_{iK}) que mede a similaridade espacial e de curvatura do *voxel* dentro de uma região limitada $2S \cdot 2S \cdot 2S$ é dada por:

$$\delta_{iK} = \sqrt{\frac{(X_i - X_K)^2 + (Y_i - Y_K)^2 + (Z_i - Z_K)^2}{S^2}} \cdot \alpha, \tag{4.31}$$

sendo $\alpha = \text{arccos}\left(\langle n_K, n_i\rangle\right)$;$X_K, Y_K, Z_K$, as coordenadas correspondentes ao centroide k; X_i, Y_i, Z_i, as coordenadas espaciais dos pontos do *voxel* i; e S, o valor médio das coordenadas.

Note-se que na Equação (4.31) é necessário se normalizar o valor da distância por S para se evitarem agrupamentos tendenciosos em proximidade espacial. A diferença de curvatura do *voxel* é ponderada por α. Quanto maior o valor de α, maior a diferença de curvatura dos *supervoxels*.

A função custo proposta determina que cada ponto na nuvem seja associado ao centroide mais próximo, sendo calculado um novo centroide à medida que todos os pontos na nuvem estiverem associados ao centroide mais próximo. Enfim, o algoritmo repete, iterativamente, o processo de associação dos pontos até encontrar o ponto de convergência. Para garantir que o número total de distâncias calculadas seja constante em R, é imposta uma injunção $2S \cdot 2S \cdot 2S$ ao redor do centroide do agrupamento. Isso faz com que a complexidade computacional seja igual a $O(R)$.

A equação proposta tem as seguintes vantagens: 1) o número de distâncias calculadas no processo de otimização é reduzido,uma vez que o espaço de busca é limitado ao tamanho do *supervoxel* ($2S \cdot 2S \cdot 2S$); e 2) a distância calculada combina dados espaciais e acurvatura da superfície.

Desde que a nuvem de pontos 3-D esteja adequadamente classificada, é possível segmentar objetos de interesse. Um dos elementos mais requisitados em processamento de dados são bordas de objetos. Enquanto em processamento de imagens digitais o conceito de borda é definido usando-se os gradientes da imagem, em processamento de nuvem de pontos 3-D, as bordas são definidas como locais, onde a geometria do objeto muda abrupta ou bruscamente. O método proposto neste trabalho, para extração e detecção de bordas, é baseado na estimativa da curvatura de superfícies por meio do cálculo da matriz covariância.

Dado um objeto classificado (sv_i), primeiramente, é estimado o vetor normal de um plano tangente à superfície. O plano é representado como um ponto x e um vetor normal $\vec{n}$, e a distância de um ponto $p_i \in sv_i$ ao plano é definido como $d_i = (p_i - x)\ \vec{n}$.

Aqui, a solução para $\vec{n}$ é obtida analisando-se os autovalores e autovetores da matriz covariância $C \in \mathbb{R}^{3\times3}$ de sv_i, como segue:

$$C = \frac{1}{m}\sum_{i=1}^{m} M_i\,(p_i - x)(p_i - x)^T, C\vec{V}_j = \lambda_j\vec{V}_j, j \in \{0,1,2\} \tag{4.32}$$

sendo C uma matriz simétrica positiva semidefinida, os seus autovalores são números reais $\lambda_j \in \mathbb{R}$. Os autovetores $\vec{V}_j$ correspondem às componentes principais da região i. Se $0 \leq \lambda_0 \leq \lambda_1 \leq \lambda_2$, o autovetor $\vec{V}_0$ correspondente ao autovalor λ_0 é, porém, uma aproximação de $\vec{n} = \left\{n_x, n_y, n_z\right\}$ ou $-\vec{n}$. O termo M_i corresponde à ponderação de p_i e pode ser encontrado em função da precisão teórica de suas coordenadas tridimensionais.

Para se determinar a variação aproximada da superfície (σ_p) ao redor de um ponto p, são extraídos os autovalores de C. Se $\lambda_0 = \min(\lambda_j)$, a variação de um ponto p ao longo da superfície normal $\vec{n}$ pode ser estimada pela seguinte equação:

$$\sigma_p = \frac{\lambda_0}{\lambda_0 + \lambda_1 + \lambda_2} \tag{4.33}$$

Na Equação (4.33), valores pequenos de σ_p indicam que todos os pontos na região i estão no plano tangente à superfície. A estimativa da curvatura de superfícies auxilia na extração e detecção de bordas, uma vez que os pontos com valores de curvatura extremamente altos representam locais de bordas em nuvem de pontos 3-D.

Basicamente, um ponto de borda p_b pode ser obtido por meio da análise de distribuição das curvaturas da superfície, impondo como restrição um operador estatístico, como a média, mediana ou o desvio padrão. Vale ressaltar que pontos localizados na fronteira geométrica de uma superfície também aparecem como borda. A definição de um ponto de contorno p_f pode ser dada em função da análise dos ângulos que esse ponto forma com seus pontos vizinhos p_n, isto é, seja $\varnothing = \left\{\beta_1, \beta_2, \ldots, \beta_n,\right\}$ a lista de ângulos sorteados entre as linhas formadas por dois pontos p_i e p_{i+1} no sv_i com p_b. Então, p_b é um ponto localizado na fronteira da superfície se atender a seguinte condição, a saber:

$$\max\left(\alpha = \beta_{i+1} - \beta_i\right) \geq \alpha_{th}, \tag{4.34}$$

sendo α_{th} um limiar angular predefinido.

Os contornos das superfícies podem ser obtidos mediante um procedimento automático de vetorização e poligonação.

4.2.3 CLASSIFICAÇÃO USANDO SVM

O SVM também é conhecido como classificador de margem máxima e tem como objetivo distinguir objetos entre duas classes que são linearmente separáveis. A forma como o SVM é matematicamente representado é a que segue:

$$y = w^T x + b \tag{4.35}$$

sendo w o vetor normal ao segmento linear (fronteira ou linha de decisão) que separa as classes de amostras e b a incerteza posicional do segmento. Cada termo mencionado será explicado em breve.

O objetivo do SVM é aprender os termos w e b, ou seja, o classificador linear procura encontrar o melhor segmento que distingue dois tipos de classes, com erro de treinamento muito próximo de zero. Este segmento também é chamado de hiperplano. Para isto, o SVM primeiro define $w \in \mathbb{R}^n$ ortogonal ao hiperplano e, em seguida, checa se um ponto qualquer está acima ou abaixo do segmento. Por exemplo, dado um conjunto de amostras $x_i \in \mathbb{R}^n$ e duas classes c_1 e c_2, a formulação mais básica do SVM é escrita da seguinte forma, a saber:

$$w_1x_1 + w_2x_2 + b = 0. \tag{4.36}$$

Rearranjando a Equação (4.36) temos:

$$x_2 = -\frac{w_1}{w_2}w_1 - \frac{b}{w_1}. \tag{4.37}$$

A Equação (4.36) pode ser escrita da seguinte forma, a saber:

$$w^Tx + b = 0. \tag{4.38}$$

sendo $w^T = [w_1w_2]$ e $x = \begin{bmatrix} x_1 \\ x_2 \end{bmatrix}$. A Figura 4.14 mostra o significado geométrico de cada elemento mencionado.

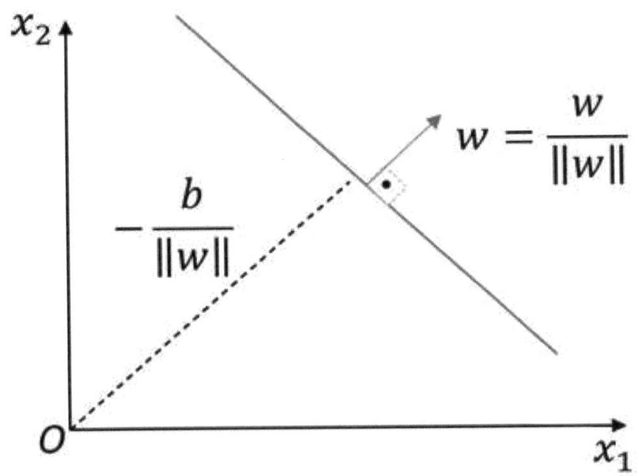

Figura 4.14 – Representação geométrica dos termos w e b.

No SVM, o termo b deve ser estimado para evitar que o hiperplano passe pela origem. Desta forma, o algoritmo deve testar se um novo ponto x^* está acima, abaixo ou se pretence ao hiperplano, com segue:

$$\begin{cases} w^Tx^* + b = 0 & \text{se } x^* \text{ pertence à linha.} \\ w^Tx^* + b > 0 & \text{se } x^* \text{ está acima da linha.} \\ w^Tx^* + b < 0 & \text{se } x^* \text{ está abaixo da linha.} \end{cases} \tag{4.39}$$

Quando o hiperplano é conhecido, tem-se um classificador, uma vez que para ponto usado na Equação (4.38), seja qual for a direção do seu sinal, deve ser atribuído um rótulo para x^*. Note que a direção do sinal do ponto é importante. Em outras palavras, para aplicações de classificação pretende-se encontrar *sinal* $(w^T x + b)$. Por exemplo, considere que dois pontos (x_1^*, x_2^*) foram classificados pelo SVM com valores 0,0001 (mais próximo do hiperplano) e 100 (mais distante do hiperplano), respectivamente. Embora o sinal de ambos os pontos seja positivo, o ponto x_1^* foi classificado com melhor confiabilidade que o ponto x_2^*. Na prática, isto mostra que o algoritmo deve aprender um hiperplano que esteja o mais distante possível de todos os pontos que não devem ser classificados, com a finalidade de se obter a maior confiabilidade possível. Enfim, a magnitude $\left|w^T x + b\right|$ deve ser grande, o que torna o SVM um classificador de margem máxima (γ). Para um ponto positivo, temos:

$$\gamma = \frac{w^T x + b}{\|w\|}. \quad (4.40)$$

Considerando um ponto x, sua projeção ortogonal no hiperplano tem como resultado o ponto x' (ver Figura 4.15), então $\vec{r} = \vec{x} - \vec{x}'$.

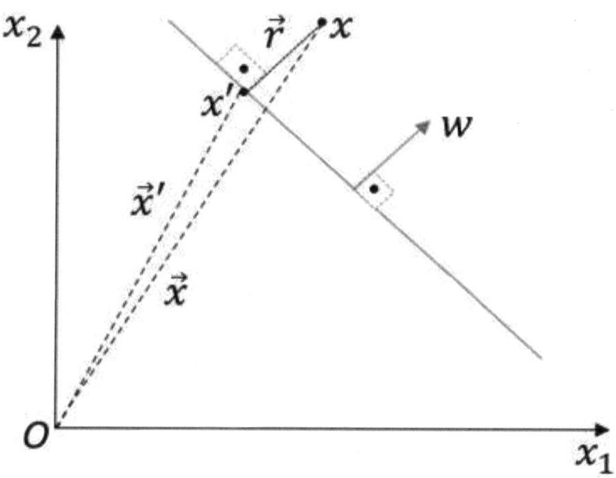

Figura 4.15 – Processo de construção da margem máxima.

Sabendo que $\vec{r}$ é paralelo a w e assumindo que $|\gamma| = \gamma$, então:

$$\vec{r} = \gamma w = \gamma \frac{w}{\|w\|}. \quad (4.41)$$

Considerando que $\vec{r} = \vec{x} - \vec{x}'$ e substituindo na Equação (4.41), temos:

$$\vec{x}' = \vec{x} - \gamma \frac{w}{\|w\|}. \quad (4.42)$$

Substituindo a Equação (4.42) na Equação (4.38):

$$w^T \left(\vec{x} - \gamma \frac{w}{\|w\|} \right) + b = w^T \vec{x} - \gamma \frac{w^T w}{\|w\|} + b = 0. \quad (4.43)$$

Sabendo que $w^T w = \|w\|$, então:

$$w^T \vec{x} - \gamma \|w\|^2 + b = 0. \quad (4.44)$$

A Equação (4.44) é empregada quando x está em cima do hiperplano ($w^T x + b = 0$). Para os casos em que x está abaixo do hiperplano:

$$\gamma = -\left(\frac{w^T x + b}{\|w\|}\right). \quad (4.45)$$

Agora, os pontos mais próximos do hiperplano são usados para maximizar a margem γ que separa os dados, como mostra a Figura 4.16.

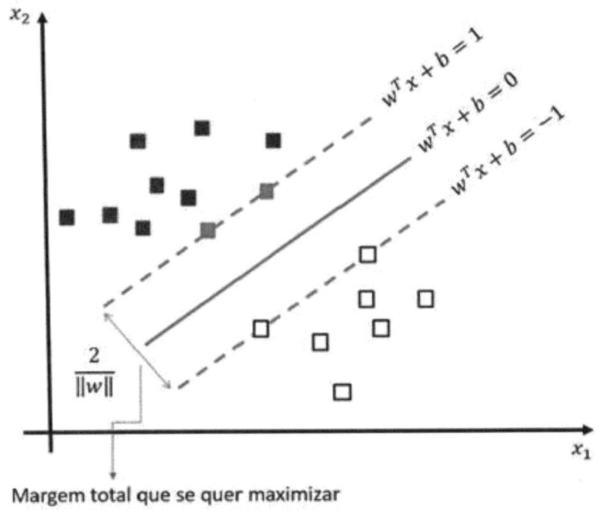

Figura 4.16 – Hiperplano e margem máxima de separação dos dados.

Na Figura 4.16, considerando que $\gamma = \left(\frac{w^T x + b}{\|w\|}\right)$ tem-se que:

$$\gamma = \frac{1}{\|w\|} \text{ para } x > 1 \text{ e } x < -1. \quad (4.46)$$

Então, a margem total que se pretende maximizar é $\frac{2}{\|w\|}$. Na prática, maximizar $\frac{2}{\|w\|}$ é a mesma coisa que minimizar $\frac{\|w\|^2}{2}$, sujeito à seguinte restrição:

$$y_n \left(w^T x_n + b\right) \geq 1, n = 1, \ldots, N \quad (4.47)$$

A injunção é necessária para evitar valores iguais a zero, tornando o problema de otimização com n restrições de desigualdade linear. Em outras palavras, tem-se uma função de otimização com diversas restrições lineares. Os multiplicadores de Lagrange podem ser empregados para minimizar a função quadrática $\frac{\|w\|^2}{2}$ com restrição linear, uma vez que ele é capaz de combinar duas equações em uma única expressão.

Por exemplo, dados dois pontos $x_1 = (1,1), -1$ e $x_2 = (2,2), +1$ com $x \in \mathbb{R}^2$, encontre o hiperplano ótimo $w = (w_1, w_2)$ que minimiza $\frac{\|w\|^2}{2}$ com a restrição mostrada na Equação (4.47). Na prática, temos:

$$\begin{aligned} &\min_{w} f(w) = \frac{1}{2}\|w\|^2 \\ &g_1(w,b) = y_1\left(w^T x_1 + b\right) - 1 \geq 0 \\ &g_2(w,b) = y_2\left(w^T x_2 + b\right) - 1 \geq 0. \end{aligned} \tag{4.48}$$

Então,

$$\min_{w,\alpha_1,\alpha_2} L(w) = \frac{1}{2}\|w\|^2 - \alpha_1 g_1(w,b) - \alpha_2 g_2(w,b) = \frac{1}{2}\left(w_1^2 + w_2^2\right) - \alpha_1. \tag{4.49}$$

Reescrevendo a Equação (4.49) para um Lagrange primo, temos:

$$L(w,b,\alpha) = \frac{1}{2}\|w\|^2 + \sum \alpha_n \left\{1 - y_n\left(w^T x_n + b\right)\right\}, \alpha_n \geq 0 n = 1,\ldots,N. \tag{4.50}$$

Finalmente, com o classificador devidamente treinado o reconhecimento dos objetos pode ser formulado como um problema de classificação. A Figura 4.17 mostra um conjunto de nuvens de pontos LiDAR classificadas usando o SVM.

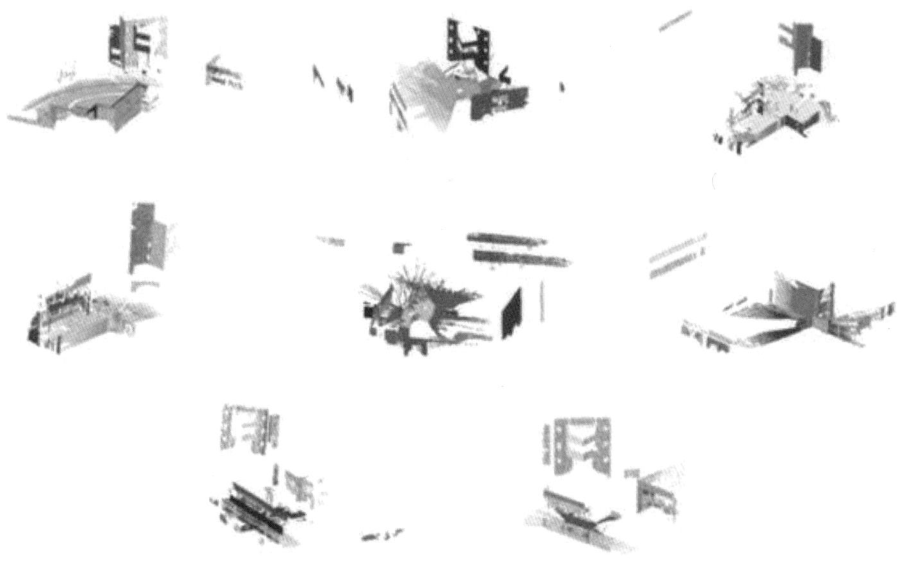

Figura 4.17 – Objetos classificados em nuvens de pontos LiDAR usando o SVM.

4.3 EXERCÍCIOS

1. Dada uma nuvem de pontos 3-D, implemente computacionalmente a técnica de remoção de pontos espúrios conhecida como *interquartile range* (IQR).
2. Descreva matematicamente o algoritmo RANSAC para ajustamento de superfícies planas.
3. Conceitue grafos e estrutura em árvores por espaço dimensional e mostre suas vantagens e desvantagens. Explique matematicamente a solução.
4. Mostre matematicamente o funcionamento da análise de consistência global.
5. Mostre matematicamente a razão de o modelo de corpo rígido 3-D ser sensível a *outliers* e o modelo "ponto a plano" ou "plano a plano" ser robusto à presença de *outliers*.
6. Conceitue grade em *voxels* e apresente matematicamente um método baseado no emprego de *voxels* para classificação de nuvens de pontos LiDAR.

CAPÍTULO 5
AVALIAÇÃO DA ACURÁCIA POSICIONAL DE NUVENS DE PONTOS LiDAR

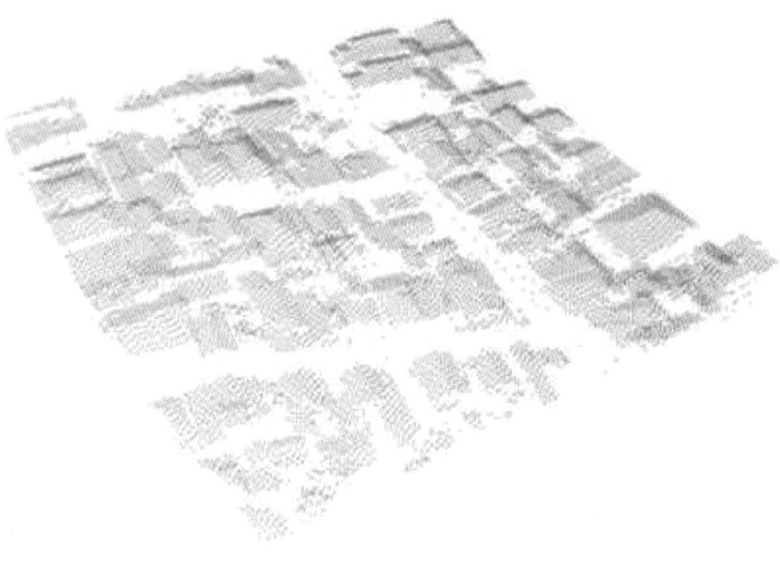

Figura 5.1 – Superfícies planas representam meios inovadores de avaliação da acurácia posicional para novas tendências de mapeamento.

A quantificação e a minimização dos erros sistemáticos e aleatórios introduzidos pelo mecanismo de varredura laser e pelas incertezas dos parâmetros de montagem do sistema representam importante parte do processo de avaliação da acurácia posicional de dados LiDAR e são de interesse tanto do produtor quanto do usuário final desse produto.

De forma geral, a análise da qualidade de um produto cartográfico pode ser relativa (interna) ou absoluta (externa). O controle de qualidade relativo emprega os próprios dados a serem analisados no processo de avaliação, enquanto, no controle de qualidade absoluto, são utilizados dados externos independentes, como pontos de controle. Entretanto, os procedimentos tradicionais de avaliação da qualidade posicional de produtos cartográficos (usando-se pontos de apoio) não são adequados para avaliar dados provenientes de sensores LiDAR, uma vez que a natureza irregular e discreta desses dados torna a identificação de pontos uma tarefa complexa e de baixa confiabilidade.

Por não exigir dados externos, a avaliação da acurácia relativa é um processo que permite avaliar uma grande quantidade de dados em um intervalo curto de tempo, quando comparado aos métodos convencionais, e implica reduzir custos com os procedimentos de avaliação da acurácia absoluta, caso confirmada uma boa acurácia relativa dos dados LiDAR. Na prática, a qualidade relativa da nuvem de pontos LiDAR se dá por meio da comparação de primitivas correspondentes extraídas em faixas LiDAR adjacentes. Esse procedimento é conhecido como ajustamento de pares de faixas LiDAR e é capaz de reduzir as discrepâncias existentes em regiões de sobreposição. Nesse caso, o erro médio quadrático (EMQ) e o desvio padrão são calculados para se estimarem a acurácia e a precisão do produto, respectivamente.

5.1 AVALIAÇÃO DA ACURÁCIA POSICIONAL DE NUVENS DE PONTOS LIDAR

Como descrito anteriormente, planos de telhados podem ser extraídos em função de um pequeno número de parâmetros intuitivos do RANSAC, como segue: 1) tamanho mínimo do conjunto (M) — a superfície só é extraída se apresentar um número de pontos superior ao definido por esse parâmetro; 2) tamanho máximo do conjunto — as superfícies extraídas apresentam como limite de pontos um número inferior ao estabelecido por esse parâmetro; 3) número de vizinhos — define o número de vizinhos que será analisado pelo algoritmo durante o crescimento da região; 4) tolerância angular — critério de similaridade usado pelo algoritmo. Se o ângulo entre a normal de dois pontos for inferior a essa tolerância, o ponto é adicionado à região; 5) tolerância de resíduo — se o ponto apresenta uma distância em relação ao plano calculado inferior a esse parâmetro, ele vai ser empregado no prosseguimento do crescimento da região.

Após a extração dos planos em faixas LiDAR, o processo de correspondência automática deve ser realizado. Nesta obra, apresenta-se uma técnica baseada em linhas de cumeadas extraídas por meio da intersecção de planos de telhados adjacentes. A extração de linhas de cumeada de telhados em nuvens de pontos LiDAR pode ser dividida em três etapas, a saber:

1. identificação dos planos, seguida da obtenção da linha reta horizontal;

2. cálculo das linhas retas;

3. eliminação de falsos positivos.

5.1.1 IDENTIFICAÇÃO DOS PLANOS

Considere que um plano qualquer da faixa LiDAR de referência (F_r) é tomado como plano de referência. O algoritmo deve ser capaz de encontrar na faixa LiDAR de pesquisa (F_p) seu plano correspondente. Como as faixas LiDAR aerotransportadas são georreferenciadas por meio da integração do sensor com o GNSS/INS, a discrepância entre elas deve ser mínima, e o estabelecimento automático de correspondências entre os planos pode ser realizado de forma iterativa.

Em cada iteração, dado um plano de referência, o algoritmo busca por planos vizinhos cuja intersecção com o plano de referência determine uma linha horizontal. Esse processo apresenta as seguintes etapas:

1. são calculadas as distâncias do centroide do plano de referência em relação aos demais. Os planos considerados vizinhos são aqueles que apresentam uma distância do plano de referência inferior a um valor preestabelecido;

2. deve ser calculado o produto vetorial entre as normais dos planos vizinhos, sendo verificado se a componente v_z do produto vetorial apresenta um ângulo inferior a θ em relação à horizontal, como segue:

$$\begin{array}{l} v = n_1 \times n_2 \\ v_z \leq \mathrm{sen}(\theta) \end{array}, \tag{5.1}$$

   sendo $v = \begin{bmatrix} v_x & v_y & v_z \end{bmatrix}$ o vetor diretor da reta; n_1, a normal do plano de referência; n_2, a normal do plano vizinho; e θ, a tolerância angular;

3. se o vetor resultante do produto vetorial entre as normais apresentar uma inclinação inferior à tolerância preestabelecida, a intersecção dos planos é considerada horizontal, e o número de cada plano é armazenado na tabela de saída.

5.1.2 CÁLCULO DA LINHA RETA

Na segunda etapa, é realizado o cálculo de linhas por meio da intersecção de planos adjacentes. Uma linha pode ser representada pela equação de uma reta em R^3, a saber:

$$r(t) = p + tv, \tag{5.2}$$

sendo p o ponto qualquer pertencente à reta $r(t)$; t, o parâmetro da reta; e v, o vetor diretor da reta.

A direção v da reta é definida pelo produto vetorial entre as normais de dois planos adjacentes. Já o ponto p pode ser qualquer ponto pertencente à reta. Visando-se a obter uma solução unívoca, é aplicada a restrição de que tal ponto deve ser o mais próximo a um determinado ponto de referência. As coordenadas desse ponto são calculadas por meio dos multiplicadores de Lagrange.

Os multiplicadores de Lagrange são um método empregado para minimizar ou maximizar uma função sujeita a restrições. No caso da intersecção de dois planos, o método consiste em minimizar a função de distância entre o ponto p e o ponto de referência p_r, a saber:

$$\|p - p_r\| = f(x, y, z) = (x - p_{rx})^2 + (y - p_{ry})^2 + (z - p_{rz})^2. \tag{5.3}$$

Além disso, o ponto p deve pertencer simultaneamente aos dois planos. Matematicamente, isso significa que a função da Equação (5.3) está sujeita a duas restrições, ou seja, o ponto p deve satisfazer a equação dos dois planos, como segue:

$$\begin{array}{c} n_1^T p - d_1 = 0 \\ n_2^T p - d_2 = 0 \end{array}, \tag{5.4}$$

sendo n_1 e d_1 os parâmetros do plano de referência (normal do plano e distância do plano à origem), e n_2 e d_2, os parâmetros do plano adjacente.

A Equação (5.5) apresenta a função $w(x, y, z)$, que contém a função a ser minimizada (Equação (5.3)) e as duas restrições (Equação (5.3)), como segue:

$$w(x, y, z) = \|p - p_r\| + \lambda \left(n_1^T p - d_1\right) + \mu \left(n_2^T p - d_2\right), \tag{5.5}$$

sendo λ e μ os multiplicadores de Lagrange.

Para se solucionar o problema, são calculadas as derivadas parciais em relação às coordenadas do ponto p e aos multiplicadores de Lagrange, resultando em cinco funções. Em seguida, essas funções são igualadas a zero, resultando em um sistema com cinco equações e cinco incógnitas, conforme consta na Equação (5.6):

$$\begin{bmatrix} 2 & 0 & 0 & n_{1x} & n_{2x} \\ 0 & 2 & 0 & n_{1y} & n_{2y} \\ 0 & 0 & 2 & n_{1z} & n_{2z} \\ n_{1x} & n_{1y} & n_{1z} & 0 & 0 \\ n_{2x} & n_{2y} & n_{2z} & 0 & 0 \end{bmatrix} \begin{bmatrix} x \\ y \\ z \\ \lambda \\ \mu \end{bmatrix} = \begin{bmatrix} 2p_{rx} \\ 2p_{ry} \\ 2p_{rz} \\ d_1 \\ d_2 \end{bmatrix}. \tag{5.6}$$

Solucionando-se esse sistema, são encontradas as coordenadas do ponto p. Para simplificar o sistema de equações, o ponto de referência adotado é $p_r = \begin{bmatrix} 0 & 0 & 0 \end{bmatrix}$. No entanto, o ponto cujas coordenadas foram obtidas por meio da solução do sistema não necessariamente é próximo ao segmento de reta definido pela linha de cumeada. A Figura 5.2 ilustra a representação de uma linha de cumeada definida pela intersecção de dois planos (azul e vermelho).

(a)

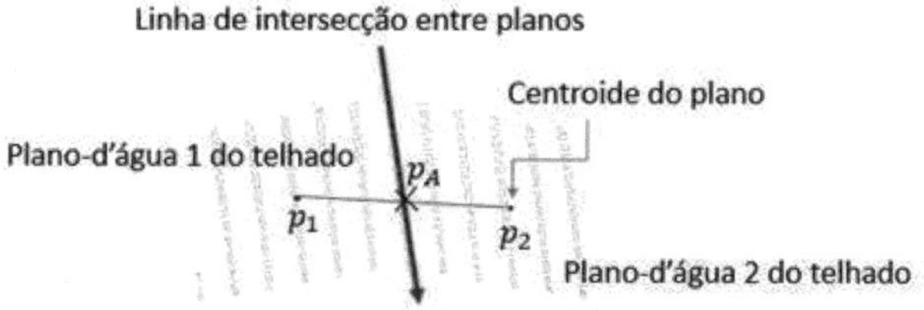

(b)

Figura 5.2 – Representação vetorial de uma linha de cumeada: (a) vista de perfil de um telhado obtido com o LiDAR; (b) vista aérea.

Na Figura 5.2, p_0 corresponde ao ponto calculado pelo método de Lagrange, e v corresponde ao vetor diretor da reta $r(t)$. Para se fazer a comparação da altitude entre linhas retas correspondentes, foi definido um ponto p_A (centro virtual da reta) pertencente à reta $r(t) = p_0 + tv$ que está contido no segmento definido pela linha de cumeada. A posição desse ponto é definida no espaço pela intersecção no plano do segmento definido pelos pontos $p_1 = \begin{bmatrix} p_{1x} & p_{1y} \end{bmatrix}$ (centroide do plano vermelho) e $p_2 = \begin{bmatrix} p_{2x} & p_{2y} \end{bmatrix}$ (centroide do plano azul) com a projeção no plano horizontal da reta em $\mathbb{R}^2 r_p(t) = \begin{bmatrix} p_{0x} & p_{0y} \end{bmatrix} + t \begin{bmatrix} v_x & v_y \end{bmatrix}$. O parâmetro t correspondente à posição do ponto p_A é calculado em $\mathbb{R}^2$ e é aplicado na reta $r(t)$ em $\mathbb{R}^3$. A coordenada z do ponto p_A é adotada como altitude da linha de cumeada na avaliação da precisão altimétrica.

Ao final dessa etapa, os dados de cada linha reta são armazenados em uma tabela que apresenta as seguintes informações:

1. número dos dois planos, cuja intersecção gera a referida linha reta;
2. vetor diretor da reta $v = \begin{bmatrix} v_x & v_y & v_z \end{bmatrix}$;
3. coordenadas do ponto p_0;
4. coordenadas do ponto p_A.

5.1.3 ELIMINAÇÃO DE FALSOS POSITIVOS

Por fim, na última etapa, é realizado um refinamento por meio da eliminação de linhas. Esse refinamento tem a finalidade de eliminar linhas imprecisas que possam ter sido selecionadas na primeira etapa. Para isso, cada linha reta é comparada com a sua correspondente e eliminada se não atender aos seguintes critérios:

a) a distância entre os centros virtuais deve estar dentro de uma tolerância preestabelecida;

b) o ângulo entre essas linhas deve ser inferior à tolerância angular estabelecida.

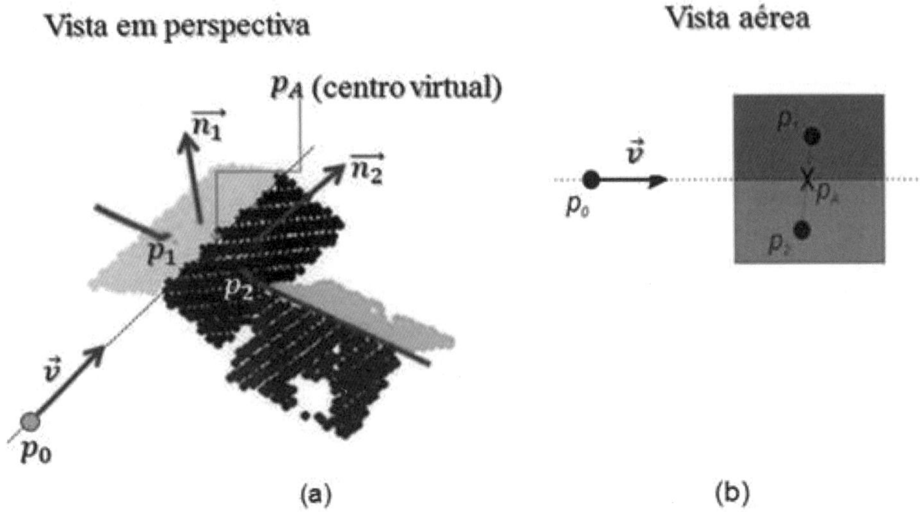

Figura 5.3 - Centros virtuais das linhas correspondentes na nuvem de pontos de referência e de pesquisa: (a) vista em perspectiva; (b) vista em planta.

Basicamente, o erro planimétrico corresponde à distância entre o centro virtual de uma linha e a linha correspondente na faixa adjacente, projetada no plano xy. Na ausência de erros, o ponto p_A (Figura 5.3) da nuvem de pontos de referência deveria pertencer à reta definida pela linha de cumeada extraída na nuvem de pontos de pesquisa. Os centros virtuais de ambas as linhas correspondentes (na nuvem de referência e de pesquisa) são obtidos pela intersecção entre a linha reta de cumeada e o segmento que liga dois centroides adjacentes, como mostra a Figura 5.3.

Na Figura 5.3, p_1 e p_2 são os centroides de dois telhados adjacentes na nuvem de referência; n_1 e n_2 são os vetores unitários normais aos planos da nuvem de referência; p_0 é um ponto qualquer da linha de cumeada; $\vec{v}$ é o vetor diretor da reta obtido pela intersecção entre os planos adjacentes; e p_Aé o centro virtual obtido pela intersecção das linhas retas perpendiculares. Assim, o erro planimétrico também pode ser calculado, como segue:

$$e = -x_A \operatorname{sen}(\alpha_2) + y_A \cos(\alpha_2) - d_2, \tag{5.7}$$

sendo e o erro planimétrico; x_A e y_A, as coordenadas planimétricas do ponto p_A de uma faixa; e α_2 e d_2, parâmetros da reta definida pela linha de cumeada correspondente. Vale ressaltar que todos os cálculos do erro planimétrico são feitos no plano xy, sendo desprezada a coordenada altimétrica.

Já a precisão altimétrica é obtida por meio do REMQ, calculado a partir das altitudes de linhas de cumeada correspondentes, obtidas a partir da coordenada Z do centro virtual. A Tabela 5.1 apresenta os resultados obtidos empregando todos os planos extraídos. Os valores de média, desvio padrão, EMQ e maior discrepância foram obtidos a partir das distâncias dos pontos em relação aos seus respectivos planos em cada uma das situações testadas.

Tabela 5.1 – Comparação dos resultados obtidos.

Área	Sit	A	B	C	D	E	F	G	H	I
Média (cm)	AT[1]	2,792	4,518	2,981	3,771	−1,431	−0,899	2,646	0,851	−2,127
	DT[2]	−0,050	−0,121	−0,108	−0,122	−0,064	−0,001	−0,116	−0,003	−0,067
EMQ (cm)	AT	14,16	19,51	19,14	21,98	14,37	12,84	14,12	9,088	14,10
	DT	3,011	2,944	2,984	3,646	2,839	2,924	3,718	2,840	3,033
Maior discrepância (cm)	AT	45,88	44,45	41,48	77,70	38,00	28,78	38,82	26,65	31,75
	DT	16,65	15,08	13,03	28,14	11,66	14,34	18,60	22,90	18,08

[1] Antes da transformação
[2] Depois da transformação

Na Tabela 5.1 pode ser verificado que os valores médios das distâncias "ponto a plano" antes da aplicação dos parâmetros de transformação indicam a presença de erros sistemáticos, sendo que todos os valores foram reduzidos depois da aplicação dos parâmetros de transformação. Em relação ao EMQ, pode ser verificada uma melhora significativa após a aplicação dos parâmetros. Em média, o EMQ caiu de 15 cm para 3 cm após a aplicação dos parâmetros de transformação. Já em relação à maior discrepância, os valores caíram em média de 40 cm para menos de 20 cm após a aplicação dos parâmetros de transformação. A Figura 5.4 mostra os histogramas de distância "ponto a plano" antes e depois da aplicação dos parâmetros de transformação.

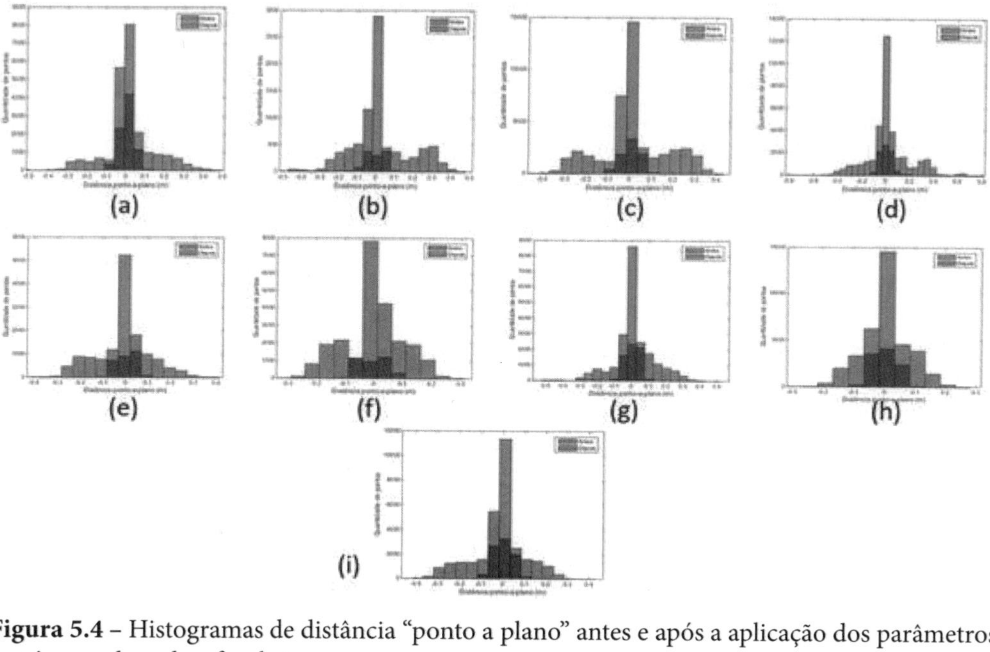

Figura 5.4 – Histogramas de distância "ponto a plano" antes e após a aplicação dos parâmetros nas áreas a, b, c, d, e, f, g, h, i.

Em todas as áreas, a amplitude do histograma foi reduzida significativamente após a transformação. Quase a totalidade dos pontos apresenta distância ao plano inferior a 10 cm. Após a aplicação da transformação, foi realizada a avaliação da acurácia planimétrica e altimétrica por meio das linhas retas extraídas e não eliminadas. Os resultados são apresentados na Tabela 5.2.

Tabela 5.2 – REMQ altimétrico e planimétrico

EMQ	A	B	C	D	E	F	G	H	I
Altimétrico (cm)	1,508	0,681	0,660	3,311	0,798	0,832	0,972	1,733	1,369
Planimétrico (cm)	6,054	6,649	2,006	7,245	2,861	6,436	3,236	5,541	4,588
Observações	31	7	22	47	19	13	18	50	44

Na Tabela 5.2, pode ser verificado que a acurácia altimétrica do sistema é melhor que a planimétrica. Tanto a acurácia altimétrica quanto a planimétrica calculadas apresentaram-se melhores que as especificações dadas para o sensor. Os leitores interessados em informações sobre outros métodos de controle de qualidade de dados LiDAR podem verificar Csanyi e Toth, 2007; Dresch, 2015; Latypov, 2002; Vosselman, 2012.

ANEXO

A.1 ELEMENTOS FOTOGRAMÉTRICOS

A resolução geométrica de uma imagem é obtida em função da abertura angular, da distância focal do sensor e da altura de voo, e refere-se à capacidade do sensor em distinguir os objetos contidos na superfície. Para se determinar a resolução geométrica de uma imagem, deve-se definir alguns elementos fotogramétricos, como a área do campo de visada instantânea do sensor (IFOV), o campo de visada do sensor (FOV), o tamanho do pixel na imagem e no terreno (*G*), e sua distância em relação ao objeto a ser registrado (*Hv*), como mostra a Figura A.1.

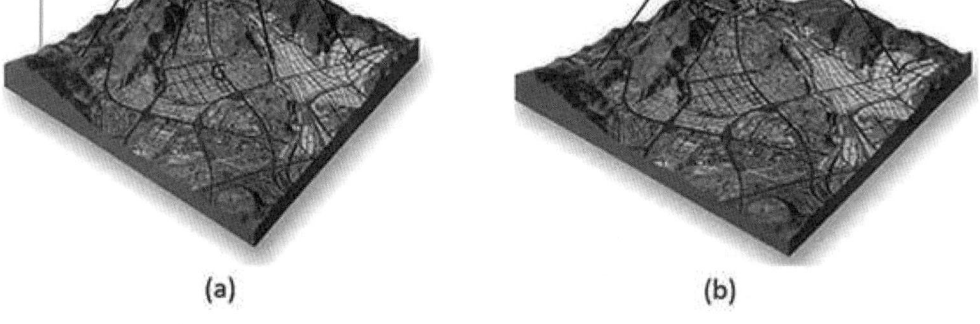

Figura A.1 – Elementos angulares: (a) IFOV; (b) FOV.

Na Figura A.1, o IFOV é o ângulo que define a porção do campo de visada, que é focalizada por um único elemento espacial do sensor (pixel), a uma determinada distância do objeto contido na superfície física da Terra, e está diretamente ligado à resolução geométrica da imagem; o FOV define a porção linear total do terreno que é imageada pelo sensor, a uma determinada distância do objeto contido na superfície física da Terra, ou seja, está relacionado à abertura angular da câmera; G é a porção do terreno focalizada por um único pixel do sensor; e H_V é a altura de voo da plataforma.

Teoricamente, em imagens digitais com resolução geométrica nominal (R_n) de 20 m, somente objetos maiores que R_n, no terreno, poderão ser distinguidos pelo sensor. Na prática, a resolução geométrica real de uma imagem corresponde a $2\sqrt{2} \cdot R_n$. Por exemplo, a Figura A.2 mostra um veículo imageado por sensores passivos com diferentes resoluções espaciais. Sabendo que um veículo de pequeno porte tem, em média, 4 m de comprimento e 2 m de largura, ele somente pode ser discriminado na imagem com resolução geométrica nominal melhor que 20 cm. Ou seja, considere-se que a resolução geométrica nominal da Figura A.2 (aP é em torno de 1,60 m), considerando a expressão apresentada, é $2\sqrt{2} \cdot 1{,}60$ m, obtendo-se uma resolução geométrica real em torno de 4,52 m. Em outras palavras, somente objetos aproximadamente 2,82 vezes maiores que a resolução geométrica nominal poderão ser distinguidos na imagem.

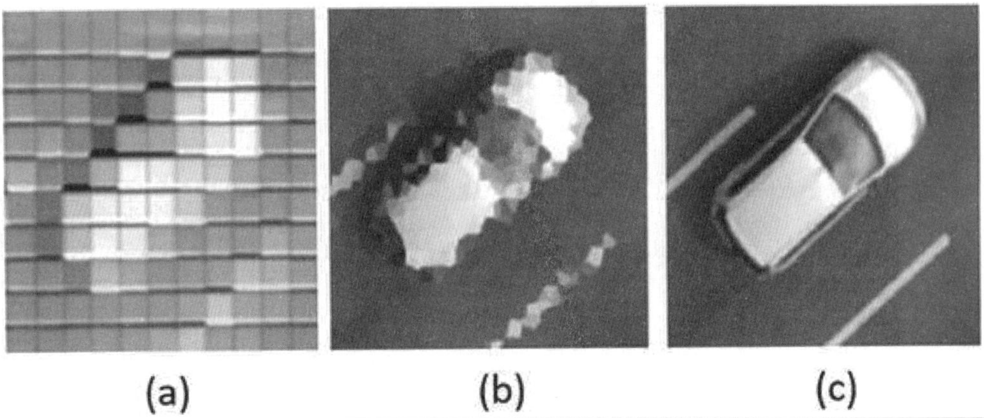

Figura A.2 – Exemplo de diferentes resoluções espaciais em imagens digitais: (a) imagem com 1,6 m de resolução geométrica; (b) imagem com 0,2 m de resolução geométrica; (c) imagem com 0,1 m de resolução geométrica.

Em suma, uma resolução geométrica de 5 m é melhor que uma resolução geométrica de 20 m, pois objetos maiores que 5 m podem ser discriminados na imagem e, consequentemente, produtos cartográficos com maior nível de detalhes poderão ser gerados. Como pode ser verificado, quanto melhor a resolução geométrica, maior o nível de detalhes que podem ser distinguidos na cena. Na prática, considerando-se um mesmo sensor, quanto menor a altura de voo, melhor a resolução geométrica da imagem. Vale ressaltar que a ideia discutida é muito válida para imagens obtidas com sensores orbitais. Para os casos de imagens digitais obtidas em levantamentos aéreos, a melhor solução para encontrar a precisão do produto final será apresentada a seguir.

A resolução geométrica, também denominada de GSD, representa o tamanho de um pixel no terreno. Para determinarmos o GSD, é necessário (R_P) na imagem, a distância focal da câmera (f) e a altura de voo (H_v). A princípio, será considerado que a distância focal da câmera é a distância entre o sensor e o *CP* (abstração pontual do sistema de lentes), enquanto a altura de voo corresponde à distância entre o sensor e a superfície física da Terra, como mostra a Figura A.3.

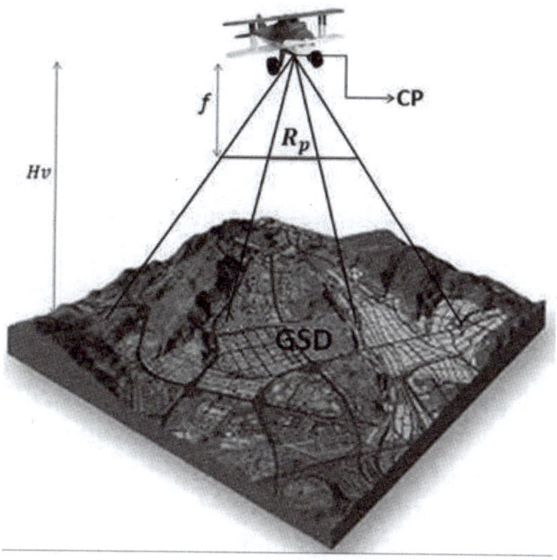

Figura A.3 – Relação GSD e altura de voo.

Na Figura A.3, por semelhança de triângulos, tem-se:

$$\frac{GSD}{R_p} = \frac{H_v}{f}; \tag{A.1}$$

portanto,

$$GSD = \frac{R_p}{f} \cdot H_v. \tag{A.2}$$

O FOV da câmera (também conhecido como ângulo de abertura da câmera), pode ser calculado em função da distância focal e do tamanho do quadro focal da câmera, como segue:

$$FOV = 2\arctan\left(\frac{d}{2f}\right), \tag{A.3}$$

sendo d a dimensão em x e y do quadro focal da câmera.

Usualmente, as câmeras fotogramétricas são classificadas em função do FOV, como segue: grande angular, com FOV de aproximadamente 60°, distância focal de 153 mm, muito utilizada para mapeamento sistemático em terrenos pouco movimentados; ângulo normal, com FOV de aproximadamente 75°, com distância focal variando de 210–300 mm, sendo muito empregada em mapeamento de áreas com grande movimentação do terreno e geração de mosaicos; e supergrande-angular, com FOV de 130° e distância focal de aproximadamente 88 mm, bastante empregada em mapeamento de áreas com pequena movimentação do terreno (terrenos planos). A Tabela A.1 mostra as diferentes resoluções angulares requeridas para diversos tipos de aplicações.

Tabela A.1 – Resolução angular da câmera para diferentes aplicações.

Condições topográficas	FOV
Terrenos planos	30°
Terrenos levemente movimentados	60°
Áreas montanhosas	75°
Áreas urbanas	60°–75°

O ângulo de abertura da câmera estabelece uma relação muito importante na presença de oclusões em imagens aéreas, uma vez que, quanto maior o ângulo de abertura, maior serão as áreas de oclusão. A Figura A.4 apresenta diferentes áreas de oclusão, para duas configurações distintas de coleta, com uma câmera com distância focal de 153 mm e 300 mm.

Na Figura A.4, verifica-se que ambas as fotografias foram obtidas na mesma altura de voo. No entanto, na Figura A.4 (a), tem-se uma imagem adquirida com uma câmera grande-angular (distância focal de 153 mm), e na Figura A.4 (b) uma imagem adquirida com uma câmera ângulo normal (distância focal de 300 mm). Percebe-se, visualmente, que a oclusão apresentada na Figura A.4 (a) é maior do que a apresentada na Figura A.4 (b). Isso pode ser explicado devido ao FOV característico de cada uma das câmeras utilizadas para o recobrimento aéreo. Note-se que o FOV e a distância focal são inversamente proporcionais.

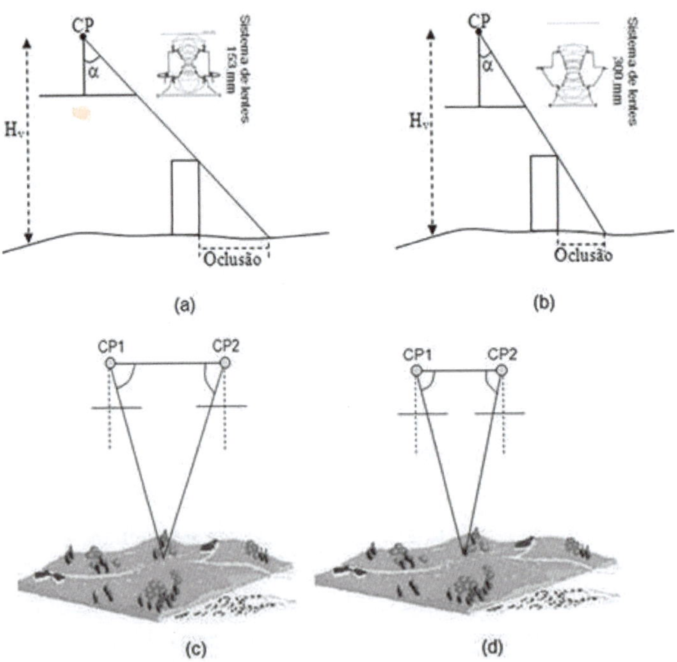

Figura A.4 – Ângulo de abertura da câmera: (a) oclusão formada com uso de uma câmera com distância focal de 153 mm; (b) oclusão formada com uso de uma câmera com distância focal de 300 mm; (c) e (d) triângulos formados com cobertura fotogramétrica de 60 % de sobreposição.

Uma vantagem de se utilizar uma câmera grande-angular, em relação ao emprego de uma câmera de ângulo normal, está relacionada com o custo do projeto. Para uma mesma altura de voo e área do terreno a ser mapeada, as câmeras do tipo grande-angular propiciam um menor número de fotografias. Outra vantagem é a precisão da coordenada altimétrica dos pontos, que está relacionada com a relação base/altura de voo. Ou seja, as coordenadas altimétricas são obtidas com melhor precisão, devido à possibilidade de formar triângulos cuja geometria é a mais próxima da equilátera possível, entre duas fotografias tomadas consecutivamente. As Figura A.4 (c) e A.4 (d) apresentam essas características. Ainda na Figura A.4, é apresentada a relação entre o tipo de ângulo de abertura de cada câmera e a questão envolvendo a relação base/altura (ideal com triângulos equiláteros).

As Figuras A.5 a A.7 apresentam as diferentes magnitudes de oclusão encontradas em três situações distintas: ao variar a distância do objeto em relação ao ponto nadir no terreno (projeção do *CP* na superfície), ao variar a altura dos objetos e ao variar a altura de voo da plataforma, respectivamente.

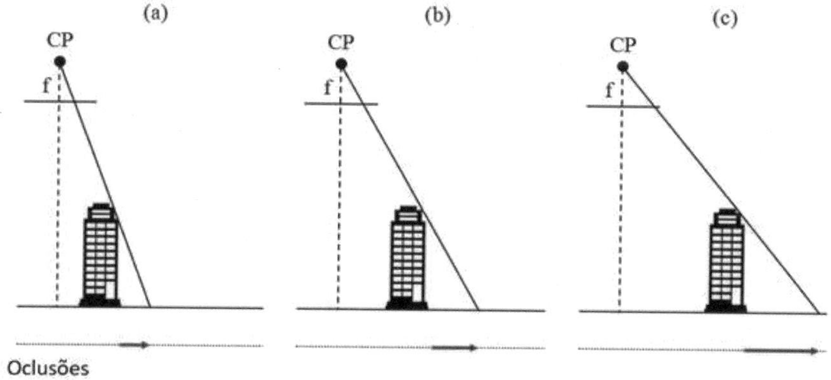

Figura A.5 – Diferentes magnitudes de oclusão causadas pela distância entre o objeto e o ponto nadir no terreno (projeção do *CP* no terreno).

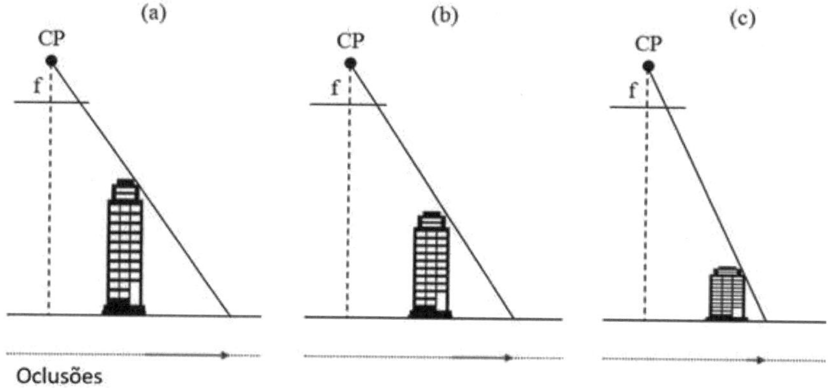

Figura A.6 – Diferentes magnitudes de oclusão causadas pela variação de altura dos objetos (mesma posição em relação ao ponto nadir no terreno).

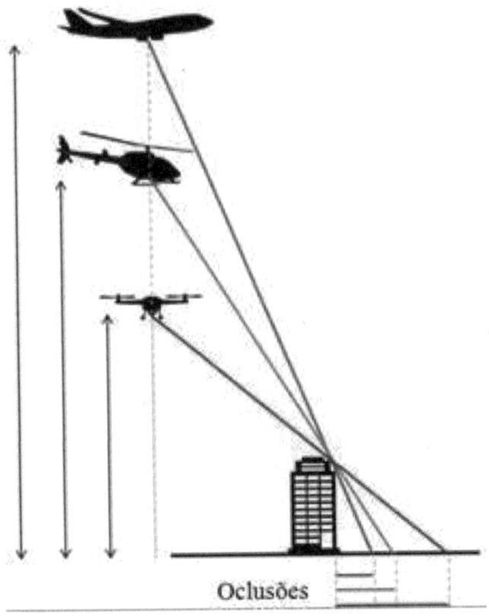

Figura A.7 - Diferentes magnitudes de oclusão causadas pela variação de altura da plataforma durante a aquisição de dados.

Em contextos práticos, é necessário estudar a região a ser mapeada e analisar todos os detalhes possíveis, a fim de se obter a solução com melhor custo/benefício para o projeto. Muitas vezes, parece óbvia a escolha de uma câmera de ângulo normal, junto com alta sobreposição longitudinal e lateral, para o recobrimento aéreo de uma região densamente urbanizada, tendo como prioridade reduzir a magnitude das oclusões. No entanto, essa decisão pode ser incompatível com a precisão altimétrica exigida no projeto a ser executado.

A.2 RESOLUÇÃO RADIOMÉTRICA, ESPECTRAL E TEMPORAL DE IMAGENS DIGITAIS

Um conversor analógico-digital (ADC) de um sensor CCD/CMOS, ao receber uma tensão elétrica de entrada, após certo tempo, produz um código digital de saída que representa proporcionalmente a tensão de entrada. A transformação do sinal analógico se dá por um sistema operacional que compara a tensão da entrada analógica com a tensão gerada no sistema (comparador), isto é, muda de estado dependendo de qual entrada foi maior.

Enquanto a tensão analógica de entrada (V_A) for maior que a tensão de referência (V_{aux}), a saída do comparador permanece igual a 1. Caso contrário, a saída do comparador passa para o valor igual a 0 (zero), gerando o valor digital correspondente à tensão de entrada analógica.

O valor digital gerado para representar a tensão de entrada poderá variar de 0 (zero) a $2^n - 1$ unidades, sendo n é o número de bits do ADC. Assim, o valor da tensão correspondente à variação de cada unidade pode ser obtido pela seguinte equação:

$$V_{1\,\text{bit}} = \frac{V_{aux}}{2^n - 1} \tag{A.4}$$

A Equação (A.4) mostra que, quanto maior for o número de bits do conversor, menor será a porção de tensão necessária para se gerar um nível digital.

A resolução radiométrica é dada pelo número de valores digitais (níveis de cinza) utilizados em cada banda, a fim de expressar os dados coletados pelo sensor. A resolução radiométrica é expressa em bits. Sendo o cálculo definido por 2^n (em que n é número de bits). Portanto, se uma imagem digital possui resolução radiométrica de 8 bits (2^8), significa um registro de imagens em 256 níveis de cinza.

Na prática, quanto melhor a resolução radiométrica da imagem, mais detalhes podem ser discernidos na cena. Por exemplo, em uma imagem digital com resolução radiométrica de 8 bits, não é possível discriminar as feições cartográficas obstruídas pelo efeito de sombra. Já para uma imagem com resolução radiométrica de 11 bits, a obstrução provocada pela projeção da sombra no terreno não obstruiu os objetos na cena, devido ao potencial de sensibilidade do sensor. Imagens formadas por câmeras digitais são eivadas de ruídos (efeitos sistemáticos e aleatórios que são provocados por defeitos na fabricação do sensor CCD/CMOS). Os efeitos mais impactantes são aqueles conhecidos como corrente escura (*dark current*), saturação (*blooming*) e deformidade (*blemishe*). Todos eles resultam da degradação da qualidade visual da imagem.

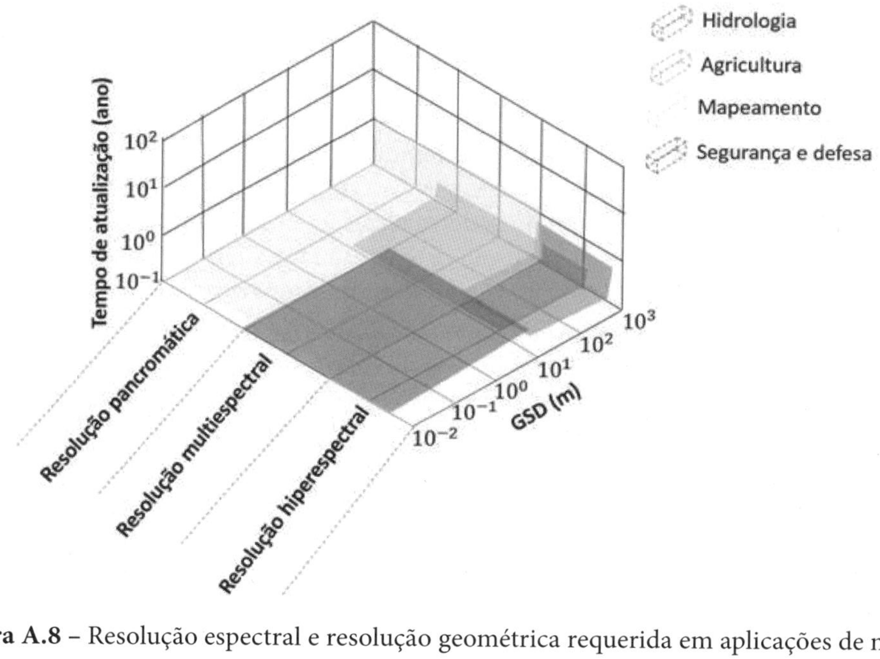

Figura A.8 – Resolução espectral e resolução geométrica requerida em aplicações de mapeamento.

A resolução espectral pode ser considerada como uma medida da sensibilidade do sistema sensor em relação à percepção da diferença entre níveis de intensidade do sinal registrado/recebido. Quanto menores os intervalos espectrais, maior é o número de bandas/intervalos identificados pelo sensor, e melhor a resolução espectral. Por fim, a resolução temporal está relacionada com a taxa de frequência (taxa de atualização) em que um sensor recobre a mesma porção da superfície física da Terra, ou seja, a frequência de aquisição de informação de uma mesma área em um determinado intervalo de tempo.

A Figura A.8 mostra a relação entre resolução espectral e o GSD (corresponde ao tamanho do pixel no terreno), requerida em aplicações para mapeamento topográfico, monitoramento ambiental, entre outras aplicações. Ainda na Figura A.8, o leitor pode perceber que a resolução espectral é mostrada apenas em termos qualitativos, enquanto o GSD é uma classificação bruta dos diferentes tipos de imagens e suas respectivas adequações para diversas tarefas, como segue:

- imagens pancromáticas são úteis no reconhecimento e registro de estruturas da superfície física da Terra. Esse tipo de informação pode ser empregado, principalmente, em aplicações para mapeamento sistemático (8) e monitoramento de tráfego em autovias (9);
- imagens multiespectrais são usadas para classificação das propriedades químicas e biológicas da superfície física da Terra. Esse tipo de imagem pode ser empregado, principalmente, em aplicações para agricultura (2), monitoramento ambiental (4) e de fontes naturais (3), serviços de inteligência (5) e planejamento urbano (7);
- Imagens hiperespectrais são usadas para identificação e reconhecimento refinado das propriedades geológicas, químicas e biofisiológicas da superfície física da Terra, cujos dados são úteis em aplicações de hidrologia (1) e agricultura (2).

Como pode ser notado na Figura A.8, há uma frequência de atualização para o acompanhamento das mudanças provocadas pelo rápido desenvolvimento social e econômico. Além disso, geralmente, em um mapeamento sistemático, são requeridas resoluções geométricas entre 5 cm e 50 m, com taxa de atualização de 1 a 5 anos (resolução temporal). De modo geral, imagens de alta resolução são muito requeridas em aplicações para mapeamento urbano e rural (cadastro técnico multifinalitário, planejamento urbano, telecomunicações, saneamento e transportes), mapeamentos básicos, aplicações gerais em sistemas de informação geográfica (SIG), mapeamento de uso do solo, estudo de áreas verdes urbanas, estimativas de colheitas, demarcação de propriedades rurais, laudos periciais em questões ambientais. As imagens de média resolução, geralmente, são empregadas em aplicações voltadas para estudo de impactos das atividades humanas sobre o meio ambiente, monitoramento de fenômenos naturais, acompanhamento do uso agrícola das terras, apoio ao monitoramento de áreas de preservação, atividades energético-mineradoras, cartografia e atualização de mapas, desmatamentos, dinâmica de urbanização, estimativas de fitomassa, monitoramento da cobertura vegetal, secas e inundações, identificação de sedimentos em suspensão nos rios e estuários. Já as imagens de baixa resolução são, principalmente, usadas em aplicações para acompanhamento do uso agrícola de terras, apoio ao monitoramento de áreas de preservação, atividades energético-mineradoras, cartografia e atualização de mapas de pequenas escalas, desmatamentos, detecção de invasões em áreas indígenas, dinâmica de urbanização, estimativas de fitomassa, monitoramento da cobertura vegetal, queimadas secas e inundações, sedimentos em suspensão nos rios e estuários. Vale ressaltar que, atualmente, devido às diversas facilidades na aquisição de imagens e desenvolvimento de técnicas para mapeamento, a taxa de atualização de porções da superfície física pode ser calculada de forma rápida, segura e com precisão com taxas de atualização menores.

(a) (b) (c) (d)

(e) (f) (g) (h)

(i) (j) (k) (l)

Figura A.9 – Principais aplicações e potencial de emprego dos sensores de imageamento para aquisição de dados espaciais.

Com a evolução dos sensores de imageamento, as câmeras digitais construídas para fins de mapeamento são dotadas de sensores que registram energia eletromagnética na região do visível e do infravermelho. A combinação desses dados propicia grandes vantagens em classificação de imagens e reconhecimento de feições cartográficas. A Figura A.9 apresenta algumas aplicações e potencial de emprego dos sensores discutidos para aquisição de dados espaciais. Para assistir os vídeos, o leitor deve instalar em seu *smartphone* o *app* leitor de QRCode.

A.3 SISTEMAS REFERENCIAIS

Até o final do século XX, câmeras métricas convencionais ainda eram empregadas em serviços de aerolevantamento. Essas câmeras possuíam de 4 a 8 marcas fiduciais impressas no negativo fotográfico, no instante da tomada da fotografia. A partir delas, era materializado o sistema referencial fiducial bidimensional, construído a partir da intersecção entre as marcas fiduciais opostas de uma fotografia tomada com câmera métrica convencional, que define a origem do sistema referencial fiducial.

A.3.1 SISTEMA REFERENCIAL DIGITAL

Com a popularização dos sensores digitais, câmeras métricas convencionais entraram em desuso, e as medidas (ou observações) passaram a ser feitas diretamente na imagem, referenciadas ao sistema digital. Nesse documento, o sistema referencial digital (ver Figura A.10) é definido na forma que segue:

- Origem (O): centro do pixel superior esquerdo;
- Eixo OC: direção horizontal e sentido positivo para a direita;
- Eixo OL: rotacionado 90° graus em relação ao eixo OC, sentido horário (torna o sistema levogiro);

- C, L: coluna e linha, respectivamente.

Figura A.10 – Sistema referencial digital.

Agora, quando se manipulam imagens digitais, é necessário transformar as coordenadas dos pixels p, observados na imagem digital com medidas no sistema referencial digital (C, L), para um sistema referencial métrico, como aquele com origem no centro da imagem (x', y').

A.3.2 SISTEMA REFERENCIAL COM ORIGEM NO CENTRO DA IMAGEM

Por definição, O (centro da imagem) é a origem do sistema referencial com origem no centro da imagem, o eixo Ox' é orientado positivamente na direção do sentido da plataforma, o eixo Oy' é perpendicular ao eixo Ox', tornando o sistema dextrogiro. A Figura A.11 mostra o sistema referencial com origem no centro da fotografia.

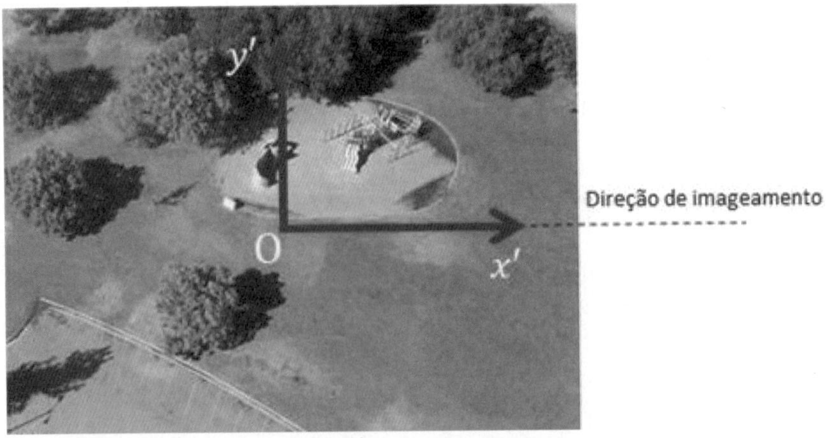

Figura A.11 – Sistema referencial com origem no centro da imagem.

Para transformar um ponto $p(C, L)$ observado na imagem digital (sistema referencial digital) para $p(x', y')$ — sistema referencial com origem no centro da imagem –, como mostra a Figura A.12, deve ser aplicada a seguinte transformação matemática:

$$\begin{aligned} x' &= \left(C - \frac{\mathrm{NTC}-1}{2}\right) Tp \\ y' &= -\left(L - \frac{\mathrm{NTL}-1}{2}\right) Tp, \end{aligned} \qquad \text{(A.5)}$$

sendo NTC o número total de colunas na imagem; NTL, o número total de linhas (NTL) da imagem; e Tp, o tamanho do pixel. Note-se que o valor de -1 em $(\frac{\mathrm{NTC}-1}{2})$ e $(\frac{\mathrm{NTL}-1}{2})$ é incluso na Equação (A.5) ao se considerar que a origem do referencial digital é o centro do pixel com Coluna 0 e Linha 0.

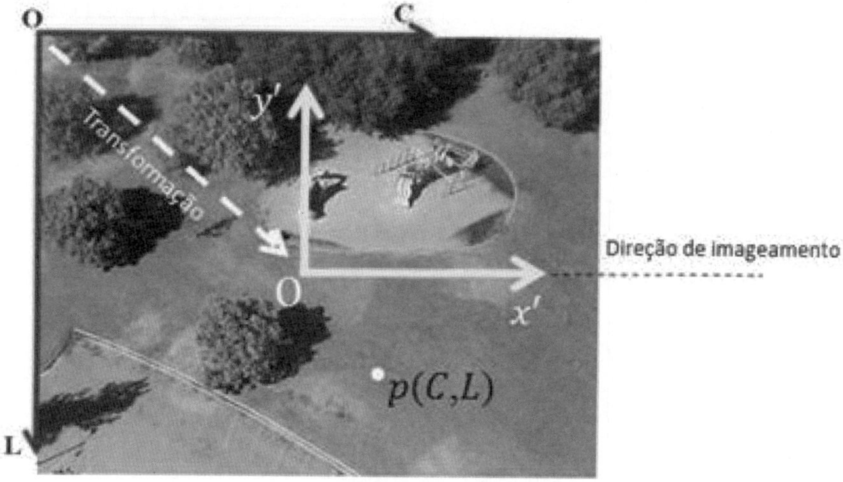

Figura A.12 – Esquema de transformação do sistema referencial digital para o sistema referencial com origem no centro da imagem.

Note-se que, na Equação (A.5), a transformação entre os sistemas referenciais digital e com origem no centro da imagem é feita com base em duas translações $(\frac{\mathrm{NTC}}{2}, \frac{\mathrm{NTL}}{2})$, um fator de escala (Tp) e uma reflexão no eixo L para y'. A operação de reflexão é facilmente aplicada multiplicando y' por -1.

Para se conhecer o tamanho do pixel (Tp) em uma imagem digital, deve ser levado em consideração o tamanho físico do sensor de imageamento (CCD ou CMOS). Suas especificações são determinadas em função da área ativa de imageamento que pode ser expressa em polegadas ou milímetros. A Figura A.13 apresenta alguns padrões de dimensão de sensores CCD.

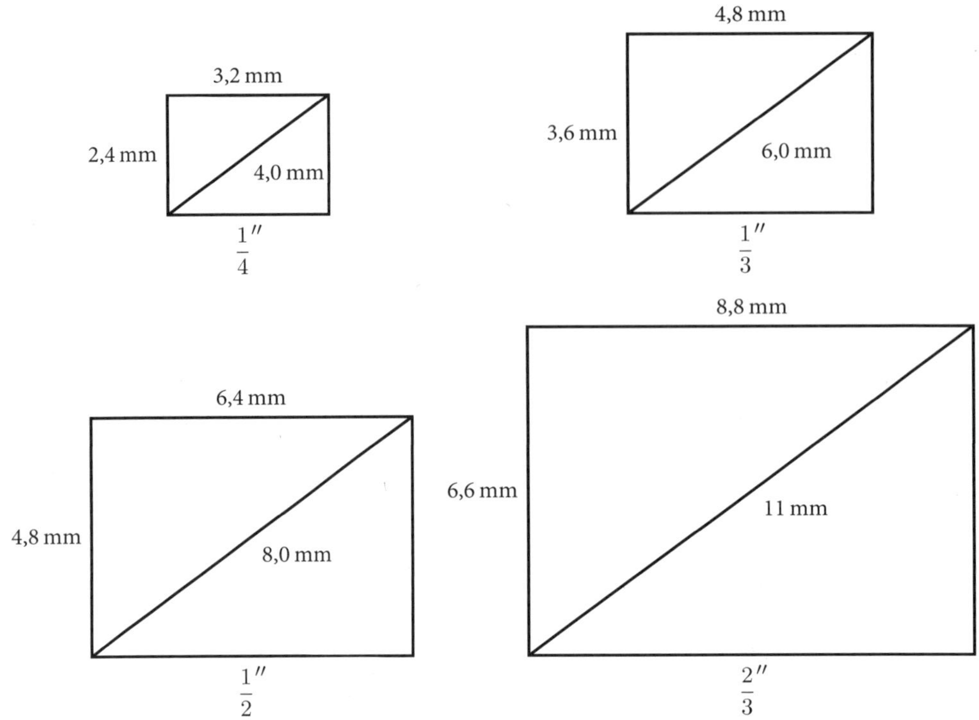

Figura A.13 – Padrões de dimensão de sensores CCD.

Para calcular o tamanho do pixel na imagem digital é necessário conhecer o tamanho físico do sensor. Por exemplo, para um sensor com padrão de $2/3''$ com NTC igual a 2560 pixels, e NTL igual a 1920 pixels, faz-se:

$$Tp = \frac{8{,}8\,\text{mm}}{2560\,\text{pixels} = \frac{6{,}6\,\text{mm}}{1920\,\text{pixels}} = 0{,}0034\,\text{mm/pixels}}. \tag{A.6}$$

O sistema de lentes é um dos principais elementos que compõem uma câmera fotográfica. A *lente é um elemento que, por intermédio da refração, introduz descontinuidade no meio em que a energia eletromagnética se propaga*. A forma como a energia transmitida é refletida depende do tipo de lente empregada, podendo ser ela convergente e/ou divergente. Para uma lente convergente delgada plano-convexa, a distância focal é dada pela seguinte Equação (A.7):

$$\frac{1}{f = (n-1)} \left(\frac{1}{c_1} - \frac{1}{c_2} \right). \tag{A.7}$$

sendo f a distância focal nominal da câmera n é o índice de refração do material da lente, c_1 e c_2 representam os raios de curvatura das duas superfícies da lente.

A.3.3 SISTEMA REFERENCIAL FOTOGRAMÉTRICO

O referencial fotogramétrico é um sistema cartesiano tridimensional com origem no *CP* da câmera e dextrogiro. A orientação dos eixos CP_x e CP_y é paralela, respectivamente, aos eixos Ox' e Oy' do referencial, com origem no centro da fotografia (ou CF'_x e CF'_y do referencial fiducial), enquanto o eixo CP z coincide com o eixo óptico da câmera, sentido positivo para o zênite e negativo para o nadir. A Figura A.14 mostra os elementos descritos do sistema referencial fotogramétrico.

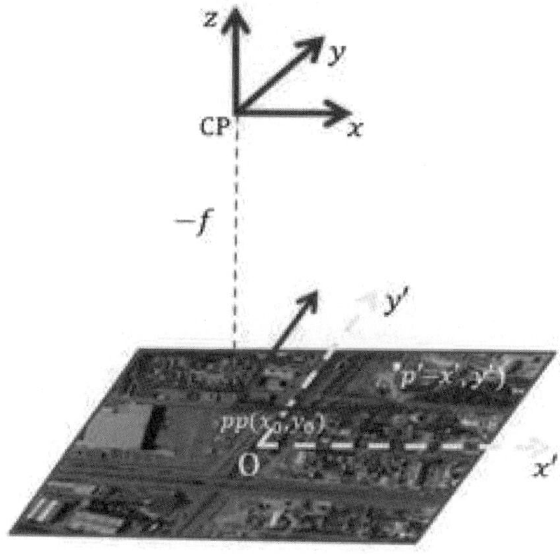

Figura A.14 – Sistema referencial fotogramétrico.

Na Figura A.14, como a coordenada z é constante e igual à distância focal da câmera, utiliza-se um referencial plano cuja origem é o ponto principal de autocolimação (pp). O pp é o ponto de intersecção formado pela projeção ortogonal do CP da câmera no plano da imagem, com coordenadas $(x_0, y_0, 0)$.

A.4 FEIÇÕES GEOMÉTRICAS E TRANSFORMAÇÕES MATEMÁTICAS

Transformações matemáticas podem ser empregadas em diversos problemas de engenharia, como em correção de distorção de lentes, geração de mosaicos digitais, problemas de deformação, registro de imagens e de nuvens de pontos 3-D, projeção do espaço 3-D para 2D e vice-versa, entre outros.

Há diversos tipos de transformações matemáticas, e elas podem ser baseadas em diferentes tipos de feições geométricas, como pontos, linhas e planos. Por exemplo, um ponto p coletado em uma imagem digital pode ser representado por um par de coordenadas $p = (x, y) \in \mathbb{R}^2$ ou matricialmente por:

$$p = \begin{bmatrix} x \\ y \end{bmatrix}. \tag{A.8}$$

O ponto p também pode ser representado por coordenadas homogêneas, $\widetilde{p} = (\widetilde{x}, \widetilde{y}, \widetilde{w}) \in \mathbb{Q}^2$, cujos vetores que se diferem apenas por escala são considerados equivalentes. Note-se que $\mathbb{Q}^2 = \mathbb{R}^3 - (0, 0, 0)$ é chamado de espaço projetivo 2D.

Um vetor homogêneo $\tilde{p}$ pode ser convertido de volta em um vetor p dividindo-o pelo último elemento $\tilde{w}$, como segue:

$$\tilde{p} = (\tilde{x}, \tilde{y}, \tilde{w}) = \tilde{w}(x, y, 1) = \tilde{w}\bar{p}. \tag{A.9}$$

sendo $\bar{p} = (x, y, 1)$ um vetor aumentado. Pontos homogêneos cujo último elemento é $\tilde{w} = 0$ são chamados de pontos ideais ou pontos no infinito, e não têm uma representação equivalente a p.

As linhas retas em 2D também podem ser representadas usando coordenadas homogêneas $\tilde{l} = (a, b, c)$, cuja equação é dada por:

$$\bar{p}\tilde{l} = ax + by + c = 0 \tag{A.10}$$

Ainda é possível normalizar o vetor da equação de reta para que $l = \left(n_x, n_y, d\right) = (n, d)$ com $n = \|1\|$, que representa o vetor normal à linha reta, enquanto d denota a distância da origem do sistema ao plano. Note-se que n também pode ser expresso em função de ângulos de rotação $n = \left(n_x, n_y\right) = (\cos\theta, \text{sen}\,\theta)$, que é muito empregado em algoritmos de transformada de Hough. A Figura A.15 mostra a representação geométrica dos elementos da linha descritos anteriormente.

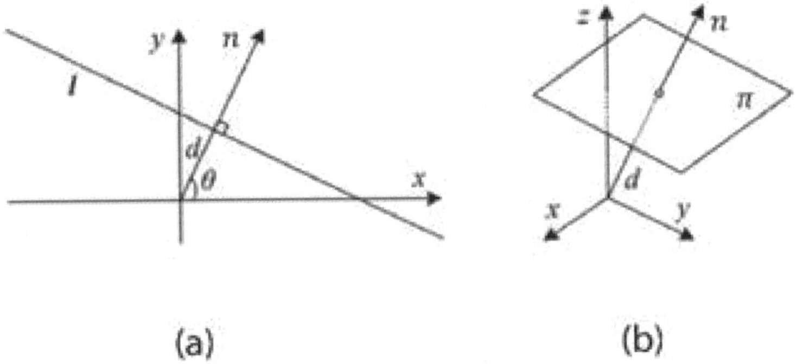

Figura A.15 – Representação geométrica da linha reta.

A partir de coordenadas homogêneas, é possível se determinar a intersecção entre duas linhas retas:

$$\bar{p} = \tilde{l}x\tilde{l}', \tag{A.11}$$

sendo x o operador de produto vetorial.

Já um ponto $P = (x, y, z) \in \mathbb{R}^3$ no espaço 3-D também pode ser escrito em coordenadas homogêneas $\tilde{P} = (\tilde{x}, \tilde{y}, \tilde{z}, \tilde{w}) \in \mathbb{Q}^3$, sendo útil representá-los como vetores aumentados do $\bar{P} = (x, y, z, 1)$.

Assim como planos tridimensionais também podem ser representados usando-se coordenadas homogêneas $\tilde{\pi} = (a, b, c, d)$, cuja equação é dada por:

$$\bar{p}\tilde{\pi} = ax + by + cz + d = 0 \tag{A.12}$$

Ainda é possível normalizar a equação do plano para que $\pi = \left(n_x, n_y, n_z, d\right) = (n, d)$ com $n = \|1\|$, que representa o vetor normal à linha reta, enquanto d denota a distância da origem do sistema ao plano. Note-se que n também pode ser expresso em função de dois ângulos de rotação $n = \left(n_x, n_y, n_z\right) = (\cos\theta\cos\alpha, \operatorname{sen}\theta\cos\alpha, \operatorname{sen}\alpha)$.

Na prática, as feições geométricas representam os dados espaciais coletados em diferentes sistemas referenciais, e, geralmente, é necessária a transformação de um conjunto de dados contido em um sistema referencial de origem E para um sistema referencial de destino E'. Assim, dependendo das características do sistema E com relação ao sistema E', deve ser pensado qual a transformação matemática mais adequada.

Há casos em que a transformação usada apenas exige a translação de um conjunto de pontos em E para E' (translação). Às vezes, os pontos em E devem ser rotacionados e, na sequência, transladados em relação à origem de E' (transformação ortogonal). Na transformação de similaridade, deve ocorrer a translação dos pontos, uma rotação e um fator de escala uniforme. No resultado da transformação afim, além da translação dos pontos, também é possível perceber uma rotação e dois fatores de escala, sendo um para o eixo x e o outro referente ao eixo y; nesse caso, ainda é possível haver o efeito de um fator de não ortogonalidade entre os eixos. Já na transformação projetiva, ocorre a mudança de perspectiva, em que pode haver a quebra do paralelismo entre as linhas. A Figura A.16 mostra um conjunto de efeitos produzidos pelas transformações matemáticas de translação, de rotação (ortogonal), de similaridade, afim e projetiva.

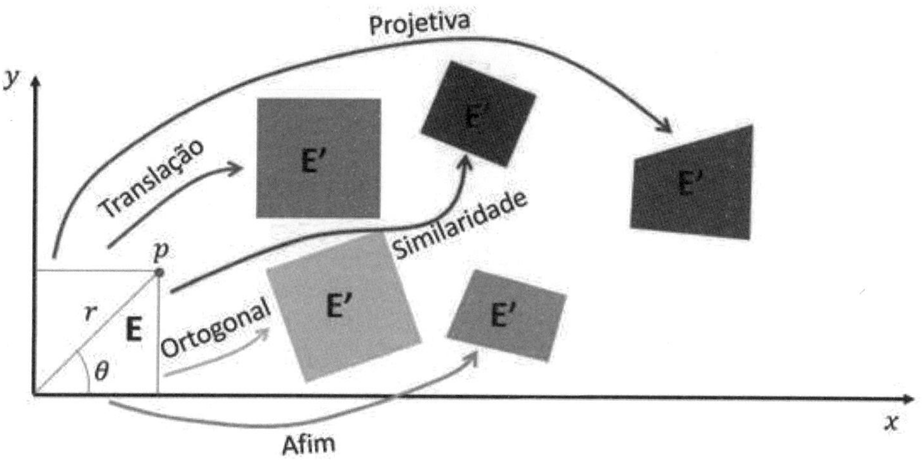

Figura A.16 – Principais transformações matemáticas empregadas em problemas de engenharia.

Nesta obra, de maneira simplificada, são tratadas como equivalentes a aplicação das transformações a vetores-posição e a "aplicação" a pontos, uma vez que um infinitésimo em particular pode ser representado por ambos de maneira equivalente. Entretanto, vale lembrar que as transformações são, de fato aplicadas, aos vetores-posição, uma vez que pontos são entes adimensionais.

As posições relativas de pontos no plano são expressas em termos de um par de coordenadas por ponto e existem, basicamente, dois tipos de sistemas de coordenadas usuais:

o sistema de coordenadas polar e o sistema de coordenadas cartesiano. A Figura A.17 mostra o sistema de coordenadas polar.

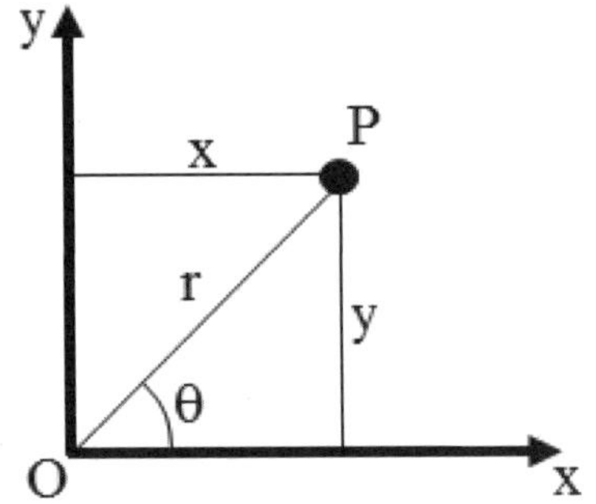

Figura A.17 – Sistema de coordenadas polar.

As coordenadas polares de qualquer ponto P são compostas de uma distância r, entre a origem (O) e o ponto P, e um ângulo θ que a linha O P faz com o semieixo x. A relação entre as coordenadas polares (r, θ) e cartesianas (x, y) pode ser dada por:

$$\begin{aligned} x &= r\cos\theta \\ y &= r\,\mathrm{sen}\,\theta, \end{aligned} \tag{A.13}$$

cuja relação inversa é dada por:

$$\begin{aligned} r &= \sqrt{\left(x^2 + y^2\right)} \\ \theta &= \arctan\left(\frac{y}{x}\right) \end{aligned} \tag{A.14}$$

O efeito de uma transformação matemática varia de uma simples translação e mudança de direção para uma mudança de escala uniforme, ou para uma mudança de forma e tamanho, variando o grau de não ortogonalidade entre os eixos. As principais transformações matemáticas 2D que serão vistas aqui são: translação; transformação ortogonal; transformação isogonal (Helmert); transformação afim geral no plano; transformação projetiva; e transformação polinomial.

A.4.1 TRANSLAÇÃO NO PLANO

Uma translação no plano pode, de certo modo, não ser considerada uma transformação geométrica entre sistemas, mas, sim, um movimento das coordenadas de uma feição geométrica em um mesmo sistema referencial. A notação matemática desse movimento de coordenadas é dada matricialmente como segue:

$$\begin{bmatrix} x' \\ y' \end{bmatrix} = \begin{bmatrix} x \\ y \end{bmatrix} + \begin{bmatrix} \Delta x \\ \Delta y \end{bmatrix}, \tag{A.15}$$

sendo Δx e Δy as translações; x e y, as coordenadas de origem do ponto no referencial E; e x', y', as coordenadas do ponto transladado para o referencial E'.

Outra forma de se escreverem translações no espaço 2D (bidimensional) é usando-se a seguinte expressão, a saber:

$$p' = \begin{bmatrix} I & t \end{bmatrix} \bar{p}, \tag{A.16}$$

sendo I uma matriz identidade 2×2.

Ou ainda, na forma matricial:

$$\bar{p}' = \begin{bmatrix} I & t \\ 0^T & 1 \end{bmatrix} \bar{p}, \tag{A.17}$$

sendo 0 um vetor de zeros.

O uso de uma matriz de dimensão 2×3 resulta em uma notação mais compacta, enquanto uma matriz3×3, que pode ser obtida a partir da matriz 2×3, anexando uma linha $\begin{bmatrix} 0^T & 1 \end{bmatrix}$, torna possível a realização de transformações em cadeia por meio de multiplicação matricial. Note também que, em qualquer equação em que um vetor aumentado $\bar{p}$ aparece em ambos os lados, ele pode sempre ser substituído por um vetor homogêneo $\tilde{p}$.

Perceba que a translação no plano (CASO 1) tem a propriedade particular de manter a escala, a forma, a orientação e a ortogonalidade da feição original.

A.4.2 TRANSFORMAÇÃO ORTOGONAL NO PLANO

A Figura A.18 mostra dois sistemas referenciais (E e E'), sendo um com origem em O e o outro, com origem em O'.

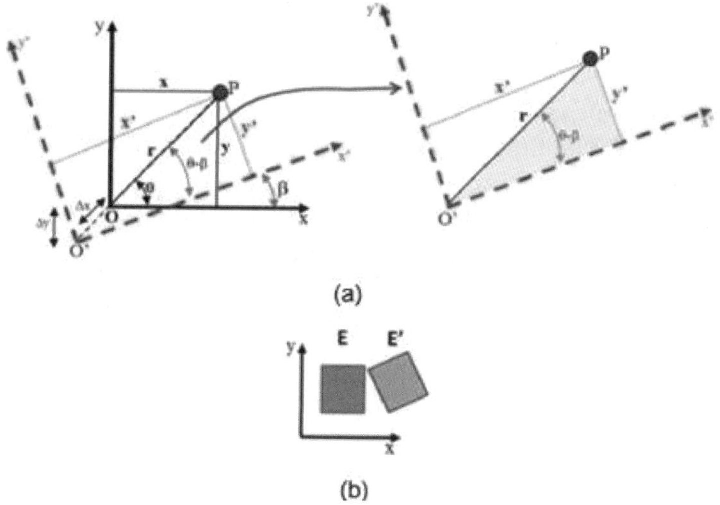

Figura A.18 – Geometria da transformação ortogonal no plano: (a) rotação e translação entre os sistemas bidimensionais; (b) propriedades da transformação.

Como o leitor pode notar, as origens dos sistemas estão transladadas uma em relação a outra, além dos eixos de um dos sistemas se encontrarem rotacionados em relação ao outro sistema, com um ângulo relativo β. No entanto, a escala permanece uniforme.

Na Figura A.18 (a), ao assumirmos que x, y são medidas fixas e x', y' são coordenadas observadas em um sistema referencial de observação, se considerarmos o triângulo formado por $O'x'P$, tem-se que:

$$\begin{aligned} x' &= r\cos(\theta - \beta) \\ y' &= r\,\text{sen}(\theta - \beta) \end{aligned} \tag{A.18}$$

Considerando-se as identidades trigonométricas para a soma de ângulos, a Equação (A.18) é dada por:

$$\begin{aligned} x' &= r\cos\theta\cos\beta + r\,\text{sen}\,\theta\,\text{sen}\,\beta \\ y' &= r\,\text{sen}\,\theta\cos\beta + r\cos\theta\,\text{sen}\,\beta \end{aligned} \tag{A.19}$$

Substituindo-se a Equação (A.18) na Equação (A.19), e considerando-se a translação existente entre as origens O e O', apresentadas na Figura A.18, tem-se:

$$\begin{aligned} x' &= \ \ x\cos\beta + y\,\text{sen}\,\beta + \Delta x \\ y' &= -x\cos\beta + y\cos\beta + \Delta y \end{aligned} \tag{A.20}$$

Em notação matricial, tem-se que:

$$\begin{bmatrix} x' \\ y' \end{bmatrix} = \begin{bmatrix} \cos\beta & \text{sen}\,\beta \\ -\,\text{sen}\,\beta & \cos\beta \end{bmatrix}^T \begin{bmatrix} x \\ y \end{bmatrix} + \begin{bmatrix} \Delta x \\ \Delta y \end{bmatrix}, \tag{A.21}$$

sendo β o ângulo relativo à rotação entre os sistemas (ângulo entre os eixos x e x'); Δx e Δy, as translações; x e y, as coordenadas do ponto no sistema de origem; e x', y', as coordenadas do ponto no sistema de destino.

Nesse caso, as coordenadas cartesianas de um ponto são rotacionadas de um sistema para o outro por meio de uma pré-multiplicação entre uma matriz de rotação e um vetor de coordenadas. O determinante da matriz de rotação é $\cos\beta^2 + \text{sen}\,\beta^2 = 1$. Trata-se de uma matriz ortogonal, uma vez que o resultado da multiplicação pela transposta é a matriz identidade 2×2; disto decorre a equivalência entre a transposta e a inversa ($R^T = R^{-1}$). A formulação da transformação inversa da Equação (A.21) é dada matricialmente por:

$$\begin{bmatrix} x \\ y \end{bmatrix} = \begin{bmatrix} \cos\beta & \text{sen}\,\beta \\ -\,\text{sen}\,\beta & \cos\beta \end{bmatrix}^T \begin{bmatrix} x' - \Delta x \\ y' - \Delta y \end{bmatrix}. \tag{A.22}$$

Essa transformação é conhecida também como transformação de corpo rígido 2D. Já em coordenadas homogêneas, pode-se escrever a relação entre os sistemas referenciais, mostrados na Figura A.18, da seguinte forma:

$$p' = \begin{bmatrix} R & t \end{bmatrix} \bar{p}, \tag{A.23}$$

sendo $RR^T = I$ e $|R| = 1$.

É possível notar que a combinação de translações e rotações não é comutativa, isto é, a sequência em que ocorre a aplicação tem importância. Por exemplo, ao transformar de um sistema E para outro E', a rotação é aplicada; assim, as componentes do vetor-posição estarão sendo contadas de acordo com a orientação dos eixos do sistema E'. Na sequência, é efetuada a soma do vetor-posição com o vetor das translações, que *naturalmente* possui como base o sistema E'. O caminho inverso é feito subtraindo-se as translações e multiplicando-se a matriz de rotação.

Translações e rotações têm a característica de sempre manterem a distância entre dois pares de pontos, sendo também classificadas como transformações de corpo rígido. Note-se que a transformação ortogonal no plano (CASO 2) tem a propriedade particular de manter a escala, a forma e a ortogonalidade da feição original.

A.4.3 TRANSFORMAÇÃO DE SIMILARIDADE NO PLANO

Também conhecida como transformação isogonal 2D, transformação de similaridade 2D ou Helmert 2D, o problema se restringe a quatro parâmetros, sendo eles: um fator de escala (λ), uma rotação (β) e duas translações (Δx, Δy). O problema geométrico é o mesmo daquele apresentado para a transformação ortogonal. No entanto, é adicionado um fator de escala uniforme (λ) na pré-multiplicação do ponto a ser transformado. A geometria da transformação de corpo rígido no plano é apresentada na Figura A.18.

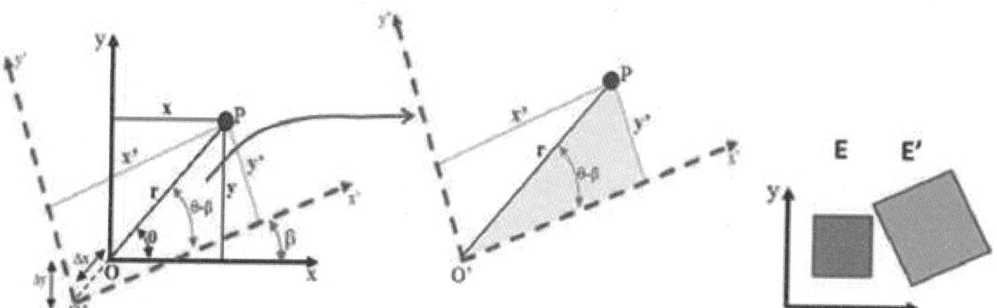

(a) (b)

Figura A.19 – Geometria da transformação isogonal no plano. (a) Rotação, translação e fator de escala entre os sistemas bidimensionais. (b) Propriedades da transformação.

Considerando-se que λ é uma escala uniforme, a matriz de rotação apresentada na Equação (A.21) é multiplicada por λ, sendo reescrita como segue:

$$\begin{bmatrix} x' \\ y' \end{bmatrix} = \lambda \begin{bmatrix} \cos\beta & \operatorname{sen}\beta \\ -\operatorname{sen}\beta & \cos\beta \end{bmatrix} \begin{bmatrix} x \\ y \end{bmatrix} + \begin{bmatrix} \Delta x \\ \Delta y \end{bmatrix}. \quad \text{(A.24)}$$

Para se simplificar matematicamente a Equação (A.21), basta fazer $a = \lambda \cos\beta$, $b = \lambda \operatorname{sen}\beta$, linearizando-se o modelo matemático, como segue:

$$\begin{bmatrix} x' \\ y' \end{bmatrix} = \begin{bmatrix} a & b \\ -b & a \end{bmatrix} \begin{bmatrix} x \\ y \end{bmatrix} + \begin{bmatrix} \Delta x \\ \Delta y \end{bmatrix}. \tag{A.25}$$

Da simplificação matemática adotada na Equação (A.25), decorre que a ortogonalidade existente na matriz $\begin{bmatrix} \cos\beta & \operatorname{sen}\beta \\ -\operatorname{sen}\beta & \cos\beta \end{bmatrix}$ não ocorrerá na matriz resultante.

A linearização do modelo pode levar a algumas implicações na qualidade da transformação dos pontos entre os sistemas referenciais, mas é muito útil quando se faz necessária a determinação dos parâmetros envolvidos na relação geométrica. Há ganhos em termos de custo computacional, além de não se exigir a entrada de parâmetros iniciais aproximados na solução pelo MMQ.

De acordo com a Figura A.19, a Equação (A.25) pode ser escrita da seguinte forma:

$$\begin{aligned} x' &= ax + by + \Delta x \\ y' &= -bx + ay + \Delta y \end{aligned}. \tag{A.26}$$

A Equação (A.26) possui quatro parâmetros a, b, Δx, Δy quando tratada na sua forma linearizada; e quatro parâmetros λ, β, Δx, Δy quando tratada na sua forma explícita. Exemplificando, no caso de se terem dois sistemas a serem compatibilizados por meio de uma transformação de similaridade, a Equação (A.26) possui os parâmetros a serem determinados:

- a e b: são os parâmetros linearizados da transformação;
- Δx e Δy: parâmetros de translação. Consequentemente, considerando-se o modelo paramétrico para se ajustar a transformação, as medidas e observações são:
- x e y: coordenadas de um ponto no sistema arbitrário (são coordenadas fixas, medidas no sistema referencial de referência); e
- x' e y': coordenadas de um ponto no sistema referencial medido (observados pelo operador).

Em coordenadas homogêneas, a transformação de similaridade 2D pode ser escrita da seguinte maneira:

$$p' = \begin{bmatrix} \lambda R & t \end{bmatrix} \bar{p} = \begin{bmatrix} a & b & \Delta x \\ -b & a & \Delta y \end{bmatrix}, \tag{A.27}$$

sendo $a^2 + b^2 = 1$.

Note que a transformação isogonal no plano (CASO 3) tem a propriedade particular de manter a forma (proporções) e a ortogonalidade das feições originais, além de preservar ângulos entre linhas.

A.4.4 TRANSFORMAÇÃO AFIM GERAL PLANO

Basicamente, seis parâmetros são envolvidos na transformação afim geral no plano, isto é, dois fatores de escala (λ_x, λ_y), um fator de não ortogonalidade entre os eixos (δ), uma rotação (β) e duas translações (Δx, Δy). Em aplicações práticas em que o ângulo δ é muito pequeno, podem ser consideradas as seguintes aproximações: $\delta = \delta$ e $\cos(\delta) = 1$. A Figura A.20 ilustra a condição citada.

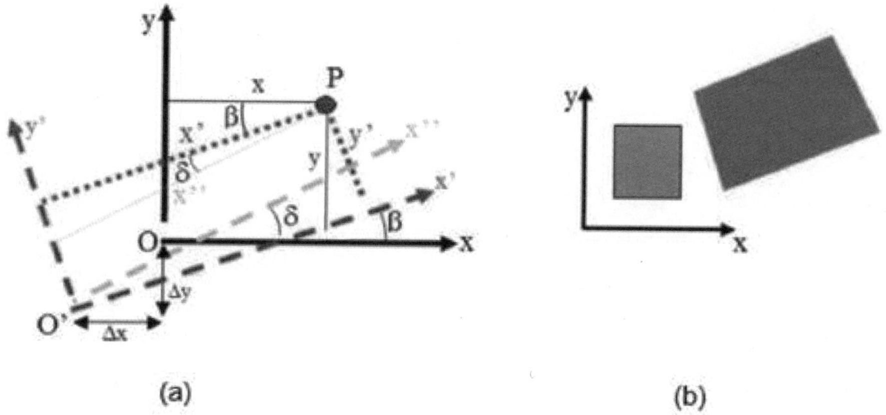

Figura A.20 – Geometria da transformação afim geral no plano: (a) dois fatores de escala (λ_x, λ_y), um fator de não ortogonalidade entre os eixos (δ), uma rotação (β) e duas translações (Δx, Δy); (b) propriedades da transformação.

Da Figura A.20, pode-se extrair a seguinte expressão:

$$\begin{aligned} x' &= x\cos\delta = x \\ y' &= y + x\,\mathrm{sen}\,\delta = y + x\delta \end{aligned} \qquad \text{(A.28)}$$

De acordo com a Figura A.20, as coordenadas *x'*, *y'* observadas devem ser obtidas em função das coordenadas *x*, *y* que são consideradas como fixas no processo de ajustamento de observações, quando considerado o modelo paramétrico. Dessa forma, pode-se escrever a Equação (A.28) em notação matricial, como segue:

$$\begin{bmatrix} x' \\ y' \end{bmatrix} = \begin{bmatrix} 1 & 0 \\ \delta & 1 \end{bmatrix} \begin{bmatrix} x \\ y \end{bmatrix} \qquad \text{(A.29)}$$

Aplicando-se a mudança de escala λ_x em *x* e λ_y em *y*, e usando-se a matriz de rotação apresentada anteriormente, junto com as duas translações Δx e Δy, tem-se:

$$\begin{bmatrix} x' \\ y' \end{bmatrix} = \begin{bmatrix} \cos\beta & \mathrm{sen}\,\beta \\ -\,\mathrm{sen}\,\beta & \cos\beta \end{bmatrix} \begin{bmatrix} 1 & 0 \\ \delta & 1 \end{bmatrix} \begin{bmatrix} \lambda_x x \\ \lambda_y y \end{bmatrix} \begin{bmatrix} x \\ y \end{bmatrix} + \begin{bmatrix} \Delta x \\ \Delta y \end{bmatrix} \text{(A.30)} \qquad \text{(A.30)}$$

$$\begin{bmatrix} x' \\ y' \end{bmatrix} = \begin{bmatrix} (\cos\beta - \delta\,\mathrm{sen}\,\beta) & -\,\mathrm{sen}\,\beta \\ (\mathrm{sen}\,\beta + \delta\cos\beta) & \cos\beta \end{bmatrix} \begin{bmatrix} \lambda_x x \\ \lambda_y y \end{bmatrix} \begin{bmatrix} x \\ y \end{bmatrix} + \begin{bmatrix} \Delta x \\ \Delta y \end{bmatrix} \qquad \text{(A.31)}$$

Então, em notação escalar:

$$\begin{aligned} x' &= \lambda_x(\cos\beta - \delta\,\text{sen}\,\beta)x - (\lambda_y\,\text{sen}\,\beta)y + \Delta x \\ y' &= \lambda_x(\text{sen}\,\beta + \delta\cos\beta)x - (\lambda_y\cos\beta)y + \Delta y. \end{aligned} \quad (A.32)$$

Fazendo-se $a = \lambda_x(\cos\beta - \delta\,\text{sen}\,\beta)$, $b = -\left(\lambda_y\,\text{sen}\,\beta\right)$, $c = \lambda_x(\text{sen}\,\beta = \delta\cos\beta)$, $d = \left(\lambda_y\cos\beta\right)$ tem-se a Equação (A.32) na sua forma linearizada, como segue:

$$\begin{aligned} x' &= ax + by + \Delta x \\ y' &= cx + dy + \Delta y, \end{aligned} \quad (A.33)$$

sendo a, b, c, d os coeficientes da transformação afim geral no plano; Δx e Δy, os parâmetros de translação; x e y, as coordenadas de um ponto no sistema arbitrário (fixo); e x' e y', as coordenadas de um ponto no sistema medido.

Em notação matricial, a Equação (A.33) é escrita da seguinte forma:

$$\begin{bmatrix} x' \\ y' \end{bmatrix} = \begin{bmatrix} a & b \\ c & d \end{bmatrix} \begin{bmatrix} x \\ y \end{bmatrix} + \begin{bmatrix} \Delta x \\ \Delta y \end{bmatrix}. \quad (A.34)$$

Em coordenadas homogêneas:

$$p' = \begin{bmatrix} a & b & c \\ d & e & f \end{bmatrix} \bar{p}, \quad (A.35)$$

sendo a, b, c, d, e, f os coeficientes da transformação afim geral no plano que representam os parâmetros da transformação.

Note-se que a transformação afim geral no plano (CASO 4) tem a propriedade particular de manter o paralelismo entre feições lineares.

A.4.5 TRANSFORMAÇÃO PROJETIVA NO PLANO

Para se determinarem os coeficientes de uma transformação projetiva no plano (de fato, entre dois planos), é necessária a coleta de, no mínimo, quatro pontos. A Figura A.21 apresenta a geometria da transformação projetiva no plano, de acordo com elementos comuns ao jargão da fotogrametria.

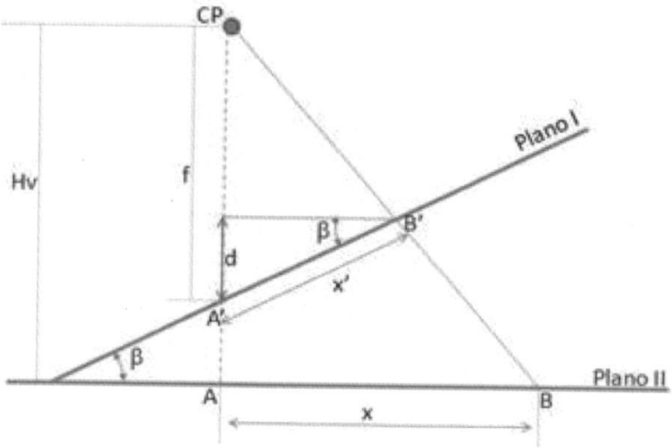

Figura A.21 – Geometria da transformação projetiva no plano.

O elemento d apresentado na Figura A.21 é o cateto oposto do ângulo e inclinação β entre os planos I e II, dado por:

$$\operatorname{sen}\beta = \frac{d}{x'} \tag{A.36}$$

Portanto,

$$d = x' \operatorname{sen}\beta \tag{A.37}$$

Assim, é fácil verificar a relação geométrica entre os elementos descritos na Figura A.21; isto é, existe um fator de escala em ambos os eixos definidos nos planos I e II, dado por:

$$\frac{x}{x'} = \frac{Hv}{f - x' \operatorname{sen}\beta}; \tag{A.38}$$

$$\frac{y}{y'} = \frac{Hv}{f - x' \operatorname{sen}\beta}. \tag{A.39}$$

Das Equações (A.38) e (A.39), tem-se que:

$$\frac{x}{x'} = \frac{Hv}{f - x' \operatorname{sen}\beta}; \tag{A.40}$$

$$\frac{y}{y'} = \frac{Hv}{f - x' \operatorname{sen}\beta}. \tag{A.41}$$

Considerando, de modo simplificado, que a transformação entre os planos é realizada por meio de uma transformação de similaridade, pois existe uma rotação (β), um fator de escala e duas translações (Δx, Δy), tem-se:

- para o plano I,

$$\begin{aligned} x' &= x\cos\beta + y\operatorname{sen}\beta + \Delta x \\ y' &= -x\cos\beta + y\operatorname{sen}\beta + \Delta y \end{aligned} \tag{A.42}$$

- para o plano II,

$$
\begin{aligned}
x'' &= x' \cos\beta + y' \operatorname{sen}\beta + \Delta x' \\
y'' &= -x' \cos\beta + y' \operatorname{sen}\beta + \Delta y'
\end{aligned}
\tag{A.43}
$$

Substituindo-se a Equação (A.42) na Equação (A.43), e fazendo-se as devidas manipulações matemáticas, tem-se:

$$
x' = \frac{a_1x + a_2y + a_3}{a_4x + a_5y + a_6} \tag{A.44}
$$

sendo a_i $(i = 0, \ldots, 8)$ os parâmetros de transformação; x e y, as coordenadas de um ponto no sistema referencial arbitrário (fixo); e x', y', as coordenadas de um ponto no sistema referencial medido (observado).

Assim como para as demais transformações, em coordenadas homogêneas, pode-se escrever a transformação projetiva 2D na forma que:

$$
p' = \begin{bmatrix} a_1 & a_2 & a_3 \\ a_4 & a_5 & a_6 \\ a_7 & a_8 & 1 \end{bmatrix} \bar{p} \tag{A.45}
$$

Note-se que a transformação projetiva 2D (CASO 5) tem a propriedade particular de manter a linearidade das feições lineares.

A.4.6 FUNÇÃO DE MAPEAMENTO POLINOMIAL NO PLANO

Na função de mapeamento polinomial, a transformação ocorre diferencialmente "ponto a ponto" de uma linha, isto é, segmentos retos tornam-se curvilíneos, não bastando transformar apenas as extremidades de uma linha, como no caso das demais transformações apresentadas

As funções de mapeamento polinomial são empregadas usualmente em problemas de interpolação, georreferenciamento de imagens de satélite, ajustamento fotogramétrico por faixa e em modelagem de distorções. Um exemplo generalizado de função de mapeamento polinomial pode ser visto como segue:

$$
\begin{aligned}
x' &= a_0 + a_1x + a_2x^2 + a_3x^3 + \cdots + a_nx^n \\
y' &= a_0 + a_1y + a_2y^2 + a_3y^3 + \cdots + a_ny^n
\end{aligned}
\tag{A.46}
$$

sendo $a_1, \ldots, a_n$, b_1 e b_n, os coeficientes da função de mapeamento polinomial, x e y as coordenadas de um ponto no sistema referencial arbitrário (fixo) e x', y' as coordenadas de um ponto no sistema referencial medido (observado).

Note que o grupo de transformações polinomiais no plano (CASO 6) possui diversas formulações, cada qual com suas particularidades, modelando deformações de natureza não linear. Na maioria das vezes, não é possível se determinar imediatamente uma transformação inversa; assim, para se fazer o caminho inverso, normalmente é necessário ajustar outra função polinomial com novos coeficientes arbitrários.

A.4.7 TRANSFORMAÇÃO LINEAR DIRETA 3-D (DLT)

As equações da DLT têm como objetivo realizar uma transformação linear direta das coordenadas no espaço objeto para as coordenadas no espaço imagem. Combinando-se a transformação afim geral no plano e a equação de colinearidade, pode-se obter a DLT, como segue:

$$\begin{aligned} x &= \frac{L_1X + L_2Y + L_3Z + L_4}{L_5X + L_6Y + L_7Z + L_8} \\ y &= \frac{L_5X + L_6Y + L_7Z + L_8}{L_9X + L_{10}Y + L_{11}Z + L_{12}} \end{aligned} \tag{A.47}$$

sendo x, y as coordenadas planas no referencial da imagem; X, Y, Z as coordenadas tridimensionais em um referencial, por exemplo, o referencial geodesico local; $L_1, L_2, \ldots, L_{11}$, os parâmetros de transformação.

O princípio da DLT obedece o fundamento da geometria projetiva pura e, por isso, não é capaz de modelar as distorções causadas pelo sistema de lentes. As propriedades matemáticas da DLT, a partir do modelo projetivo, podem ser representadas por meio de equações algébricas. Os parâmetros da DLT $(L_1, L_2, \ldots, L_{11})$ podem ser determinados via MMQ. A Equação (A.47) pode ser reescrita da seguinte forma:

$$\begin{aligned} x &= L_1X + L_2YL_3Z + L_4 - (xL_9X + xL_{10}Y + xL_{11}Z) \\ y &= L_5X + L_6YL_7Z + L_8 - (yL_9X + yL_{10}Y + yL_{11}Z) \end{aligned} \tag{A.48}$$

A.4.8 TRANSFORMAÇÕES EM 3-D

O conjunto de transformações de coordenadas tridimensionais é muito semelhante às transformações no plano, formando também um conjunto aninhado de grupos.

Em coordenadas homogêneas, as transformações de translação em 3-D, corpo rígido 3-D, similaridade 3-D, afim 3-D e projetiva 3-D são escritas da seguinte forma, respectivamente, a saber:

$$p' = \begin{bmatrix} I_{3\times 3} & t \end{bmatrix} \bar{p}; \tag{A.49}$$

$$p' = \begin{bmatrix} R_{3\times 3} & t \end{bmatrix} \bar{p}; \tag{A.50}$$

$$p' = \begin{bmatrix} \lambda R_{3\times 3} & t \end{bmatrix} \bar{p}; \tag{A.51}$$

$$p' = \begin{bmatrix} a & b & cd \\ e & f & gh \\ i & j & kl \end{bmatrix} \bar{p}; \tag{A.52}$$

$$p' = H_{4\times 4}\bar{p}, \tag{A.53}$$

sendo H uma matriz homogênea arbitrária.

A.5 CONCEITO DE PARALAXE

O termo paralaxe é aplicado ao movimento da imagem de um objeto estacionário em relação à imagem de seu objeto correspondente quando ocorre mudança no ponto de vista do observador. A partir do conceito de paralaxe, pode-se descrever matematicamente a realidade desse movimento aparente e calcular coordenadas X_p, Y_p, Z_p de pontos na superfície física da Terra.

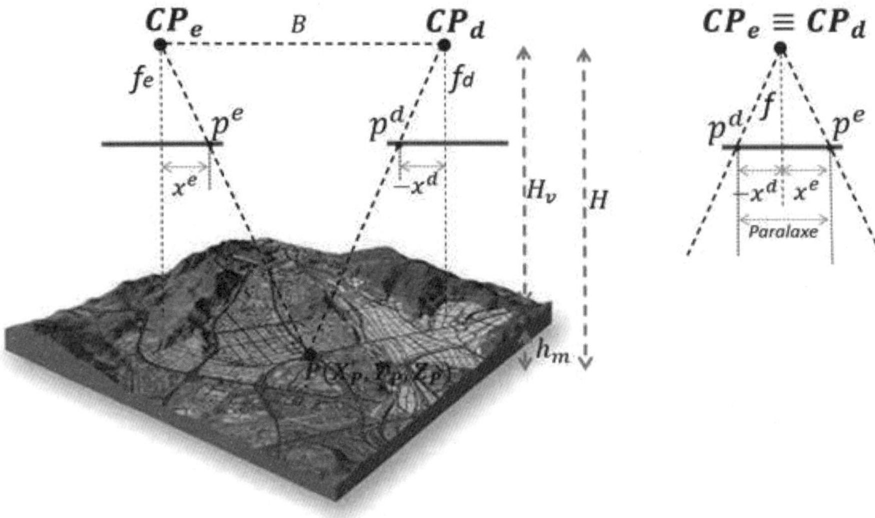

Figura A.22 – Noção de paralaxe: (a) condição geométrica de um par de imagens perfeitamente alinhado; (b) formação da geometria para um par de imagens.

Para isso, assumem-se as seguintes condições: 1) um par de imagens (Im_e e Im_d — modelo fotogramétrico) está devidamente alinhado (os planos-imagens são exatamente coplanares); 2) o eixo x do referencial fotogramétrico coincide com a direção de deslocamento da plataforma; 3) as imagens foram tomadas com os eixos ópticos paralelos das câmeras; 4) a distância focal é a mesma para ambas as câmeras ($f_e = f_d$); 5) os pontos principais das imagens Im_e e Im_d coincidem com o centro geométrico das imagens ($x^e_{pp} = x^d_{pp}$ e $y^e_{pp} = y^d_{pp}$). As condições assumidas aqui são apresentadas na Figura A.22.

Na Figura A.22, Im_e e Im_d correspondem aos pontos principais das imagens da esquerda e da direita, respectivamente; *CPe* e *CPd* são os centros perspectivos das imagens da esquerda e da direita, respectivamente; p^e, p^d são os pontos imageados no espaço imagem (pontos correspondentes), cujas coordenadas são x^e, y^e para a imagem da esquerda e x^d, y^d para a imagem da direita; P é o ponto no espaço objeto (correspondente a p^e e p^d); X_p, Y_p, Z_p são as coordenadas no sistema arbitrário do espaço objeto; f é a distância focal da câmera; H_v é a altura de voo; H é a altitude de voo; h_m é a altitude média do terreno; B é a aerobase; e x_e, x_d são as componentes x das fotocoordenadas do ponto p, na imagem da esquerda, e seu correspondente na imagem da direita, respectivamente.

Na Figura A.22 (b), a paralaxe em x e y do ponto p na imagem é dada pelas seguintes expressões:

$$P_x = x^e - x^d; \tag{A.54}$$

$$P_y = y^e - y^d. \tag{A.55}$$

Para um par de fotografias com a configuração da Figura A.22, a paralaxe em y (P_y) será nula para qualquer par de pontos correspondentes. Nas Figura A.22 (a) e A.22 (b), também se podem admitir as seguintes relações, com base na semelhança de triângulos:

$$\frac{B}{H - h_m} = \frac{P_x}{f} \tag{A.56}$$

$$H - h_m = Z_P = B\frac{f}{P_x}. \tag{A.57}$$

As coordenadas planimétricas aproximadas do terreno podem ser obtidas por meio das seguintes equações de paralaxe:

$$X_P = Z_P\frac{x}{f} \tag{A.58}$$

$$Y_P = Z_P\frac{y}{f} \tag{A.59}$$

Vale ressaltar que essas expressões podem ser empregadas apenas para propósitos de planejamento ou para aproximações, uma vez que tal técnica, dentre outras questões, não leva em consideração possíveis variações de atitude da plataforma que ocorrem na prática.

Analisando-se a Equação (A.59), há uma relação inversamente proporcional entre a coordenada altimétrica e a paralaxe do ponto. Isso mostra que os objetos mais próximos do *CP* da câmera aparecerão com um deslocamento maior de uma imagem para a outra em relação aos objetos mais distantes, ou seja, quanto maior a distância entre os objetos em ambas as imagens, maior a paralaxe do ponto. Em outras palavras, há uma relação não linear entre os dois termos, de forma que, quanto maior a paralaxe, menores as variações de profundidade dos objetos; e quanto menor a paralaxe, maiores as variações de profundidade dos objetos. Consequentemente, a precisão do ponto com coordenadas X_p, Y_p, Z_p é melhor quanto mais próximo ele se encontra do sensor. A Figura A.23 mostra a relação não linear entre a altimetria e a paralaxe do ponto.

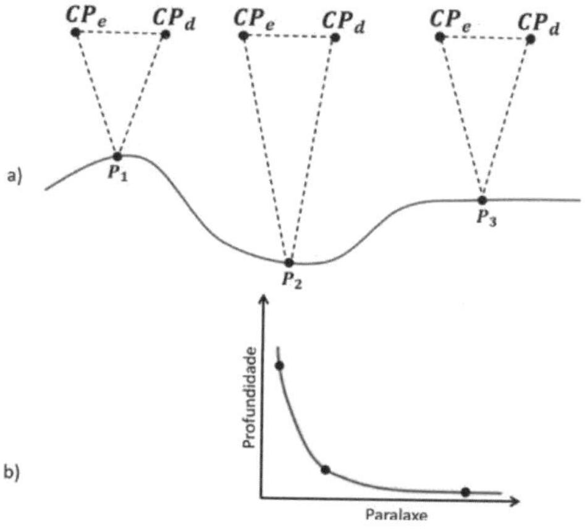

Figura A.23 – Relação entre paralaxe e profundidade: (a) pontos determinados em diferentes altitudes; (b) relação não linear entre profundidade e paralaxe.

A.6 PLANEJAMENTO DE VOO

Para a execução de um levantamento fotogramétrico de qualidade, bem como para se conhecer a qualidade posicional (precisão e acurácia) do produto fotogramétrico que será compilado, é essencial a determinação dos valores do GSD, da altura de voo e da distância focal da câmera.

Basicamente, deve ser levada em consideração a capacidade de carga e autonomia de voo da aeronave, além das caraterísticas do terreno a ser mapeado e de algumas especificações exigidas no projeto.

O recobrimento aéreo é realizado ao longo de diversas faixas fotogramétricas. Convencionalmente, é adotado um recobrimento entre duas fotografias consecutivas com sobreposição longitudinal entre 60 % e 65 % (voos convencionais), e 85 % e 75 % (voos com RPA). Com o advento das câmeras digitais, são adotados recobrimentos com sobreposição longitudinal de 80 %, principalmente por questões práticas, para minimizar a presença de oclusões e facilitar a geração de ortofotos verdadeiras.

A razão para tais números deve-se à rigidez geométrica em função da distância focal e do tamanho do quadro focal das câmeras. Basicamente, a sobreposição longitudinal propicia uma cobertura do terreno de dois pontos de vista diferentes, permitindo a produção de estereopares para a observação e medição estereoscópica dos objetos presentes nas imagens, a construção de mosaicos (Figura A.24 (b), ilustração à direita) e a geração de pontos fotogramétricos tridimensionais (no espaço objeto) por meio do processo de fototriangulação de imagens. A Figura A.24 mostra os efeitos do recobrimento aéreo com sobreposição longitudinal entre fotografias consecutivas.

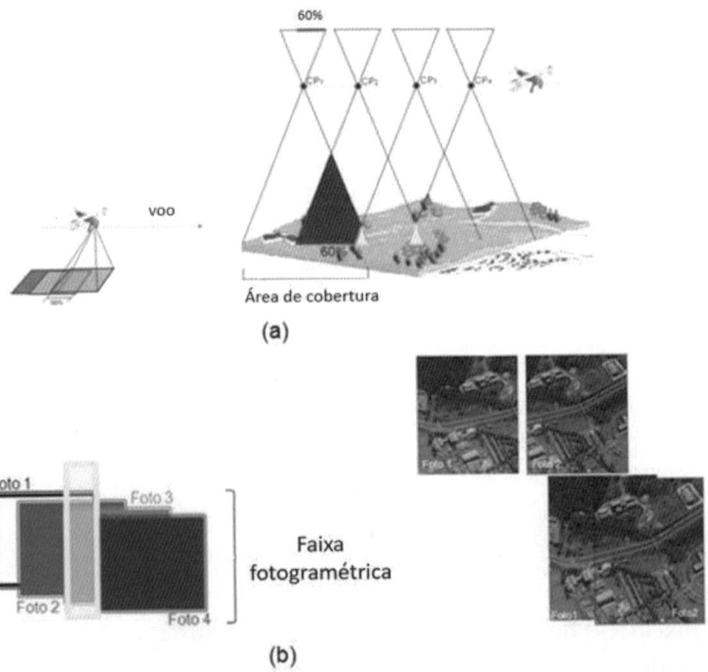

Figura A.24 – Efeitos do recobrimento aéreo com sobreposição longitudinal entre fotografias consecutivas: (a) sobreposição longitudinal; (b) faixa fotogramétrica.

O leitor pode notar que uma sequência de fotografias tomadas na direção de voo forma uma faixa fotogramétrica (Figura A.24 (b)).

A sobreposição lateral é usada para prevenir falhas entre faixas fotogramétricas consecutivas, provocadas pelos efeitos de deriva, inclinação e variação da altura de voo da aeronave, assim como os efeitos de variação do terreno. A Figura A.25 mostra a sobreposição lateral entre fotografias. Note-se que, na Figura A.25 (b), o conjunto total de fotografias adquiridas em um recobrimento aéreo forma um bloco fotogramétrico.

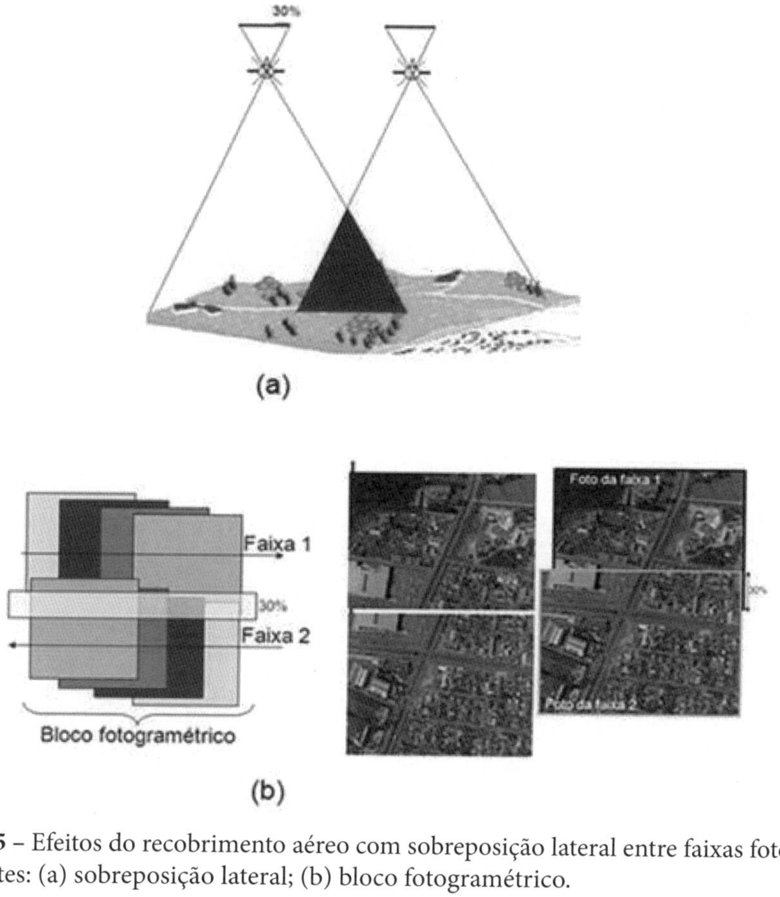

Figura A.25 – Efeitos do recobrimento aéreo com sobreposição lateral entre faixas fotogramétricas adjacentes: (a) sobreposição lateral; (b) bloco fotogramétrico.

Uma vantagem do uso da sobreposição lateral é eliminar a necessidade do uso das bordas da imagem, em que a qualidade geométrica sofre maior efeito das distorções do sistema de lentes da câmera e, também, devido à própria característica perspectiva (sistema de projeção) da imagem. Essa sobreposição também auxilia no preenchimento de áreas de oclusão durante a geração de mosaicos de ortoimagem verdadeira.

Considere-se que uma câmera digital de pequeno formato modelo Sony DSC-F717, com resolução de 2560–1920 pixels, tamanho do quadro focal (T_{QF}) 8,8 mm × 6,6 mm, tamanho do pixel (R_P) de 0,0034 mm, distância focal calibrada (f) 10,08 mm e ponto principal calibrado (x_0, y_0) de coordenadas igual a (−0,46 mm, −0,142 mm), deve-se calcular a precisão esperada do produto final (Pessoa, 2017). A região a ser mapeada possui uma área territorial de aproximadamente 5 km de comprimento e 3 km de largura.

Sabendo-se que o GSD requerido no levantamento é de 0,10 m; a sobreposição longitudinal (*SL*), de 80 %; e a sobreposição lateral (S_{La}), de 70 %, primeiramente, deve-se calcular a altura de voo da aeronave (H_v), a aerobase (*B*) e a fotobase (*b*). A aerobase e a fotobase correspondem à distância entre dois *CP* consecutivos e a distância entre os centros geométricos de um par de imagens, respectivamente. A Figura A.26 ilustra o conceito de aerobase (*B*) e fotobase (*b*).

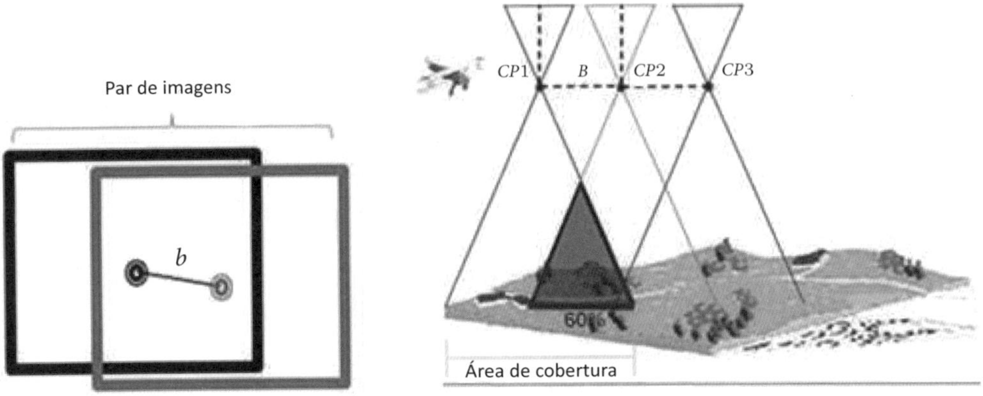

Figura A.26 – Conceito de fotobase e aerobase: (a) fotobase; (b) aerobase.

$$H_v = \frac{GSD}{R_p} f = \frac{0{,}10\,\text{m}}{0{,}0034\,\text{mm}} 10{,}08\,\text{mm} = 296{,}47\,\text{m} \tag{A.60}$$

$$b = (1 - S_L) \times T_{QFx} = (1 - 0{,}80) \times 8{,}8\,\text{mm} = 1{,}76\,\text{mm} \tag{A.61}$$

$$B = \frac{H_v}{f} b = \frac{296{,}47\,\text{m}}{10{,}08\,\text{mm}} 1{,}76\,\text{mm} = 51{,}76\,\text{m}. \tag{A.62}$$

Em seguida, devem ser calculadas as distâncias entre as faixas no terreno (W) e o número total de faixas fotogramétricas para o recobrimento aéreo, como segue:

$$w = (1 - S_{La}) \times T_{QFy} = (1 - 0,70) \times 6{,}6\,\text{mm} = 1{,}98\,\text{mm} \tag{A.63}$$

$$W = \frac{H_v}{f} w = \frac{296{,}47\,\text{m}}{10{,}08\,\text{mm}} 1{,}98\,\text{mm} = 58{,}23\,\text{m}. \tag{A.64}$$

Em suma, a aeronave voará em uma altura de 296,47 m, e, a cada 51,76 m, será tomada uma imagem. Como a região a ser mapeada possui 5 km de comprimento, são necessárias 97 imagens (5 km/51,76 m = 97 m) $\frac{5km}{51{,}76\,\text{m}} = 97$ para se cobrir toda a faixa fotogramétrica. Como a largura da região a ser mapeada é de 3 km, serão necessárias 52 faixas fotogramétricas (3 km/58,23 m = 52 m) para o recobrimento da área de interesse. A Figura A.27 ilustra o conceito de distância entre as faixas no terreno (W).

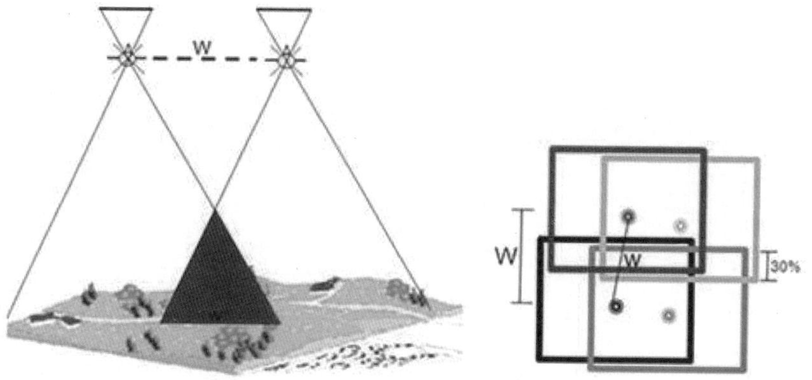

Figura A.27 – Distância entre faixas fotogramétricas.

Para calcular a qualidade posicional do produto fotogramétrico a ser compilado, é necessário considerar que, devido à geometria perspectiva da imagem, à medida que um ponto se afasta do centro geométrico da imagem, a distorção radial será maior.

Primeiramente, deve-se escolher um ponto na extremidade inferior ou superior da imagem digital, por exemplo, $C = 100$ e $L = 200$, sendo o ponto referenciado ao sistema digital (C, L). Em seguida, o ponto coletado deve ser transformado para o sistema referencial fotogramétrico, como segue:

$$\begin{aligned} x_{fot} &= \left[\left(C - \frac{U-1}{2}\right) T_{px}\right] - x_0 \\ &= [(100 - 1279,5)0{,}0034\,\text{mm}] - (-0{,}46\,\text{mm}) = -3{,}5503\,\text{mm} \end{aligned} \tag{A.65}$$

$$\begin{aligned} y_{fot} &= \left[-\left(L - \frac{T-1}{2}\right) T_{py}\right] - y_0 \\ &= [-(200 - 959,5)0{,}0034\,\text{mm}] - (-0{,}146\,\text{mm}) = -2{,}4363\,\text{mm} \end{aligned} \tag{A.66}$$

Admitindo-se que o valor do desvio padrão das coordenadas $x'(\sigma_{xfot})$ e $x''(\sigma_{xfot})$ corresponde ao tamanho do pixel, ao se aplicar a teoria de propagação de variância--covariância na expressão $p_x = x' - x'$, obtém-se o seguinte valor de desvio padrão da paralaxe (σ_{px}), $\sigma_{px} = 0{,}0068$ mm e $\sigma_{py} = 0{,}0034$ mm.

A precisão das coordenadas dos pontos no espaço objeto $(\sigma_X, \sigma_Y, \sigma_Z)$ pode ser estimada da seguinte maneira:

$$\begin{aligned} \sigma_X &= \frac{H_v}{f}\sqrt{\left(\frac{x_{fot}}{f}\frac{H_v}{B}\sigma_{px}\right)^2 + \left(\sigma_{xfot}\right)^2} \\ &= \frac{297{,}47\,\text{m}}{10{,}08\,\text{mm}}\sqrt{\left(\frac{-3{,}5503\,\text{mm}}{10{,}08\,\text{mm}}\frac{297{,}47\,\text{m}}{51{,}76\,\text{m}}0{,}0068\,\text{mm}\right)^2 + (0{,}0034\,\text{mm})^2} \\ &= 0{,}42\,\text{m} \end{aligned} \tag{A.67}$$

$$\sigma_Y = \frac{H_v}{f}\sqrt{\left(\frac{y_{fot}}{f}\frac{H_v}{B}\sigma_{py}\right)^2 + \left(\sigma_{yfot}\right)^2} \quad (A.68)$$

$$= \frac{297{,}47\,\mathrm{m}}{10{,}08\,\mathrm{mm}}\sqrt{\left(\frac{-2{,}4363\,\mathrm{mm}}{10{,}08\,\mathrm{mm}}\frac{297{,}47\,\mathrm{m}}{51{,}76\,\mathrm{m}}0{,}0068\,\mathrm{mm}\right)^2 + (0{,}0034\,\mathrm{mm})^2}$$

$$= 0{,}29\,\mathrm{m}$$

$$\sigma_Z = \frac{{H_v}^2}{fB}\sigma_{px} = \left(\frac{(297{,}47\,\mathrm{m})}{10{,}08\,\mathrm{mm}51{,}76\,\mathrm{m}}\right)^2 0{,}0068\,\mathrm{mm} = 1{,}15\,\mathrm{m}. \quad (A.69)$$

As Equações (A.67) a (A.69) são obtidas a partir da lei de propagação de covariância das equações de paralaxe, a saber:

$$X = \frac{x_{fot}}{f}\frac{Bf}{p_x}; \quad (A.70)$$

$$Y = \frac{y_{fot}}{f}\frac{Bf}{p_x}; \quad (A.71)$$

$$Z = H_v - \frac{Bf}{p_x}, \quad (A.72)$$

sendo p_x a paralaxe em x.

Finalmente, o desvio padrão planimétrico (σ_{plan}) é estimado em função da precisão das componentes σ_X e σ_Y. Dessa forma, é possível determinar a precisão esperada do produto final da seguinte forma:

$$\sigma_{plan} = \sqrt{{\sigma_X}^2 + {\sigma_Y}^2} \quad (A.73)$$

$$\sigma_{plan} = \sqrt{(0{,}42\,\mathrm{m})^2 + (0{,}29\,\mathrm{m})^2} \quad (A.74)$$

Em função de σ_{plan} e do Padrão de Exatidão Cartográfica (PEC) (ver Tabela A.2), é determinado que a carta topográfica atenda à Classe A na escala 1:5000, uma vez que o erro padrão (EP) máximo para planimetria é de 0,85 m na referida escala. Note-se que a carta topográfica pode atender à Classe B na escala 1:2000 e à Classe C na escala 1:1000. Em suma, o EP deve ser inferior ao valor de σ_{plan}.

Tabela A.2 – PEC para produtos planimétricos.

	1:1000		1:2000		1:5000	
PEC-PCD	PEC (m)	EP (m)	PEC (m)	EP (m)	PEC (m)	EP (m)
A	0,28	0,17	0,56	0,34	1,40	0,85
B	0,50	0,30	1,00	0,50	2,50	1,50
C	0,80	0,50	1,60	1,00	4,00	2,50
D	1,00	0,60	2,00	1,20	5,00	3,00

Fonte: CONCAR - Comissão Nacional de Cartografia, 2011

Já no caso da altimetria, a precisão é em torno de duas vezes pior do que a precisão planimétrica. Então, se a precisão planimétrica é de 0,50 m, a precisão altimétrica esperada deve ser de 1 m. Dessa forma, a carta topográfica deverá atender à Classe A na escala 1:25.000 (ver Tabela A.3), com equidistância entre as curvas de 10 m.

Tabela A.3 – PEC para produtos planimétricos.

	1:1000 Eqd = 1 m		1:2000 Eqd = 1 m		1:5000 Eqd = 2 m	
PEC-PCD	PEC (m)	EP (m)	PEC (m)	EP (m)	PEC (m)	EP (m)
A	0,27	0,17	0,27	0,17	0,54	0,34
B	0,50	0,33	0,50	0,33	1,00	0,66
C	0,60	0,40	0,60	0,40	1,20	0,80
D	0,75	0,50	0,75	0,50	1,50	1,00

Fonte: CONCAR - Comissão Nacional de Cartografia, 2011

A qualidade de um produto fotogramétrico também depende da qualidade do processo de fototriangulação de imagens e do levantamento do apoio de campo. Na prática, o EP de cada uma das etapas citadas deve ser 1⁄3 do EP da etapa em questão. No caso da planimetria, tem-se que a precisão planimétrica do produto final é igual a 0,50 m. A precisão planimétrica da fototriangulação de imagens corresponde a 1/3 de 0,50 m, isto é, 0,16 m, enquanto a precisão planimétrica do apoio de campo corresponde a 1/3 de 0,16 m, que é igual a 0,05 m.

Já para o caso da altimetria, deve-se considerar que a precisão altimétrica do produto final é igual a 1 m, a precisão altimétrica da fototriangulação de imagens é 1 m⁄3, que é igual a 0,33 m, e a precisão altimétrica do apoio de campo tem como resultado 1/3 de 0,33, isto é, 0,11 m.

O planejamento da implantação do apoio de campo também é um fator importante a ser considerado no planejamento de voo. Pontos de apoio de campo são empregados para os processos de fototriangulação de imagens. Note-se que o prévio estabelecimento da quantidade dos pontos a serem implantados no terreno é essencial para a estimativa de custo e tempo de execução do projeto. O planejamento do apoio de campo consiste em determinar pontos tridimensionais sobre a superfície física por meio de métodos de levantamento direto. Atualmente, os levantamentos são executados predominantemente com o uso do posicionamento por GNSS. Basicamente, há dois tipos de pontos de apoio: os pontos naturais e os pontos pré-sinalizados.

Os pontos naturais são pontos fotoidentificáveis, como cruzamentos de vias, cantos de edificações etc. Os pontos de apoio pré-sinalizados são figuras geométricas implantadas (pintadas, usualmente com cores contrastantes) na superfície física antes do aerolevantamento, de forma que eles sejam fotoidentificáveis. Esses pontos são implantados, geralmente, com diâmetros de 3 a 5 vezes o tamanho do GSD, de modo a garantir a correta identificação do ponto nas fotografias.

Convencionalmente, deve ser implantado um ponto de apoio (planialtimétrico) a cada 3–5 modelos fotogramétricos, de modo a garantir rigidez geométrica para o bloco a ser fototriangulado. Quando se dispõe da integração GNSS/INS (georreferenciamento direto), o apoio de campo é reduzido consideravelmente, sendo necessária a implantação de pontos de apoio fundamentalmente nas extremidades do bloco fotogramétrico. Vale ressaltar que, a partir do apoio de campo, define-se o sistema referencial no espaço objeto a ser adotado no projeto fotogramétrico, assim como são fornecidos subsídios para os processos de orientação fotogramétrica.

Outro elemento importante é o ponto de verificação que permite, após o processamento, averiguar se a qualidade dos dados está dentro do grau de confiabilidade esperado. Tal ponto diferencia-se dos pontos de apoio apenas pela maneira com que são utilizados no processamento.

A.7 CONTROLE DE QUALIDADE DE PRODUTOS FOTOGRAMÉTRICOS

A análise da qualidade de um produto cartográfico consiste basicamente em determinar a precisão e a acurácia dos dados em função de valores admitidos como referência, ou seja, os pontos de controle obtidos por técnicas de levantamento geodésico. Para Monico et al., 2009, "o conceito de acurácia envolve os erros sistemáticos e aleatórios, enquanto a precisão envolve apenas erros aleatórios". A avaliação da acurácia pode ser feita por meio do cálculo da raiz quadrada do erro médio quadrático (REMQ), enquanto a avaliação da precisão envolve a análise do desvio padrão das medidas. Para isso, deve-se calcular as seguintes métricas: discrepância, média das discrepâncias, desvio padrão da média das discrepâncias e REMQ das discrepâncias.

A discrepância ou o erro de uma medida representa a diferença entre a medida (X_m) e o valor adotado como de referência (X_{verd}), como segue:

$$\Delta x = X_m - X_{verd}. \tag{A.75}$$

Já a média da discrepância ($\bar{x}$) corresponde a um valor que representa uma quantidade de medida realizada diretamente ou independentemente n vezes com observações de mesmo peso ou desvio padrão. A média da discrepância é determinada por:

$$\bar{x} = \frac{1}{n} \sum \Delta x \tag{A.76}$$

O desvio padrão da média da discrepância ($\sigma_{\Delta\bar{x}}$) é uma quantidade usada para expressar a precisão (metade da amplitude da flutuação probabilística, em aproximadamente 68 % das amostras) de um grupo de medidas. O desvio padrão também pode ser chamado de erro médio quadrático, embora não seja uma terminologia totalmente adequada. Uma expressão para calcular o desvio padrão de um conjunto de observações de mesmo peso é a que segue:

$$\sigma_{\Delta\bar{x}} = \pm\sqrt{\frac{\sum \Delta x - \bar{x}}{n(n-1)}} \tag{A.77}$$

Para a análise da qualidade posicional de um produto fotogramétrico, o método convencionalmente adotado é o proposto por Galo e Camargo, 1994. Para isso, a avaliação da acurácia do produto, relacionada ao PEC, é feita em função de uma análise de tendência nas coordenadas planialtimétricas e da precisão planimétrica. Na análise de tendência, é averiguado se a média das discrepâncias ΔE é estatisticamente igual ou diferente de zero, baseando-se na distribuição t de *Student*. A estatística amostral ($t_{\Delta\bar{x}}$) é calculada por meio de:

$$t_{\Delta\bar{x}} = \frac{\Delta}{\sigma_{\Delta\bar{x}}}\sqrt{n} \tag{A.78}$$

De acordo com Galo e Camargo, 1994, o intervalo de confiança é definido por $|t_x| < t_{\alpha/2,n-1}$, e, caso a estatística amostral t_x não satisfaça essa desigualdade, o produto cartográfico não pode ser considerado como livre de tendências significativas na coordenada testada, para um determinado nível de significância. A existência de tendência em alguma direção significa a ocorrência de algum problema não tratado, presente nos dados, cujas causas podem ser as mais variadas.

A análise de precisão é baseada na estatística qui-quadrado populacional, sendo obtida em função do número de graus de liberdade (r) e do nível de significância (α). Os dados devem ser rejeitados ao nível de confiança α se não estiverem de acordo com a seguinte condição:

$$\chi_a^2 < \chi_{(r,\alpha)}^2, \tag{A.79}$$

sendo $\chi_{(r,\alpha)}^2$ o qui-quadrado tabelado.

O qui-quadrado (χ_a^2) amostral é calculado por:

$$\chi_\alpha^2 = \frac{{\sigma_{\Delta\bar{x}}}^2}{\sigma^2}(n-1) \tag{A.80}$$

sendo $\sigma^2 = \frac{EP_{plan}}{\sqrt{2}}$ a variância da observação de peso unitário a priori.

Como exemplo, considere-se uma ortofotocarta produzida na escala 1:5000. Para a avaliação da qualidade posicional do produto fotogramétrico, foram medidos pontos tridimensionais na ortofotocarta e seus pontos correspondentes tiveram suas coordenadas obtidas por meio de levantamento GNSS. As discrepâncias entre os pontos GNSS e seus correspondentes na ortofotocarta foram calculadas e estão apresentados na Tabela A.4.

Tabela A.4 – Coordenadas planimétricas dos pontos levantados com GNSS e extraídos da ortofotocarta.

	Coordenadas planimétricas levantadas com GNSS		Coordenadas planimétricas extraídas da ortofotocarta	
Ponto	E_T(m)	N_T(m)	E_O(m)	N_O(m)
01	457.480,315	7.553.723,598	457.483,000	7.553.725,500
02	456.796,042	7.553.512,297	456.792,200	7.553.510,900

Continua na próxima página

Tabela A.4 – Coordenadas planimétricas dos pontos levantados com GNSS e extraídos da ortofotocarta.

Continuação da página anterior

	Coordenadas planimétricas levantadas com GNSS		Coordenadas planimétricas extraídas da ortofotocarta	
Ponto	E_T(m)	N_T(m)	E_O(m)	N_O(m)
03	457.266,011	7.553.252,021	457.260,200	7.553.252,500
04	457.592,200	7.554.080,072	457.592,200	7.554.082,500
05	457.877,578	7.553.490,513	457.876,000	7.553.494,300
06	458.964,865	7.554.402,516	458.963,000	7.554.400,900
07	458.774,639	7.554.518,409	458.773,800	7.554.518,900
08	458.636,643	7.554.070,906	458.635,000	7.554.072,100
09	458.388,783	7.554.240,069	458.389,200	7.554.243,500
110	457.963,026	7.554.121,889	457.965,400	7.554.125,100
111	458.029,875	7.553.923,975	458.029,938	7.553.926,611
112	458.052,900	7.553.968,000	458.051,925	7.553.968,108
113	45.862,475	7.553.874,975	458.162,273	7.553.875,505
114	458.222,175	7.554.061,925	458.222,872	7.554.060,574
115	457.341,709	7.553.536,908	457.341,579	7.553.536,908
116	457.421,204	7.553.747,333	457.420,734	7.553.746,505
117	457.654,142	7.553.965,181	457.654,742	7.553.963,381
118	458.564,100	7.554.448,481	458.563,507	7.554.449,450
119	457.035,477	7.553.570,903	457.035,677	7.553.570,302

Os valores da média e desvio padrão da média das discrepâncias, bem como o valor do t-Student amostral são apresentados na Tabela A.5.

Tabela A.5 – Média e desvio padrão da média das discrepâncias e *t-Student* amostral

Média das discrepâncias		Desvios padrão		*t* amostral calculado (*t*)		*t-Student* tabelado
$\overline{\Delta E}$ (m)	$\overline{\Delta N}$ (m)	$\widehat{\sigma}\Delta E$ (m)	$\widehat{\sigma}\Delta N$ (m)	E_{amostral}	E_{amostral}	$t_{(18{,}5\,\%)}$
0,969	0,527	0,881	0,921	0,596	0,886	1,729

A Tabela A.6 mostra os valores da PEC para escala 1:5000.

Tabela A.6 – PEC para a carta 1:5000

Classe	PEC (m)	EP (m)	$\sigma = \frac{\text{EP}}{sqrt2}$(m)
A	2,5	1,5	1,060
B	4,0	2,5	1,767
C	5,0	3,0	2,121

Os valores para o qui-quadrado amostral calculado são apresentados na Tabela A.7

Analisando-se a Tabela A.5, pode-se inferir que as componentes E e N da ortofotocarta estão livres de tendência, pois t_E ou $t_N < t_{(18,5\,\%)}$, portanto, dentro de intervalo de confiança de 95 %. Analisando-se as Tabelas A.6 e A.7, verifica-se que a análise não é satisfeita para nenhuma das componentes considerando-se a classe A. Entretanto, a análise é satisfeita para as duas direções quando se considera a classe B, pois $\chi^2 E$ e $\chi^2 N < \chi^2{}_{(n-1,\alpha)}$. Assim, o produto pode ser enquadrado, em tal escala, na classe B. A análise da coordenada altimétrica da ortofotocarta fica a cargo do leitor.

Tabela A.7 – Análise da precisão da ortofocarta

Análise da precisão			
	$\chi^2_{(n-2,\alpha)}$	$\chi^2_{amostral}$	
Classe	$\chi^2_{(18,10\,\%)}$	χ^2_E	χ^2_N
A	27,20	29,544	28,316
B	27,20	10,652	10,210
C	26,20	7,070	7,386

A.8 QUATÉRNIOS

Quatérnios são números hipercomplexos de quatro dimensões. Foi nesse contexto que Hamilton os descobriu enquanto procurava por uma álgebra que fizesse com vetores 3-D aquilo que os números complexos fazem com os vetores 2D, isto é, rotacione-os por meio de multiplicações.

A.8.1 QUATÉRNIOS E ROTAÇÕES NO ESPAÇO 3-D

Euler demonstrou que toda composição de rotações, por mais complicada que seja, pode ser substituída por uma única rotação no espaço. Por exemplo, dado um ponto em $\mathbb{R}^3$ representado pelo vetor $\vec{d} = (d_x d_y d_z)^T$, e seja $r_{(\theta,\vec{n})}$ uma rotação de ângulo θ, no sentido anti-horário, em torno do eixo unitário $\vec{n} = (n_x n_y n_z)^T$ que passa pela origem. O vetor resultante da aplicação da rotação $r_{(\theta,\vec{n})}$ em $\vec{d}$ será dado por:

$$r(\vec{d}) = (\cos\theta)\,\vec{r} + (1 - \cos\theta)\,(\vec{n}\cdot\vec{r})\,\vec{n} + (\operatorname{sen}\theta)(\vec{n}\times\vec{r}). \tag{A.81}$$

Como rotações são operadores lineares, não alteram a magnitude dos vetores, logo:

$$||r(\vec{d})|| = ||\vec{d}||. \tag{A.82}$$

Se dois vetores recebem a mesma rotação, então o ângulo entre eles permanece o mesmo; logo, as rotações também preservam o produto interno. Como os quatérnios unitários também preservam o produto interno, é possível representar as rotações por meio de quatérnios unitários se existir alguma forma de mapear quatérnios em vetores.

Isso pode ser feito de maneira muito simples: basta zerar a parte real e trabalhar com quatérnios imaginários puros. Da mesma forma, um escalar também pode ser representado por um quatérnio apenas com a parte real. Então, mapear quatérnios imaginários puros neles mesmos (vetores para vetores) pode ser feito pela seguinte composição de multiplicações:

$$\vec{d}_R = q\vec{d}\bar{q}, \tag{A.83}$$

sendo q o quatérnio que codifica a rotação $r_{(\theta,\vec{n})}$, dado por:

$$q = \cos\frac{\theta}{2} + \operatorname{sen}\frac{\theta}{2}(n_x i + n_y j + n_z k). \tag{A.84}$$

Horn, 1987 mostrou essa propriedade escrevendo o quatérnio q e seu conjugado $\bar{q}$ na forma matricial, a saber:

$$q\vec{d}\bar{q} = (Q\vec{d})\bar{q} = Q^T(Q\vec{d}) = (Q^T Q)\vec{d}, \tag{A.85}$$

em que:

$$Q^T Q = \begin{bmatrix} q \cdot q & 0 & 0 & 0 \\ 0 & q_0^2 + q_x^2 - q_y^2 - q_z^2 & 2(q_x q_y - q_0 q_z) & 2(q_x q_z + q_0 q_y) \\ 0 & 2(q_y q_x + q_0 q_z) & q_0^2 - q_x^2 + q_y^2 - q_z^2 & 2(q_y q_z - q_0 q_x) \\ 0 & 2(q_z q_z + q_0 q_y) & 2(q_z q_y + q_0 q_x) & q_0^2 - q_x^2 - q_y^2 + q_z^2 \end{bmatrix}. \tag{A.86}$$

Resumindo, para rotacionar o vetor $\vec{d}$ por um ângulo θ ao redor de um eixo $\vec{n} = n_x i + n_y j + n_z k$ no sentido anti-horário, primeiro escreve-se o ponto como um quatérnio imaginário puro $p_i = 0 + ix + jy + kz$; depois, normaliza-se o eixo $\vec{n}$ e calcula-se o quatérnio q dado por:

$$q = \cos\frac{\theta}{2} + \operatorname{sen}\frac{\theta}{2}(\vec{n}). \tag{A.87}$$

O vetor rotacionado será um quatérnio com a parte real nula, dado pela Equação (A.87). Essa operação define o operador ortogonal quatérnio $d_q : \mathbb{R}^3 \to \mathbb{R}^3$, que apresenta um homomorfismo com o grupo $SO(3)$, ao qual pertencem as matrizes de rotação. A composição de rotações pela multiplicação em cadeia, como ocorre nas matrizes, também é válida para os quatérnios, sendo feita naturalmente pela multiplicação sucessiva destes. Seja $q_{b,a}$ um quatérnio, representando a rotação do sistema a para o sistema b, e $q_{c,b}$, outro quatérnio, representando a rotação do sistema b para o sistema c, o quatérnio dado por $q_{c,a} = q_{b,a}q_{c,b}$ rotaciona o sistema a em torno de um único eixo diretamente para o referencial c.

A vantagem direta dessa solução é que quatérnios são mais eficientes para representar rotações, pois usam apenas quatro parâmetros em vez dos nove da matriz de rotação. Portanto, operam com menos aritmética e são mais estáveis numericamente. Matrizes necessitam obedecer a seis restrições para representarem rotações; quatérnios só precisam obedecer à de ser unitário. Assim como as matrizes, quatérnios são imunes a singularidades de Gimbal Lock. Essa representação compacta de rotações leva a fórmulas simples e elegantes de interpolação.

SOBRE OS AUTORES

Daniel Rodrigues dos Santos é graduado em Engenharia Cartográfica, com honra acadêmica, pela Universidade Estadual Paulista Júlio de Mesquita Filho (UNESP). É mestre em Ciências Cartográficas pela mesma universidade, na subárea de concentração "Análise de Imagens", e doutor em Ciências Geodésicas pela Universidade Federal do Paraná (UFPR), com estágio de 6 meses (doutorado sanduíche) no Instituto de Tecnologia de Karlsruhe (KIT), na Alemanha. Realizou estágio pós-doutoral na Faculty Geo-Information Science and Earth Observation (ITC), da Universidade de Twente (UT), nos Países Baixos, no período de 2012 a 2013. Atualmente, é Professor Associado IV do Instituto Militar de Engenharia (IME) e atua como membro permanente do Programa de Pós-Graduação em Engenharia de Defesa do IME. Tem experiência na área de geociências, com ênfase em fotogrametria.

Henrique Cândido de Oliveira é graduado em Engenharia Cartográfica pela Unesp e técnico em Geomática pela Universidade Estadual de Campinas (Unicamp). Tem mestrado e doutorado em Ciências Cartográficas pela Unesp, com estágio de pesquisa na Universidade de Purdue, nos Estados Unidos. É professor da Faculdade de Engenharia Civil, Arquitetura e Urbanismo da Unicamp e responsável pelas disciplinas da área de Geomática para cursos de graduação e pós-graduação. Tem especialização em Fotogrametria e Sensoriamento Remoto e, atualmente, possui pesquisas com foco em aplicações que envolvem tarefas de transporte e logística.

REFERÊNCIAS

Abdel-hakim, A. E., & Farag, A. A. (2006). Csift: A SIFT descriptor with color invariant characterstics. *In IEEE Computer Society Conference on Computer Vision and Pattern Recognition (CVPR'2006)*, 1978–1983.

Anton, H. (2010). *Cálculo, um novo horizonte* (6ª ed., Vol. 2). Bookman.

Bærentzen, J. A., Gravesen, J., Anton, F., & Aanæs, H. (2012). *Guide to computational geometry processing*. Springer.

Bang, K., Habib, A. F., & Kersting, A. (2009). Estimation of Biases in LiDAR System Calibration Parameters Using Overlapping Strips. *Canadian Journal of Remote Sensing, 36*(Suppl 2), S335–S354.

Bang, K. I. (2010). *Alternative methodologies for LiDAR system calibration* (tese de dout.). Department of Geomatics Engineering, University of Calgary.

Bang, K. I., Habib, A. F., Shin, S. W., & Kim, K. O. (2007). Comparative analysis of alternative methodologies for true ortho-photo generation from high resolution satellite imagery. *Anais da ASPRS Annual Conference.*

Bay, H., Tuytelaars, T., Gool, V., & Surf, L. (2006). Speeded up robust features. *Ninth European Conference on Computer Vision (ECCV 2006)*, 404–417.

Bornnmann, D., Elseberg, J., Lingmann, K., Nüchter, A., & Hertzberg, J. (2008). Globally consistent 3-D mapping with scan matching. *Robot. Auton. Syst, 56*, 130–142.

Brown, D. C. (1971). Close-Range Camera Calibration. *Photogrammetric Engineering and Remote Sensing, 37*(8), 855–866.

Brown, M., Szeliski, R., & Winder, S. (2005). Multi-image matching using multi-scale oriented patches. *IEEE Computer Society Conference on Computer Vision and Pattern Recognition (CVPR'2005)*, 510–517.

Chen, L., Teo, T., Wen, J., & Rau, J. (2007). Occlusion-Compensated True Orthorectification For High-Resolution Satellite Images. *The Photogrammetric Record, 22*(177), 39–52.

Chow, J., Lichti, D., Hol, J., Bellusci, G., & Luinge, H. (2014). IMU and multiple RGB-D camera fusion for assisting indoor stop-and-go 3-D terrestrial laser scanning". *Robotics: Robot Vision*, *3*(3), 247–280.

CONCAR - Comissão Nacional de Cartografia. (2011). *CNMC-GT Catálogo de Objetos* (rel. técn.). Comitê de Normatização do Mapeamento Cadastral (CNMC).

Conway, J. H., & Smith, D. A. (2003). *On quaternions and octonions*. CRC Press.

Cramer, M. (1999). Direct geocoding – is aerial triangulation obsolete? Em D. Fritsch & R. Spiller (Ed.), *Photogrammetric Week 1999* (pp. 59–70). Wichmann Verlag.

Cramer, M. (2006). The ADS40 Vaihingen/Enz geometric performance test. *ISPRS Journal of Photogrammetry and Remote Sensing*, *60*, 363–374.

Cramer, M., & Stallmann, D. (2002). System Calibration for Direct Georeferencing. *International Archives of Photogrammetry, Remote Sensing and Spatial Information Sciences*, *34*(3/A), 79–84.

Crombaghs, M., Brügelmann, R., & De Min, E. J. (2000). On the adjustment of overlapping strips of laseraltimeter height data. *International Archives of Photogrammetry and Remote Sensing*, *33*(B3/1), 230–237.

Csanyi, N., & Toth, C. K. (2007). Improvement of Lidar Data Accuracy Using Lidar--Specific Ground Targets. *Photogrammetric Engineering & Remote Sensing*, *73*(4), 385–396.

Dam, E. B., Koch, M., & Lillholm, M. (1998). *Quaternions, interpolation and animation* (rel. técn.). Department of Computer Science - University of Copenhagen.

de Oliveira Jr., E. M., & dos Santos, D. R. (2019). Rigorous Calibration of UAV-Based LiDAR Systems with Refinement of the Boresight Angles Using a Point-to-Plane Approach. *Sensors 2019*, *19*(23), 5224.

dos Santos, D. R., Basso, M. A., Khoshelham, K., de Oliveira, E., Pavan, N. L., & Vosselman, G. (2016). Mapping indoor spaces by adaptive coarse-to-fine registration of RGB-D data. *IEEE Geoscience and Remote Sensing Letters*, *13*(2), 262–266.

dos Santos, D. R., Filho, L. E., de Oliveira Jr, P. S., & de Oliveira, H. C. (2021). Attitude Mounting Misalignment Estimation Method for the Calibration of UAV LiDAR System by using a TIN-based Corresponding Model. *Surveying and Geospatial Engineering Journal*, *1*, 21–27.

dos Santos, D. R., & Khoshelham, K. (2015). Mapeamento 3-D de ambientes internos usando dados RGB-D. *Boletim de Ciências Geodésicas*, *21*(1), 1–20.

dos Santos, D. R., Poz, A. P. D., & Khoshelham, K. (2013). Indirect georeferencing of terrestrial laser scanning data using control lines. *Photogrammetric Record*, *28*(143), 276–292.

Dresch, G. (2015). *Avaliação automática da acurácia relativa de dados LiDAR aerotransportado.* (tese de dout.) [101 f.]. Universidade Federal do Paraná.

Eckardt, A., Braunecker, B., & Sandau, R. (2000). Performance of the imaging system in the lh systems ADS40 airborne digital sensor [vol 33 part b3]. Em *In IAPRS - International Archives of Photogrammetry and Remote Sensing* (pp. 16–22). Amsterdã — Holanda.

Elder, J. H., & Goldberg, R. M. (2001). Image editing in the contour domain. *IEEE Transactions on Pattern Analysis and Machine Intelligence*, *23*(3), 291–296.

Engelhard, N., Endres, F., Hess, J., Sturm, J., & Burgard, W. (2011). Realtime 3-D visual SLAM with a hand-held RGB-D camera. *RGB-D Workshop on 3-D Perception in Robotics at the European Robotics Forum*.

Fischler, M. A., & Bolles, R. C. (1981). Random sample consensus: A paradigm for model fitting with applications to image analysis and automated cartography. *Communications of the ACM, 24*(6).

Fricker, P., Schaeppi, R., & Walker, S. A. (2001). Results from test flights of the lh systems ADS40 airborne digital sensor. *22nd Asian Conference on Remote Sensing*, 5–9.

Galo, M., & Camargo, P. O. (1994). Utilização do GPS no controle de qualidade de cartas. Em *Congreso brasileiro de cadastro técnico multifinalitário - COBRAC* (pp. 41–48). Universidade Federal de Santa Catarina.

Gonzalez, R. C., & Woods, R. E. (2000). *Processamento de imagens digitais.* Edgard Blucher.

Grejner-brzezinska, D. A. (2001). *Direct Sensor Orientation in Airborne and Land-based Mapping Applications* (rel. técn. N. 461). Geodetic GeoInformation Science, Department of Civil, Environmental Engineering e Geodetic Science, The Ohio State University.

Grisetti, G., Grzonka, S., Stachniss, C., Pfaff, P., & Burgard, W. (2007). Estimation of accurate maximum likelihood maps in 3-D. *Proceedings of the IEEE/RSJ International Conference on Intelligent Robots and Systems (IROS)*, 65–72.

Grisetti, G., Kümmerle, R., Stachniss, C., & Burgard, W. (2010). A Tutorial on Graph--Based SLAM. *Intelligent Transportation Systems Magazine*, 31–43.

Grisetti, G., Stachniss, C., & Burgard, W. (2007). Improved techniques for grid mapping with rao-black wellized particle filters. *IEEE Transactions on Robotics, 23*(1), 34–46.

Gruen, A. (1996). Least Squares Matching a fundamental measurement algorithm. Em K. B. Atkinson (Ed.), *Close Range Photogrammetry and Machine Vision* (p. 371). Whittles Publishing.

Haala, N., Fritsch, D., Stallmann, D., & Cramer, M. (2000). On the performance of digital airborne pushbroom cameras for photogrammetric data processing - a case study. *Int'l Archives of Photogrammetry and Remote Sensing, 33*(parte b4/1), 324–331.

Habib, A., & Kersting, A. P. (2010). *Analysis of Control and Flight Configuration Requirements for Mounting Parameters Calibration of GPS / Ins-Assisted Photogrammetric Systems.* (tese de dout.). Department of Geomatics Engineering, University of Calgary.

Habib, A., Kersting, A. P., & Bang, K. (2010). Alternative Methodologies for LiDAR System Calibration. *In Remote Sensing, 2*, 874–907.

Habib, A., Kersting, A. P., Bang, K. I., & Lee, D. C. (2010). Alternative methodologies for the internal quality control of parallel LiDAR strips. *IEEE Transactions on Geoscience and Remote Sensing, 48*(1), 221–236.

Habib, A. F., Kim, E., & Kim, C. (2007). New Methodologies for True Orthophoto Generation. *Photogrammetric Engineering & Remote Sensing, 73*(1), 25–36.

Hartley, R., Gupta, R. E., & Chang, T. (1992). Stereo from uncalibrated cameras. *Proceedings of the IEEE Conference on Computer Vision and Pattern Recognition*, 761–764.

Hartley, R., & Zisserman, A. (2000). *Multiple View Geometry in Computer Vision.* Cambridge University Press.

Heipke, C., Jacobsen, K., & Wegmann, H. (2002). Analysis of the Results of the OEEPE Test "Integrated Sensor Orientation", Integrated Sensor Orientation. *Report and Workshop Proceedings. OEEPE Official Publication*, *43*, 31–49.

Henry, P. M., Krainin, E., Herbst, X., & Ren, X. (2012). RGB-D mapping Using Kinect--style Depth Cameras for Dense 3-D Modeling of Indoor Environments. *The International Journal of Robotics Research*, *31*(5), 647–663.

Hinsken, L., Miller, S., Tempelmann, U., Uebbing, R., & Walker, S. (2002). Triangulation of LH Systems' ADS40 imagery using orima GPS/IMU. *ISPRS Commision III Symposium Photogrammetric Computer Vision (PCV'02), Graz 2002*, 9–13.

Honkavaara, E., Ilves, R., & Jaakkola, J. (2003). Practical results of GPS/IMU camera system calibration. *Proceedings of International Workshop: Theory, Technology and Realities of Inertial/GPS Sensor Orientation.*

Honkavaara, E., & Markelin, L. (2007). Radiometric performance of digital image data collections – a comparison of ADS40/DMC/UltraCam and EmergeDSS. Em D. Fritsch (Ed.), *Proceedings of the Photogrammetric Week 2007* (pp. 117–129). Institut für Photogrammetrie, University of Stuttgart.

Horn, B. K. (1987). Closed-form solution of absolute orientation using unit quaternions. *Journal of the Optical Society of America*, *4*, 629–642.

Hull, D. G. (2007). *Fundamentals of airplane flight mechanics*. Springer.

Jacobsen, K. (1999). Determination of Image Orientation Supported by IMU and GPS. *Joint Workshop of ISPRS Working Groups I/1, I/3 and IV/4 – Sensors and Mapping from Space.*

Jain, R., Kasturi, R., & Schunck, B. G. (1995). *Machine Vision*. MIT Press; McGraw-Hill, Inc.

Kersting, A. P. (2011). *Quality Assurance of Multi-Sensor Systems*. (tese de dout.). Department of Geomatics Engineering, University of Calgary, Calgary.

Khoshelham, K. (2016). Closed-form solutions for estimating a rigid motion from plane correspondences extracted from point clouds. *ISPRS Journal of Photogrammetry and Remote Sensing*, *114*, 78–91.

Khoshelham, K., dos Santos, D. R., & Vosselman, G. (2013). Generation and weighting of 3-D point correspondences for improved registration of RGB-D data. *ISPRS Annals Volume II-5/W2: ISPRS Workshop laser scanning*, 127–132.

Khoshelham, K., & Elberink, S. O. (2012). Accuracy and Resolution of Kinect Depth Data for Indoor Mapping Applications. *Sensors*, *12*, 1437–1454.

Kraemer, A. B. (2019). *Desenvolvimento de um sistema de câmeras oblíquas embarcado em RPAS (Remotely Piloted Aircraft Systems)* (diss. de mestr.). Curso de Engenharia Cartográfica e de Agrimensura. Universidade Federal do Paraná.

Kuemmerle, R., Grisetti, G., Strasdat, H., Konolige, K., & Burgard. (2011). W. G2O: A general framework for graph optimization. Em A. Bicchi (Ed.), *Proceedings of the 2011 IEEE International Conference on Robotics and Automation* (pp. 3607–3613). IEEE/Robotics & Automation Society.

Latypov, D. (2002). Estimating relative lidar accuracy information from overlapping flight lines. *ISPRS Journal of Photogrammetry and Remote Sensing*, *56*(4), 236–245.

Leberl, W. F., Gruber, M., Ponticelli, M., Bernoegger, S., & Perko, R. (2003). The UltraCam Large Format Aerial Digital Camera System. *Proceedings of the ASPRS Annual Conference 2003*, 5–9.

Leite, R. B. (2021). *Otimização global do registro de nuvens de pontos 3-D por interpolação linear esférica (SLERP) de quatérnios em circuitos fechados.* (tese de dout.). Programa de Pós-Graduação em Ciências Geodésicas. Universidade Federal do Paraná.

Lourakis, M. I. A., & Argyros, A. A. (2009). SBA: ASoftware Package for Generic Sparse Bundle Adjustment. *ACM Transactions on Mathematical Software, 36*, 1–30.

Lowe, D. (2004). Distinctive image features from scale-invariant keypoints. *International Journal of Computer Vision, 60*(2), 91–110.

Lu, F., & Milios, E. (1997). Globally consistent range scan alignment for environment mapping. *Autonomous Robots, 4*(4), 333–349.

Matas, J., Chum, O., Urban, M., & Pajdla, T. (2004). Robust wide baseline stereo from maximally stable extremal regions. *Image and Vision Computing, 22*(10), 761–767.

May, N. C., & Toth, C. (2007). Point positioning accuracy of airborne LiDAR systems: A rigorous analysis. *International Archives of Photogrammetry, Remote Sensing and Spatial Information Sciences, 36*(3/W49B), 107–111.

Mikhail, E. M. (1976). *Observations and least squares* (F. E. Ackermann, Ed.). Universidade de Michigan.

Mikhail, E. M., Bethel, J. S., & McGLONE, J. C. (2001). *Introduction to Modern Photogrammetry.* John Wiley & Sons.

Mikolajczyk, K., & Schmid, C. (2005). A performance evaluation of local descriptors. *IEEE Transactions on Pattern Analysis and Machine Intelligence, 27*(10), 1615–1630.

Miola, G. A., & dos Santos, D. R. (2020). A framework for registration of multiple point clouds derived from a static terrestrial laser scanner system. *Appl Geomat, 12*, 409–425.

Monico, J. F. G., Dal Poz, A. P., Galo, M., dos Santos, M. C., & Oliveira, L. C. (2009). Acurácia e precisão: revendo os conceitos de forma acurada. *Boletim de Ciências Geodésicas, 15*(3).

Oliveira, H. C. (2013). *Detecção de áreas de oclusão para geração de ortoimagens verdadeiras utilizando dados laser* (diss. de mestr.). Universidade Estadual Paulista (UNESP).

Oliveira Jr., E. M. (2015). *Proposta de um método adaptativo para mapeamento 3-D de ambientes internos usando dados RGB-D.* (tese de dout.). Programa de Pós--Graduação em Ciências Geodésicas. Universidade Federal do Paraná, Curitiba.

Park, J. H., Shin, Y. D., Bae, J. H., & Baeg, M. H. (2012). Spatial Uncertainty Model for Visual Features Using a Kinect™Sensor. *Sensors, 12*(7), 8640–8662.

Pavan, N. L. (2020). *Método analítico de alinhamento global de dados de varredura laser terrestre usando superfícies planas.* (tese de dout.). Programa de Pós-Graduação em Ciências Geodésicas. Universidade Federal do Paraná, Curitiba.

Pavan, N. L., & dos Santos, D. R. (2017). A global closed-form refinement for consistent TLS data registration. *IEEE Geoscience and Remote Sensing Letters, 14*(7), 1131–1135.

Pavan, N. L., dos Santos, D. R., & Khoshelham, K. (2020). Global Registration of Terrestrial Laser Scanner Point Clouds Using Plane-to-Plane Correspondences. *Remote Sensing, 12*, 1127.

Pedrosa, J. B. (2020). *Determinação dos parâmetros de desalinhamento angular usando uma abordagem "ponto a plano" com apoio de campo derivado de nuvem LiDAR.* (tese de dout.). Programa de Pós-Graduação em Ciências Geodésicas. Universidade Federal do Paraná, Curitiba.

Pessoa, G. G. (2017). *Análise de estabilidade e influência dos parâmetros de calibração de uma câmera digital não métrica na fototriangulação.* (tese de dout.). Programa de Pós-Graduação em Ciências Cartográficas. Universidade Estadual Paulista, Presidente Prudente.

Petrie, G., & Toth, C. K. (2009). Introduction to LASER Ranging, Profiling, and Scanning. Em J. SHAN & C. TOTH (Ed.), *Topographic LASER Ranging and Scanning: Principles and Processing* (pp. 4–18). CRC Press, Taylor & Francis Group,

Pfeifer, N. C., Elberink, S. O., & Filin, S. (2005). Automatic tie elements detection for laser scanner strip adjustment. *International Archives of Photogrammetry, Remote Sensing and Spatial Information Sciences, 36*(3/W3), 1682–1750.

Rentsch, M., & Krzystek, P. (2009). LiDAR strip adjustment using automatically reconstructed roof shapes. Em *Proceedings of International Archives of the Photogrammetry, Remote Sensing and Spatial Information* (pp. 158–164). ISPRS.

Rusu, R. B., Marton, Z. C., Blodow, N., Dolha, M., & Beetz, M. (2008). Towards 3-D Point Cloud Based Object Maps for Household Environments. *Robotics and Autonomous Systems Journal.*

Sandau, R. (2010). *Digital airborne camera.* Springer.

Sandau, R., Braunecker, B., Driescher, H., Eckardt, A., Hilbert, S., Hutton, J., Kirchhofer, W., Lithopoulos, E., Reulke, R., & Wicki, S. (2000). Design principles of the LH Systems ADS40 airborne digital sensor. *IAPRS – International Archives of Photogrammetry and Remote Sensing*, 258–265.

Sande, C. V. D., Khoshelham, K., & Soudarissanane, S. (2010). Assessment of relative accuracy of AHN-2 laser scanning data using planar features. *Sensors, 10*(9), 8198–8214.

Santos, D. R., Delazari, L. S., & Oviedo, S. P. (2017). Colour Hue and Texture Evaluation for 3-D Symbolization of Indoor Environments Using RGB-D Data. *The Cartographic Journal, 54*(3), 233–241.

Shan, J., & Toth, C. K. (2008). *Topographic laser ranging and scanning: principles and processing.* CRC Press.

Shi, J., & Tomasi, C. (1994). Good features to track. *IEEE Computer Society Conference on Computer Vision and Pattern Recognition (CVPR'94)*, 593–600.

Sinha, S. N., Steedly, D., Szeliski, R., Agrawala, M., & Pollefeys, M. (2008). Interactive 3-D architectural modeling from unordered photo collections. *ACM Transactions on Graphics, 27*(5), 1–10.

Skaloud, J. (1999). *Optimizing Georeferencing of Airborne Survey Systems by INS/DGPS* (tese de dout.). Department of Geomatics Engineering, University of Calgary, Calgary, Canada.

Skaloud, J., & Lichti, D. (2006). Rigorous approach to bore-sight self-calibration in airborne laser scanning. *ISPRS Journal of Photogrammetry and Remote Sensing, 61*(1), 47–59.

Slabaugh, G. G. (1999). Computing Euler angles from a rotation matrix. *Retrieved August, 6*(2000), 39–63.

Smith, M. J., Qtaishat, K. S., Park, D. W. G., & Jamieson, A. (2006). Imu and Digital Aerial Camera Misalignment Calibration. *Proceedings EuroCow 2006.*

Taguchi, Y., Jian, Y. D., Ramalingam, D., & Feng, C. (2013). Point-plane SLAM for hand-held 3-D sensors. *2013 IEEE International Conference on Robotics and Automation (ICRA)*, 5182–5189.

Theiler, P. W., Wegner, J. D., & Schindler, K. (2014). Keypoint-based 4-points congruent sets — automated marker-less registration of laser scans. *ISPRS J. Photogram. Remote Sens, 96*, 149–163.

Theiler, P. W., Wegner, J. D., & Schindler, K. (2015). Globally consistent registration of terrestrial laser scans via graph optimization. *ISPRS Journal Photogrammetric Remote Sensing*, (109), 126–138.

Thom, C., Rabot, Y., Daakira, M., Pierrot-Deseillign, M., Bosserc, P., & Pichard, F. (2016). Study of lever-arm effect using embedded photogrammetry and on-board GPS receiver on UAV for metrological mapping purpose and proposal of a free ground measurements calibration procedure. *The International Archives of the Photogrammetry, Remote Sensing and Spatial Information Sciences, XL-3/W4.*

Thrun, S. (2001). An online mapping algorithm for teams of mobile robots. *International Journal of Robotics Research, 20*(5), 335–363.

Tianen, C., Ryosuke, S., & S., M. (2003). Development and Calibration of the Airborne Three-Line Scanner (TLS) Imaging System. *Photogrammetric Engineering and Remote Sensing, 69*(1), 71–78.

Tola, E., Lepetit, V., & Fua, P. D. (2010). An efficient dense descriptor applied to wide--baseline stereo. *IEEE Transactions on Pattern Analysis and Machine Intelligence, 32*(5), 815–830.

Triggs, B. (2004). Detecting keypoints with stable position. Em T. Pajdla & J. Matas (Ed.), *In Eighth European Conference on Computer Vision (ECCV 2004)* (pp. 100–113). Springer.

van de Weijer, J., & Schmid, C. (2006). Coloring local feature extraction. *Ninth European Conference on Computer Vision (ECCV 2006)*, 334–348.

Venkateswar, V., & Chellappa, R. (1990). A framework for interpretation of aerial images. *Proceedings 10th International Conference on Pattern Recognition*, 204–204.

Vosselman, G. (2012). Automated planimetric quality control in high accuracy airborne laser scanning surveys. *ISPRS Journal of Photogrammetry and Remote Sensing, 74*, 90–100.

Wegmann, H. (2002). Image Orientation by Combined (A) AT with GPS and IMU. Em S. Morain & A. Budge (Ed.), *ISPRS Comission I Mid-Term Symposium in conjunction with Pecora 15/Land Satellite Information IV Conference* (pp. 10–15). ISPRS.

Weinmann, M. (2016). *Reconstruction and analysis of 3-Dscenes*. Springer.

Weinmann, M., Hinz, S., & Jutzi, B. (2011). Fast and automatic image-based registration of TLS data. *ISPRS Journal of Photogram. Remote Sensors, 66*, S62–S70.

Winder, S., & Brown, M. (2007). Learning local image descriptors. *IEEE Computer Society Conference on Computer Vision and Pattern Recognition (CVPR 2007).*

Xu, Y., Boerner, R., Yao, W., Hoegner, L., & Stilla, U. (2019). Pairwise coarse registration of point clouds in urban scenes using voxel-based 4-planes congruent sets. *ISPRS Journal of Photogrammetry and Remote Sensing, 151*, 106–123.

Yastikli, N., & Jacobsen, K. (2005). Direct Sensor Orientation for Large Scale Mapping Potential, Problems , and Solutions. *The Photogrammetric Record, 20*(111), 274–284.

Yuan, X. (2008). A novel method of systematic error compensation for a position and orientation system. *Progress in Nature Science, 18*(8), 953–963.

Zhang, F. (1997). Quaternions and matrices of quaternions. *Linear algebra and its applications, 251*, 21–57.

Zhang, Z. (2000). *A Flexible New Technique for Camera Calibration* (rel. técn.). Microsoft Research.

Zhong, C., Li, H., & Huang, X. (2011). A fast and effective approach to generate true orthophoto in built-up area. *Sensor Review, 31*(4), 341–348.

Zhu, L., Sasagawa, T., Tachibana, K., & Fukuzawa, Y. (2004). Triplet image matching for airborne digital sensor ADS40. *IAPRS – International Archives of Photogrammetry and Remote Sensing*, 12–23.

GRÁFICA PAYM
Tel. [11] 4392-3344
paym@graficapaym.com.br